高等学校"十三五"规划教材

化学电源

第二版

程新群 主编

化学工业出版社

·北京·

《化学电源（第二版）》共13章，包括电化学理论基础、化学电源概论、锌锰电池、铅酸蓄电池、镍镉电池、金属氰化物镍电池、锌氧化银电池、锂电池、锂离子电池、燃料电池、金属空气电池、电化学电容器以及电极材料与电池性能测试技术。

《化学电源（第二版）》注重理论联系实际，既适合高等学校相关专业作为教材使用，也适合相关工程技术人员作为参考。

图书在版编目（CIP）数据

化学电源/程新群主编．—2版．—北京：化学工业出版社，2018.9（2025.2重印）
高等学校"十三五"规划教材
ISBN 978-7-122-32778-9

Ⅰ.①化⋯　Ⅱ.①程⋯　Ⅲ.①化学电源-高等学校-教材　Ⅳ.①TM911

中国版本图书馆CIP数据核字（2018）第173920号

责任编辑：宋林青　　　　　　　　　　文字编辑：刘志茹
责任校对：边　涛　　　　　　　　　　装帧设计：关　飞

出版发行：化学工业出版社（北京市东城区青年湖南街13号　邮政编码100011）
印　　装：三河市双峰印刷装订有限公司
787mm×1092mm　1/16　印张20　字数505千字　2025年2月北京第2版第9次印刷

购书咨询：010-64518888　　　　　　售后服务：010-64518899
网　　址：http://www.cip.com.cn
凡购买本书，如有缺损质量问题，本社销售中心负责调换。

序

由哈尔滨工业大学化学工程与工艺（电化学工程）专业程新群等教师编写的《化学电源》出版至今已有十年，近日完成的第二版内容更加丰富系统，很好地反映了近年来化学电源理论与技术的进步，也包含了作者的丰富教学经验，是一本很好的教材。

随着科学技术的不断发展及人们环境保护意识的不断增强，化学电源的作用越来越重要。由于可随机移动的仪器设备及便携电器越来越多，人们对高比能量、高比功率、高安全性化学电源的需求也越迫切；电动汽车的发展是历史的必然，它对化学电源的要求既迫切也高标准；可再生能源的利用离不开储能技术，化学电源储能是便捷高效的办法；利用燃料电池技术发电更是人们朝思暮想的事业。

化学电源的应用越来越广泛，很多行业的科技人员及相关专业的学生都希望对化学电源有比较多的了解，《化学电源（第二版）》这本书应该是比较适宜的参考书。

哈尔滨工业大学　史鹏飞

2018 年 10 月 8 日

前　言

《化学电源》第一版出版已有十年，期间多次印刷，受到读者的欢迎和好评，我们深表感谢，同时也深感责任重大。十年来，随着新能源汽车、大规模储能行业的发展以及对环境保护的日益重视，化学电源也有了很大进展，出现了一些新的电池品种。《化学电源》的内容也应进行补充和修改，以适应化学电源技术的发展需求。与第一版相比，第二版在铅酸蓄电池一章中增加了铅炭电池；在锂电池一章中增加了可充电金属锂负极和锂硫电池，对锂氟化碳电池进行了修订；在燃料电池一章中增加了可再生燃料电池。由于金属空气电池的迅速发展，本书第二版将燃料电池一章的金属空气燃料电池独立为一章——金属空气电池，该章内容包括锌空气电池、铝空气电池和锂空气电池。

本书内容共13章，既包括电化学基本原理和化学电源基本概念，也包括主要化学电源品种的工作原理、结构与制造工艺，以及以电化学基本原理为基础的电化学电容器。近年来，化学电源方面的新材料、新品种、新技术不断出现，因此在编写过程中，既考虑到技术及理论的成熟性，也兼顾了技术的发展与展望。

参与本书编写人员有赵力（第1章），程新群（第2章、第5章、第6章、第11章11.1节、11.2节和第13章13.5节），贾铮（第3章和第13章13.1～13.4节），戴长松（第4章4.1～4.7节），王殿龙（第4章4.8节、第8章8.8节和第9章），左朋建（第7章、第8章8.1～8.7节、8.9节和第11章11.3节），杜春雨（第10章10.1～10.10节），袁国辉（第12章），杜磊（第10章10.11节），钱正义、张瀚、何孟雪参与了8.9节和11.3节的部分资料整理工作。全书由程新群负责统稿并任主编。

在本书编写过程中，参考了哈尔滨工业大学电化学工程专业理论电化学、化学电源工艺学、电化学测量等传统教学内容，部分文字、数据和图表引自国内外相关著作以及一些文献资料，在此向各位作者一并致以诚挚的谢意。本书的编写得到了化学工业出版社的大力支持，在此表示衷心的感谢。

化学电源种类繁多，发展迅速，我们尽最大努力去完成本书，但是由于水平所限，书中还会有缺漏和不足，敬请广大读者批评指正。

编者

2018 年 5 月 31 日

第一版前言

经过 100 多年的发展，化学电源已经形成了一个庞大的家族，建立了完整的科技和工业体系。随着石油、煤炭等化石能源的日渐枯竭，化学电源作为高效率的能量转换装置越来越受到重视。各种各样的化学电源已成为人类社会能源供应中不可或缺的一部分，在航空、航天、舰艇、兵器、交通、电子、通讯、家用电器等行业处处都有化学电源的用武之地。科学技术的发展以及环境保护的需求，对化学电源的发展也不断提出更高的要求，对专业人才的需求也在增加，越来越多的高等院校和科研院所增设化学电源方面的课程、专业或开展了此类研究。虽然目前关于各类化学电源的专著不断出版，但是缺少针对其他相关专业人员学习化学电源的教材，本书的编写就是为了更好地满足这些人员学习化学电源知识的迫切需要。

本书内容既包括电化学基本原理和化学电源基本概念，也包括主要化学电源品种的工作原理、结构与制造工艺，以及以电化学基本原理为基础的新型储能装置——电化学电容器。近年来化学电源方面的新材料、新品种、新技术不断出现，因此在编写过程中，既考虑到技术及理论的成熟性，也兼顾了技术的发展与展望。

参与本书编写人员有赵力（第 1 章），程新群（第 2 章、第 5 章、第 6 章和第 12 章第 5 节），贾铮（第 3 章和第 12 章其余各节），戴长松（第 4 章），左朋建（第 7 章和第 8 章），王殿龙（第 9 章），杜春雨（第 10 章），袁国辉（第 11 章）。全书由程新群负责统稿。

在本书编写的过程中，编者参考了哈尔滨工业大学电化学工程专业理论电化学、化学电源工艺学、电化学测量等传统教学内容，部分文字、数据和图表引自国内外相关著作以及一些文献资料，在此向各位作者一并致以诚挚的谢意。

本书的编写得到了化学工业出版社的大力支持，在此表示衷心的感谢。

我们尽最大努力去完成本书，但是由于水平所限，书中不当之处在所难免，敬请广大读者批评指正。

编者

2008 年 5 月

目　　录

第1章　电化学理论基础

1.1　电极电势与电池电动势

1.1.1　电极/溶液界面的结构

电极/溶液界面是电化学反应发生的场所，它的结构和性质对电极反应速率和反应机理有显著的影响。

1.1.1.1　双电层的形成与结构

将某种电极插入某溶液中，将形成一个两相界面，其结构和性质与孤立的相本体有很大差别。这是由于某些带电粒子或偶极子发生了向界面的富集，使孤立相原有的电中性遭到破坏，形成了类似于充电的电容器的荷电层和与之相应的界面电势差，或叫相间电势。形成界面电势差的原因是由于电荷在界面分布不均匀，而造成不均匀的原因则有如下几种情况。

① 将某种电极插入某溶液中，电极一侧的金属离子或电子以及溶液一侧的离子将在两相间自发地转移，或者通过外电路向界面两侧充电，这样在界面两侧都出现了剩余电荷。而且两侧剩余电荷的数量相等，符号是相反的。由于静电力的作用（也叫静电吸附），它们便向电极表面聚集，形成了双电层，这种双电层叫离子双电层，离子双电层产生的电势差就叫离子双电层电势差，用φ_q表示。

下面以 Zn 电极插入 $ZnCl_2$ 溶液中的情况为例说明离子双电层的建立过程。作为一种金属晶体，Zn 电极是由固态晶格上的离子和自由电子组成的。金属中的 Zn^{2+} 和溶液中的 Zn^{2+} 在接触前往往具有不同的化学势。大家知道，体系中任何物质有从化学势高的状态向化学势低的状态转移的趋势。假若固体电极上 Zn^{2+} 的化学势 $\mu_{Zn^{2+}}^s$ 大于溶液中 Zn^{2+} 的化学势 $\mu_{Zn^{2+}}^l$，即 $\mu_{Zn^{2+}}^s > \mu_{Zn^{2+}}^l$，则一旦将 Zn 电极插入溶液中，$Zn^{2+}$ 就会从电极上溶解下来进入溶液，即从化学势高的一相向化学势低的一相中转移，其转移的动力是 $\mu_{Zn^{2+}}^s - \mu_{Zn^{2+}}^l$。这样由于 e^- 留在电极上，使电极上出现了剩余的负电荷。电子再靠静电作用与溶液中的剩余正电荷 Zn^{2+} 相互吸引，排布在电极｜溶液（M｜S）界面两侧，就开始形成离子双电层，并出现了相间电势差φ_q。Zn^{2+} 的进一步迁移导致 $|\varphi_q|$ 的增大，而 $|\varphi_q|$ 的增大使 Zn^{2+} 向溶液中的转移受到抑制，使其迁移速率逐渐变小，而 Zn^{2+} 从溶液向电极上转移的速率则逐渐增大。当两者速率相等时，Zn^{2+} 在两相间的转移达到动态的平衡，即 Zn^{2+} 的净转移量为零，φ_q 也不再变化而保持一定值，这就形成了稳定的双电层和相间电势差。Zn^{2+} 在两相间的转移达到动态平衡的条件是：Zn^{2+} 在两相中的电化学势相等。电化学势的表达式为：

$$\bar{\mu}_i = \mu_i + Z_i e_0 \varphi \tag{1-1}$$

$$\varphi = \psi + \chi \tag{1-2}$$

式中，e_0 为电子电量；μ_i 为化学势；Z_i 为电荷量；φ 为内部电势；ψ 为外部电势；χ 为表面电势。

(a) 离子双层

(b) 吸附双层

(c) 偶极双层

图 1-1　三种双电层示意

② 溶液一侧荷电粒子在电极表面发生非静电吸附时，又靠静电作用吸引了溶液中符号相反的荷电粒子，也形成了双电层，即吸附双层，其电势差叫吸附双层电势差 φ_{ad}。

③ 溶液中不带电的极性分子在电极表面定向排布，偶极的一端朝向界面，另一端则朝向该分子所属的一相，便形成偶极双层，其电势差叫偶极双层电势差 φ_{dip}。

三种双电层的结构如图 1-1 所示。

通常 M│S 界面电势差是上述过程共同作用引起的，双电层的总电势差为这三种双电层的电势差之和：

$$\varphi = \varphi_q + \varphi_{ad} + \varphi_{dip} \tag{1-3}$$

有关双电层理论表明，溶液一侧的剩余电荷既不是完全排列在电极表面，也不是完全均匀地分散在溶液中，而是一部分排在电极表面形成紧密层，其余部分按照玻耳兹曼分布规律分散于表面附近一定距离的液层中，形成分散层。双电层的电势分布应与电荷分布情况相对应，即：也可区分为紧密层电势和分散层电势，也即 M│S 界面的电势差应为这两部分电势之和。M│S 界面的电荷分布和电势分布如图 1-2 所示。图中 d 为溶液中第一层电荷到电极表面的距离。$x < d$ 的范围内电势分布是线性的，即电势梯度为常数：$\left(\dfrac{\mathrm{d}\varphi}{\mathrm{d}x}\right)_{x<d} =$ 常数 $= \dfrac{4\pi q}{\varepsilon}$。$d$ 点为分散层开始的位置，此处的平均电势为 ψ_1（下角标"1"表示一个水化离子半径）。在分散层中，异号电荷的存在使电力线数目迅速减少，电场强度即电势梯度也随之减少，电势由 ψ_1 逐渐下降到 0，电势梯度也降为 0。因此，把 ψ_1 叫做分散层电势或 ψ_1 电势，紧密层电势差为 $\varphi - \psi_1$，总的双电层电势差为两者之和，即 $\varphi = (\varphi - \psi_1) + \psi_1$。

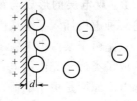

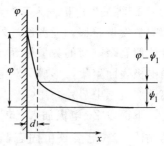

图 1-2　电极/溶液界面上电荷及电势的分布情况

上述关于双电层的理论对一些界面现象、性质及影响因素等可以给予较好的解释，这些解释与一些实验结果能够较好地吻合，但也存在一些问题，由此 Bockris 对紧密层作了进一步的研究。

1.1.1.2　有关紧密层问题

Bockris 等提出：在电极表面，有一层可定向吸附的水分子偶极层，这个水化层至少是单分子层。他们认为：大多数的阳离子，由于水化自由能较高，或者说与水分子缔合强度较大，不易脱出水化球并冲破表面水分子层。这种情况下，双层的紧密层结构如图 1-3 所示。就是说，水化的正离子最终并不是与电极直接接触，两者之间存在着一层定向排布的水分子，这样形成的紧密层，d 值比较大，称为外紧密层。而当电极表面荷正电，溶液一侧剩余电荷为水化阴离子时，阴离子与水的缔合强度较小，靠近电极表面时很容易脱掉部分 H_2O，甚至排挤开电极表面的水分子层直接靠在电极表面。这样形成的紧密层，d 值较小，称为内紧密层，其结构如图 1-4 所示。如果阴离子是可以和电极发生短程相互作用的，那么这时"短程"（几个埃）这一前提就具备了，也就是可以发生特性吸附了。发生特性吸附时，界面的电荷分布和电势分布将与前面的结果明显不同，如图 1-5 所示。此时溶液一侧阴离子

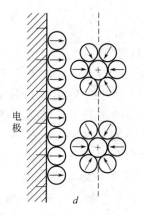 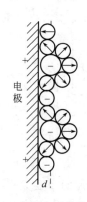 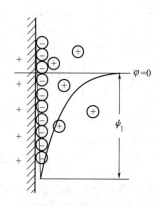

图 1-3　外紧密层结构示意　　　图 1-4　内紧密层结构示意　　　图 1-5　特性吸附时的界面电荷和电势分布

的剩余量大于电极一侧正电荷的剩余量，这种现象就叫阴离子在电极表面的超载吸附。当出现超载吸附时，双电层实际上具有"三电层"的性质。可以看出，超载吸附只能改变紧密层和分散层电势差的大小或符号，改变电势分布，但不能改变整个相间电势差。

一般情况下，卤素离子（F^- 除外）会在电极表面发生特性吸附，形成三电层。个别的水化程度较低的无机阳离子如 Tl^+ 等也能在电极表面发生特性吸附。

1.1.1.3　影响双电层结构的因素

决定双电层结构的是静电作用与热运动。因此，凡能够影响静电作用和热运动的因素都将影响到双电层结构，或者说影响电势的分布。

① 浓度的影响。当 φ 等其他条件一定时，溶液浓度越小，双电层分散排布的趋势就越大，ψ_1 在 φ 中所占比例就越大。溶液浓度小到一定程度时，$\varphi \approx \psi_1$。溶液浓度越大，双电层紧密排布的趋势就越大，紧密层电势（$\varphi - \psi_1$）在 φ 中所占的比重将越大。溶液浓度大到一定程度时，$\psi_1 \approx 0$。

② 温度的影响。温度升高，离子热运动加剧，导致双电层趋于分散排布；温度较低时，热运动则较平缓，这时稍有静电力就可以将离子吸引到电极表面，双电层趋于紧密排布。

③ 电极电势的影响。电极电势远离零电荷电势时，电极表面与溶液中离子之间的静电作用增强，使双电层趋向紧密排布；电极电势在零电荷电势附近时，静电作用较小，双电层趋于分散排布。这里的零电荷电势指电极表面剩余电荷为零时的电极电势，用 φ_0 表示。

④ 溶液组分与电极间相互作用的影响。如果溶液中含有可以在电极表面特性吸附的离子，则该离子易于和电极紧密结合，甚至可以脱掉水化膜，并穿透电极表面的水化层，直接靠在电极上，形成内紧密层。

1.1.2　绝对电极电势与相对电极电势

正是由于在电极/溶液界面形成了一定的电荷分布，从而也就产生了相间电势差，这个电势差可以理解为该电极的绝对电极电势。

在电化学中经常遇到相互接触的两相之间的电势差，往往要测一个研究电极 WE 在某溶液中的电极电势。而测得的 φ 并不是电极、溶液两相接触产生的绝对电势差 $\Delta^W_S\varphi^S$。到目前为止，相接触的两相之间的绝对电势差 $\Delta^W_S\varphi^S$ 仍是不可测的，也是无法通过计算得到的。人们目前所说的某一电极的电极电势是该电极体系相对于另外一电极体系的相对电极电势，

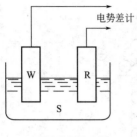
(a) 电极电势测量示意

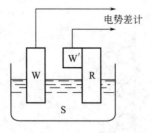
(b) 电极电势测量等效电路

图 1-6　电极电势的测量

也就是说需要引入一个参比电极 RE，如图 1-6 所示。

由理论推导可得：

$$V = \Delta^W \varphi^S + \Delta^S \varphi^R + \Delta^R \varphi^W \quad (1-4)$$

式中，V 为电极 WE、RE 两个电极组成体系的电势差，也就是人们通常所说的电极电势 φ；$\Delta^W \varphi^S$、$\Delta^S \varphi^R$、$\Delta^R \varphi^W$ 分别为 W｜S、S｜R、R｜W 3 个界面的内部电势差。

即 φ 是 3 个界面的内部电势差之和。可证明 φ 也是 3 个外部电势差之和。而所谓"WE 的电极电势"既不是研究电极与溶液接触产生的界面绝对电势差，也不是 W｜S 与 R｜S 两个界面绝对电势差之和，而是 3 个界面绝对电势差之和，只是约定俗成地称其为"某电极相对于某参比电极的电极电势"。就是说，φ 本质上是一种相对的电极电势（或称相对电势差），而不是绝对电势差。φ 的物理意义可理解为电子从 W 到 W' 相转移过程中所做的电功，或电子从 $\bar{\mu}$ 较高的相转到 $\bar{\mu}$ 较低的相做的电功。

在式(1-4) 中，参比电极是不极化电极，即 R｜S 界面的电势差是一定值。所以有：

$$\Delta^S \varphi^R = 常数 \quad (1-5)$$

而当 WE 和 RE 电极材料不变时，$\Delta^R \varphi^W$ 一项也为常数，从而有：

$$\varphi = \Delta^W \varphi^S + 常数 \quad (1-6)$$

当 WE 发生极化时，电势的改变量，即过电势为：

$$\Delta\varphi = \Delta(\Delta^W \varphi^S) \quad (1-7)$$

就是说，相对电势差的改变量等于研究电极绝对电势差的改变量。显然，绝对电势差不可测，但绝对电势差的改变量 $\Delta(\Delta^W \varphi^S)$ 是可测的。这一结论对研究界面性质随 $\Delta^W \varphi^S$ 的变化是十分重要的。

1.1.3　电极电势和电池电动势

当通过一个可逆电池中的电流为零时，电池两端的电势差称为电池的电动势，用 E 表示。对于可逆电池，其电池电动势的数值是与电池反应的自由能变化相联系的。一个能自发进行的化学反应，若在电池中等温下可逆地进行，电池以无限小的电流放电即可做最大有用电功，有用电功等于电池电压与放电电量的乘积。所以有：

$$\Delta G = -nFE \quad (1-8)$$

在标准状态下，有：

$$\Delta G^\ominus = -nFE^\ominus \quad (1-9)$$

式中，ΔG 为 Gibbs 自由能的变化；$\Delta G^\ominus$ 为标准态时 Gibbs 自由能的变化；n 为电子转移数；E 为电池电动势；$E^\ominus$ 为标准态时电池电动势。

根据 IUPAC 的规定，用标准氢电极（SHE）作为负极与待测电极作为正极组成电池，这一电池电动势就是待测电极的相对电极电势，用 φ 表示。若待测电极处于标准状态（25℃，反应物和产物的活度为单位活度）下则称为标准电极电势，用 $\varphi^\ominus$ 表示。

这里的作为电势测量标准的标准氢电极是世界上一致通用的基准电极，规定其电极电势为零，其上进行电化学反应为：

$$\frac{1}{2}H_2(p_{H_2}) \longrightarrow H^+(a_{H^+}) + e^- \tag{1-10}$$

标准氢电极是一块镀了铂黑的铂片，浸入 H^+ 的溶液中。在一定的温度下，当氢离子活度等于 1mol/L、通入溶液的氢气压力为标准压力 $p^{\ominus}=101325Pa$ 时，达到平衡状态后，这个电极就是标准氢电极。它的电化学性能是十分稳定的。对于任意给定的电极，使其与标准氢电极组合为原电池且以标准氢电极作为负极，则该电池的电动势即为给定电极的电极电势。例如若给定的电极为铜电极，则该电池的电动势为铜电极的电极电势。若溶液中 Cu^{2+} 的活度为 1，即 $a_{Cu^{2+}}=1mol/L$，则该电池的电动势为铜电极的标准电极电势。

对于任意给定的一个电极，其电极反应可表示为：

$$O + ze^- \longrightarrow R \tag{1-11}$$

其平衡电极电势可采用标准氢电极测量得到，也可通过计算得到，计算式为：

$$\varphi_e = \varphi^{\ominus} + \frac{RT}{zF}\ln\frac{a_O}{a_R} \tag{1-12}$$

式中，φ_e 为平衡电极电势；z 为电子转移数；a_O 为氧化态粒子的活度；a_R 为还原态粒子的活度。

这便是著名的能斯特（Nernst）公式，它给出了电极的平衡电极电势与氧化态和还原态粒子的活度以及温度的关系，是电化学领域重要的公式之一。通过该式，可以计算出任意电极的平衡电极电势，进而可以计算出任意两电极构成的电池的电动势。

例如，丹尼尔电池是由铜、锌两个可逆电极组成的电池，早年由英国化学家 J. F. Daniel 提出，它可表示为 $Cu \mid CuSO_4 \mid ZnSO_4 \mid Zn$。

该电池反应可正逆向进行，但电池内部存在液体接界（$CuSO_4/ZnSO_4$），界面的电荷迁移并不可逆。实验室中常用盐桥连接两液相以消除液接电势，使该电池的电势测量较易重现，常视作"可逆电池"的典型例子。该电池的电极及电池反应如下所述。

正极：$Cu^{2+} + 2e^- \rightleftharpoons Cu$

负极：$Zn \rightleftharpoons Zn^{2+} + 2e^-$

电池反应：$Zn + Cu^{2+} \rightleftharpoons Zn^{2+} + Cu$

电池的电动势为：

$$
\begin{aligned}
E &= \varphi_{Cu^{2+}/Cu} - \varphi_{Zn^{2+}/Zn} \\
&= \left(\varphi^{\ominus}_{Cu^{2+}/Cu} + \frac{RT}{2F}\ln\frac{a_{Cu^{2+}}}{a_{Cu}}\right) - \left(\varphi^{\ominus}_{Zn^{2+}/Zn} + \frac{RT}{2F}\ln\frac{a_{Zn^{2+}}}{a_{Zn}}\right) \\
&= \varphi^{\ominus}_{Cu^{2+}/Cu} - \varphi^{\ominus}_{Zn^{2+}/Zn} + \frac{RT}{2F}\ln\frac{a_{Cu^{2+}}\,a_{Zn}}{a_{Zn^{2+}}\,a_{Cu}} \\
&= E^{\ominus} + \frac{RT}{2F}\ln\frac{a_{Cu^{2+}}\,a_{Zn}}{a_{Zn^{2+}}\,a_{Cu}}
\end{aligned}
\tag{1-13}
$$

因此，电池的电动势也可理解为两个电极的平衡电极电势之差。

此外，电池的电动势还可通过对消法测量得到。用伏特计直接测量原电池的电动势不能得到正确的结果。因伏特计与电池接通后，由于电池中发生了化学反应，有电流流出，电池中溶液的浓度不断改变，因而电动势也会有变化。此外，电池本身也有内电阻，因此用伏特计量出的只是电极上的电势降而不是电池的电动势。

要正确测定一个电池的电动势，必须在没有电流或仅仅有极小电流通过的情况下进行，一般采用对消法，亦称补偿法。即用一个大小近似相等而方向相反的工作电池并联相接，具体线路如图 1-7 所示。AB 为均匀的电阻线，E_W 为工作电池，经 AB 构成一个通路，在 AB 线上产生了均匀的电势降。D 为双刀双向开关，E_S 为已知的标准电池，E_X 为待测电池，

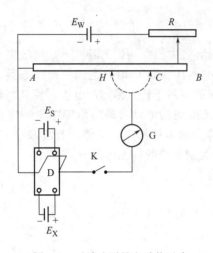

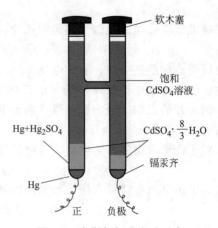

图 1-7　对消法测量电动势示意　　　　图 1-8　韦斯顿标准电池示意

E_S、E_X 与 E_W 并联，G 为检流计。当双刀双向开关向上时，与 E_S 相通，移动滑动接触点到 H，恰使检流计中没有电流通过，AH 线段的电势差等于标准电池的电动势 E'。将双刀双向开关向下与待测电池 E_X 相通，移动滑动接触点到 C，使检流计中无电流通过，此时电池的电动势恰好和 AC 线段所代表的电势差相同而方向相反。由于电势差与电阻线的长度成正比，待测电池的电动势为：

$$E_X = E' \times \frac{AC}{AH} \tag{1-14}$$

电池电动势测量必须要有标准电池，常用的标准电池是 Weston（韦斯顿）标准电池，其结构如图 1-8 所示。在 Weston 标准电池中负极不是用纯金属镉，而是镉汞齐。使用纯金属镉会因为表面机械处理不一致，造成电极电势有波动。镉汞齐用 12.5% 的镉是因为在此组成附近，镉汞齐成为固溶体与液态溶液的两相平衡，当镉汞齐的总组成改变时，这两相的组成并不改变，所以电极电势不会因为汞齐中的总组成略有变化而改变。这个可逆电池可表示如下：

$$\text{Cd(Hg)(12.5\%)} | \text{CdSO}_4 \cdot \text{H}_2\text{O 饱和溶液} | \text{Hg}_2\text{SO}_4\text{(s)} | \text{Hg(l)}$$

该电池电极反应如下所述。

正极：$\text{Hg}_2\text{SO}_4 + 2\text{e}^- \rightleftharpoons 2\text{Hg} + \text{SO}_4^{2-}$

负极：$\text{Cd(汞齐)} + \text{SO}_4^{2-} + \frac{8}{3}\text{H}_2\text{O} \rightleftharpoons \text{CdSO}_4 \cdot \frac{8}{3}\text{H}_2\text{O} + 2\text{e}^-$

电池反应：$\text{Cd(汞齐)} + \text{Hg}_2\text{SO}_4 + \frac{8}{3}\text{H}_2\text{O} \rightleftharpoons 2\text{Hg} + \text{CdSO}_4 \cdot \frac{8}{3}\text{H}_2\text{O}$

Weston 标准电池除了电动势稳定外，另一个优点是电池的温度系数很小。美国 Wolff 提出的计算不同温度下 Weston 电池电动势的公式为：

$$E = 1.018646 - [40.6(T-293) + 0.95(T-293)^2 - 0.01(T-293)^3] \times 10^{-6} \text{V}$$

我国在 1975 年也提出了计算不同温度下 Weston 电池电动势的公式，该公式的计算值与实验值仅差 $1\mu\text{V}$（293K±5K）。

$$E = E_{293K} - [39.94(T-293) + 0.929(T-293)^2 - 0.009(T-293)^3 + 0.00006(T-293)^4] \times 10^{-6} \text{V}$$

1.1.4　电池电动势与温度和压力的关系

温度和压力的变化会对电池的电动势产生影响。

由
$$dG = -SdT + Vdp$$

可知
$$\left(\frac{\partial \Delta G}{\partial T}\right)_p = -\Delta S$$

$$\left(\frac{\partial \Delta G}{\partial p}\right)_T = -\Delta V$$

即
$$\left(\frac{\partial \Delta E}{\partial T}\right)_p = \frac{\Delta S}{nF}$$

$$\left(\frac{\partial \Delta E}{\partial p}\right)_T = -\frac{\Delta V}{nF}$$

所以电池电动势的温度系数取决于电池反应熵变的符号。同时，若电池反应中无气体参与，则电池电动势的温度系数一般是很小的，由此得到电池电压与温度的关系式为：

$$E = E_{298K} + \frac{(T-298)\Delta S}{nF}$$

对于无气体参与的电池反应，电池的电动势基本上与压力无关。但当电池反应中气体的物质的量发生变化，则不能忽略压力的影响。

此时有：
$$E = E_{p\ominus} - \frac{1}{nF}\int_{p\ominus}^{p}\Delta V dp$$

显然，对于不同体系，压力影响不同，需具体分析。

1.2　电化学反应的特点及研究方法

在 20 世纪 70 年代，国际电化学年会对电化学做了明确的定义：电化学是研究第一类导体与第二类导体的界面及界面上所发生的一切变化的科学。

第一类导体指电子导体，包括金属材料以及石墨等非金属材料，在电极/溶液体系中，电极就是第一类导体。第二类导体指离子导体，包括水溶液、非水溶液、固体电解质、熔融盐等，在电极/溶液体系中，电解质就是第二类导体。

电化学反应是在这两种导体的相界面上发生的。当电化学反应发生时，界面上将发生电子的转移，界面附近发生物质的传递，反应物或产物还有可能在电极表面发生某种转化。此外界面结构、性质将对反应产生很大影响。这些方面都是电化学的研究对象。

1.2.1　电化学反应的特点

电化学反应是一种氧化还原反应，但与一般的氧化还原反应不同，其特点如下所述。

① 电化学反应是一种特殊的氧化还原反应。电化学反应的特殊性在于氧化、还原两反应是在不同位置上进行的，即在不同的界面上发生的，在空间上是分开的。而基础化学中所了解的氧化还原反应则没有这种限制，常常是氧化态粒子和还原态粒子通过碰撞交换电荷，在同一地点完成氧化还原过程。

② 电化学反应是一种特殊的异相催化反应。电化学反应发生在两类导体的界面，固相为电极，电极具备催化性质，但催化性质与电极电势有关。在有些情况下，当电极电势变化 1~2V 时，电极反应速率可变化 10 个数量级。并且电极电势连续可变，所以催化性质也是连续可变的。

③ 氧化反应和还原反应是等计量比进行的，即得电子数与失电子数相同。

④ 氧化反应和还原反应互相制约，又各具独特性。制约性体现在两个反应同时进行，

且电子得失数相同。独立性体现在两个反应分别在不同位置上进行。

1.2.2 电化学反应基本概念

电化学反应装置通常由两个（或以上）电极、电解质溶液、容器及其附件所构成。在电化学装置中，两个电极之间存在着电势差，根据两者电势的高低把两个电极分别定义为正极和负极。正极指电势相对较高的电极，负极指电势相对较低的电极。当有电流流过电化学装置时，正、负极上将有电化学反应发生。一个电极上将发生氧化反应，另一电极上将发生还原反应。我们把发生氧化反应的电极定义为阳极，把发生还原反应的电极定义为阴极。

正、负极与阴、阳极之间没有一定的对应关系。也就是说，正极上可以发生氧化反应，也可以发生还原反应，负极也是一样。正极到底是阳极还是阴极取决于当时电化学装置的工作状态。

对于电解类电化学装置，正极为阳极，负极为阴极。以硫酸盐镀 Cu 为例，将插入电解液的铜板与直流电源的正极相连，将被镀件与电源负极相连，溶液主要成分是 $CuSO_4$。电源接通后，正极上的电子被迫向外流出，发生了 Cu 的氧化反应，生成了 Cu^{2+}。

$$Cu - 2e^- \longrightarrow Cu^{2+}$$

所以正极为阳极。正极上流出的电子到达负极，溶液中的 Cu^{2+} 在负极得到电子，被还原为 Cu。

$$Cu^{2+} + 2e^- \longrightarrow Cu$$

所以负极为阴极。

而对于电源类电化学装置，当其充电时，情况与电解池相同，即正极为阳极，负极为阴极。而当其放电时，情况正相反，正极为阴极，负极为阳极。以铅酸电池为例，其正极为 PbO_2，负极为 Pb。当电池接通负载后，开始放电，电子由负极流出，在负极上发生了 Pb 失去电子的氧化反应，即：

$$Pb + HSO_4^- - 2e^- \Longrightarrow PbSO_4 + H^+$$

所以负极是阳极。负极流出的电子经负载流入正极，在正极上发生了 PbO_2 的还原反应，

$$PbO_2 + HSO_4^- + 3H^+ + 2e^- \Longrightarrow PbSO_4 + 2H_2O$$

所以正极是阴极。

若电池处于开路状态，这时没有电流流过电极，此时只存在正、负极，而没有阴、阳极之分。也就是说，对于一个电化学装置，正、负极始终是存在的，而阴、阳极只有在反应发生时才存在，并且需根据反应的性质来判断阴、阳极。

当有电流 I 通过电化学装置时，将有电极反应发生，同时电极电势将偏离平衡值，这种现象叫做极化。根据反应的性质，电极被区分为阳极和阴极，相应地极化也分为阳极极化和阴极极化。

阳极极化指阳极的电极电势偏离平衡值的现象。

我们知道，在阳极进行的是氧化反应，即电极上的还原态粒子 R 被氧化成氧化态粒子 O，而电子被输送到外电路。这时的电极表面就出现了电子缺乏，而正电荷过剩的状态，结果使电极电势高于平衡电极电势，即：

$$\varphi_A > \varphi_{e,A} \tag{1-15}$$

式中，φ_A 为阳极极化电势；$\varphi_{e,A}$ 为阳极平衡电极电势。

那么电极电势的改变量：

$$\Delta\varphi = \varphi - \varphi_e > 0 \tag{1-16}$$

这里略去了电极电势的下脚标 A，φ 和 φ_e 泛指某一电极的极化电极电势和平衡电极电势。这个改变量就定义为过电势，也可称为超电势。

同样阴极极化是指阴极电极电势偏离平衡值的现象。

由于阴极是还原反应，电子将由外电路流入阴极，使 O 得到电子还原为 R。这时显然电极表面的正电荷有所减少，所以导致电极电势向负方向变化，即：

$$\Delta\varphi = \varphi - \varphi_e < 0 \tag{1-17}$$

除 $\Delta\varphi$ 外，过电势还有另外一种表示方法，即用 η 表示，其定义如下：

$$\eta = |\varphi - \varphi_e| > 0 \tag{1-18}$$

即无论是阴极极化还是阳极极化，过电势都取正值，取电势变化的绝对值。不过这样就难以区分是阳极过电势还是阴极过电势，因此需给出 η 的下角标。

对于阳极极化，有：

$$\eta_A = \varphi - \varphi_e > 0 \tag{1-19}$$

对于阴极极化，有：

$$\eta_C = \varphi_e - \varphi > 0 \tag{1-20}$$

1.2.3 极化曲线及其测量方法

1.2.3.1 极化曲线

极化曲线是指电极在反应中的极化电势 φ 或过电势 η 与通过的电流密度 i 间的关系曲线，是研究电极反应规律最基本的方法之一。

i 和 $\varphi(\eta)$ 中可以任一个为横坐标，另一个为纵坐标，可视需要及测量方法来定。

例如，以 φ 为横坐标，$\varphi = \varphi_e$ 时，$i = 0$。若随着 φ 的增大，i 也增大；或随着 i 的增大，φ 也升高，这便是阳极极化曲线。相反，若随着 φ 的减小，i 反而增大；或随着 i 的增大，φ 降低，这便是阴极极化曲线。阴、阳极极化曲线如图 1-9 所示。

由式（1-19）和式（1-20）可知，η、φ 之间仅差一常数，故用哪个都可以，以便利为原则。

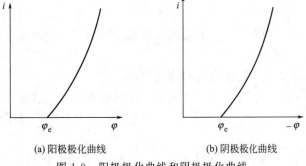

(a) 阳极极化曲线　　　　(b) 阴极极化曲线

图 1-9　阳极极化曲线和阴极极化曲线

图 1-9 给出的是单电极的极化曲线，据此可得到电化学装置中两个电极的极化曲线。

对于一个电池体系，当电池中无电流流过时，两极间电势差理论上应为它们平衡电势之差，即：

$$U_{开} = \varphi_e^+ - \varphi_e^- = E \tag{1-21}$$

当电池对外进行工作，即放电时，正极、负极的荷电状态变了，因此电极电势均会偏离平衡值。此外，溶液中欧姆内阻也会产生一个电势降。这时两电极间的电势差应该由两部分组成：两个电极电势之差（非平衡电极电势之差）和溶液的欧姆电势降。

$$U_{工作} = \varphi^+ - \varphi^- - IR \tag{1-22}$$

式中，$U_{工作}$ 为电池工作电压；φ^+ 为正极的电极电势；φ^- 为负极的电极电势；IR 为溶液的欧姆压降。

对于电池放电而言，正极为阴极，负极为阳极，因此其工作电压由式(1-19)、式(1-20)和式(1-22)得：

$$U_{工作}=(\varphi_e^+ - \eta_C)-(\varphi_e^- + \eta_A)-IR$$

$$U_{工作}=E - \eta_C - \eta_A - IR \tag{1-23}$$

也就是说，电池放电时，端电压将下降。上述关系式可用图1-10表示。显然随着放电电流的增大，正负极上的极化增大，同时IR降也增大，因此导致电池的电压下降。即使维持放电电流不变，但随着放电时间的增加，正负极上活性物质的量将减少，极化将增大，电池的电压也会随时间的增加而下降。

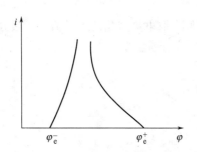

图1-10 电池放电时的正、负极的极化曲线

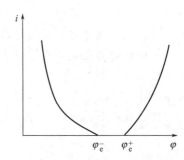

图1-11 电池充电时的正、负极的极化曲线

对于电池充电的情况与上面正相反。电池的正极为阳极，负极为阴极，电池的欧姆内阻使电池的电压升高。

$$U_{工作}=\varphi^+ - \varphi^- + IR \tag{1-24}$$

由式(1-19)、式(1-20)和式(1-24)得：

$$U_{工作}=(\varphi_e^+ + \eta_A)-(\varphi_e^- - \eta_C)+IR$$

$$=E + \eta_C + \eta_A + IR \tag{1-25}$$

也就是说，正负极极化以及欧姆内阻均使电池电压升高。电池充电时的正负极的极化曲线如图1-11所示。

1.2.3.2 极化曲线的测量方法

目前测量极化曲线通常采用三电极法。也就是说要使极化曲线的测量得以实现，一般需有3个电极，采用三电极体系，其测量原理如图1-12所示。

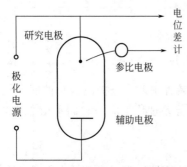

图1-12 三电极电解池工作原理

3个电极分别为研究电极WE、辅助电极CE和参比电极RE。WE是研究的对象，要测的极化曲线就是WE的。换句话说，需要考查的正是WE上有I通过时，其$\varphi(\eta)$变化情况。要使WE上有电流通过，以使之极化，就必须构成完整的回路，故引入CE。测量极化曲线时的测量对象是I和φ，I可以从极化回路的电流表中读出。根据式(1-7)，φ的测量则需要用到第3个电极RE。RE的电极电势是不变的，且是已知的，RE是作为比较标准的。将RE通过一个连有鲁金毛细管的盐桥靠近WE，用电位差计测量RE、WE间的电势差，就得到了WE的电极电势。所以在测量装置中存在两个回路：WE和CE构成极化回路，WE和RE构成测量回路。所以这种方法又称做"三电极二回路"法。

RE的种类有很多，如标准氢电极、甘汞电极（$Hg|Hg_2Cl_2|KCl$）、AgCl电极

$(Ag \mid AgCl \mid Cl^-)$、Hg_2SO_4 电极（$Hg \mid Hg_2SO_4 \mid SO_4^{2-}$）、$HgO$ 电极（$Hg \mid HgO \mid OH^-$）等，它们共同的特点是反应可逆性好，电势稳定。它们当中有的有成品出售，有的则可自行制作。

　　测量中关于 RE 的选择，原则上说是任意的，但需考虑被测体系电解液的组成及浓度等因素。一般应选择与被测体系电解液含有相同阴离子的参比电极，且两种电解液的浓度尽量接近。如 HgO 电极上的反应为 $HgO + H_2O + 2e^- \Longleftrightarrow Hg + 2OH^-$，电解液为 KOH 或 NaOH。因此该参比电极适用于碱性体系中电势的测量，否则将产生液接电势，使测量误差加大。更重要的是若参比电极选择不当，将会给测量体系带来有影响的杂质，影响测量结果的准确性。

　　在实际的测量过程中，可以采用恒电势法，也可以采用恒电流法。恒电势法是指控制电极电势按一定规律变化，同时记录各电势下对应的电流值，然后将两者关系绘制成曲线的方法。也就是以电极电势为自变量，电流为函数的方法。恒电流法是指控制电极上通过的电流按一定规律变化，同时记录各电流对应的电极电势值，然后将两者关系绘制成曲线的方法。也就是电流为自变量，电极电势为函数的方法。具体采用何种方法视情况而定。

1.2.4　电极过程特征及研究方法

　　电极过程通常是由若干个基本步骤串联而成的。以 $O + ze^- \longrightarrow R$ 还原反应为例，整个反应过程可能涉及以下 5 个基元步骤，如图 1-13 所示。

　　① 溶液深处的反应粒子 O^0 向电极表面传递。这个步骤称为液相传质步骤。

　　② 到达电极表面的反应粒子 O^S 在表面或附近液层中的反应前的转化，通过吸附或化学反应变成活化态的粒子或易反应的形式 O^{*S}。这个步骤称为前置转化步骤。

　　③ 活化态粒子在电极表面得失电子，生成最初的活化态的产物粒子 R^{*S}。这个步骤称为电化学步骤或电荷转移步骤。

　　④ 最初产物在表面进行反应生成最终产物 R^S。这个步骤称为随后转化步骤。

　　⑤ 最终产物的去向有两种可能：

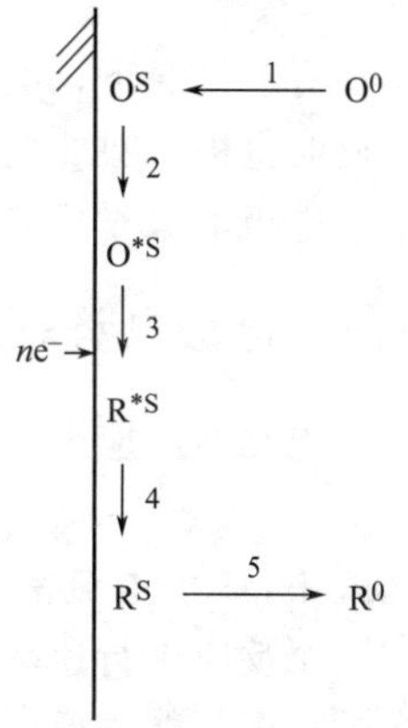

图 1-13　电极反应过程示意

　　产物自电极表面向溶液深处或液态电极内部扩散，即液相传质步骤；产物生成新相，包括生成气体或结晶，即成相步骤。

　　　生成气体　　　　　$2H^+ + 2e^- \longrightarrow 2H \longrightarrow H_2(g)$

　　　生成晶体　　　　　$M^{z+} + ze^- \longrightarrow M \longrightarrow M_{晶}$

　　一个电化学反应的基本步骤（又称单元步骤、分步步骤等）的类型、顺序如图 1-13。但并非任一反应都有这五步。一般都有传质、电荷转移和液相传质或成相步骤，这三步是共同的。前置转化和随后转化则是某些反应有，某些反应没有。

　　此外，有时电极反应历程可能比上述过程还要复杂，比如除了有一系列串联的步骤之外，还可能有并联的基元反应。

　　一个电极过程的各个基本步骤通常是串联进行的，因此各分步步骤的实际进行速率是相同的。但是，各基元步骤的绝对反应速率往往并不一样。绝对反应速率指的是假设某个基本步骤单独存在而无其他步骤时，以它自身反应能力所能达到的速率。只是当这些步骤同时存在，且串联进行，并当反应达到稳态时，各自的速率被迫地趋于一致。

这个实际速率只可能是取它们中最慢步骤的绝对反应速率。人们把绝对速率小，反应能力小的这个步骤称作"慢"步骤。而把绝对速率大，潜在的反应能力大的步骤叫做"快"步骤。整个反应只能按最慢步骤的速率进行，其余的"快"步骤的反应能力实际上没有完全发挥出来。由于"最慢"步骤控制了整个反应速率，而且整个反应表现出的特征正是这一步骤的特征，因此称之为速率控制步骤。

最慢步骤控制整个反应，而其他步骤则近似处于平衡状态。因此要研究一个电化学反应，应首先找出速率控制步骤。速率控制步骤的规律搞清了，整个反应的特征也就清楚了。对于快步骤，它的平衡状态几乎没有被破坏，认为它们仍是可逆的，或叫准可逆。对于这样的步骤仍可用热力学方法去讨论、研究。如果电化学步骤是快步骤，能斯特方程就仍适用。

如果两个绝对速率较小的步骤，其速率相差不大时，反应就不可能单纯由一个步骤控制，而是由两个步骤共同控制，这种情况在电化学中一般叫做混合控制。另外，随着反应条件的变化，速率控制步骤是可以转化的。如当传质步骤为速率控制步骤时，可以增加搅拌强度，使传质速率加快，从而由慢步骤转变成快步骤。

总之，研究一个电化学反应通常的方法是：首先确定反应由哪些基本步骤组成，然后找出速率控制步骤，最后用动力学方法研究影响速率控制步骤的因素。

1.3 电化学步骤动力学

在有些情况下，电化学步骤本身的反应速率比较小，往往成为整个电极反应的控制步骤。此时电极电势的改变将直接影响电化学步骤的反应速率和整个电极的反应速率。这种情况下，电极电势对反应速率的影响是按照动力学方式进行的。

1.3.1 电极电势对反应速率的影响

在电化学反应中，反应速率用电极表面的电流密度 i 表示，即：

$$i = nFv \tag{1-26}$$

式中，i 为电流密度，A/cm^2；nF，C/mol；v，$mol/(cm^2 \cdot s)$。

一个反应进行速率的大小，从本质上说，取决于反应粒子变成产物粒子所需越过的活化能垒的高度：能垒低，则反应容易进行，反应速率就快。而电极电势对反应速率的影响就是通过影响反应活化能来实现的，通过活化能将电极电势和反应速率联系起来。

对于一个电极过程，若电化学步骤为控制步骤，则这时 φ 偏离 φ_e 是由电化学极化引起的。对于电化学步骤，当电极电势发生变化时，电极反应速率也要发生相应的变化，也就是说电极反应速率与电极电势之间有对应关系。以下列反应为例：

$$O + e^- \underset{i_a}{\overset{i_c}{\rightleftharpoons}} R$$

如果反应处于平衡状态，即 $\varphi = \varphi_e$ 时，O 生成 R 的速率与 R 生成 O 的速率相等，即 $i_a = i_c$。i_a、i_c 分别为阳极反应内电流和阴极反应内电流。若 $\varphi \neq \varphi_e$，必是某一方向的反应速率高于另一方向，即 $i_a \neq i_c$，则有净的反应发生。

经理论推导可得出电极电势的变化对反应活化能垒的影响为：

$$\Delta G_c^{\neq\,'} = \Delta G_c^{\neq} + \beta F \Delta\varphi \tag{1-27}$$

$$\Delta G_a^{\neq\,'} = \Delta G_a^{\neq} - \alpha F \Delta\varphi \tag{1-28}$$

式中，$\Delta G_c^{\neq}$、$\Delta G_c^{\neq\,'}$ 分别为电极电势变化前后还原反应的活化能；$\Delta G_a^{\neq}$、$\Delta G_a^{\neq\,'}$ 分别为

电极电势变化前后氧化反应的活化能；α、β 分别为阳极反应和阴极反应的对称系数，也叫对称因子，且 $\alpha+\beta=1$。

α 表示电极电势改变量对阳极反应活化能的影响程度，β 表示电极电势改变量对阴极反应活化能的影响程度。α、β 是电化学步骤重要的动力学参数之一，对于一般的电极反应，有 $\alpha=\beta=0.5$。

显然，若 $\Delta\varphi>0$，则还原反应的活化能升高、氧化反应的活化能降低。

根据反应动力学基本理论，反应速率与活化能的关系为：

$$v_c=k_c a_O \exp\left(-\frac{\Delta G_c^0}{RT}\right) \tag{1-29}$$

$$v_a=k_a a_R \exp\left(-\frac{\Delta G_a^0}{RT}\right) \tag{1-30}$$

式中，v_c、v_a 分别为还原反应和氧化反应的绝对速率；k_c、k_a 分别为还原反应和氧化反应的指前因子；a_O、a_R 分别为氧化态粒子和还原态粒子的活度；ΔG_c^0 和 ΔG_a^0 分别为还原反应和氧化反应的活化能。

结合式(1-26)~式(1-30) 可得出两个内电流与电极电势的关系为：

$$i_c=Fk_c' a_O \exp\left(-\frac{\beta F\varphi}{RT}\right)\exp\left(\frac{\beta F\varphi_e}{RT}\right)=Fk_c'' a_O \exp\left(-\frac{\beta F\varphi}{RT}\right) \tag{1-31}$$

式中

$$k_c''=k_c'\exp\left(\frac{\beta F\varphi_e}{RT}\right)=k_c\exp\left(-\frac{\Delta G_c^0}{RT}\right)\exp\left(\frac{\beta F\varphi_e}{RT}\right)$$

$$i_a=Fk_a' a_R \exp\left(\frac{\alpha F\varphi}{Rt}\right)\exp\left(-\frac{\alpha F\varphi_e}{RT}\right)=Fk_a'' a_R \exp\left(\frac{\alpha F\varphi}{RT}\right) \tag{1-32}$$

式中

$$k_a''=k_a'\exp\left(-\frac{\alpha F\varphi_e}{RT}\right)=k_a\exp\left(-\frac{\Delta G_a^0}{RT}\right)\exp\left(-\frac{\alpha F\varphi_e}{RT}\right)$$

从式(1-31) 和式(1-32) 可以看出，电极电势的增大将导致还原内电流的下降和氧化内电流的增加。也就是，电极电势的增大将导致还原反应速率的降低和氧化反应速率的增大，使两者之间出现一个差值。

在平衡电极电势下，即 $\varphi=\varphi_e$ 时，由式(1-31) 和式(1-32) 可得：

$$i_c=Fk_c'' a_O \exp\left(-\frac{\beta F\varphi_e}{RT}\right) \tag{1-33}$$

$$i_a=Fk_a'' a_R \exp\left(\frac{\alpha F\varphi_e}{RT}\right) \tag{1-34}$$

此时由于电极上无净的反应发生，所以 $i_a=i_c$，把此时两个内电流的数值定义为 i^0，即：

$$i_a=i_c=i^0 \tag{1-35}$$

i^0 称为交换电流密度，它表示氧化反应与还原反应达到平衡时的绝对电流密度，即氧化态粒子与还原态粒子的交换达到平衡时的电流密度。交换电流密度也是电化学步骤重要的动力学参数之一。i^0 描述了 φ_e 下，氧化与还原的绝对速率的大小，体现了反应的活跃程度，或者说体现了反应能力和反应活性的大小。

对于阴极极化而言，$\eta_C=\varphi_e-\varphi$。

由式(1-31)~式(1-35) 可得电极过电势与阴、阳极内电流的定量关系。

$$i_c=i^0\exp\left(\frac{\beta F\eta_C}{RT}\right) \tag{1-36}$$

$$i_a = i^0 \exp\left(-\frac{\alpha F \eta_C}{RT}\right) \tag{1-37}$$

显然，阴极极化时，$i_c > i_a$，存在一个净的还原反应电流。而阳极极化时，$i_c < i_a$，有一个净的氧化反应电流。这里体现了过电势对反应速率的影响。η_C 增大时，i_c 以指数形式上升，i_a 以指数形式下降；η_A 增大时，i_a 以指数形式上升，i_c 以指数形式下降。

将式（1-36）和式（1-37）取对数后作出过电势与反应速率的关系曲线，如图 1-14 所示。两条直线的交点对应于平衡电极电势和交换电流密度。

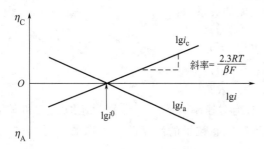

图 1-14 电极过电势与阴阳极内电流的关系曲线

图 1-14 表明：在电极极化过程中，阴、阳极内电流同时存在，只是数值发生变化。随着阴极过电势的增大，还原反应的内电流增加，而氧化反应的内电流下降；相反随着阳极过电势的增大，还原反应的内电流下降，而氧化反应的内电流增大。两者之间的差值就是电极的外电流，也就是反应速率。

对于电化学步骤，还有一个重要的动力学参数，就是电极反应速率常数 K，量纲为 m/s 或 cm/s。电极反应速率常数是当电极电势为标准电极电势，反应粒子活度为单位活度时的电极反应的绝对速率。K 与 i^0、β 的关系是：

$$i^0 = F K a_O^{1-\beta} a_R^{\beta} \tag{1-38}$$

上面所涉及的反应速率 i_c、i_a、i^0 都不是净的速率，或者说不是外电流，而是绝对速率。内电流用电流表在外电路是量不出的，能测出的是 i_c、i_a 两者的差值。

1.3.2 稳态极化的动力学公式

以阴极极化为例。

$$O + e^- \underset{i_a}{\overset{i_c}{\rightleftharpoons}} R$$

$\varphi = \varphi_e$ 时，$i_c = i_a = i^0$，外电流 $i = i_c - i_a = 0$。

当对电极施加阴极极化时，电极上将有净的阴极电流流过，其数值等于阴极内电流减去阳极内电流。

$$i_C = i_c - i_a > 0 \tag{1-39}$$

式中，i_C 为阴极电流密度，对应于外电流。

由式（1-36）式（1-37）可得：

$$i_C = i_c - i_a = i^0 \left[\exp\left(\frac{\beta F \eta_C}{RT}\right) - \exp\left(-\frac{\alpha F \eta_C}{RT}\right) \right] \tag{1-40}$$

该式叫作巴特勒-伏尔摩公式，简称巴伏公式，是在 1930 年由 Volmer 提出的电化学步骤的重要公式。该式给出了反应速率与过电势之间的数学关系。由于该式中有双指数项，所以反应速率与过电势之间的关系不那么一目了然，常常对该式进行简化处理。

由公式可知，当过电势较高（$\eta_C \geqslant 118\text{mV}$）时，$i_c \gg i_a$，巴伏公式中第二项可忽略，式（1-40）简化为：

$$i_C \approx i_c = i^0 \exp\left(\frac{\beta F \eta_C}{RT}\right) \tag{1-41}$$

取对数整理得：

$$\eta_C = \frac{RT}{\beta F} \ln \frac{i_C}{i^0} \tag{1-42}$$

式(1-42) 说明：η_C 的大小取决于外电流与 i^0 之比，也就是说不能简单地认为 i_C 大则 η_C 就大，η_C 还和 i^0 有关。

式(1-42) 通常写成：

$$\eta_C = -\frac{2.3RT}{\beta F} \lg i^0 + \frac{2.3RT}{\beta F} \lg i_C \tag{1-43}$$

$$\eta_C = a + b \lg i_C \tag{1-44}$$

$$a = -\frac{2.3RT}{\beta F} \lg i^0 \tag{1-45}$$

$$b = \frac{2.3RT}{\beta F} \tag{1-46}$$

这就是电化学中著名的塔费尔方程。a 称为塔费尔截距，b 称为塔费尔斜率。这是 1905 年由塔费尔提出的经验公式，而上述理论推导则是在 30～40 年后完成的，两者很好地吻合了。对一定的电极体系，i^0 一定，故 $a = -\dfrac{2.3RT}{\beta F} \lg i^0 =$ 常数。

由推导过程不难看出塔费尔方程的适用条件为：

① 电化学步骤是唯一的控制步骤；

② 高 η ($\eta_C \geqslant 118\text{mV}$)。

其中条件②是根据 $i_C \approx i_c$ 的误差为 1% 确定的，即 $i_c/i_a = 100$

若 $i^0 \exp\left(\dfrac{\beta F \eta_C}{RT}\right) / \left[i^0 \exp\left(-\dfrac{\alpha F \eta_C}{RT}\right)\right] = \exp\left(\dfrac{F \eta_C}{RT}\right) = 100$，则

$$\frac{F \eta_C}{RT} = \ln 100 = 2.3 \lg 100$$

故 $\eta_C = \dfrac{2.3RT}{F} \lg 100 = 0.118$ （V）

图 1-14 给出关于内电流的 η-$\lg i$ 曲线。那么，关于外电流与 η 的关系也可做出半对数曲线，如图 1-15 所示。

在高 η 下，显然有 $i_C \approx i_c$、$i_A \approx i_a$，即外电流与绝对电流曲线重合。η 越高，重合程度越好。这时半对数曲线是直线，符合塔费尔公式。而在 $\eta < 118\text{mV}$ 时，η-$\lg i$ 不是直线，显然这时的曲线不再对应着塔费尔方程，而肯定是与巴伏公式对应的。同时应注意，在阴极极化下，只有阴极外电流，而无阳极外电流；在阳极极化下，只有阳极外电流，而无阴极外电流。这一点与内电流曲线完全不同。

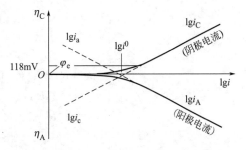

图 1-15　过电势对阴极电流和阳极电流的影响

对于图 1-15 中直线部分，由于其规律符合塔费尔公式，所以通过对该段数据进行线性拟合，可以得到塔费尔公式中的截距 a 和斜率 b。根据式(1-45) 和式(1-46) 便可计算出电化学步骤的对称因子 β 和交换电流密度 i^0。然后再结合式(1-38)，即可计算出电极反应速率常数 K。这样就得到了电化学步骤三个重要的动力学参数。当然也可通过作图外推法得到动力学参数。

关于外电流的极化曲线，可以从理论上分析出来，也可以实际测量出来，结果是相

同的。

当 η_C 很小时（如 $\eta_C < 10\text{mV}$），巴伏公式中的 i_c 比 i^0 稍大，而 i_a 稍比 i^0 小，两者相差不多，不能忽略掉 i_a。此时可将双曲正弦函数作级数展开，并忽略掉高次项。

则有：

$$i_C \approx i^0 \left[\left(1 + \frac{\beta F \eta_C}{RT} \right) - \left(1 - \frac{\alpha F \eta_C}{RT} \right) \right] = i^0 \frac{F \eta_C}{RT} \qquad (1-47)$$

整理得：

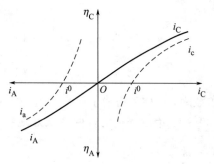

图 1-16　过电势对反应速率的影响

$$\eta_C = \frac{RT}{i^0 F} i_C = R^* i_C \qquad (1-48)$$

该公式称为线性公式。体系一定时，则 i^0 一定，$R^* =$ 常数，定义其为反应电阻。显然 η_C 的大小仍取决于外电流与 i^0 之比。

η_C 与 i_C 的关系曲线如图 1-16 所示。理论上讲，图 1-15 和图 1-16 反映了同样的过电势与反应速率的关系，只是采用的坐标不同。无论是半对数坐标还是直角坐标中的曲线，都是广泛的 η 范围下的完整曲线。并不是半对数曲线只对应塔费尔方程，η-i 曲线只对应欧姆定律式。只是各自其中的一段能直观地看出与近似公式相符合。

1.3.3　多电子转移过程

对于一些电化学反应，往往涉及多个电子的转移。例如：

$$A + ne^- \rightleftharpoons Z$$

由于能量等因素的限制，多个电子的转移并非一次完成的，而是分若干个步骤完成的。也就是说，电极反应的电化学步骤是由多个基元步骤组成的，且每步得失一个电子。但各步骤的绝对反应速率不同，通常也存在一个速率控制步骤。

上述反应可按如下步骤进行。

$$
\begin{aligned}
1&: \quad A + e^- \longrightarrow B \\
2&: \quad B + e^- \longrightarrow C \\
&\quad \vdots \qquad\qquad \vdots \\
R-1&: \quad Q + e^- \longrightarrow \nu R \\
R&: \quad \nu(R + e^- \longrightarrow S) \\
R+1&: \quad \nu S + e^- \rightleftharpoons T \\
&\quad \vdots \qquad\qquad \vdots \\
Y&: \quad Y + e^- \rightleftharpoons Z
\end{aligned}
$$

其中 R 步骤为速率控制步骤；ν 叫做反应数，是总反应进行一次，控制步骤需重复的次数。设控制步骤前得失电子数为 n'，控制步骤后得失电子数为 n''。整个上述反应的得失电子数为：

$$n = n' + n'' + \nu$$

对于这样一个多电子转移过程，经推导可得到普遍的巴伏公式：

$$i_C = i^0 \left[\exp\left(\frac{\alpha_c F \eta_C}{RT}\right) - \exp\left(-\frac{\alpha_a F \eta_C}{RT}\right) \right] \tag{1-49}$$

式中，α_c 为总反应中还原反应的传递系数；α_a 为总反应中氧化反应的传递系数。且有：

$$\alpha_c = \frac{n'}{\nu} + \beta \tag{1-50}$$

$$\alpha_a = \frac{n''}{\nu} + \alpha \tag{1-51}$$

式(1-49)给出了整个多电子转移过程反应速率与过电势的关系。形式上与单电子转移的巴伏公式完全相同，只是将 β 换成了 α_c，α 换成了 α_a。

对该式进行简化处理，同样可以得到高过电势和低过电势情况下的近似公式。

高过电势下的近似公式为：

$$\eta_C = -\frac{2.3RT}{\alpha_c F} \lg i^0 + \frac{2.3RT}{\alpha_c F} \lg i_C \tag{1-52}$$

低过电势下的近似公式为：

$$i_C = i^0 \frac{\alpha_c + \alpha_a}{RT} F \eta_C = i^0 \frac{\frac{n}{\nu} F \eta_C}{RT} \tag{1-53}$$

1.4 液相传质过程动力学

对于电化学反应，当传质过程的速率相对较慢时，传质过程会成为速率控制步骤。这时，电化学步骤反应速率能力很大，其处于准平衡状态，能斯特方程仍然适用。传质速率慢，在反应中就会出现表面反应物浓度下降、产物浓度升高的现象，使 $c_O^s < c_O^0$，$c_R^s > c_R^0$。c_O^0、c_O^s 分别为反应物的本体浓度和表面浓度，c_R^0 和 c_R^s 分别为产物的本体浓度和表面浓度。根据能斯特方程，反应物和产物表面浓度的变化将导致电极电势发生变化，使其偏离平衡电极电势，即出现浓度极化。

1.4.1 液相传质的方式

液相传质的方式有 3 种：对流传质、电迁移传质和扩散传质。

(1) 对流传质 反应物或产物随液体一起流动的传质方式叫对流传质。这种方式的特点是反应粒子与溶液整体间无相对运动。对流的产生有两种情况：自然对流和强制对流。

对流引起的 i 组分的流量用液流速率与 i 组分浓度之积表示：

$$J_i = \nu_x c_i \tag{1-54}$$

式中，J_i 为单位时间内 i 物质通过单位面积的量；ν_x 为溶液在 x 轴方向上的流速，且背向电极的流速为正，指向电极的流速为负；c_i 为 i 粒子的浓度。

对流过程中由于正、负离子同时在移动，所以对流不传递电量。

(2) 电迁移传质 荷电粒子在电场作用下形成的传质过程称为电迁移传质。

电迁移的速率与电场强度大小有关，电迁移流量可表示为：

$$J_i = \pm U_i^0 E_x c_i \tag{1-55}$$

式中，U_i^0 为离子淌度；E_x 为 x 方向上的电场强度。

(3) 扩散传质 扩散传质是指由浓度差引起的传质过程。随着反应的进行，反应粒子在电极表面的浓度与溶液深处的浓度不同，即 $c_i^s \neq c_i^0$，因此 i 粒子将从浓度高处向低处运动。存在浓度梯度的液层定义为扩散层。由于浓度梯度的存在，使电极表面反应物粒子的浓度与平衡时不同，从而引起电极电势偏离平衡电极电势，产生极化，这种极化称为浓度极化。

扩散的特点是粒子和溶液间有相对运动，即是反应物粒子或生成物粒子在浓度差的作用下在静止的溶液中的传质。

i 粒子的扩散流量与浓度梯度 $\dfrac{dc_i}{dx}$ 有关。浓度梯度越大，扩散越快，符合 Fick 第一定律。

$$J_i = -D_i \frac{dc_i}{dx} \tag{1-56}$$

式中，D_i 为扩散系数，即单位浓度梯度作用下的扩散速度。"-"号表示扩散方向与浓度梯度的符号相反。若 i 为反应物粒子，反应进行时其表面浓度下降，使 $\dfrac{dc_i}{dx} > 0$，将导致 i 粒子向电极表面运动，$J_i < 0$。若 i 为产物粒子，反应进行时其表面浓度升高，使 $\dfrac{dc_i}{dx} < 0$，i 粒子将向溶液深处运动，$J_i > 0$。

总之，扩散方向总与 $\dfrac{dc_i}{dx}$ 方向相反，故加负号。

因此在溶液中，反应粒子的传质流量为上述 3 种流量之和。

$$J_{i总} = \nu_x c_i \pm u_i^0 E_x c_i - D_i \frac{dc_i}{dx} \tag{1-57}$$

在远离电极表面的溶液中，对流是主要的，扩散和电迁移都很小，可不考虑。在电极表面附近，扩散和电迁移为主要传质方式，对流很小，可以不考虑。若在电极表面附近，且溶液中存在大量局外电解质，则电迁移可忽略，扩散是主要传质方式。

对于扩散过程，可分为稳态扩散和非稳态扩散，这里主要介绍稳态扩散。

1.4.2 稳态扩散过程

若电极上的反应为：

$$i + ze^- \rightleftharpoons j$$

则稳态扩散过程中，电极/溶液界面反应物粒子的浓度分布情况如图 1-17 所示，即反应物粒子在扩散层中的浓度分布是线性的。若考虑对流的影响，则界面反应物粒子的浓度分布情况如图 1-18 所示，此时扩散层中浓度的分布并非线性，并且在扩散层中同时存在扩散和对流两种传质方式，由此提出了扩散层有效厚度 δ 的概念。

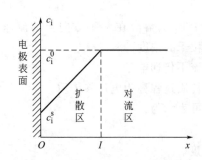

图 1-17　理想的稳态扩散下浓度分布曲线

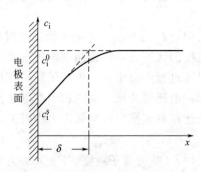

图 1-18　实际稳态扩散下浓度分布曲线

$$\delta = \frac{c_i^0 - c_i^s}{\left(\dfrac{dc_i}{dx}\right)_{x=0}} \tag{1-58}$$

稳态扩散时，电极反应速率与扩散流量的关系为：

$$i_C = zF(-J_i) = zFD_i \frac{c_i^0 - c_i^s}{l} \tag{1-59}$$

式中，i_C 为扩散电流密度；l 为扩散层厚度。

对于反应物而言，其扩散流量 $J_i < 0$，而通常定义 $i_C > 0$，所以前面加负号。对于实际的稳态扩散过程，只需将式(1-59)中的 l 换成 δ 即可。

当电极表面反应物的浓度 $c_i^s = 0$ 时，扩散电流密度达到最大值，称为极限扩散电流密度，用 i_d 表示，i_d 代表了一个体系最大的反应速率。此时浓度极化也达到了极限，叫完全浓度极化。所以有：

$$i_d = zFD_i \frac{c_i^0}{l} \tag{1-60}$$

经推导不难得出：

$$c_O^s = c_O^0 \left(1 - \frac{i}{i_d} \right) \tag{1-61}$$

当扩散过程是整个电极过程的唯一控制步骤时，则整个电极过程的特征就是扩散步骤的特征。此时电极电势或过电势与扩散电流密度的关系可分两种情况讨论。

（1）产物可独立成相

例如：$2H^+ + 2e^- \longrightarrow H_2 \uparrow$

$\qquad M^{z+} + ze^- \longrightarrow M$

这种情况下：$a_R^s = 1$，$a_O^s = f_O c_O^s$，且 $c_O^s = c_O^0 \left(1 - \dfrac{i}{i_d} \right)$。将这些数据带入能斯特方程可得：

$$\begin{aligned}
\varphi &= \varphi^0 + \frac{RT}{zF} \ln \left[f_O c_O^0 \left(1 - \frac{i}{i_d} \right) \right] \\
&= \varphi^0 + \frac{RT}{zF} \ln f_O c_O^0 + \frac{RT}{zF} \ln \left(1 - \frac{i}{i_d} \right) \\
&= \varphi_e + \frac{RT}{zF} \ln \left(\frac{i_d - i}{i_d} \right)
\end{aligned} \tag{1-62}$$

所以有：

$$\eta_C = \varphi_e - \varphi = \frac{RT}{zF} \ln \left(\frac{i_d}{i_d - i} \right) \tag{1-63}$$

这个过电势是反应粒子浓度极化引起的，因此叫做扩散过电势。

从式中可看出，η_C 的大小与 i 和 i_d 间的相对大小有关。

将上述关系作图，得到产物独立成相时的极化曲线，如图 1-19 所示。扩散控制的体系的极化曲线的显著特征是在 I-φ 曲线中存在一个不随电极电势变化的电流平台。

（2）产物可溶

例如：产物溶于溶液　$Fe^{3+} + e^- \longrightarrow Fe^{2+}$

产物溶于电极　$Zn^{2+} + 2e^- + Hg \longrightarrow Hg(Zn)$

显然，此时的情况比产物独立成相复杂。考虑到反应速率既可以用反应物消耗速率表示，也可用产物生成速率表示，所以有：

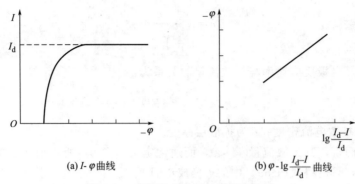

(a) I-φ 曲线   (b) φ-$\lg\dfrac{I_d-I}{I_d}$ 曲线

图 1-19　产物独立成相时的极化曲线

$$i_C = zFD_O\,\frac{c_O^0 - c_O^s}{\delta_O}$$

$$i_C = zFD_R\,\frac{c_R^s - c_R^0}{\delta_R}$$

结合相关公式可分别得到 c_O^s 和 c_R^s 的表达式：

$$c_R^s = \frac{i_C \delta_R}{zFD_R}$$

$$c_O^s = \frac{i_d \delta_O - i_C \delta_O}{zFD_O} = \frac{\delta_O}{zFD_O}\,(i_d - i_C)$$

将 c_R^s、c_O^s 代入能斯特方程并整理得：

$$\varphi = \varphi^0 + \frac{RT}{zF}\ln\frac{f_O \delta_O D_R}{f_R \delta_R D_O} + \frac{RT}{zF}\ln\frac{i_d - i_C}{i_C} \tag{1-64}$$

当 $i_C = \dfrac{1}{2}i_d$ 时，电极电势用 $\varphi_{1/2}$ 表示，则有：

$$\varphi_{1/2} = \varphi^0 + \frac{RT}{zF}\ln\frac{f_O \delta_O D_R}{f_R \delta_R D_O} \tag{1-65}$$

该电势称为半波电势。

所以式(1-64) 又可写为：

$$\varphi = \varphi_{1/2} + \frac{RT}{zF}\ln\frac{i_d - i_C}{i_C} \tag{1-66}$$

这种情况下的极化曲线如图 1-20。同产物独立成相的极化曲线相似，极化曲线的显著特征是存在一个不随电极电势变化的电流平台。

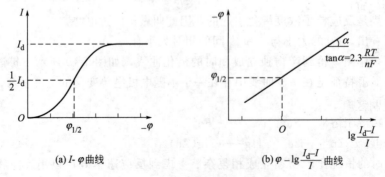

(a) I-φ 曲线   (b) φ-$\lg\dfrac{I_d-I}{I}$ 曲线

图 1-20　产物可溶时的极化曲线

1.4.3　电化学步骤不可逆时的稳态扩散

对于 $O+ze^-\longrightarrow R$ 这样的反应，前面介绍了稳态扩散控制下的电化学反应的动力学规律。但在较多情况下，电化学步骤和扩散步骤的反应能力相差不大，两个步骤共同控制着整个电极的反应速率，即出现混合控制的情况。根据前面电化学步骤和扩散步骤动力学公式的推导过程，可知此时电极反应速率的表达式为：

$$i_C=\frac{z}{v}Fk_c c_O^s\exp\left(-\frac{\alpha_c F\varphi_e}{RT}\right)\exp\left(\frac{\alpha_c F\eta_C}{RT}\right)$$

整理得：

$$\eta_C=\frac{RT}{\alpha_c F}\ln\frac{i}{i^0}+\frac{RT}{\alpha_c F}\ln\left(\frac{i_d}{i_d-i}\right) \tag{1-67}$$

这就是混合控制时的极化公式，其中第一项是电化学极化引起的，即塔费尔公式；第二项则是由浓度极化引起的。显然此时的过电势取决于 i^0、i_d 和 i 之间的相互关系。

① 若 $i_d\gg i\gg i^0$，则电化学步骤为速率控制步骤，第二项可忽略不计，η_C 与 i 之间正好是高 η_C 下的塔费尔关系。

② 若 $i_d\approx i\ll i^0$，则扩散步骤为速率控制步骤，电化学极化可忽略不计。但此时不能用上式中第二项计算过电势，因为上式是在 $i\gg i^0$ 的前提下推导出来的，而应使用稳态扩散的极化公式计算 η_C。

③ 若 $i_d\approx i\gg i^0$，则为扩散步骤和电化学步骤混合控制，这时两项极化都不可忽略。

④ 若 $i\ll i_d$，同时有 $i\ll i^0$，则几乎不出现任何极化现象，电极处于准平衡状态。此时上式亦不适用。

混合控制时的稳态极化曲线如图 1-21 所示。

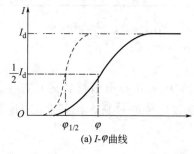
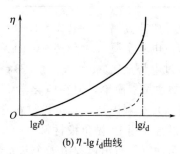

(a) I-φ曲线　　　　(b) η-$\lg i_d$曲线

图 1-21　扩散控制和混合控制时的极化曲线

（实线：混合控制；虚线：扩散控制）

从极化曲线可以看出以下几点。

① 当 $i^0\ll i\leqslant 0.1i_d$ 时，反应为电化学步骤控制。半对数曲线应为直线，而 φ-I 曲线为弯曲线，这个区域叫电化学控制区。

② 当 $0.1i_d<i<0.9i_d$ 时，电化学步骤不可逆，浓度极化也很大，这个区域叫混合控制区。

③ 若 $i>0.9i_d$，i 基本上具备了极限扩散电流的性质，这时几乎完全由扩散控制，这个区域叫扩散控制区域。

1.5　气体电极过程

所谓气体电极过程是指涉及气体的电极反应。换句话说，反应物或产物为气体的电极反应就是气体电极过程。在有些化学电源的充放电过程中，往往涉及氢、氧电极过程。H_2-O_2 燃料电池、锌空气、铝空气电池等本身电极反应就是气体电极过程。

在气体电极过程中，研究得比较多、比较透彻的是氢、氧电极过程。尤其是氢电极过程研究得最多，重现性好，人们认识也比较一致，有关氢电极过程的一些理论也是比较成熟的。而氧电极研究得也不少，但认识不一致，提出的机理有几十种。

1.5.1 氢析出电极过程

在大多数金属电极表面，氢气析出反应均须在高过电势下进行，符合塔费尔方程。这说明氢气析出过程的控制步骤应为电荷转移步骤或随后转化步骤。对于不同体系而言，塔费尔斜率相差较小，一般均在 0.11~0.13 之间。但不同体系的塔费尔截距相差较大，从 0.1 到 1.5 不等，见表 1-1 所列。这说明不同电极材料对氢气析出的催化能力差别较大。i^0 越大，a 越小，反应的可逆性越好，也表现了对反应的催化能力很大，则在该电极上 H_2 析出只需较小的过电势；反之 i^0 越小，a 越大，反应的可逆性越差，说明该电极反应的催化能力小，则该电极上 H_2 析出常需较大的过电势。因此人们常根据塔费尔截距的大小，将金属电极划分成 3 类。

表 1-1 不同体系的 a、b 值

体系	a	b	体系	a	b
Pb｜0.5mol/L H_2SO_4	1.56	0.110	Ag｜1mol/L HCl	0.95	0.116
Hg｜0.5mol/L H_2SO_4	1.415	0.113	Fe｜1mol/L HCl	0.70	0.125
Hg｜1mol/L HCl	1.406	0.116	Cu｜2mol/L HCl	0.80	0.125
Cd｜0.75mol/L H_2SO_4	1.40	0.12	Pt｜1mol/L HCl	0.10	0.13
Zn｜0.5mol/L H_2SO_4	1.24	0.118	Pd｜1mol/L H_2SO_4	0.26	0.12
Sn｜1mol/L HCl	1.24	0.116			

① 高氢过电势金属（a=1.0~1.5）：Pb、Cd、Hg、Zn、Sb、Bi、Sn、Tl。

② 中氢过电势金属（a=0.5~0.9）：Fe、Co、Ni、Cu、Ag、Au。

③ 低氢过电势金属（a=0.1~0.3）：Pt、Pd。

这种分类法虽然简单，但在电化学生产或研究中对选择电极材料还是有一定参考价值的。例如 H_2-O_2 燃料电池，其负极材料宜选低氢过电势的材料，使其上的 H_2 阳极氧化易于进行，所以常采用 Pt 做负极材料。

研究表明：氢气析出过程由三个基元步骤组成：

$$H^+ + M + e^- \longrightarrow MH \qquad \text{（A 步骤）} \qquad (2\text{-}68)$$

$$MH + MH \longrightarrow H_2 + 2M \qquad \text{（B 步骤）} \qquad (2\text{-}69)$$

$$MH + H^+ + e^- \longrightarrow H_2 + M \qquad \text{（C 步骤）} \qquad (2\text{-}70)$$

即氢离子首先还原为吸附态的氢原子，然后通过复合方式或电化学方式进行脱附，生成氢分子。

由于各步骤的反应能力不同，分别都有可能成为速率控制步骤，因此可根据各步骤交换电流密度的大小，将氢气析出的机理划分成 3 种。

① 若 $i_B^0 \gg i_A^0$、i_C^0，或 $i_C^0 \gg i_A^0$、i_B^0，则 A 步骤为速率控制步骤，这种机理叫缓慢放电机理或迟缓放电机理。

② 若 $i_A^0 \gg i_B^0 \gg i_C^0$，则 B 步骤为速率控制步骤，这种机理称作复合脱附机理。

③ 若 $i_A^0 \gg i_C^0 \gg i_B^0$，则 C 步骤为速率控制步骤，该机理称为电化学脱附机理。

在不同金属电极表面，氢气析出的机理不同。

研究发现：在汞这种高氢过电势金属电极表面，氢气析出时 η 与 i 之间有半对数关系；在稀酸溶液中，当 η 一定时，pH 变化而 i 不变；若加入大量局外电解质，在给定的反应速率下，η 随 pH 的上升而线性增大，即有 $\left(\dfrac{\partial \eta}{\partial \mathrm{pH}}\right)_{i,c_{总}}=0.059\mathrm{mV}$；pH 一定时，在给定的反应速率下，改变局外电解质浓度，则有 $c_{总}$ 增大 10 倍，过电势 η 增大 59mV，即有 $\left(\dfrac{\partial \eta}{\partial \lg c_{总}}\right)_{i,\mathrm{pH}}=0.059\mathrm{V}$。根据这些现象，研究人员推导出汞电极上氢析出的动力学公式为：

$$\eta_{H_2}=常数+0.059\mathrm{pH}+0.118\lg i_C+\phi_1 \tag{2-71}$$

并由此认定反应机理为迟缓放电机理。

在铁、镍、铂等中、低氢过电势金属上，氢气析出机理比较复杂，一般是复合脱附机理或电化学脱附机理，至于具体是何种机理，须根据不同体系具体分析。往往不同金属可有不同的机理；并且同一金属表面不同位置上氢析出的机理也可能不同；极化大小的变化，可能会导致反应机理的不同。总之，在中、低氢过电势金属上，反应历程将随电极表面性质、状态和极化条件的不同而变化，要比高氢过电势金属的情形复杂得多。

在 Pt、Pd 等金属上，在极化不太大时，H^+ 的还原可能是复合脱附控制；极化较大或电极表面被毒化时，则可能是电化学脱附控制。毒化是指杂质、污染等原因使催化能力大大下降的现象。毒化后，催化能力大大下降，不易复合脱附，故需靠增大极化来电化学脱附。

在 Fe、Ni 等电极表面上，情况更复杂，不能用单一反应历程来解释所有实验现象，也就是说很有可能 3 个步骤共同控制，反应历程随电极表面性质与极化条件的改变而改变。

氢的阳极过程主要在氢氧燃料电池中涉及较多，所以这部分内容将在氢氧燃料电池部分进行介绍。

1.5.2　氧电极过程

氧电解过程由于涉及 4 个电子的转移，且反应的可逆性很差，所以研究起来比较困难，反应机理比较复杂，人们对其反应机理的看法也不一致。虽然如此，但仍可根据氧电极过程中中间产物的不同，将其反应机理分成两大类。

第一类：二电子机理，即中间产物为 H_2O_2 或 HO_2^-。

在中性、酸性下条件下，反应过程为：

$$O_2+2H^++2e^- \longrightarrow H_2O_2$$
$$H_2O_2+2H^++2e^- \longrightarrow 2H_2O$$
$$或\ H_2O_2 \longrightarrow \frac{1}{2}O_2+H_2O$$

在碱性条件下，反应过程为：

$$O_2+H_2O+2e^- \longrightarrow HO_2^-+OH^-$$
$$HO_2^-+H_2O+2e^- \longrightarrow 3OH^-$$
$$或\ HO_2^- \longrightarrow \frac{1}{2}O_2+OH^-$$

第二类：四电子机理，即中间产物为吸附氧、金属氧化物、氢氧化物。

$$O_2+2M \longrightarrow 2M-O$$

在酸性条件下：

$$2(M-O+2H^++2e^- \longrightarrow H_2O+M)$$

在碱性条件下：

$$2(M-O+H_2O+2e^- \longrightarrow 2OH^-+M)$$

通过表面氧化物（氢氧化物）进行转换的历程如下。

$$M+H_2O+\frac{1}{2}O_2 \longrightarrow M(OH)_2$$

$$M(OH)_2+2e^- \longrightarrow M+2OH^-$$

即反应中不出现 H_2O_2、HO_2^- 中间粒子，连续得到 4 个电子。

对于氧电极反应机理的判别常采用旋转圆环圆盘电极（RRDE）。该电极可检测氧电极过程中的中间产物，若检测到 H_2O_2 或 HO_2^- 的存在，则表明反应机理为二电子机理。至于两个电子分别是如何转移的，则可结合极谱方法进行研究。由于篇幅有限，这方面的内容就不做介绍了。

第 2 章　化学电源概论

2.1　化学电源的发展

现代文明和电的关系密不可分。为了获得电能，人们将化石燃料、水力、风能、太阳能、化学物质及核燃料等各种形式的能源释放的能量转换成电能。将化学反应产生的能量直接转换为电能的装置称为化学电源（简称为电池），例如常见的锌锰电池、铅酸电池、锂离子电池等都属于化学电源，研究化学电源工作原理和制造技术的一门课程称为化学电源工艺学。

化学电源的发展史可以追溯到 2000 年前的"巴格达电池"。1936 年 9 月，德国考古学家瓦利哈拉姆·卡维尼格（Wilhelm König）在巴格达附近发掘出一些两千多年前随葬的陶制粗口瓶。这些粗口瓶瓶颈覆盖一层沥青，有根小铁棒插在铜制圆筒里；圆柱体铜管高约10cm，底部固定一个以沥青绝缘的铜盘，顶部有一个涂沥青的瓶塞。据专家考证，这些是古代电池，只要向陶瓶内倒入一些酸或碱水，便可以发出电来。在这种电池中，铁棒为负极，铜管为正极。在巴格达近郊还发现一些古代电镀物品，因而推测这些电池是用来在雕像或装饰品上电镀金的。但是巴格达电池仍未被世界承认，仍然属于科学之谜。

化学电源再度出现在科技史上却是在很多年以后。1791 年，意大利生物学家伽尔瓦尼（Galvani）在解剖青蛙时首先发现了青蛙腿肌肉的收缩现象，他称之为生物电。1800 年，意大利科学家伏打（Volta）根据伽尔瓦尼的实验，提出蛙腿的抽动是由于两种金属接触时产生的电流造成的，并根据这个假设，用锌片和银片交替叠放，中间隔以吸有盐水的皮革或呢子，制成世界上第一个真正的化学电源，又称为伏打电堆。1836 年，英国人丹尼尔（Daniel）对伏打电堆进行了改进，设计出了具有实用性的丹尼尔电池。

1859 年普兰特（Planté）发明铅酸蓄电池，1868 年勒克朗谢（Leclanché）发明了锌二氧化锰电池，1899 年雍格纳（Jungner）发明镉镍蓄电池，1901 年爱迪生（Edison）发明铁镍蓄电池，这 4 种电池的发明对电池发展具有深远意义，它们已有一百多年的历史，由于不断地改进和创新，至今在化学电源的生产与应用中仍然占有很大的份额。

1941 年法国科学家亨利·安德烈（Henri André）将锌银电池技术实用化，开创了高比能量电池的先例。1969 年飞利浦实验室发现了储氢性能很好的新型合金，1985 年该公司研制成功金属氢化物镍蓄电池，1990 年日本和欧洲实现了这种电池的产业化。1970 年出现金属锂电池。20 世纪 80 年代开始研究锂离子蓄电池，1991 年索尼公司率先研制成功锂离子电池，目前已经广泛应用于各个领域。

燃料电池的开发历史悠久。1839 年，格罗夫（Grove）通过将水的电解过程逆转发现了燃料电池的工作原理；20 世纪 60 年代，基于培根型燃料电池的专利研制了第一个实用性的1.5kW 碱性燃料电池，可以为美国航天局的阿波罗登月飞船提供电力和饮用水；20 世纪 90 年代开始，新型的质子交换膜燃料电池技术取得了一系列突破性进展。

化学电源与其他电源相比，具有能量转换效率高、使用方便、安全、容易小型化与环境友好等优点，各类化学电源在日常生活和生产中发挥着不可替代的作用。化学电源的发展是和社会的进步、科学技术的发展分不开的，同时化学电源的发展反过来又推动了科学技术和生产的发展。由于电子设备、电动汽车等方面强劲需求，将来化学电源仍会快速发展。

2.2 化学电源的分类

化学电源品种繁多，其分类方法也有多种。可以按使用电解液的类型分类：电解液为酸性水溶液的电池称为酸性电池；电解液为碱性水溶液的电池称为碱性电池；电解液为中性水溶液的电池称为中性电池；电解液为有机电解质溶液的电池称为有机电解质溶液电池；采用固体电解质的电池称为固体电解质电池；采用熔融盐电解质的电池称为熔融盐电解质电池。

更常用的则是按化学电源的工作性质及储存方式分类，一般可分为4类。

（1）一次电池 一次电池也称原电池，是指放电后不能用充电方法使它恢复到放电前状态的一类电池。也就是说，一次电池只能使用一次。导致一次电池不能再充电的原因，或是电池反应本身不可逆，或是条件限制使可逆反应很难进行。常见的一次电池有锌锰电池、锌银电池、锂二氧化锰电池等。

（2）二次电池 二次电池也称为蓄电池，电池放电后可用充电方法使活性物质恢复到放电以前状态，从而能够再次放电，充放电过程能反复进行。二次电池实际上是一个电化学能量储存装置，充电时电能以化学能的形式储存在电池中，放电时化学能又转换为电能。常见的二次电池有镉镍电池、铅酸电池、金属氢化物镍电池、锂离子电池等。

（3）储备电池 储备电池也称为激活电池，在储存期间，电解质和电极活性物质分离或电解质处于惰性状态，使用前注入电解质或通过其他方式使电池激活，电池立即开始工作。这类电池的正负极活性物质储存期间不会发生自放电反应，因而电池适合长时间储存。常见的储备电池有锌银电池、热电池、镁氯化铜电池等。

（4）燃料电池 燃料电池也称为连续电池，电池中的电极材料是惰性的，是活性物质进行电化学反应的场所，而正、负极活性物质分别储存在电池体外，当活性物质连续不断地注入电池时，电池就能不断地输出电能。常见的燃料电池有质子交换膜燃料电池、碱性燃料电池等。

上述分类方法并不意味着一个电池体系只能属于其中一类电池，恰恰相反，电池体系可以根据需要设计成不同类型，如锌银电池可以设计为一次电池，也可设计为二次电池，还可以作为储备电池。

2.3 化学电源的工作原理及组成

2.3.1 化学电源的工作原理

化学电源是一个能量储存与转换的装置。放电时，电池将化学能直接转变为电能；充电时则将电能直接转化成化学能储存起来。电池中的正负极由不同的材料制成，插入同一电解液的正负极均将建立自己的电极电势。此时，电池中的电势分布如图2-1中折线 A、B、C、D 所示（点划线和电极之间的空间表示双电层）。由正负极平衡电极电势之差构成了电池的电动势 E。当正、负极与负载接通时，正极物质得到电子发生还原反应，产生阴极极化使正极电势下降；负极物质失去电子发生氧化反应，产生阳极极化使负极电势上升。外线路有电子流动，电流方向由正极流向负极。电解液中靠离子的移动传递电荷，电流方向由负极流向正极。电池工作时，电势的分布如 $A'B'C'D'$ 折线所示。

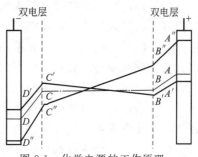

图 2-1　化学电源的工作原理

上述的一系列过程构成了一个闭合通路，两个电极上的氧化、还原反应不断进行，闭合通路中的电流就能不断地流过。电池工作时电极上进行的产生电能的电化学反应称为成流反应，参加电化学反应的物质叫活性物质。

电池充电时，情况与放电时相反，正极上进行氧化反应，负极上进行还原反应，溶液中离子的迁移方向与放电时相反，充电电压高于电动势。

化学电源在实现将化学能直接转换成电能的过程中，必须具备两个必要的条件。

① 化学反应中失去电子的过程（即氧化过程）和得到电子的过程（即还原过程）必须分隔在两个区域中进行。这说明电池中进行的氧化还原反应和一般的化学的氧化还原反应不同。

② 物质在进行转变的过程中电子必须通过外电路。这说明化学电源与电化学腐蚀过程的微电池不同。

放电时，电池的负极上总是发生氧化反应，此时是阳极，电池的正极总是发生还原反应，此时是阴极；充电时进行的反应正好与此相反，负极进行还原反应，正极进行氧化反应。

2.3.2　化学电源的组成

任何一个电池都应包括 4 个基本组成部分：电极、电解质、隔离物和外壳。

（1）电极　电极（包括正极和负极）是电池的核心部件，它是由活性物质和导电骨架组成的。

活性物质是指电池放电时，通过化学反应能产生电能的电极材料，活性物质决定了电池的基本特性。活性物质多为固体，但是也有液体和气体。对活性物质的基本要求是：①正极活性物质的电极电势尽可能正，负极活性物质的电极电势尽可能负，组成电池的电动势就高；②电化学活性高，即自发进行反应的能力强；电化学活性与活性物质的结构、组成有很大关系；③重量比容量和体积比容量大；④在电解液中的化学稳定性好；其自溶速度应尽可能小；⑤具有高的电子导电性；⑥资源丰富，价格便宜；⑦环境友好。要完全满足以上要求是很难做到的，必须要综合考虑。目前，广泛使用的正极活性物质大多是金属的氧化物，例如二氧化铅、二氧化锰、氧化镍等，还可以用空气中的氧气。而负极活性物质多数是一些较活泼的金属，例如锌、铅、镉、铁、锂、钠等。

导电骨架的作用是能把活性物质与外线路接通并使电流分布均匀，另外还起到支撑活性物质的作用。导电骨架要求机械强度好、化学稳定性好、电阻率低、易于加工。

（2）电解质　电解质保证正负极间的离子导电作用，有的电解质还参与成流反应。电池中的电解质应该满足：①化学稳定性好，使储存期间电解质与活性物质界面不发生速度可观的电化学反应，从而减小电池的自放电；②电导率高，则电池工作时溶液的欧姆电压降较小。不同的电池采用的电解质是不同的，一般选用导电能力强的酸、碱、盐的水溶液，在新型电源和特种电源中，还采用有机溶剂电解质、熔融盐电解质、固体电解质等。

（3）隔离物　隔离物又称隔膜、隔板，置于电池两极之间，主要作用是防止电池正极与负极接触而导致短路。对隔离物的具体要求是：①应是电子的良好绝缘体，以防止电池内部短路；②隔膜对电解质离子迁移的阻力小，则电池内阻就相应减小，电池在大电流放电时的能量损耗就减小；③应具有良好的化学稳定性，能够耐受电解液的腐蚀和电极活性物质的氧化与还原作用；④具有一定的机械强度及抗弯曲能力，并能阻挡枝晶的生长和防止活性物质微粒的穿透；⑤材料来源丰富，价格低廉。常用的隔离物有棉纸、浆层纸、微孔塑料、微孔橡胶、水化纤维素、尼龙布、玻璃纤维等。

（4）外壳　外壳也就是电池容器，在现有化学电源中，只有锌锰干电池是锌电极兼作外壳，其他各类化学电源均不用活性物质兼作容器，而是根据情况选择合适的材料作外壳。电池的外壳应该具有良好的机械强度，耐震动和耐冲击，并能耐受高低温环境的变化和电解液的腐蚀。常见的外壳材料有金属、塑料和硬橡胶等。

2.4　化学电源的电性能

2.4.1　电池的电动势

在外电路开路时，即没有电流流过电池时，正负电极之间的平衡电极电势之差称为电池的电动势。电动势的大小是标志电池体系可输出电能多少的指标之一。根据热力学原理，应有：

$$-\Delta G = nFE \tag{2-1}$$

$$E = \frac{\Delta G}{nF} \tag{2-2}$$

电池的电动势只和参与化学反应的物质本性、电池的反应条件（即温度）及反应物与产物的活度有关，而与电池的几何结构、尺寸无关。

电池的电动势 E 与电池反应的焓变（ΔH）之间的关系，可以用吉布斯-亥姆霍兹方程描述：

$$E = -\frac{\Delta H}{nF} + T\left(\frac{\partial E}{\partial T}\right)_p \tag{2-3}$$

结合 $\Delta G = \Delta H - T\Delta S$，可以得到：

$$\left(\frac{\partial \Delta G}{\partial T}\right)_p = -nF\left(\frac{\partial E}{\partial T}\right)_p = -\Delta S \tag{2-4}$$

所以电池的温度系数为：

$$\left(\frac{\partial E}{\partial T}\right)_p = \frac{\Delta S}{nF} \tag{2-5}$$

等温条件下，可逆反应的热效应为：

$$Q_R = T\Delta S = nFT\left(\frac{\partial E}{\partial T}\right)_p \tag{2-6}$$

当电池在可逆条件下放电时，如果电池的温度系数是正值，则温度升高时电池的电动势增大，这时 $Q_R > 0$，除电池反应的反应热全部转变成电功之外，还要从环境中吸热来做电功。当电池的温度系数是负值，温度升高，电池的电动势将降低，这时 $Q_R < 0$，电池反应时的反应热一部分转变为电功，另一部分以热的形式传给环境。当电池的温度系数为 0 时，$Q_R = 0$，说明电池反应时释放的反应热全部转换成电功，电池与环境之间没有热交换。

2.4.2　电池的开路电压

电池的开路电压是两极间所连接的外线路处于断路时两极间的电势差。正、负极在电解液中不一定处于热力学平衡状态，因此电池的开路电压总是小于电动势。

电池的电动势是从热力学函数计算得出，而开路电压是实际测量出来的，两者数值接近。测开路电压时，测量仪表内不应有电流通过。一般使用高阻电压表。

标称电压是表示或识别一种电池的适当的电压近似值，也称为额定电压，可用来鉴别电池类型。例如铅酸蓄电池开路电压接近 2.1V，标称电压定为 2.0V。锌锰电池标称电压为 1.5V，镉镍电池、镍氢电池标称电压为 1.2V。

2.4.3　电池的内阻

电池的内阻 $R_内$ 是指电流流过电池时所受到的阻力，它包括欧姆内阻和电化学反应中电极极化所相当的极化内阻。

欧姆内阻 R_Ω 的大小与电解液、电极材料、隔膜的性质有关。电解液的欧姆内阻与电解液的组成、浓度、温度有关。一般说来，电池用的电解液浓度值大都选在电导率最大的区间，另外还必须考虑电解液浓度对电池其他性能的影响，如对极化电阻、自放电、电池容量和使用寿命的影响。隔膜微孔对电解液离子迁移所造成的阻力也称为隔膜电阻，即电流通过隔膜时微孔中电解液的电阻。隔膜的欧姆电阻与电解质种类、隔膜的材料、孔率和孔的曲折程度等因素有关。电极上的固相电阻包括活性物质粉粒本身的电阻、粉粒之间的接触电阻、活性物质与导电骨架间的接触电阻及骨架、导电排、端子的电阻总和。放电时，活性物质的成分及形态均可能变化，从而造成电阻阻值发生较大的变化。为了降低固相电阻，常常在活性物质中添加导电组分，例如乙炔黑、石墨等，以增加活性物质粉粒间的导电能力。

电池的欧姆电阻还与电池的尺寸、装配、结构等因素有关。装配越紧凑，电极间距就越小，欧姆内阻就越小。一只中等容量启动型铅酸蓄电池的欧姆内阻只有 $10^{-4} \sim 10^{-2}\Omega$，而一支 R20 型糊式锌锰干电池的欧姆内阻可达到 $0.2 \sim 0.3\Omega$。

极化内阻 R_f 是指化学电源的正极与负极在进行电化学反应时因极化所引起的内阻，它包括电化学极化和浓差极化所引起的电阻之和。极化电阻与活性物质的本性、电极的结构、电池的制造工艺有关，特别是与电池的工作条件密切相关，所以极化内阻随放电制度和放电时间的改变而变化。如果用 η_+ 和 η_- 分别表示正、负极的过电势值，则总极化值为：

$$\Delta\varphi = \eta_+ + \eta_- = IR_f \tag{2-7}$$

2.4.4　电池的工作电压

电池的工作电压又称负载电压、放电电压，是指有电流流过外电路时电池两极之间的电势差。当电池内部有电流流过时，由于必须克服极化内阻和欧姆内阻所造成的阻力，工作电压总是小于开路电压。

当 $E = U_开$ 时，有：

$$U = E - IR_内 = E - I(R_\Omega + R_f) \tag{2-8}$$

式中，U 是放电电压；E 是电动势；I 是放电电流；R_Ω 是欧姆内阻；R_f 是极化内阻。

由式(2-8)可以看出，电池的内阻愈大，电池的工作电压就愈低，实际对外输出的能量就愈小，显然内阻愈小愈好。损失的能量均以热量的形式留在电池内部，如果电池升温激烈，可能使电池无法继续工作。

在研究电池的放电性能时，经常需要测量电池的放电曲线，即放电电压随时间变化的曲线。电池放电制度不同，其放电曲线也会发生变化。放电制度通常包括放电方式、放电电流、终止电压、放电的环境温度等。

电池放电时基本上有两种方式，一种是恒电流放电，另一种是恒电阻放电。恒电阻放电时，电池的工作电压和放电电流均随着放电时间的延长而下降。恒电流放电时，其工作电压也随着放电时间的延长而下降。电池的工作电压随着放电时间的延长而逐渐下降主要是由两个电极的极化造成的。在放电过程中由于传质条件变差，浓差极化逐渐加大；此外随着活性物质的转化，电极反应的真实表面积越来越小，造成电化学极化的增加。特别是在放电后期，电化学极化的影响更为突出。电池的欧姆内阻也是工作电压逐渐下降的原因之一。在电池放电时，通常欧姆内阻是不断增加的。

随着现在电动工具、电动车辆等电池功率驱动应用的增加，电池恒功率放电的应用也越来越多。随放电进行，电池电压不断下降，根据 $P=IU$，则电池的放电电流会不断增大。

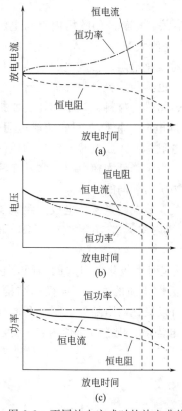

图 2-2　不同放电方式时的放电曲线
(a) 放电电流；(b) 放电
电压；(c) 功率

恒电阻、恒电流、恒功率 3 种放电方式时的电流、电压、功率随时间变化曲线如图 2-2 所示。

放电电流就是电池工作时的输出电流。在大电流放电时，电池正负极上的电化学极化和浓差极化都会增大，电池内的欧姆压降也增大，这是某些电池的工作电压迅速下降的主要原因之一。放电电流通常也称为放电率，经常用时率（又称小时率）和倍率表示。

时率是以放电时间表示的放电速率，或者说是以一定的放电电流放完全部容量所需的时间（h）。例如额定容量为 10A·h 的电池，以 2A 的电流放电时，时率为 10A·h/2A＝5h，即电池是以 5 小时率放电。

倍率是电池在规定时间内放完全部容量时，用电池容量数值的倍数表示的电流值。例如，2 倍率放电就是指放电电流是电池容量数值的 2 倍，通常用 2C❶ 表示（C 表示电池的容量）。一只 10A·h 的电池，2C 放电是指放电电流为 2×10＝20(A)，对应的时率则为 10A·h/20A＝0.5h，即电池是以 0.5 小时率放电。根据电池类型和结构设计的不同，有的电池适合小电流放电，有的电池适合大电流放电。一般规定，放电率在 0.5C 以下称为低倍率；0.5～3.5C 称为中倍率；3.5～7C 则称为高倍率，大于 7C 则为超高倍率。

通常将电池放电刚开始的电压称为初始工作电压，电压下降到不宜再继续放电的最低工作电压称为终止电

❶ 许多意见认为这种电流命名方法存在量纲性错误，即容量倍数的单位仍是安时（A·h），并非电流单位（A）。根据 IEC 61434 标准规定，对电流的表述方法可改为：

$$I_t(A)=C(A·h)/1(h)$$

式中，I_t 为电流；C 为制造商标明的额定容量。

则 2C 可以表示成 $2I_t$。在本书中，仍沿用传统倍率表示方式。

压。根据不同放电条件和对容量、寿命的要求，规定的终止电压数值略有不同，低温或大电流放电的情况下，规定的终止电压可低些，小电流放电则规定值较高。例如镉镍蓄电池，1 小时率放电终止电压为 1.0V，10 小时率放电终止电压为 1.1V。因为当 1 小时率放电时，放电电流较大，电压下降也较快，活性物质的利用不充分，所以把放电终止电压适当规定得低一些，有利于输出较多的能量。而 10 小时率或更小的电流放电时，活性物质的利用比较充分，放电终止电压可适当提高一些，这样可以减轻深度放电引起的电池寿命下降。表 2-1 列出几种电池放电时的终止电压。

表 2-1 几种电池放电时的终止电压　　　　　　　　　单位：V

电 池	10 小时率	5 小时率	1 小时率
镉镍	1.10	1.10	1.00
铅酸	1.80	1.75	1.75
碱性锌锰	1.20	—	—
锌银	1.2~1.30	1.2~1.30	0.9~1.0

由图 2-3 中放电曲线可以清楚地看出电池的工作电压特性和容量情况，一般总是希望放电曲线越平坦越好。有时为了分析和研究电池电压下降的原因，还需要测量单个电极的放电曲线，借以判断电池容量、寿命下降发生在哪一个电极上。

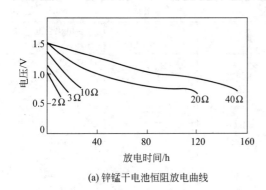

(a) 锌锰干电池恒阻放电曲线

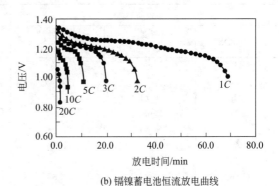

(b) 镉镍蓄电池恒流放电曲线

图 2-3 锌锰电池与镉镍电池的放电曲线

放电温度对放电曲线的影响如图 2-4 所示。放电温度较高时放电曲线变化比较平缓，温度越低，曲线变化越大。这是因为温度越低，离子运动速度减慢，欧姆电阻增大，温度过低时，电解液甚至会结冰而放不出电来。同时，温度降低电化学极化和浓差极化也将增大，所以放电曲线下降变化较快。

2.4.5 电池的容量与比容量

电池的容量是指在一定的放电条件下可以从电池获得的电量，单位常用安培小时（A·h）表示，它又可分为理论容量、实际容量和额定容量。

理论容量（C_0）是假设活性物质全部参加电池的成流反应时所给出的电量。它是根据活性物质的质量按照法拉第定律计算求得的。

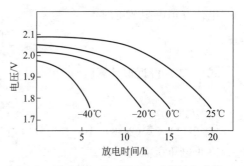

图 2-4 铅酸蓄电池不同温度下的放电曲线

法拉第定律指出：电极上参加反应的物质的质量与通过的电量成正比，即 1mol 的活性物质参加电池的成流反应，所释放出的电量为 1F＝96500C＝26.8A·h。因此，电极的理论容量计算公式如下：

$$C_0 = 26.8n\frac{m}{M} \quad (\text{A·h}) \tag{2-9}$$

式中，m 为活性物质完全反应时的质量；n 为成流反应时的得失电子数；M 为活性物质的摩尔质量。

$$令 \ K = \frac{M}{26.8n}[\text{g/(A·h)}]$$

则
$$C_0 = \frac{m}{K} \tag{2-10}$$

式中，K 称为活性物质的电化当量，g/(A·h)。

由式(2-10)可以看出，电极的理论容量与活性物质质量和电化当量有关。在活性物质质量相同的情况下，电化当量越小的物质，理论容量就越大。表 2-2 列出了部分常用电极材料的密度和电化当量。从表 2-2 的数据可知，同是输出 1A·h 的电量，消耗锂为 0.259g，而铅则是 3.87g，后者是前者的约 15 倍。

表 2-2 部分电极材料的电化当量

负极材料			正极材料		
物　质	密度/(g/cm³)	电化当量/[g/(A·h)]	物　质	密度/(g/cm³)	电化当量/[g/(A·h)]
H_2	—	0.037	O_2	—	0.30
Li	0.534	0.259	$SOCl_2$	1.63	2.22
Mg	1.74	0.454	AgO	7.4	2.31
Al	2.699	0.335	SO_2	1.37	2.38
Fe	7.85	1.04	MnO_2	5.0	3.24
Zn	7.1	1.22	NiOOH	7.4	3.42
Cd	8.65	2.10	Ag_2O	7.1	4.33
$(Li)C_6$	2.25	2.68	PbO_2	9.3	4.45
Pb	11.34	3.87	I_2	4.94	4.73

实际容量（$C_{实际}$）是指在一定放电条件下，电池实际能输出的电量。电池实际容量除受理论容量的制约外，还与电池的放电条件有很大关系。

实际容量的计算方法如下所述。

电池在恒电流放电时：
$$C_{实际} = It \tag{2-11}$$

电池在恒电阻放电时：
$$C_{实际} = \int_0^t I\,dt = \frac{1}{R}\int_0^t U\,dt \tag{2-12}$$

式(2-12)可近似计算：
$$C_{实际} = \frac{1}{R}U_{平均}t \tag{2-13}$$

式(2-11)～式(2-13)中，I 为放电电流，$U_{平均}$ 为平均放电电压，R 为放电电阻，t 为放电到终止电压所需的时间。

额定容量（$C_{额定}$）是指设计和制造电池时，规定电池在一定的放电条件下应该放出的最低容量，也称为标称容量。

由于活性物质不能百分之百地被利用，因而电池的实际容量总是低于理论容量。实际容量决定于活性物质的数量和利用率（k）。

利用率的计算方法：

$$k = \frac{C_{实际}}{C_0} \times 100\%　\qquad (2\text{-}14)$$

式中，$C_{实际}$为实际容量；C_0为根据法拉第定律计算出的理论容量。

当设计电池时，要求电池放出一定的容量，则利用率也可以表示为：

$$k = \frac{m_0}{m} \times 100\%　\qquad (2\text{-}15)$$

式中，m为活性物质的实际质量；m_0为按电池实际容量根据法拉第定律计算出的活性物质质量。

提高正负极活性物质的利用率是提高电池容量、降低电池成本的重要途径。利用率是与电池的放电制度、电池的结构及制造工艺密切相关的。相同结构和类型的电池，如果放电制度不同，它们给出的容量就不相同，活性物质的利用率也就不一样。显然，在相同的放电制度下，活性物质的利用率越高就说明电池结构设计得越合理。影响容量的因素都将影响活性物质的利用率。当电池的结构、活性物质的数量及质量和制造工艺被确定下来之后，电池的容量就与放电制度有关，其中放电电流的大小对电池容量的影响较大，因此在谈到电池容量时，必须指明其放电电流强度。

电池的容量由电极的容量决定，当正极和负极的容量不相等时，电池的容量取决于容量小的那个电极，而不是正、负极容量之和。因为电池充放电时通过正、负极的电量总是一样的，即正极放出的容量等于负极放出的容量等于电池的容量。考虑到经济、安全、密封等问题，电池往往特意设计成一个电极容量稍大，通常是正极容量控制整个电池的容量，而负极容量过量。正、负极活性物质有各自的利用率和比容量，可以分别测定和计算。实际电池的比容量是用电池的容量除以电池的质量或体积计算出来的。

电池容量是电池电性能的重要指标，影响它的因素很多，归纳起来主要是两大方面：一是活性物质的数量，二是活性物质的利用率。通常，电池中活性物质的数量越多，电池放出的容量越大，但它们并不是严格地成正比关系。电池中的活性物质数量越大，电池的总质量和体积也就越大，所以，就同一类电池而言，大电池放出的容量要比小电池多。在一种电池被设计制造出来以后，电池中活性物质的质量确定，理论容量也就确定了，而实际上能放出多少容量，则主要取决于活性物质的利用率。

影响活性物质利用率的因素主要有以下几个方面。

① 活性物质的活性。活性物质的活性是指它参加电化学反应的能力。活性物质的活性大小与晶型结构、制造方法、杂质含量以及表面状态有密切关系，活性高的利用率也高，放出容量也大。

② 电极和电池的结构对活性物质的利用率有明显的影响，也直接影响到电池的容量。电极的结构包括电极的成型方法，极板的孔径、孔率、厚度，极板的真实表面积等。

在大多数电池中，电极是由粉状活性物质制成，电极中存在很多微孔，电解液在微孔中扩散和迁移都要受到阻力，容易产生浓差极化，影响活性物质的利用率。有时电池的反应产物在电极表面生成并覆盖电极表面的微孔，很难使内部的活性物质充分反应，影响到活性物质的利用率，从而影响到电池的容量。

在活性物质相同的情况下，极板越薄，活性物质的利用率越高。电极的孔径、孔率大小都影响电池的容量。电极的孔径大、孔率高，有利于电解液的扩散。同时电极的真实表面积增大，对于同样的放电电流，则它的电流密度大大减小，可以减轻电化学极化，有利于活性物质利用率的提高。但孔径过大、孔率过高，极板的强度要降低，同时电子导电的电阻增大，对活性物质利用率的提高不利，因此极板的孔径和孔率要适当，才能有较高的利用率。正、负极之间在不会引起短路的条件下，极板间距要小，离子运动的路程短，有利于电解液的扩散。

电池的结构不同，如圆筒形、方形、纽扣形，其活性物质的利用率也不同。

③ 电解液的数量、浓度和纯度对容量也有明显的影响，这种影响是通过活性物质的利用率来体现的。如果电解质参与电池反应，则可视其为活性物质。若电解质数量不足，正负极活性物质就不可能充分利用。对于不参加反应的电解质溶液，只要它的数量能保证离子导电就行了。任何一种电解质溶液，都存在一个最佳浓度，在此浓度下导电能力最高。同时还要考虑电极在此浓度下的腐蚀和钝化，若腐蚀严重，造成活性物质浪费，利用率下降，另外电解液中的杂质，特别是有害杂质，也会使活性物质利用率降低，影响到电池的容量。

④ 电池的制造工艺对电池的容量有很大影响。活性物质种类与组成、添加剂的应用都会影响利用率，生产过程中的工艺参数变化也会影响电池性能。

⑤ 当电池制造出来以后，放电制度不同也会影响活性物质利用率。

放电电流密度 $i_{放}$ 对电池的容量影响很大。$i_{放}$ 越大，电池放出的容量越小，因为 $i_{放}$ 大表示电极反应速率快，则电化学极化和浓差极化也就越严重，阻碍了反应的深度，使活性物质不能充分被利用。同时 $i_{放}$ 大，欧姆电压降也增大，特别是放电的反应产物是固态时，可能将电极表面覆盖，阻碍了离子的扩散，影响到电极内部活性物质的反应，使利用率下降，容量降低。

放电温度对容量的影响也很大。放电温度升高时，一方面电极的反应速率加快，另一方面溶液的黏度降低，离子运动的速度加快，使电解质溶液的导电能力提高，有利于活性物质的反应。放电温度升高，放电产物的过饱和度降低，可以防止生成致密的放电产物层，这就减轻了颗粒内部活性物质的覆盖，有利于活性物质的充分反应，提高了活性物质的利用率。放电温度升高还可能防止或推迟某些电极的钝化（特别是片状负极），这些都对电池的容量有利。所以放电温度升高，电池放出的容量增大；反之，放电温度降低，电池放出的容量减小。

放电终止电压对容量的影响，一般是终止电压越高，放出的容量越小；反之，选择终止电压越低，放出的容量越大。

为了对同一系列的不同种电池进行比较，常用比容量这个概念。单位质量或单位体积电池所给出的容量称为质量比容量（A·h/kg）或体积比容量（A·h/L）。

对于电池来说，除了作为核心的电极与电解液之外，还包括外壳、隔膜以及导电部件，其中对于储备电池和连续电池，除了电池本身，还要包括为使电池放电所需的全部附件的质量和体积，如储备电池的储液罐、激活装置等以及连续电池的活性物质储存和供给系统、控制系统、加热系统等的质量和体积。

有了比容量的概念，就可以对不同类型、不同大小的电池进行比较，以区别电池性能的优劣。电池的容量有理论容量和实际容量之分，所以对应也有理论比容量和实际比容量之别。

2.4.6 电池的能量与比能量

电池的能量是指电池在一定放电条件下对外做功所能输出的电能,通常用瓦时(W·h)表示,电池的能量有理论能量与实际能量之分。

假设电池在放电过程中始终处于平衡状态,其放电电压始终保持其电动势的数值。且电池活性物质全部参加反应,则此时电池应该给出的能量为理论能量 W_0,可表示为:

$$W_0 = C_0 E \tag{2-16}$$

电池的理论能量就是电池在恒温、恒压、可逆放电条件下所作的最大非体积功。

$$W_0 = -\Delta G = nFE \tag{2-17}$$

实际能量(W)是电池在一定放电条件下实际输出的能量,在数值上它等于实际容量和平均工作电压的乘积。因为活性物质不可能100%地被利用,电池工作电压也不可能等于电动势,所以实际能量总是低于理论能量,其值可用式(2-18)表示:

$$W = C U_{平均} \tag{2-18}$$

比能量是指单位质量或单位体积的电池所放出的能量。电池放出的能量多少和放电制度有关,因此同一支电池的比能量大小与放电制度有关。单位质量的电池输出的能量称为质量比能量,常用"瓦时/千克"(W·h/kg)表示。单位体积的电池输出的能量称为体积比能量,常用"瓦时/升"(W·h/L)表示。比能量也分为理论比能量(W_0')和实际比能量(W')。

电池的理论质量比能量可以根据正、负极两种活性物质的电化当量(如果电解质参加反应,也需要加上电解质的电化当量)和电池的电动势来计算。

$$W_0' = \frac{1000}{K_+ + K_-} E \qquad (W \cdot h/kg) \tag{2-19}$$

式中,K_+ 为正极活性物质的电化当量;K_- 为负极活性物质的电化当量;E 为电池的电动势。

例如铅酸蓄电池的理论质量比能量可依下面的反应式计算:

$$Pb + PbO_2 + 2H_2SO_4 \longrightarrow 2PbSO_4 + 2H_2O$$

根据已知条件,$K_{Pb} = 3.866 g/(A \cdot h)$,$K_{PbO_2} = 4.463 g/(A \cdot h)$,$K_{H_2SO_4} = 3.656 g/(A \cdot h)$,$E = 2.044 V$。

$$W_0' = \frac{1000 \times 2.044}{3.866 + 4.463 + 3.656} = 170.5 \quad (W \cdot h/kg)$$

实际比能量(W)可根据电池的实际质量或体积和实际输出的能量求出。

$$W' = \frac{C U_{平均}}{G} \quad 或 \quad W' = \frac{C U_{平均}}{U} \tag{2-20}$$

由于各种因素的影响,电池的实际比能量远小于理论比能量。实际比能量与理论比能量的关系可表示如下:

$$W' = W_0' K_E K_C K_G \tag{2-21}$$

式中,K_E 称为电压效率($K_E = U_{平均}/E$);K_C 称为活性物质利用率($K_C = C/C_0$);K_G 称为质量效率 $[K_G = m_0/(m_0 + m_s) = m_0/G]$。

电池放电时,工作电压总是低于电动势,因此 K_E 总是小于1。因为活性物质不可能百分之百地被利用,K_C 也是一个小于1的值。同样,电池的质量效率也是小于1的,因为电池中除了活性物质(质量为 m_0),必然要包含一些不参加电池反应的物质(质量为 m_s),因而使实际比能量减小。这些物质有过剩的活性物质、电解质溶液、电极的添加剂、电池的外壳、电极的板栅、骨架等。

电池的比能量是电池性能的一个重要指标，是比较各种电池优劣的重要技术参数。尽管有许多体系理论比能量很高，但电池的实际比能量却小于理论比能量。表 2-3 列出常见的化学电源的比能量数据。

表 2-3　实际比能量与理论比能量的比值

电池体系	实际比能量 $W'/(W \cdot h/kg)$	理论比能量 $W_0'/(W \cdot h/kg)$	W'/W_0'
铅酸电池	10～50	170.3	0.06～0.29
镉镍电池	15～40	214.3	0.07～0.19
铁镍电池	10～25	272.5	0.04～0.09
锌银电池	60～160	487.5	0.12～0.33
锌锰干电池	10～15	251.3	0.04～0.06
碱性锌锰电池	30～100	274.0	0.11～0.36
锌空气电池	100～250	1350	0.07～0.19

2.4.7　电池的功率与比功率

电池的功率是指在一定放电制度下，单位时间内电池所输出的能量，单位为瓦（W）或千瓦（kW）。单位质量或单位体积电池输出的功率称为比功率，质量比功率的单位用 W/kg，体积比功率的单位用 W/L 表示。

功率、比功率表示电池放电倍率的大小，电池的功率越大，意味着电池可以在大电流或高倍率下放电。例如，锌-银电池在中等电流密度下放电时，比功率可达到 100W/kg 以上，说明这种电池的内阻小，高倍率放电的性能好；而锌-锰干电池在小电流密度下工作时，比功率也只能达到 10W/kg，说明电池的内阻大，高倍率放电的性能差。与电池的能量相类似，功率有理论功率和实际功率之分。

电池的理论功率可表示为：

$$P_0 = \frac{W_0}{t} = \frac{C_0 E}{t} = \frac{ItE}{t} = IE \tag{2-22}$$

式中，t 为时间；C_0 为电池的理论容量；I 为电流。

而电池的实际功率应该是：

$$P = \frac{W}{t} = \frac{CV}{t} = IU_{平均} = I(E - IR_{内}) = IE - I^2 R_{内} \tag{2-23}$$

式中，$I^2 R$ 为消耗于电池全内阻上的功率，这部分功率对负载是无用的，它转变成热能损失了。

放电制度对电池输出功率有显著影响，当以高放电率放电时，电池的比功率增大。但由于极化增大，电池的电压降低很快，因此比能量降低；相反，当电池以低放电率放电时，极化小，电压下降缓慢，电池的比功率降低，而比能量却增大。这种特性随电池系列的不同而不同。图 2-5 给出几种常用电池的比功率和比能量的关系。

从曲线可以证实，锌-银电池、钠-硫电池、锂-氯电池，当比功率增大时，比能量下降很小，说明这些电池适合于大电流工作。从图 2-5 中还可看出，在所有干电池中，碱性锌-锰电池是在重负荷下性能最好的一种电池。而在低放电电流时，锌-汞电池的性能较好。

锌-汞电池和锌-锰干电池随比功率的增加，比能量下降较快，说明这些电池只适用于低倍率工作。

图 2-6 表示电流强度对电池功率和电压的影响，随着放电电流强度的增大，电池的功率逐渐升高，达到最大功率后，如再继续增大电流，因为消耗于电池内阻上的功率显著增加，电池电压迅速下降，电池的功率也随着下降。原则上，当外电路的负载电阻等于电池的内阻时，电

池的输出功率最大，这可以由下面的推导来证明：假设 $R_内$ 为常数，把式(2-23)对电流微分：

$$\frac{dP}{dI} = E - 2IR_内 \qquad (2\text{-}24)$$

又因为 $E = I(R_外 + R_内)$，带入式(2-24)，并令 $\frac{dP}{dI}$ 等于 0。

$$IR_外 + IR_内 - 2IR_内 = 0$$
$$R_内 = R_外 \qquad (2\text{-}25)$$

所以 $R_内 = R_外$ 是电池功率达到极大值的条件。

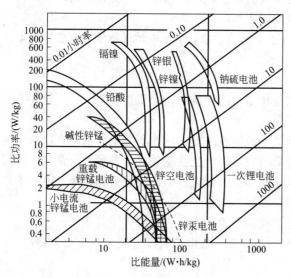

图 2-5 各种电池系列的比功率和比能量   图 2-6 电流强度对电池功率和电压的影响

2.4.8 电池的储存性能与自放电

电池储存性能是指电池开路时，在一定的条件下（如温度、湿度等）储存一段时间后，容量自行降低的性能，也称自放电。容量降低率小就说明储存性能好。

电池开路时，没有对外输出电能，但是电池总是会发生自放电现象。自放电的产生主要是由于电极在电解液中处于热力学的不稳定性，电池的两个电极自行发生了氧化还原反应的结果。即使电池干储存，也会由于密封不严，进入空气、水分等，使得电池发生自放电。

自放电速率用单位时间内容量降低的百分数表示：

$$x\% = \frac{C_前 - C_后}{C_前\, t} \times 100\% \qquad (2\text{-}26)$$

式中，$C_前$、$C_后$ 为储存前后电池的容量；t 为储存时间，可用天、月或年表示。

自放电的大小也可用电池搁置至容量降低到规定值时的天数表示，称为搁置寿命。有干搁置寿命和湿搁置寿命之分。如储备电池，在使用前不加入电解液，电池可以储存很长时间，这种电池干搁置寿命可以很长。电池带电解液储存时称湿储存，湿储存时自放电较大，湿搁置寿命相对较短。例如，锌银电池的干搁置寿命可达 5～8 年，而湿搁置寿命通常只有几个月。

化学电源中，通常负极的自放电比正极严重，因为负极活性物质大多为活泼金属，在水溶液中它们的标准电极电势比氢电极还负，从热力学的观点来看就是不稳定的，特别是当有正电性的金属杂质存在时，这些杂质和负极活性物质形成腐蚀微电池，发生负极金属的溶解和氢气的析出。如果电解液中含有杂质，这些杂质又能够被负极金属置换出来沉积在负极表面上，而且氢气在这些杂质上的过电势又较低的话，会加速负极的腐蚀。在正极上，主要是可能会有各种副反应发生（如逆歧化反应、杂质的氧化、正极活性物质的溶解等），消耗了正极活性物质，而使电池的容量下降。

影响自放电的因素有储存温度、环境的相对湿度以及活性物质、电解液、隔板和外壳等带入的有害杂质。

防止电池自放电的措施，一般是采用纯度较高的原材料或将原材料预先处理，除去有害杂质，或者在负极材料中加入氢过电势较高的金属，如镉、汞、铅等。也有在电极或电解液中加入缓蚀剂，抑制氢的析出，减少自放电反应的发生。汞、镉对环境有较大的污染，目前电池中已加的汞、镉、铅已逐步被其他缓蚀剂所代替。

储存期除了要求自放电小，还不能出现漏液或爬液现象，对干电池还不能有气胀等现象。

2.4.9　循环寿命

对蓄电池而言，循环寿命或使用周期也是衡量电池性能的一个重要参数。蓄电池经历一次充电和放电，称为一次循环，或叫一个周期。

在一定的充放电制度下，电池容量降至某一规定值之前，电池所能耐受的循环次数称为蓄电池的循环寿命，或称使用周期。循环寿命越长，则电池性能越好。各种蓄电池的使用周期都有差异，镉镍蓄电池循环寿命长达上千次，而锌银蓄电池的使用寿命则较短，有的不到一百次。即使同一种电池，如果其结构不同，循环寿命也不同。

影响蓄电池循环寿命的因素很多，除正确使用和维护外，主要有以下几点：

① 活性表面积在充放电循环过程中不断减小，使工作电流密度上升，极化增大；
② 电极上活性物质脱落或转移；
③ 在电池工作过程中，某些电极材料发生腐蚀；
④ 在循环过程中电极上产生枝晶，造成电池内部短路；
⑤ 隔离物的损坏；
⑥ 活性物质晶形在充放电过程中发生改变，因而使活性降低。

对于启动型铅酸蓄电池则采用过充电耐久能力和循环耐久能力的单元数来表示其寿命。过充电耐久能力是指将充足电的蓄电池放在温度为 $40℃±2℃$ 的恒温水浴中，用 $0.1C$（C 为额定容量）的定电流充电 $100h$，然后开路放置 $48h$，并在 $40℃±2℃$ 的条件下用启动电流快速放电到平均每单格电池的 $U_{终}=1.33V$，放电的持续时间应等于或大于 $240s$。快速放电结束后，蓄电池就完成一个过充电单元。按我国国家标准，启动蓄电池的过充电单元数应至少为 3。

循环耐久能力是指将充足电的蓄电池放在温度为 $40℃±2℃$ 的恒温水浴槽中，用 $0.1C$ 电流放电 $1h$，然后立即用 $0.1C$ 电流充电 $5h$。如果连续反复充电 36 次，之后开路放置 $96h$ 后，立即用启动电流快速放电到平均每单格电池电压降到 $1.33V$，然后再进行完全充电。以上整个过程组成一个循环耐久能力单元，按我国国家标准，需达到 3 个单元。从第 3 个单元开始，在 36 次循环之后，开路搁置 $96h$，在 $-18℃±1℃$ 条件下以启动电流放电，放电时间应等于或大于 $60s$。

2.5　化学电源中的多孔电极

2.5.1　多孔电极的意义

化学电源大多采用粉末多孔电极。采用多孔电极的结构是化学电源发展过程中的一个重

第 2 章 化学电源概论 ● **39**

要革新，为研制高比能量和高比功率的电池提供了可行性和现实性。

多孔电极是将高比表面积的粉状活性物质与具有导电性的惰性固体微粒混合，然后通过压制、烧结、涂膏、粘接等方法制成。多孔电极具有较大的孔率，可以大大提高电极的真实表面积，减小工作时的真实电流密度，减小电化学极化；多孔电极可以改善扩散传质情况，减小浓差极化；采用粉状活性物质可以方便地改变物料组成、形貌、尺寸等，也可以方便地改变电极结构和制造工艺；电极反应在微孔内表面进行，减小了物质脱落和枝晶形成。采用多孔电极使得电池性能获得显著的改善，特别是对于锌电极等具有钝化倾向的电极，使用多孔电极可以避免或推迟钝化，因而具有更重要的意义。

按照电极反应的特点，多孔电极可分为两大类，即固-液两相多孔电极和固-液-气三相多孔电极。在两相多孔电极中，电极的内部孔隙中充满了电解液，电化学反应是在固-液两相的界面上进行的，例如像锌-银电池中的锌电极和银电极，铅酸蓄电池中的铅电极和二氧化铅电极等。而对于三相多孔电极，电极的孔隙中既有充满电解液的液孔，又有充满气体的气孔，在气-液界面上进行气体的溶解，而在固-液界面上进行电化学反应。例如金属-空气电池中的空气电极，燃料电池中的氢电极和氧电极都属于三相多孔电极。

在多孔电极中，电极反应是在三维空间结构内进行的，与电极表面距离不同处的极化差别必然存在。因此，存在着一系列的在平面电极上不存在的特殊问题，例如整个电极厚度内反应速率（电流密度）的分布、极化性质的改变等。就是说，在多孔电极内部存在着浓度梯度和由于欧姆内阻而引起的电势梯度，它们使多孔电极的内表面不能充分地被利用，因此使多孔电极的有效性受到限制。

2.5.2 两相多孔电极

在两相多孔电极内部，实际上是由充满电解液的大小不等的液孔和活性物质固相交织组成的，结构复杂。为了方便讨论，我们以一个圆柱形的小孔来讨论，以锌电极的阳极过程为例。

（1）没有浓差极化的情况（欧姆极化和电化学极化控制） 图 2-7 是多孔锌电极的一个小孔及孔内电流的分布。当锌电极作为阳极工作时，电流方向由孔内流向孔外，而孔内各点的位置 x 是由孔口处向内计算，孔口处 $x=0$，因此 x 与电流方向相反。假设孔内表面上有 a、b 两点，相距 dx；c、d 为表面溶液中相应的两点。

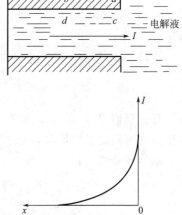

图 2-7　两相多孔电极及孔内电流分布

由于金属锌的电导率很大，与电解液相比，金属的电阻可以忽略不计，因此可认为 a、b 两点是等电势的，但溶液中存在电阻，d、c 之间的液相电阻为 dR。在电流 I 流过时，d、c 两点之间会产生欧姆电压降 $d\varphi = I dR$。因此，若取 a 点的电极电势为 φ（即 a 点相对于 c 点之间的电势差），则 b 点的电极电势应为 $\varphi - d\varphi$。因为孔内溶液中电流由 d 点流向 c 点，所以 d 点的电势高于 c 点，也就是说 b 点的电极电势小于 a 点的电极电势（因为 a、b 两点是等电势的），其差值为 $d\varphi$。

孔内在 dx 距离内的电阻为：

$$dR = \frac{1}{\kappa} \frac{dx}{\sigma}$$

(2-27)

式中，σ 为孔的截面积；κ 为溶液的电导率。

所以
$$\mathrm{d}\varphi = \frac{I}{\kappa}\frac{\mathrm{d}x}{\sigma} \tag{2-28}$$

$$\frac{\mathrm{d}\varphi}{\mathrm{d}x} = \frac{I}{\kappa\sigma} \tag{2-29}$$

电流 I 是流过孔截面的电流，它随距离 x 而变化，即 $I = f(x)$；在孔口处，电流 I 为孔内表面各点流出的电流的总和，所以此处 I 值最大。越向孔内延伸，流过孔截面的电流 I 越小。所以，对于距离 $\mathrm{d}x$，流过孔截面的电流的变化可表示为：

$$\frac{\mathrm{d}I}{\mathrm{d}x} = -Si_s \tag{2-30}$$

式中，S 为 $\mathrm{d}x$ 距离内孔壁的内表面；i_s 为在 $\mathrm{d}x$ 距离内通过孔壁的电流密度。

因为 x 的方向与电流方向相反，增加距离 $\mathrm{d}x$，电流减小 $\mathrm{d}I$，所以式(2-30)中有一负号。将式(2-29)对 x 微分得：

$$\frac{\mathrm{d}^2\varphi}{\mathrm{d}x^2} = \frac{1}{\kappa\sigma}\frac{\mathrm{d}I}{\mathrm{d}x} \tag{2-31}$$

将式(2-30)代入式(2-31)得：

$$\frac{\mathrm{d}^2\varphi}{\mathrm{d}x^2} = -\frac{S}{\kappa\sigma}i_s \tag{2-32}$$

如果以几何表面积是 $1\mathrm{cm}^2$、厚度是 $1\mathrm{cm}$ 的单位体积的多孔电极为例来讨论，那么 σ 即为单位体积电极中孔体积所占的分数，即电极的孔率；而 S 则是单位体积电极的内表面积。

若把电极电势 φ 写成平衡电极电势 φ_e 和电极反应的过电势 η 之和的形式：

$$\varphi = \varphi_e + \eta \tag{2-33}$$

同时利用电化学动力学方程式，将电化学反应的速率和过电势联系起来：

$$I = i_0(\mathrm{e}^{\frac{\alpha nF\eta}{RT}} - \mathrm{e}^{-\frac{\beta nF\eta}{RT}}) \tag{2-34}$$

式中，i_0 为交换电流密度；α、β 为传递系数；F 为法拉第常数；n 为参加电极反应的电子数。

这样将式(2-34)代入式(2-32)，同时联系式(2-33)得到：

$$\frac{\mathrm{d}^2\eta}{\mathrm{d}x^2} = -\frac{i_0 S}{\kappa\sigma}(\mathrm{e}^{\frac{\alpha nF\eta}{RT}} - \mathrm{e}^{-\frac{\beta nF\eta}{RT}}) \tag{2-35}$$

在这里假设 φ_e 值与 x 无关。如果溶液中决定电极电势的组分在沿所研究的多孔电极的厚度方向有固定的浓度时，这个假设是正确的。

取边界条件为：

$$\left(\frac{\mathrm{d}\eta}{\mathrm{d}x}\right)_{x=L} = 0 \quad \text{或} \quad \left(\frac{\mathrm{d}\eta}{\mathrm{d}x}\right)_{x=0} = -\frac{i_a}{\kappa\sigma} \tag{2-36}$$

式中，i_a 为电极外表面的表观电流密度；L 为孔深，对于有对称电流引线的电极，L 等于电极厚度的一半。

利用边界条件，对式(2-34)一次积分，得到以下形式：

$$\frac{(\mathrm{e}^{\frac{\alpha nF\eta_0}{RT}} - \mathrm{e}^{\frac{\alpha nF\eta_L}{RT}})}{\alpha} + \frac{(\mathrm{e}^{-\frac{\beta nF\eta_0}{RT}} - \mathrm{e}^{\frac{\beta nF\eta_L}{RT}})}{\beta} = -\frac{i_a^2 nF}{2i_0 RT\kappa\sigma S} \tag{2-37}$$

式中，η_0、η_L 分别表示在外表面（$x=0$）和多孔电极深处（$x=L$）的过电势值。

将式(2-37)改写为：

$$\frac{i_0(e^{\frac{anF\eta_0}{RT}}-e^{\frac{anF\eta_L}{RT}})}{\alpha}+\frac{i_0(e^{-\frac{\beta nF\eta_0}{RT}}-e^{-\frac{\beta nF\eta_L}{RT}})}{\beta}=-\frac{i_a^2 nF}{2RT\kappa\sigma S} \tag{2-38}$$

即

$$\frac{i_{a,0}-i_{a,L}}{\alpha}+\frac{i_{c,0}-i_{c,L}}{\beta}=-\frac{i_a^2 nF}{2RT\kappa\sigma S} \tag{2-39}$$

式中，$i_{a,0}$、$i_{c,0}$、$i_{a,L}$、$i_{c,L}$分别表示在外表面（$x=0$）和多孔电极深处（$x=L$）的氧化内电流与还原内电流。

方程式(2-39)左边表征多孔电极电流分布的均匀性。从方程式看出，极化电流密度越小，电解液电导率、电极孔率、电极真实表面积越大，多孔电极中电流分布越均匀。提高温度，使得电导率 κ 数值增大，所以可以改善多孔电极的极化均匀性。

（2）有浓差极化的情况　有时电解液的电导率高，欧姆极化可以忽略，如果电极的电化学极化又小，则当有电流流过时，沿电极孔的纵深方向存在着电解液的浓度梯度。物质传递对电极极化的均匀性有显著的影响。在孔内物质传递的唯一方式是扩散。

为了简化，只讨论一种离子的浓度变化对电极极化均匀性的影响，即对多孔电极内电流分布的影响。还是以碱性介质中的锌电极为例：

$$Zn+4OH^- \longrightarrow Zn(OH)_4^{2-}+2e^-$$

讨论锌阳极溶解时 OH^- 的浓度变化。

由扩散定律，有：

$$\frac{m}{S\Delta t}=D\left(\frac{\partial c}{\partial x}\right)_{x=0} \tag{2-40}$$

式中，m 为扩散的物质质量；S 为扩散截面积；Δt 为时间间隔；D 为扩散系数；$\frac{\partial c}{\partial x}$ 为浓度梯度。

通过法拉第定律，将上面的扩散物质量转变为电流密度：

$$i=nFD\left(\frac{\partial c}{\partial x}\right)_{x=0} \tag{2-41}$$

在稳定扩散条件下，浓度梯度存在线性关系，式(2-41)可表示为：

$$i=nFD\frac{c^0-c^s}{L} \tag{2-42}$$

式中，c^0 为孔外溶液中 OH^- 的浓度；c^s 为孔内工作电极表面附近 OH^- 的浓度；L 为孔内表面上工作点与孔口表面处的距离，当工作点处于孔的底部时，L 即为孔的长度。

当孔内工作表面附近 OH^- 的浓度 $c^s=0$ 时，即达到极限扩散电流时，有：

$$i_d=nFD\frac{c^0}{L} \tag{2-43}$$

所以

$$c^0=\frac{i_d L}{nFD} \tag{2-44}$$

结合式(2-44)与式(2-42)可得：

$$i=i_d\left(1-\frac{c^s}{c^0}\right) \tag{2-45}$$

故

$$c^s=c^0\left(1-\frac{i}{i_d}\right) \tag{2-46}$$

当电化学极化可以忽略时，可认为电极处于热力学平衡状态，因此电极电势可以用能斯特方程表示：

$$\varphi = \varphi^0 + \frac{RT}{nF}\ln c^s \tag{2-47}$$

将式(2-46)代入式(2-47)，得：

$$\varphi = \varphi^0 + \frac{RT}{nF}\ln c^0 + \frac{RT}{nF}\ln\left(1 - \frac{i}{i_d}\right) = \varphi_e + \frac{RT}{nF}\ln\left(1 - \frac{i}{i_d}\right) \tag{2-48}$$

在多孔电极中，如果只考虑浓差极化，而假设孔内溶液中的欧姆电阻为零，那么孔内表面上各点的电极电势应该相等，电极是一个等电势体。由式(2-48)可以看出，如果要孔内表面上各点的电极电势相等，则必须要求 i/i_d 是一个常数。

根据极限电流表达式(2-43)，虽然 n、F、c^0 是常数，但对于孔内表面上各点而言，D 与 L 的值是不同的。物质在孔内扩散受多孔电极的结构影响（如孔率、孔径和孔的曲折系数等），一般要用有效扩散系数 $D_{有效}$ 来代替整体溶液中的扩散系数 D。

$$i_d = nFD_{有效}\frac{c^0}{L} \tag{2-49}$$

显然，越往孔的深处，L 越大，$D_{有效}$ 越小，即越往孔的深处，i_d 越小。为满足 i/i_d 是个常数，孔内表面上各点的工作电流密度 i 必定不等，越往孔的深处，工作电流密度 i 越小，也就是说由于物质传递的影响，同样使孔内表面上电流分布不均匀。

如果多孔电极的孔率和孔径比较大时，可以改善孔内外物质的传递，使孔内电流分布比较均匀，电极内表面得到较好的利用。

如果工作电流密度较大时，孔内的浓度梯度也变大，物质传递的影响更严重，孔内表面上电流分布会更不均匀。

2.5.3 三相多孔电极

以气体为活性物质的电极与以固体或液体为活性物质的电极不同，它在反应时是在气、液、固三相的界面处发生，如果缺任何一相都不能实现电化学过程。气体反应的消耗以及产物的疏散都需要扩散来实现，所以，扩散是气体电极的重要问题。

对于燃料电池中的氧电极和氢电极，金属-空气电池中的空气电极，它们的活性物质都是气体，而气体在水溶液中的溶解度在常温常压下是很小的。比如，对于完全浸没在电解液中的氧电极，氧的溶解度是 10^{-4} mol/L，而且氧在溶液中的扩散速度也不大；在电解液不搅拌的条件下，扩散层厚度 $\delta = 10^{-4}$ m，扩散系数 $D = 10^{-9}$ m^2/s，其极限电流密度 $i_d = 0.1$ mA/cm^2，如此小的极限电流密度在电池中是没有实际意义的。所以，制备高效的气体电极，成为化学电源研究的一个重要课题。

（1）气体扩散电极的特点　气体扩散电极的理论基础是"薄液膜理论"。威尔曾对 4mol/L H_2SO_4 中的铂黑氢电极进行了下列试验。将长为 1.2cm、外表面积 2.4cm^2 圆筒状铂黑氢电极浸没在氢饱和的 H_2SO_4 溶液中，当氢电极的电极电势维持在 0.4V 时，流过全浸入的铂黑电极的阳极电流仅 0.1mA。但是当小心地将铂黑电极从溶液中慢慢提升时，开始流过电极的电流几乎不变，当电极提升到 3mm 左右，电极上流过的电流迅速增大，继续将电极向外提升，电极上流过的电流又开始慢慢下降。如图 2-8 所示。

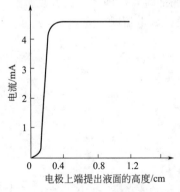

图 2-8　铂电极从 4mol/L H_2SO_4
溶液中提出时对氢的
氧化电流的影响

　　实验表明在半浸没电极上只有高出液面 2～3mm 的那一段能最有效地进行气体电极反应。用显微镜观察电极表面，这一段电极上存在着薄的液膜。

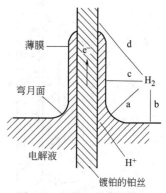

图 2-9　电极上的薄液膜

　　上述实验现象可以用图 2-9 来解释。氢可以通过几种不同的途径在半浸没电极表面上氧化，其中每一种途径都包括氢迁移到电极表面与反应产物 H^+ 迁移到溶液深处去这样的液相传质过程。

　　如果有一项液相传质过程的扩散途径太长，如 b 途径中的 H_2 扩散与 c 途径中的 H^+ 的扩散，就不可能获得大的电流密度。按 d 途径反应时吸附氢还要通过固体表面上的扩散才能到达薄液膜上端的电极/溶液界面，所以更困难。但是，如果按 a 途径进行反应，则氢与 H^+ 的液相迁移途径都较短，因此这一部分电极表面就成为最有效的反应区。电极的工作电流因而迅速上升。

　　由上述结果看出，制备高效气体电极时必须满足的条件是电极中有大量气体容易到达而又与整体溶液较好的连通的薄液膜。这种电极必然是较薄的三相多孔电极，其中既有足够的气孔使反应气体容易传递到电极内部各处，又有大量覆盖在电极表面上的薄液膜；这些薄液膜还必须通过液孔与电极外侧的溶液通畅地连通，以利于液相反应粒子和反应产物的迁移。因此，理想的气体电极是在电极表面具有大量高效的反应区域——薄液膜层，这时扩散层厚度大大降低。根据极限扩散电流：

$$i_d = \frac{nFDc^0}{\delta}$$

　　极限电流密度比全浸没式电极大为增加，这是气体扩散电极的基本特点。为了达到此目的，常用的气体扩散电极主要采用了 3 种不同形式的结构。

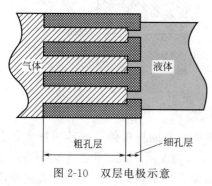

图 2-10　双层电极示意

　　① 双层电极　电极由金属粉末和适当的发孔性填料分层压制及烧结制成。靠近气体的一侧是孔径较大的粗孔层（30～60μm），靠近电解液的一侧是孔径较小的细孔层（10～20μm），反应气体有一定的压力以便与细孔中的毛细力相平衡，若将气体压力调节到适当数值，使细孔中充满电解液，粗孔中充满气体，在粗细孔交界处就会建立起弯月面薄液膜层，这就是燃料电池中的培根型双层结构气体扩散电极，如图 2-10 所示。通常双层电极中的粗孔半径为几十微米，而细孔半径不超过 2～3μm，气体的工作压力为 0.05～0.3MPa。

　　② 微孔隔膜电极　电池由两片用催化剂微粒制成的电极与微孔隔膜层结合而成。使隔膜的孔径比催化层的孔径更小，于是加入的电解液首先被隔膜吸收，然后湿润催化层。控制加入的电解液的量，使电极处于部分湿润状态，其中既有大面积的薄液膜，又有一定的气孔。一般来说，在半径大的毛细孔中充满气体，而在半径小的细孔和微孔中充满液体，气、液孔的分布，主要取决于气体压力与孔内毛细力之差。这种结构控制较困难，电解液过多、过少或两极气室压力不平衡，均会造成电极"淹死"或"干涸"。这种电池结构如图 2-11 所示。

　　③ 憎水电极　通常用催化剂粉末与憎水性材料混合后碾压、喷涂及经过适当的热处理

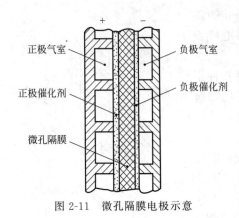

图 2-11　微孔隔膜电极示意

后制成。常用的憎水材料是聚乙烯、聚四氟乙烯等。憎水电极示意图如图 2-12 所示。由于电极中含有憎水成分，即使气室中不加压力，电极内部也有一部分不被溶液充满的气孔，憎水组分及其周围气孔称为干区。另一方面，由于催化剂表面是亲水的，在大部分催化剂团粒的外表面上均形成了可用于进行气体电极反应的电解液薄膜，电解液及其润湿的催化剂团粒称为湿区。这两种区域相互犬牙交错，形成连续网络。实际憎水气体扩散电极在面向气室的表面上还覆盖一层憎水透气膜，使空气能够源源不断输入电极内部，而电解液却不能透过电极进入气室。

（2）气体扩散电极中的物质传递　在气体扩散电极中，除了与两相多孔电极一样，具有液相物质传递外，还有气相中的物质传递。在此着重讨论气相物质传递的问题。

处理多孔体内某一相（i）中的传质过程时，一方面要考虑到该项的比体积（V_i），也就是单位体积多孔体中该相所占有的体积即孔率；另一方面还要考虑该相的曲折系数（β_i）。所谓某一相的曲折系数，是指多孔体中通过该相传质时实际传质途径的平均长度与多孔层厚度之比。如图 2-13 中，直通孔的 $\beta=1$，而曲折孔的 $\beta=3$。如果多孔体结构是各向异性的，则曲折系数与传质方向有关。

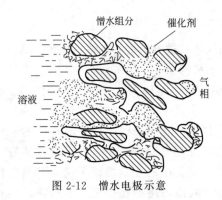

图 2-12　憎水电极示意

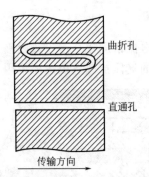

图 2-13　多孔体中气体扩散的不同途径

从图 2-13 还能看到，曲折孔的比体积比直通孔大 β 倍，而同样条件下的传质速度只有直通孔的 $1/\beta$。因此，多孔体内某一相（i）中的传质速度应与 V_i/β_i^2 成正比。考虑到多孔电极中气体扩散的特点，必须对扩散系数 D 进行修正。如果孔的结构是与气体扩散方向相同的直通孔，则气体扩散透过多孔体时的"有效扩散系数"应为：

$$D_{有效}=VD_{气} \tag{2-50}$$

如果孔的结构不是直通孔而是曲折孔，则气体的"有效扩散系数"应为：

$$D_{有效}=\frac{V}{\beta_{气}^2}D_{气} \tag{2-51}$$

式中，$D_{气}$ 为在整体气相中的扩散系数；V 为单位体积多孔体中气相所占的体积，即气孔率。

$D_{有效}$ 的值可以从实验求得，也可通过 V、$D_{气}$、$\beta_{气}$ 等参数计算。

从浓差极化方程式

$$\eta = -\frac{RT}{nF}\ln\left(1-\frac{i}{i_d}\right) \tag{2-52}$$

可以看到，在相同的过电势下，极限扩散电流密度 i_d 越大，则相应的工作电流密度也越大，即电极性能越优越。因此，像其他类型电极一样，极限扩散电流密度对于气体扩散电极是一个重要的电化学参数。对于气体扩散电极，可以引用极限电流密度公式来估计气相物质传递在整个极化中所占的比例。

$$i_d = \frac{nFDc^0}{\delta}$$

实际气体扩散电极的情况很复杂，还应考虑气相中的各种组分在物质传递中的影响。假如气相中含有两种组分，其中组分 1 为参加电极反应的活性组分（如空气中的氧），组分 2 为不能参加电极反应的惰性组分（如空气中的氮气和惰性气体）。电极反应的结果促使组分 1 向孔内反应界面流动的原因，除了扩散作用以外，还有气体的整体流动。因此组分 1 经过透气层的流量可写成：

$$J_1 = -D_{12}\left(\frac{\partial c_1}{\partial x}\right)+\left(\frac{c_1}{N}\right)J_{总} \tag{2-53}$$

式中，D_{12} 为组分 1 在组分 2 中的扩散系数；N 为气体总浓度（$N=c_1+c_2$）；c_1 和 c_2 分别为组分 1 和组分 2 的浓度；$J_{总}$ 为整体气体的流量。

式(2-53) 右方第一项表示浓度梯度引起的扩散流量，第二项表示由于气体整体流动而引起的组分 1 的流量。若气孔内压差可以忽略，则 N 为常数。当气孔内物质传递达到稳态，即气相中只有组分 1 流动时，$J_2=0$，$J_{总}=J_1$，故式(2-53) 可写成：

$$J_1 = -D_{12}\left(\frac{1}{1-c_1/N}\right)\frac{dc_1}{dx} \tag{2-54}$$

设透气层厚度为 δ，取该层面向气室的表面为 $x=0$，即反应区在 $x\geqslant\delta$ 处，而在 $0<x<\delta$ 的范围内，J_1 为定值，因此式(2-54) 可积分如下：

$$J_1\int_{x=0}^{x=\delta}dx = -D_{12}\int_{c_1=c_1^0}^{c_1=c_1^\delta}\frac{dc_1}{1-c_1/N} \tag{2-55}$$

得到：

$$J_1 = \frac{D_{12}N}{\delta}\ln\frac{1-c_1^\delta/N}{1-c_1^0/N} = \frac{D_{12}N}{\delta}\ln\frac{N-c_1^\delta}{c_2^0} \tag{2-56}$$

式中，c_1^δ 为 $x=\delta$ 处组分 1 的浓度。以 $c_1^\delta=0$ 代入，就得到相应于透气层极限气相传质速度的极限电流密度为：

$$i_d = \frac{nFD_{12}N}{\delta}\ln\frac{N}{c_2^0} = \frac{nFD_{12}}{\delta}c_1^0\left(\frac{N}{c_1^0}\ln\frac{N}{c_2^0}\right) \tag{2-57}$$

令

$$f = \left(\frac{N}{c_1^0}\ln\frac{N}{c_2^0}\right) \tag{2-58}$$

则

$$i_d = \frac{nFD_{12}}{\delta}c_1^0 f \tag{2-59}$$

与原式相比较，式(2-59) 多了一项校正项 f。

用式(2-59) 分别计算采用空气和 99% 的氧气时，氧阴极还原的极限电流密度。

① 反应气体为空气时，氧含量约 20%，在 1atm、25℃ 时，空气的浓度为 4×10^{-5} mol/mL，$\frac{N}{c_1^0}=\frac{100}{20}=5$，$\frac{N}{c_2^0}=\frac{100}{80}=1.25$，故 $f=1.12$；若聚四氟乙烯透气膜厚 0.02cm，该膜经碾压制

成，孔的曲折系数较大，取 $\beta_{气}=4$，气孔率 $V_{气}=0.35$，氧在氮中的扩散系数 $D_{12}=0.2\,cm^2/s$，则由式(2-50)得到 D_{12} 的有效值约为 $4\times10^{-3}\,cm^2/s$。又 $n=4$，$c_1=N\times0.2=8\times10^{-6}\,mol/cm^3$，则由式(2-58)得极限电流密度为：

$$i_d=\frac{4\times96500\times4\times10^{-3}\times8\times10^{-6}\times1.12}{0.02}=0.7(A/cm^2)$$

② 当采用 99% 的氧时，$c_1^2=N\times0.99=3.96\times10^{-5}\,mol/mL$，校正系数 $f=4.6$，则氧电极的极限电流密度为：

$$i_d=\frac{4\times96500\times4\times10^{-3}\times3.96\times10^{-5}\times4.6}{0.02}=14(A/cm^2)$$

从上面计算可见，多孔气体电极中气相传质速度往往是比较大的。只要透气层不太厚，气孔率不太小及反应气体浓度不太低，在一般工作电流密度下不应出现严重的气相浓度极化。通过以上讨论可以看到，当反应气体组成一定时，为提高极限电流密度、降低浓差极化，应该从改进电极的结构着手，如减薄透气层厚度、加大孔率、减小孔的曲折系数等。其中特别是孔的结构很值得注意，因为有效扩散系数与曲折系数的平方成反比。当然，电极的结构还应该结合其他方面的要求综合考虑，如储存性能、寿命等。在气体扩散电极中，究竟是气相还是液相中的物质传递起控制作用，要根据它们的极限电流密度的大小来确定。

（3）气体扩散电极内的电流分布　采用气体扩散电极的目的在于提高电极的工作电流，降低极化；但是，如同两相多孔电极一样，气体扩散电极的反应界面同样不能充分利用。由于气体扩散电极中的电极过程涉及气、液、固三相，它的极化特性和有关因素的影响等动力学问题常常非常复杂，数学处理也比较困难，有些问题至今还不能清楚、简明地加以描述。下面仅在简化了的特定条件下，定性地讨论气体扩散电极在各种极化控制下的电流分布和改进气体扩散电极的可能性。

① 电化学极化-欧姆极化控制　这相当于小电流密度下工作的情况（如通讯用的锌-空气电池），假设多孔电极中气相和液相极限传质速度很大，因而可以忽略气、液相中反应粒子的浓差极化，也就是说全部反应层中各相具有均匀的组成；并且设反应层的全部厚度中各项的比体积均为定值。在满足这些假设时，电极的极化主要由界面上的电化学反应和固、液相电阻所引起。这时电极过程受电化学极化和欧姆极化控制。

在这种情况下，气体扩散电极和两相多孔电极的情况非常相似。由于孔内电解液中的欧姆电压降，使孔壁表面各点相对于溶液的电极电势不相等，如图 2-14 所示，孔壁附近溶液中 A' 电势比 C' 为正，假设忽略固相电阻，则孔壁上 A 点相对于溶液的电极电势要比 C 点为负，因为讨论的氧电极为阴极过程，所以流过 A 点电极表面的电流要大于流过 C 点的电流，即在毛细孔内，电流比较集中于靠近电解液的一端；越往孔的深处，电流分布越小，甚至趋于零。如图 2-14(b) 所示。当工作电流密度越大时，这种电流分布的不均匀性就越为严重。为了降低欧姆极化，除合理选择电解液外，常从改变催化层的结构着手（如增大催化层的孔率和孔径、减小毛细孔的弯曲程度等）；当为了降低电化学极化而采用高效催化剂时，电极表面电流分布更不均匀，所以气体扩散电极的催化层常常做得很薄，因为电化学反应主要集中在催化层面向电解液一侧很薄的区域内，厚的催化层对电极性能的改善并没有贡献。

② 扩散控制　当电极在高电流密度下工作时，电极表面活性物质消耗的速度很快，气相和液相中的物质传递起控制作用，此时称电极为扩散控制。

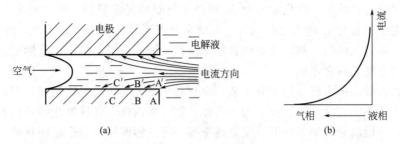

(a)　　　　　　　　(b)

图 2-14　电化学极化-欧姆极化控制时气体扩散电极孔内电流分布

　　为简化起见，假设电极的电化学极化很小，与浓差极化相比，可以忽略，同时假设电解液的电导率很高，多孔体内不发生欧姆电压降（这在实际情况下当然是不可能的，只是为使问题简化）；对于氧的还原反应，物质传递包括毛细孔中氧气向电解液弯月面的扩散，溶液在电解液中的氧向电极反应表面的扩散以及生成物 OH^- 从液膜中向孔外整体溶液中的扩散等；假设溶解在电解液中的 O_2 向电极反应表面的扩散起控制作用，则根据简化条件下的扩散电流方程式，有：

$$i = nFD \frac{c^0 - c^\delta}{\delta} \tag{2-60}$$

　　可知，溶液中氧的初始浓度 c^0、电极表面氧的浓度 c^δ 以及液膜层中扩散层厚度 δ 都影响扩散电流的大小。溶液中氧的初始浓度 c^0 为定值，当电解液中欧姆电压降为零时，电极表面上各点相对于溶液的电极电势均相等，即处于等电势。若电化学极化可以忽略，则由能斯特方程可知，电极表面各点反应物的浓度必定相等，即在稳定扩散条件下，c^δ 为一定值。因此，扩散电流的大小只取决于扩散层的厚度 δ，如图 2-15 所示。

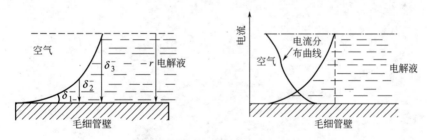

图 2-15　扩散控制时气体扩散电极孔内电流分布

　　由于憎水剂的存在，使电极处于不完全润湿状态，在某些毛细孔的壁上，电解液形成了一个弯月面和弯月面以上的一部分很薄的液膜，氧从气相通过液膜向电极表面扩散的途径很短，也就是 δ 很小，所以扩散电流很大，越往电解液深处延伸，氧的扩散层越厚，扩散电流也就越小，最后降至零。即在电极处于扩散控制下，电流分布是集中在毛细孔面向气体的一面，而在毛细孔面向电解液的一面的孔壁上几乎没有氧的还原反应发生。

　　实际上气体扩散电极内欧姆电压降不可能为零，特别是在大电流密度下工作时，欧姆电压降更为严重。因此，这时实际上往往为扩散-欧姆控制。为了改善电极的性能，既要改善气体的扩散，又要能减小电极孔内电解液中的欧姆电压降。但这两方面往往是相矛盾的，如对于憎水气体扩散电极，增加电极中聚四氟乙烯含量，可以使气体的扩散阻力减小，但却使液孔数量下降，从而使液相电阻增高；相反，假如减小电极中聚四氟乙烯含量，则使气孔减小，液孔增加，结果液相电阻下降，但气体扩散阻力增大。所以此时应掌握主要的控制因素，重点解决。

从以上讨论可以看出，电化学极化-欧姆极化控制和扩散控制，两者的电流分布情况恰好相反，在电化学极化-欧姆极化控制时，电流多分布于靠近电解液的一侧，而扩散控制时，电流多分布于靠近气体的一侧。这是两种极端情况，因此，可以推论，实际电化学反应最强烈进行的地带必然在两者之间。

由于气体扩散电极内部结构十分复杂，而且对它研究的历史也比较短，因此对它的动力学规律认识得还不很充分，特别是因为在气体扩散电极内部，各种极化的控制程度在不断变化着，因此，要说清楚某种条件下，究竟属于哪一种或哪两种控制是很困难的。尽管目前提出了各种模型和理论分析，但是这些模型和理论与实际气体扩散电极的结合还需要做大量的工作。

第3章 锌锰电池

3.1 概述

锌锰电池是以锌为负极、二氧化锰为正极的电池系列。由于锌锰电池原材料丰富、结构简单、成本低廉、携带方便，因此自从其诞生至今一百多年来一直是人们日常生活中经常使用的小型电源。与其他电池系列相比，锌锰电池在民用方面具有很强的竞争力，被广泛地应用于信号装置、仪器仪表、通讯、计算器、照相机闪光灯、收音机、电动玩具及钟表、照明等各种电器用具的直流电源。锌锰电池通常不适合于大电流连续放电，因为在大电流连续放电时电压下降较快，一般情况下更侧重于小电流或间歇方式供电。

锌锰电池发展至今经历了漫长的演变过程。早在 1868 年，法国工程师乔治·勒克朗谢采用二氧化锰和炭粉做正极、锌棒做负极、20％的氯化铵做电解液、玻璃瓶做容器制成了世界上的第一只锌锰电池。因此，中性锌锰电池也被称为勒克朗谢电池。此后，电解液被制成糊状物，称为糊式电池，俗称干电池。在 20 世纪 50 年代出现了碱性锌锰电池，由于采用了导电性好的氢氧化钾溶液，同时使用电解二氧化锰，使得锌锰电池的容量成倍地提高，而且适合于较大电流连续放电。60 年代采用浆层纸代替了传统锌锰电池中的糯糊层，不仅使隔离层的厚度降为原来的 1/10 左右，有利于降低欧姆电阻，而且使正极粉料的填充量增加，使锌锰电池的性能明显提高，形成了纸板式锌锰电池。70 年代高氯化锌电池问世，使锌锰电池的连续放电性能得到明显的改善。80 年代后期，节约资源、保护环境的意识不断深入人心，这就引发了锌锰电池的两个发展方向：可充碱性锌锰电池和负极的低汞、无汞化。90年代通过改性正极材料、使用耐枝晶隔膜、采用恒压充电模式等措施，使可充碱锰电池达到了深度放充电 50 次循环以上，曾经一度实现了商业化生产。同时，在各国政府的逐步政策引导下，碱锰电池的负极汞含量不断降低，直至 21 世纪初实现了完全无汞化。20 世纪末以来，无汞碱锰电池的性能再度获得了大幅度的提高，LR6 型碱锰电池的容量达到了 $2.3A \cdot h$，比之前提高了 20％～30％；另外，无汞碱锰电池在重负荷（较大电流）连续放电方面进步明显，重负荷工作时电池放电容量显著增加，放电电压显著提高。

如果按照电解液的性质进行分类，锌锰电池可以分为中性锌锰电池和碱性锌锰电池；如果按照外形结构来分类，可分为圆筒形、扁形、叠层式、纽扣式等。

通常按照习惯人们将锌锰电池分为如下几个大类：

$$
\text{锌锰电池}\begin{cases}\text{中性}\begin{cases}\text{铵型电池(pH=5.4)}\begin{cases}\text{糊式电池(普通型)}\\\text{纸板电池(高容量)}\end{cases}\\\text{锌型电池(pH=4.6)——纸板电池(高功率)}\end{cases}\\\text{碱性}\begin{cases}\text{一次碱性锌锰电池}\\\text{二次碱性锌锰电池}\end{cases}\end{cases}
$$

国际电工委员会（IEC）对干电池的型号和规格做出了规定。表 3-1 中是一些常见中性锌锰电池的型号和规格。

表 3-1　一些常见中性锌锰电池的型号和规格

电池型号	标称电压/V	尺寸/mm
R20（D、一号）	1.5	$\phi 34.2 \times 61.5$
R14（C、二号）	1.5	$\phi 26.2 \times 50$
R6（AA、五号）	1.5	$\phi 14.5 \times 50.5$
R03（AAA、七号）	1.5	$\phi 10.5 \times 44.5$
6F22（九伏电池）	9	$(H)48.5 \times (L)26.5 \times (W)17.5$

单体电池的型号是在英文大写字母的后面跟上以阿拉伯数字表示的序号。大写字母 R 表示圆筒形电池，F 表示扁形电池，S 表示方形或矩形电池。

例如，R20 表示圆筒形锌锰电池，后面的 20 为序号，从电池标准中可以查出其规格、尺寸，如表 3-1 给出的，其电压为 1.5V，其直径为 34.2mm，高度为 61.5mm。R20 电池也被称为 D 型电池或 1 号电池。

对于两个以上的单体电池组合成电池组的表示方法如下：当电池串联时，在单体电池型号之前加上单体电池串联数来表示。如 6F22，表示 6 个扁形电池 F22 的串联。当电池并联时，在单体电池型号之后加一并联的电池数来表示。如 R10-4，表示 4 个 R10 电池并联。

除了中性锌锰电池之外，其他系列的电池还应在 R、F、S 之前加一字母表示该电化学体系。如碱性锌锰电池圆筒形 R6 电池，则应表示为 LR6，其中 R 之前的 L 表示了碱性锌锰电池。

为了表示电池的性能特征，常在序号之后加上 C、P、S 等字母，其中 C 表示高容量，P 表示高功率，S 表示普通型。如 R20C 表示圆筒形铵型纸板锌锰电池，属于高容量电池。又如 R6P 表示圆筒形锌型纸板锌锰电池，属于高功率电池。再如 R20S 表示圆筒形糊式锌锰电池，属于普通型，但一般 S 都省略不写了。

3.2　二氧化锰电极

$Zn\text{-}MnO_2$ 电池的正极活性物质为二氧化锰（MnO_2）。电池在放电时，二氧化锰发生阴极还原反应，生成低价态的锰的化合物。大量实验事实表明，$Zn\text{-}MnO_2$ 电池在工作时，电池的工作电压下降主要来自于正极电极电势的变化。因此研究二氧化锰电极的电化学行为及其反应机理对于 $Zn\text{-}MnO_2$ 电池有着非常重要的意义。

二氧化锰正极的阴极还原过程比较复杂，人们在长期的研究过程中曾提出过多种不同的反应机理。目前比较公认的是质子-电子机理，其核心内容是二氧化锰阴极还原的电极反应首先在电极表面上进行，溶液中的质子进入到 MnO_2 晶格中参与反应，在从外电路得到电子的同时 MnO_2 还原为三价的锰化合物-水锰石（$MnOOH$）。这一过程称为 MnO_2 还原的一次过程，也称初级过程；反应产物水锰石在电极表面的积累减少了 MnO_2 同溶液之间发生反应的固-液界面，阻碍了反应的继续进行。为了使反应继续进行下去，必须使水锰石从电极表面上转移走，这一过程称为 MnO_2 还原的二次过程，也称次级过程。

3.2.1　二氧化锰阴极还原的初级过程

大量研究表明，二氧化锰电极的放电机理随着介质酸碱性（即 pH 值）的不同而不同。但是，不论在酸性、碱性还是中性介质中，它们放电的初级过程都是相同的，即 MnO_2 阴极还原的初级过程的产物是水锰石，即：

$$MnO_2 + H^+ + e^- \longrightarrow MnOOH \tag{3-1}$$

二氧化锰 MnO_2 晶体是离子晶体,在晶格中布满了 O^{2-} 和 Mn^{4+},其晶格示意及上述反应过程如图 3-1 所示。

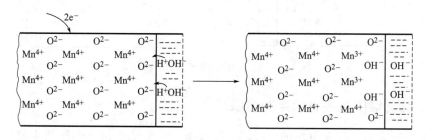

图 3-1　MnO_2 表面进行一次过程的示意

需要注意的是,质子进入 MnO_2 晶格的表层,外电路提供的电子也到达这一位置,这两个过程是同时发生的。Mn^{4+} 被还原为 Mn^{3+},而 O^{2-} 同质子结合形成 OH^-,反应是在同一个固相中进行的,MnO_2 与 $MnOOH$ 两物质也存在于同一固相之中。

另外,虽然 $MnOOH$ 的生成是在固相中直接完成的,但是质子是来源于溶液的,因此反应必须在固/液界面上进行。也就是说,固/液界面的面积越大,电极反应进行的速率越快。因此,MnO_2 电极通常采用 MnO_2 颗粒制成多孔电极,尽可能增大电极固/液界面的面积。

3.2.2　二氧化锰阴极还原的次级过程

初级过程的产物水锰石通过两种方式转移,一种是歧化反应,另一种是固相中的质子扩散。

在 pH 值较低时,水锰石的转移可通过下列反应进行:

$$2MnOOH + 2H^+ \longrightarrow MnO_2 + Mn^{2+} + 2H_2O \tag{3-2}$$

这个反应是水锰石分子的自身氧化还原反应,即歧化反应。由反应式(3-2)可知,溶液中的 H^+ 浓度增大,有利于歧化反应的进行。实验证明,在酸性溶液(pH<2)中,歧化反应可顺利地进行;如果溶液中 H^+ 的浓度低,反应就难以进行,仅靠这个反应电极表面的 $MnOOH$ 分子难以完全转移掉。

水锰石首先产生在 MnO_2 颗粒的表面,因此表面处质子浓度高,而颗粒内部的质子浓度低,即存在着质子的浓度梯度。在这一浓度梯度的作用下,质子可以在 MnO_2 晶格中向内部进行扩散,这种扩散称为固相中的质子扩散。

随着质子(H^+)从表面层中的 O^{2-} 位置向内部的 O^{2-} 位置转移,在内部的 O^{2-} 处形成 OH^-。由于电场的作用,在原来电极表面 OH^- 附近的 Mn^{3+} 上的束缚电子也跳到电极内部的 OH^- 附近的 Mn^{4+} 处使之还原为 Mn^{3+},这就相当于表面层中的 $MnOOH$ 向内部转移,使得电极表面层中的电化学反应得以继续进行。因此,实质上 $MnOOH$ 在固相中的转移是靠质子在固相中的扩散实现的。这一扩散过程如图 3-2 所示。

事实上,水锰石的上述两种转移方式是同时存在的。在酸性溶液中,由于溶液中 H^+ 的浓度高,歧化反应可顺利进行,因此,水锰石的转移在酸性介质中主要靠歧化反应;而在碱性溶液中,由于 H^+ 缺乏,歧化反应进行困难,所以,水锰石在碱性溶液中主要靠固相中的质子扩散;在中性溶液中,则是两种方式都存在。

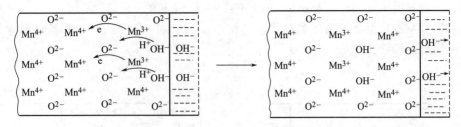

图 3-2　MnOOH 在固相中的转移示意

3.2.3　二氧化锰阴极还原的控制步骤

大量的研究表明，在 MnO_2 的阴极还原过程中，一次过程 MnOOH 的生成反应即电化学反应的速率是较快的，而二次过程 MnOOH 的转移速率相对是比较慢的，因此，MnOOH 转移步骤即二次过程是整个 MnO_2 阴极还原的控制步骤。

在不同 pH 的介质中水锰石的转移方式不同，因此相应的控制步骤也有所不同。在酸性溶液中水锰石的歧化反应是 MnO_2 阴极还原的控制步骤，在碱性溶液中质子的固相扩散过程是 MnO_2 阴极还原的控制步骤，在中性溶液中水锰石的歧化反应和质子的固相扩散过程共同构成了 MnO_2 阴极还原的控制步骤。

3.3　锌电极

金属锌是一种比较理想的电池负极材料。它的电极电势较负，电化当量较小，交换电流密度较大，可逆性较好，析氢超电势较高。同时，锌的资源丰富，价格低廉。

3.3.1　锌电极的阳极氧化过程

Zn 电极在放电时发生阳极氧化反应，在不同的电解液体系中其反应产物不同。

在以 NH_4Cl 为主的电解液中，发生如下反应：

$$Zn + 2NH_4Cl - 2e^- \longrightarrow Zn(NH_3)_2Cl_2 \downarrow + 2H^+ \tag{3-3}$$

在以 $ZnCl_2$ 为主的电解液中，发生如下反应：

$$4Zn - 8e^- + 9H_2O + ZnCl_2 \longrightarrow ZnCl_2 \cdot 4ZnO \cdot 5H_2O + 8H^+ \tag{3-4}$$

在 KOH 溶液中，则发生如下反应：

$$Zn - 2e^- + 4OH^- \longrightarrow Zn(OH)_4^{2-} \Longleftrightarrow ZnO + H_2O + 2OH^- \tag{3-5}$$

在 KOH 溶液中 Zn 的放电反应遵循溶解-沉积机理，放电首先产生锌酸盐 $\left[Zn(OH)_4^{2-}\right]$，锌酸盐浓度达到饱和后沉积出 ZnO，产物 ZnO 和反应物 Zn 分属两相。放电最终产物 ZnO 是两性物质，同 KOH 溶液中的锌酸盐 $\left[Zn(OH)_4^{2-}\right]$ 之间存在着溶解平衡。

通常在中小电流放电条件下，锌电极的极化比正极 MnO_2 的极化要小得多。由于锌电极的交换电流密度比较大，电化学反应速率比较快，电化学极化比较小，在放电过程中锌电极的阳极极化主要来自于浓差极化，这主要是放电产物离开电极表面受到一定的阻碍所造成的。

3.3.2　锌电极的钝化

当大电流放电时，Zn 电极表面液层中锌酸盐的浓度迅速升高，达到饱和时，氧化锌在电极表面上快速地沉积出来，电极进入预钝化区，此时电极表面上形成的是以 ZnO 为主的、疏松的覆盖膜，这种混合着 Zn、Zn(OH)$_2$ 等物质的 ZnO 覆盖膜在一定程度上阻挡了反应产物顺利通过，使得传质过程越来越困难，阳极极化逐渐增大，电极表面上开始直接生成薄但致密的 ZnO 层，极大地阻碍了反应的进行，从而产生了钝化，这种薄而致密的 ZnO 层就是钝化层。钝化使锌电极利用率降低，电池容量下降。

　　防止锌电极钝化的措施是控制电流密度和改善物质的传递条件，例如可采用粒度更小的锌粉制成多孔电极，以增加电极的真实表面积。

3.3.3　锌电极的自放电

　　在锌锰电池中，正极 MnO$_2$ 的自放电是非常小的，电池的自放电主要来自于锌负极。锌负极的自放电实质上是金属锌在电解液中的自溶解即锌的腐蚀问题，它是无数腐蚀微电池作用的结果。锌电极发生自放电不仅会降低电池的容量，还会因析出氢气而引发漏液，因此必须采取措施减缓锌电极的自放电。

3.3.3.1　Zn 腐蚀机理

　　(1) 氢离子和氧还原引起锌的腐蚀　由于锌电极的电势比氢电极的电势更负，因此氢离子的还原和锌的阳极溶解可以构成腐蚀过程的一对共轭反应。从热力学上来看，腐蚀过程自发进行，锌的腐蚀（自放电）不可避免。

　　在中性溶液或酸性溶液中：

$$\left. \begin{array}{l} Zn \longrightarrow Zn^{2+} + 2e^- \\ 2H^+ + 2e^- \longrightarrow H_2 \uparrow \end{array} \right. $$
$$\overline{\quad Zn + 2H^+ \longrightarrow Zn^{2+} + H_2 \uparrow \quad} \tag{3-6}$$

　　在碱性溶液中：

$$\left. \begin{array}{l} Zn + 2OH^- \longrightarrow ZnO + H_2O + 2e^- \\ 2H_2O + 2e^- \longrightarrow H_2 \uparrow + 2OH^- \end{array} \right. $$
$$\overline{\quad Zn + H_2O \longrightarrow ZnO + H_2 \uparrow \quad} \tag{3-7}$$

　　显然，凡是有利于两个腐蚀共轭反应进行的因素，都将加速锌的腐蚀；反之，凡是可抑制两个腐蚀共轭反应进行的因素，则可减缓锌的腐蚀。

　　除了氢离子的还原外，还可能有氧的还原，其反应如下。

　　在中性溶液或酸性溶液中：

$$\frac{1}{2}O_2 + 2H^+ + 2e^- \longrightarrow H_2O \tag{3-8}$$

　　在碱性溶液中：

$$\frac{1}{2}O_2 + H_2O + 2e^- \longrightarrow 2OH^- \tag{3-9}$$

　　由于氧的还原电势更正，因此对锌的腐蚀更为严重。不过由于溶液中溶解的氧不多，而且电池是密封的，故与氢离子还原相比，氧的危害还是次要的。

　　(2) 锌电极表面不均匀性加速锌的腐蚀　从以上分析可知，锌在电解液中的腐蚀是不可避免的，而锌表面的不均匀性又加速了这种腐蚀。造成锌电极表面不均匀性的因素有：锌结晶时造成的差别，如粗晶、晶间夹层、某些缺陷及棱角等；锌电极加工时造成的表面不均匀；锌电极表面上杂质的存在；锌本身含有的杂质，电解液及正极带入的杂质扩散至负极并在锌表面上析出；锌电极表面上有氧化膜或不均匀的油膜等。由于锌电极表面如此不均匀，各点的电化学活性有较大的差别，某些区域可以构成阳极，某些区域可以构成阴极，形成数目繁多的微电池系统，使锌被自溶解。如果局部区域锌腐蚀过快还会造成不均匀的腐蚀或点腐蚀。随着储存温度的升高，锌腐蚀速率增加。

3.3.3.2　减缓 Zn 电极自放电的措施

传统的减缓锌自放电的措施是加入汞，使得锌表面汞齐化，提高氢的析出超电势，但是由于缓蚀剂汞带来严重的环境污染，汞已被禁止在锌电池中使用。减缓锌电极自放电的措施主要包括采用锌合金、采用代汞缓蚀剂、保证原材料以及生产环境的清洁等。碱锰电池环境下锌电极的自放电趋势比中性锌锰电池更大，因此需要保证更严格的条件。

无汞锌合金通常是在高纯锌中添加铟、铅、镉、镓、铝、铋、钙、钡等合金元素，其主要作用是提高锌的析氢超电势（如铅、镉、铟、铋等）以及改善锌的表面性能（如铝、钙、钡等），有的合金元素（如铟、铋、铝等）还能提高电池的放电容量。

代汞缓蚀剂通常添加量很小，但缓蚀性很强，缓蚀效果优异，实施工艺简便易行。代汞缓蚀剂基本上可分为两类：有机缓蚀剂和无机缓蚀剂。有机代汞缓蚀剂主要包括芳香杂环化合物、阳离子型表面活性剂、非离子型表面活性剂以及含氟表面活性剂等；无机代汞缓蚀剂主要包括高氢超电势金属（如铟、铋、铅、镉、锑等）的氧化物或氢氧化物。

在无汞的条件下，二氧化锰、锌、电解质、用水、隔膜等各种原材料均要满足严格的清洁要求，生产环境和工艺过程也要避免杂质的引入。

对于碱锰电池还要进行铜钉的表面处理，包括清洗抛光、镀铟、镀锡等工艺，从而起到除去铜钉表面氧化膜、提高铜钉表面清洁度、光亮度、降低铜钉表面杂质含量，使其表面微观突起处得以平整，改善同锌膏的接触性能，提高铜钉表面析氢超电势的作用。

3.4　锌锰电池材料

锌锰电池的发展经历了一百多年的时间，糊式、纸板、碱性 3 种电池均已发展成熟，近年来电池结构不再改变，生产工艺略有改进，而电池材料却发展迅猛，带动了整体电池性能和电池工业的不断进步。

3.4.1　二氧化锰材料

3.4.1.1　二氧化锰的晶型

二氧化锰有着不同的晶体结构，常见的有 α、β、γ 型，此外还有 δ、ε、ρ 型。对于 γ 型的二氧化锰，MnO_x 中的 x 值从 1.90～1.96，它一般含结合水 4% 左右。而 α 型二氧化锰，其 x 值的上限最高可接近 2，它的结合水一般为 6%。β 型二氧化锰 x 值的上限值可达1.98，几乎不含结晶水。上述情况表明二氧化锰在化学组成上一般含有少量的低价锰离子和OH^-，同时有的还含有 K、Na、Ba、Pb、Fe、Ni 等金属离子杂质。

MnO_2 结构可分为两大类，一类是链状或隧道结构，这类结构包括 α、β、γ 型，ε、ρ型也与此类似；另一类是片状或层状结构，δ 型属于这一类。图 3-3 列出了 MnO_2 不同隧道结构的示意。

因为 β-MnO_2 是单链结构，隧道平均截面积较小，质子扩散比较困难，因此 $MnOOH$易在表面积累，故放电时极化较大；对于 γ-MnO_2，因为是单链和双链互生结构，其隧道平均截面积较大，质子易于在固相中扩散，所以放电时其极化较小，活性较高；α-MnO_2虽然是双链结构，其隧道平均截面积较大，但因隧道中有大分子堵塞，使质子在其中扩散困难。

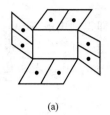 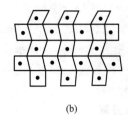 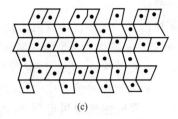

(a)　　　　　　　　　(b)　　　　　　　　　(c)

图 3-3　MnO_2 不同晶型结构示意图

(a) α-MnO_2 是双链结构，即（2×2）隧道结构；（b）β-MnO_2 是单链结构或（1×1）隧道结构；

(c) γ-MnO_2 是双链与单链互生的结构，即（1×1）和（1×2）隧道结构

从 MnO_2 晶体结构判断，γ-MnO_2 最有利于阴极还原的进行，比其他的晶型极化小，电化学活性高。而 α 型与 β 型 MnO_2 用于锌锰电池的活性物质时，放电极化较大，容量较低。

3.4.1.2　二氧化锰材料的种类

目前锌锰电池采用的二氧化锰有天然 MnO_2（NMD）、化学 MnO_2（CMD）和电解 MnO_2（EMD）3 种。

天然 MnO_2 主要来自于软锰矿，其晶型主要是 β-MnO_2，其中 MnO_2 的含量为70%～75%，但也因产地而异。天然锰粉中还有一种硬锰矿，一般多属于 α-MnO_2，它含有 Na^+、K^+、Ba^{2+}、Pb^{2+}、NH_4^+ 等离子以及其他锰的氧化物。在它们的晶体中含有较大的隧道及孔穴，但是隧道及孔穴中存在阳离子及氧化物分子，因而活性较差。适于用在锌锰电池中的是软锰矿。天然 MnO_2 从矿场开采以后要经过水洗、选矿以除去部分非活性矿渣来提高 MnO_2 的含量与活性，然后再将块矿研磨、过筛即得。

化学 MnO_2 可细分为活化 MnO_2、活性 MnO_2 和化学锰，它们都是通过化学的方法得到的比天然锰活性高的 MnO_2，以提高电池的放电性能。

活化 MnO_2 是将 MnO_2 矿石经过粉碎、还原性焙烧后加入 H_2SO_4 溶液，使之歧化、活化，然后分离出矿渣和硫酸锰。矿渣经中和干燥得到活化 MnO_2，这种处理实际是表面处理，将低价锰的化合物除去，得到多孔、含水、活性较高的 MnO_2。其优点是比表面积大、吸液性好，但相对表观密度小，MnO_2 含量较低，较难达到 70% 以上，因此使其应用发展受到限制。

活性 MnO_2 是在活化 MnO_2 的基础上发展起来的，针对上述缺点进行了改进。其制法是将 MnO_2 矿石经过粉碎后，进行还原性焙烧，然后加 H_2SO_4 溶液歧化、活化。通过加入氧化剂氯酸盐或铬酸盐使 $MnSO_4$ 进一步氧化成 MnO_2，再过滤，将所得滤渣中和、干燥即得。活性 MnO_2 不仅相对表观密度提高，MnO_2 含量可达 70% 以上，而且放电性能较活化 MnO_2 有较大的提高，其重负荷放电性能接近电解 MnO_2，是一种有发展前景的锰粉。

化学 MnO_2 是将 MnO_2 粉碎后用 H_2SO_4 溶液溶解，生成 $MnSO_4$ 溶液，然后加入沉淀剂如碳酸氢铵使之转化为碳酸锰，再加热焙烧得到氧化锰，最后使氧化锰氧化成 MnO_2 即得。这种化学 MnO_2 含量可达 90% 以上，多半属于 γ-MnO_2，其特点是颗粒细、表面积大、吸附性能好、价格比电解锰便宜。

电解 MnO_2 是用 $MnSO_4$ 作原料，经过电解使之阳极氧化而制得的 MnO_2，它属于 γ-MnO_2，活性高，放电性能好，但价格较贵。

电解时阴极采用碳电极，阳极采用钛合金极板，电解液温度为 90～95℃，电流密度为 8～10mA/cm^2，$MnSO_4$ 的浓度为 130～150g/L，pH 值为 3.8～4.0，电极反应如下所述。

阳极反应：　　　　　　$Mn^{2+} - 2e^- + 2H_2O \longrightarrow MnO_2 + 4H^+$　　　　　　(3-10)

阴极反应： $$2H^+ + 2e^- \longrightarrow H_2 \uparrow \qquad (3-11)$$

从阳极得到的沉积物经过振动剥离、研磨、中和、烘干等处理即得到电解 MnO_2。

电解 MnO_2 的杂质含量低，MnO_2 含量大于 90%，含水量为 3%~4%。一般电解锰粉颗粒大小为 10~20μm，超微粒电解锰粉其颗粒平均粒度可在 3~5μm。其比表面是一般电解锰的 1.6 倍，放电容量可比一般的电解锰提高 30%。

3.4.1.3　无汞碱锰电池用电解 MnO_2 的进展

电解 MnO_2（EMD）已经成为专门的工业领域，尤其是无汞碱锰电池用 EMD 发展迅猛。杂质 Fe 的质量含量可降至 80×10^{-6} 以下，Mo 已降至 2×10^{-6} 以下，可以满足无汞环境下的应用。更重要的是 EMD 活性获得了进一步的提高。大面积钛阳极的使用，使电流密度分布均匀易于控制，增加了 EMD 中 γ 型的含量。少量 Ti 的掺杂有利于 MnO_2 晶格中电子的移动。后处理方法的改进使 EMD 中结合水增多。

EMD 的比表面积、孔隙度、粒度、密度等物理指标不仅关系到 EMD 本身的活性，而且在电池正极制造过程中也影响正极锰环的成型和装配以及电池内阻的降低等。

EMD 中加添加剂的研究很多，有些已用于工业生产中。添加剂的使用是为了使电子、质子在 EMD 晶格中转移速率加快，并防止晶格膨胀。EMD 放电过程中，晶格的膨胀不单对可充碱性锌锰电池充放电次数有影响，对一次电池的容量和防漏也有影响。

3.4.2　锌材料

锌电极有锌筒、锌片和锌合金粉几种。锌筒用于中性锌锰电池，锌片用于叠层锌锰电池，而锌合金粉则用于碱性锌锰电池。

锌粉的制备有喷雾法、化学置换法和电解法等。化学置换法和电解法尚未工业化，而喷雾法则已实现大规模工业化生产。

无汞锌粉中的有害杂质主要包括铁、镍、铜、砷、锑、钼等，这些杂质会导致锌粉析气量大，易引发电池"爬碱"，另外铜等杂质易造成电池短路，砷和锑则对部分放电后电池的析气影响最为明显，因此这些杂质的含量必须严格控制。另外，随着社会环保意识的日益提高，对环境有害的锌粉成分的使用也受到了限制，例如铅和镉。

无汞锌粉的合金成分主要有铟、铋、铝、钙等。铟具有较高的析氢超电势，能减缓锌的自放电，且使锌表面亲和性好，降低表面接触电阻；铋也能减缓锌的自放电；铝、钙的主要作用是改善锌的表面性能。铟、铋、铝、钙的组合还可以提高电池的放电容量。铟在无汞锌粉中占有不可替代的地位，但是由于近年来铟的价格一路攀升，通过控制原材料锌锭中的杂质含量、优化合金工艺等技术措施，铟的用量已经逐步降低，实现了低铟锌粉。

锌粉的形貌对于无汞碱锰电池非常重要，它影响锌粉的活性和接触性能。球形锌粉比表面积小，析气量也小，但这类锌粉相互接触面积少、无粘接，造成锌膏的电阻率高、内阻大、抗振动性能差，这类无汞锌粉已被淘汰。现在市场上主要是无规则形状的锌粉，包括枝状、扁圆形、泪滴形等。该类锌粉比表面积大，松装密度大，有利于增大电池容量；不同形状不同大小颗粒的结合，可以增加锌粉内的有效接触面积，颗粒之间相互粘接，相互架桥，使电池具有较好的抗振动性能；而且电池内阻小，减少了锌电极的极化，提高了电化学活性。

锌粉的松装密度影响电池的容量。松装密度越大，电池有限空间中装填的锌粉越多，阳极的容量就越大。锌粉的松装密度与锌的性质、锌粉颗粒形貌、粒度分布、合金成分等因素有关。目前无汞锌粉的松装密度可达 2.7~3.2g/cm^3。

电池的规格不同，用途不同，对无汞锌粉的粒度要求也不同。

① 大型号电池用于中小电流条件下放电时，要求锌粉的粒度偏粗，即 30～100 目锌粉不小于 70%，小于 200 目锌粉＜10%。

② 小号电池因电池阳极室直径小，注膏困难，需要粒度偏细的锌粉，特别是大于 60 目锌粉要求不大于 5%。

③ 用于数码产品等需要大电流放电的电池，要求无汞锌粉有很高的活性，粒度偏细，要求 30～100 目锌粉不大于 60%，100～200 目锌粉不小于 30%。

3.4.3　电解质

在中性锌锰电池中，电解质的主要成分是 NH_4Cl 和 $ZnCl_2$。NH_4Cl 的作用是提供 H^+，降低 MnO_2 放电超电势，提高导电能力。NH_4Cl 的缺点是冰点高，影响电池低温性能，并且 NH_4Cl 水溶液沿锌筒上爬，导致电池漏液。$ZnCl_2$ 的作用是间接参加正极反应，与正极反应生成的 NH_3 形成配合物 $[Zn(NH_3)_4Cl_2]$。同时，$ZnCl_2$ 可降低冰点，具有良好的吸湿性，保持电解液的水分，还可加速淀粉糊化，防止 NH_4Cl 沿锌筒上爬。

在碱性电池中，电解液都用 KOH，浓度通常在 35%～40%。

3.4.4　隔膜

糊式锌锰电池的隔膜是电糊，锌型、铵型纸板电池的隔膜是浆层纸，碱性锌锰电池的隔膜是复合膜。

电糊的成分包括电解质（NH_4Cl 和 $ZnCl_2$）、稠化剂（面粉和淀粉）、缓蚀剂（OP 乳化剂等）。一般每升电解液中加入面粉和淀粉 300～360g，配比是面粉与淀粉的质量比为(1:1)～(1:4)。为提高电糊强度和电池的抗水解能力，加入约 0.5%（质量分数）的硫酸铬。

制造浆层纸的工序有浆料配制、涂覆和烘干。选用聚乙烯醇（PVA）、甲基纤维素（MC）、羧甲基纤维素（CMC）、改性淀粉等，并加入适量的水配制成浆料，用喷涂、刮涂或滚涂等方式把浆料均匀地涂覆在基体材料电缆纸或牛皮纸上，然后控制一定的温度烘干。

复合膜由主隔膜和辅助隔膜组成。主隔膜起隔离和防氧化作用，一般采用聚乙烯辐射接枝丙烯酸膜、聚乙烯辐射接枝甲基丙烯酸膜、聚四氧乙烯辐射接枝丙烯酸膜等。辅助隔膜起吸收电解液和保液作用，一般采用尼龙毡、维尼纶无纺布、过氯乙烯无纺布等。使用复合膜时，主隔膜面向 MnO_2，辅助隔膜面向锌负极。

3.4.5　导电材料

石墨粉和乙炔黑是正极中常用的导电材料，主要作用是增加正极活性物质的导电性。另外乙炔黑吸附能力强，能使电解液与二氧化锰接触良好，提高二氧化锰的利用率，还能吸收电池放电过程中产生的氢气，主要用于中性锌锰电池。但是乙炔黑密度低、导电性差，因此碱性锌锰电池正极中一般不加乙炔黑，只使用石墨作导电材料。为使正极环导电均匀，石墨的粒度及在混粉中的分布、石墨与 EMD 两种粒子接触的程度等对电池性能的影响至关重要。

传统上碱锰电池中使用的石墨粉是胶体石墨。但是近年来通过控制石墨的切割方向和切割方法，在不影响材料电导率的前提下可以极大地提高石墨粉的比表面积，通常可达 $25m^2/g$，这种石墨粉称为膨胀石墨。由于膨胀石墨比表面积大，可降低在正极粉料中的含量，而不影响正极的欧姆内阻；同时还可以增大粉料中 EMD 的含量，这使碱锰电池容量得到了巨大的提高。目前膨胀石墨已获得了广泛的应用。

另外，石墨粉的粒度越来越小，325 目以下的颗粒比例越来越高。在杂质含量尤其是 Fe 和 Mo 的含量方面已有较大幅度的降低。

3.4.6　锌膏凝胶剂

传统的 CMC 等锌膏凝胶剂在采用无汞锌粉条件下已不能满足电池的性能要求。为提高无汞碱性锌锰电池的抗振动性能和储存性能，通常选用 PA（聚丙烯酸，如 PW-150 等）和 PA-Na（聚丙烯酸钠，如 QP-3、DK-500、DK-200、DK-310 等）等高黏度、稳定性好的锌膏凝胶剂。在 PA 和 PA-Na 进行恰当配比（2∶1 左右）的情况下，无汞碱锰电池可获得较理想的电池性能。PA 和 PA-Na 均为水溶性高分子化合物，具有良好的耐碱和耐还原性能。PA 具有较高的黏性，在锌膏中主要起粘接作用，PA-Na 则具有较强的膨润性和吸水性，在锌膏中主要起增稠作用，并能降低电池负极的电阻。

3.5　锌锰电池制造工艺

3.5.1　糊式锌锰电池

糊式锌锰电池的结构如图 3-4 所示。电池制造的主要工序包括碳棒、正极电芯、负极锌筒的制造，电解液及电糊的配制，电池装配等，其制造工艺流程如图 3-5 所示。

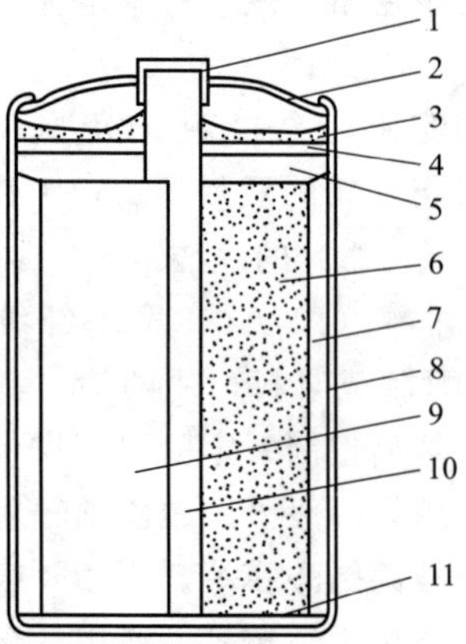

目前天然锰资源不断减少，天然锰矿的品位不断下降，因此近年来使用天然锰粉的糊式电池性能也连年下降；而且天然锰粉中杂质含量较高，不加汞的电池生产工艺很难保证电池的储存性能；另外，糊式电池的放电时间比碱锰电池低几倍，造成了二氧化锰、锌等原材料的利用率低下，严重浪费了资源。基于这些原因，糊式电池已经被逐步淘汰。

图 3-4　圆筒形糊式锌锰
电池结构示意
1—铜帽；2—电池盖；3—封口剂；
4—纸圈；5—空气室；6—正极；
7—隔离层（糊层或浆层纸）；
8—负极；9—包电芯的棉纸；
10—炭棒；11—底垫

3.5.2　纸板电池

3.5.2.1　纸板电池的电池反应

作为中性锌锰电池的纸板电池根据电池电解液的组成不同，有两种类型，即氯化铵型电池和氯化锌型电池。表 3-2 比较了两种电池电解液的某些理化性质。

铵型电池的电池反应为：

$$Zn + 2NH_4Cl + 2MnO_2 \longrightarrow Zn(NH_3)_2Cl_2 \downarrow + 2MnOOH \tag{3-12}$$

锌型电池的电池反应为：

$$9H_2O + ZnCl_2 + 8MnO_2 \longrightarrow 8MnOOH + ZnCl_2 \cdot 4ZnO \cdot 5H_2O \tag{3-13}$$

表 3-2　铵型及锌型电池电解液的某些物理化学性质

电解液类型	电导率/(S/m)	pH 值	水蒸气压/Pa	Zn²⁺状态
氯化锌型	15	4.6	2933	$[Zn(H_2O)]^{2+}$
氯化铵型	43	5.4	2340	$[ZnCl_4]^{2-}$

比较两类电池的电池反应及电解液的有关理化性质可得到以下结论。

① 从电池反应可知，氯化铵型电池反应既无水的生成，又无水的消耗，而氯化锌型电池反应要消耗大量的水，因此电芯中的含水量远比铵型电池更高。并且从表 3-2 又可看到锌型电池电解液中水的蒸气压比铵型的高，所以锌型电池的密封性要求比铵型电池高。

② 从反应式还可看到，两者的反应产物是不同的。铵型电池的产物是 $Zn(NH_3)_2Cl_2$，它是一种致密而坚硬的沉淀，它的生成使电池的内阻增大，反应面积减小。在较大电流放电时，使得极化迅速增大，影响电池的大电流放电性能，所以铵型电池适合于小电流放电。而锌型电池的产物是 $ZnCl_2 \cdot 4ZnO \cdot 5H_2O$，它刚生成时是松软的沉淀物，随着时间的延长会逐渐变硬。当电池连续放电时，产物还没有来得及变硬，放电就结束了，因此，较大电流连放时极化比铵型电池小。但如果是间放，在间歇时产物会变硬，使电池的内阻增大，所以锌型电池的大电流连放性能优于间放性能。

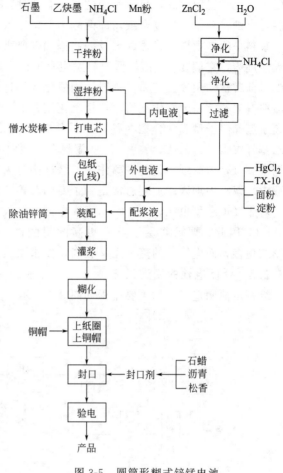

图 3-5　圆筒形糊式锌锰电池
生产制造工艺主要流程

③ 从表 3-2 可知，锌型电池的电解液的 pH 值比铵型电池的电解液低，有利于歧化反应的进行，这就使得正极的极化有所降低。从表 3-2 还可看到，锌型电池电解液中的锌离子是以 $[Zn(H_2O)]^{2+}$ 正离子的形式存在的，铵型电池电解液中的锌离子则是以 $[ZnCl_4]^{2-}$ 负离子的形式存在，在电池放电时，负极发生的是阳极反应，在电场的作用下，在铵型电池中的锌离子（负离子）电迁移的方向与浓度扩散的方向是相反的，不利于锌离子离开电极表面，而锌型电池中的锌离子（正离子）则与浓度扩散的方向相同，有利于离开电极表面，因此，铵型电池的负极极化比锌型电池的要大些。由于锌型电池的正负极极化都比铵型电池的小，所以，锌型电池的放电电流和容量都比铵型电池要大。

④ 从表 3-2 也可看到，锌型电池电解液的导电能力不如铵型电池电解液的导电能力好。

综上所述，锌型电池除溶液的导电能力稍差之外，其他几个方面都比铵型电池的性能要好，它适合于较大电流连续放电，容量高，且防漏性能好，而铵型电池更适合于小电流间歇放电。

3.5.2.2　浆层纸

浆层纸是由浆料和基纸组成的。

基纸应致密均匀、厚度合适，有良好的吸液性和保液能力，有足够的湿强度，含重金属杂质少，化学稳定性高，目前使用的基纸有 3 种：一是低压电缆纸，常用 K8 电缆纸；二是双层复合纸；三是三层复合纸，即两侧为低密度纸，中间为高密度纸复合而成。

浆料一般是由糊料、缓蚀剂及一些添加剂所组成。糊料有 2 类，一类是天然糊料，主要是天然淀粉，它们在 pH 值较低时易发生水解而生成 CO_2 和 H_2O，不利于电池的储存性能，所以目前常常采用改性淀粉。一般采用醛化或醚化的方法使淀粉形成网状结构，国内用的改性淀粉有架桥淀粉、醚化淀粉、架桥醚化淀粉等；另一类是合成糊料，主要是纤维素醚，有非离子型、离子型和混合型 3 种，如甲基纤维素（MC）、羧甲基纤维素（CMC）和羧甲基羟乙基纤维素（CMHEC）等。这些糊料在电池中的主要作用是吸收和保持电解液，并吸液后润湿膨胀，与基纸一起起隔离作用。缓蚀剂是为了降低锌负极的自放电，它们一般加入到浆液中。浆料中加入添加剂通常是为了专门改善某种性能而加入的。

对于 $ZnCl_2$ 型电池，由于它适于大电流连续放电，锌阳极的 pH 值下降很多，有时可降到 0～1，因此，要求浆层纸具有更高的耐酸性。此外，$ZnCl_2$ 型电池电芯的含水量高达 30% 或更多，而电解液的蒸气压又较高，要求浆层纸有更高的电解液保持能力。

3.5.2.3 纸板电池的制造工艺

纸板电池制造工艺的主要流程如图 3-6 所示。

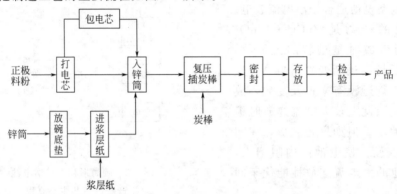

图 3-6 纸板电池生产制造工艺主要流程

在正极配方中无论是锌型纸板电池还是铵型纸板电池都要加入一部分电解锰，特别是氯化锌型电池作为高功率电池，放电电流较大，要求加入相当比例的电解锰或者全部使用电解锰。对于氯化锌型电池在正极中不需要加入固体 NH_4Cl，所以 MnO_2 的填充量有所增加。

电芯的成型方式有 2 种，一种是筒内成型，即直接将正极粉料加入到放有浆层纸的锌筒中，加压使电芯在锌筒内直接成型，这可以简化工序，但技术要求较高；另一种是预成型，即与糊式电池一样，先打芯后入筒。打出电芯后有 2 种工艺进入锌筒，一种是将电芯包棉纸后入锌筒；另一种是电芯直接入锌筒，无论是哪种工艺，都是电芯入锌筒后再插入炭棒，并经过复压，这与糊式电池是不同的。装配时所用的浆层纸是干的，反应所需要的电解液全部来自于电芯，当电芯入筒后，浆层纸要从电芯吸收水分，因此要求电芯含水量高。根据反应不同，锌型电池的含水量要比铵型电池高，锌型电池的电芯含水量为 28%～32%，铵型电池电芯含水量为 18%～27%。

纸板电池要求采用不透气炭棒，这与糊式电池也是不同的。由于纸板电池正极的含水量大，导电组分乙炔黑的比例增加，MnO_2 的相对比例下降，特别是氯化锌型电池电解液的水的蒸气压高，对氧又十分敏感，所有这些都使得纸板电池不能采用透气炭棒，其目的是为了防止水分的散失和氧气的进入。

　　电池的密封是纸板电池制造中的一个很关键的问题，它直接影响到电池的容量和储存、防漏性能，因此纸板电池对密封的要求比糊式电池要高，而锌型纸板电池又比铵型电池要求高。为了解决密封防漏，可以通过合理设计密封结构、选用适当的密封材料等措施以保证电池的密封质量。

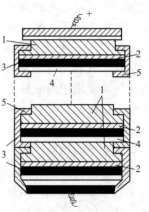

图 3-7　纸板式叠层锌锰
电池结构示意

1—正极碳饼；2—浆层纸；
3—锌片；4—无孔导
电膜；5—塑料套

3.5.3　叠层锌锰电池

　　叠层电池主要用于通讯、收音机、仪器仪表、打火机等场合。尽管比圆筒形电池用量小，但在某些需要高压直流电的场合是不可取代的。它的电压可以根据需要来组合，从 6V 到数十伏。最常见的是 6F22，即九伏电池，通常用于无线话筒、玩具遥控器、电子体温计、万用表、无线门铃等用电器具，它实际上是由 6 个扁形纸板电池组成的电池组。目前也有由 6 个碱锰电池组成的九伏叠层电池，型号是 6LF61，其规格尺寸与 6F22 完全相同，但放电容量更高。

　　纸板式叠层电池的结构如图 3-7 所示，它的一个单体电池由 5 个主要部分组成，即正极（又叫碳饼）、锌负极、浸透电解液的浆层纸、无孔导电膜及塑料套管。

3.5.4　碱性锌锰电池

3.5.4.1　碱锰电池的电池反应及特点

　　碱锰电池的表达式为：$(-)Zn|KOH|MnO_2(+)$

　　碱锰电池在放电时的反应方程式如下所示。

负极反应：$Zn-2e^-+4OH^- \longrightarrow Zn(OH)_4^{2-} \rightleftharpoons ZnO+H_2O+2OH^-$　　　(3-14)

正极反应：$2MnO_2+2H_2O+2e^- \longrightarrow 2MnOOH+2OH^-$　　　(3-15)

电池反应：$Zn+2MnO_2+H_2O \longrightarrow 2MnOOH+ZnO$　　　(3-16)

　　负极放电产生锌酸盐 $[Zn(OH)_4^{2-}]$，锌酸盐浓度达到饱和后沉积出 ZnO。放电最终产物 ZnO 是两性物质，同 KOH 溶液中的锌酸盐 $[Zn(OH)_4^{2-}]$ 之间存在着溶解平衡。由于负极放电反应遵循溶解-沉积机理，产物 ZnO 和反应物 Zn 分属两相，因此 Zn 电极的放电曲线非常平坦，存在着明显的放电平台，直至负极放电结束 Zn 电极的电势发生突跃，迅速正移。

　　正极放电反应产物水锰石（MnOOH）是通过固相的质子扩散向电极内部转移的，固相的质子扩散过程是正极放电反应的速度控制步骤，电极反应的速度决定于固相质子扩散的速度。由于产物水锰石（MnOOH）是在反应物 MnO₂ 的晶格中通过质子-电子机理产生的，MnOOH 和 MnO₂ 存在于同一固相之中，反应具有均相性质，因此根据 Nernst 方程，反应的平衡电势随着 MnOOH 和 MnO₂ 固相浓度比值的增大而不断负移，这是 MnO₂ 放电时电极电势持续下降的主要原因，电极放电曲线上没有明显的放电平台。

　　由于碱锰电池的正极只使用石墨做导电材料，而不用乙炔黑，可以压制成致密的锰环，因此在相同的电池空间中，碱锰电池可以填充比中性电池更多的正负极活性物质；同时，碱锰电池的正极采用了电解锰，负极采用了多孔锌粉结构，正、负极的极化均比中性电池更小，活性物质利用率更高，而且 KOH 电解液的导电能力比中性电解液更强，电池的欧姆内阻更小，所以碱锰电池的放电容量远高于中性电池，可达后者的 5 倍以上。

另外，碱锰电池的重负荷放电能力也远在中性电池之上，可进行较大电流的放电。

由于固相质子扩散过程是正极放电反应的速度控制步骤，扩散速度缓慢导致放电产物 MnOOH 在电极表面上积累从而引起极化增加，当放电间歇时，固相质子扩散仍可继续进行，MnOOH 仍可继续从电极表面向内部转移，电极性能有所恢复，因此碱锰电池具有恢复特性，常常用于间歇放电，间歇放电的容量比连续放电更高。不过，在无汞条件下，部分放电后锌电极的自放电会加剧，因此需要采用非常严格的缓蚀措施。如果电池中存在微量的 Cu 等有害杂质，部分放电后还会出现缓慢的枝晶短路，因此电池必须保证严格的清洁条件，避免有害杂质的污染。

KOH 水溶液的冰点较低，正、负极的极化较小，而且负极采用了多孔锌粉电极结构，减缓了锌电极的钝化。因此，碱锰电池在低温条件下的放电特性要优于中性锌锰电池，它可以在 -40℃ 的温度下工作，在 -20℃ 时可以放出 21℃ 时容量的 40%～50%。

3.5.4.2 碱锰电池的结构

碱锰电池有圆筒形、方形和扣式等几种结构，最常见的是圆筒形结构。由于圆筒形碱锰电池采用了锰环-锌膏式结构，外壳是作为正极集流体的钢壳而非中性电池使用的锌筒，所以这种结构习惯上也被称为反极式结构。圆筒形碱锰电池和扣式碱锰电池的结构如图 3-8 和图 3-9 所示。

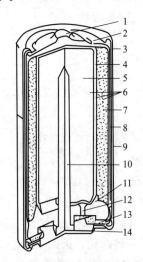

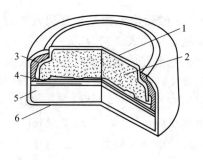

图 3-8　圆筒形碱锰电池结构示意
1—正极帽；2—绝缘垫圈；3—钢壳；
4—隔离层；5—负极锌膏；6—电解质；
7—MnO₂；8—正极集流器；9—塑料套管；
10—负极集流器；11—塑料密封圈；
12—排气孔；13—绝缘物；14—负极盖

图 3-9　纽扣式碱锰电池结构示意
1—钢盖；2—MnO₂ 正极料粉；
3—绝缘密封；4—吸碱隔离层；
5—负极锌膏；6—钢壳

3.5.4.3 碱锰电池的制造工艺

锰环-锌膏式碱锰电池制造工艺的主要流程如图 3-10 所示。

碱锰电池的制造可分为电解液的配制、正极的制造、负极的制造、隔膜筒的制造、负极组件的制造、电池的装配等几个部分。

正极的制造一般经过干混、湿混、压片、造粒、筛分、压制正极环等几道工序来完成。

正极粉料经过干混后，需要加调粉液进行湿混。调粉液可用 KOH 水溶液，也可用蒸馏水。在使用蒸馏水时应注意两点，一是正极装入电极前必须烘干，以利于电解液注入后吸液

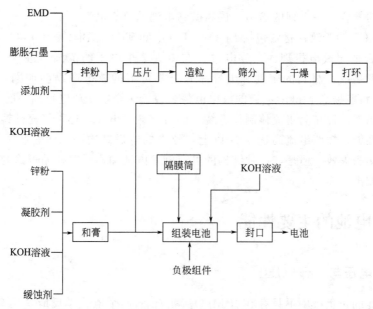

图 3-10　锰环-锌膏式碱锰电池生产制造工艺主要流程

快、吸液多，并保证正极电解液均匀一致；二是电解液注入后应停 15～30min，才能对电池进行密封，目的是使电池内部的气体尽量逸出，减轻电池的气胀和爬碱。

　　湿混后正极粉料进行压片、造粒，以使湿粉料充分紧密接触，提高密度，从而减小接触电阻和提高装填量。造粒后要经过筛分、干燥，然后以混合均匀和处理后的正极粉料放在打环机中，用高压压制成环状柱体。

　　负极的制造主要是制成锌膏。锌膏的配置分干拌和湿拌两个过程。和膏过程所用的器具需要满足无汞碱锰电池使用材料的工艺要求，干拌桶的内壁可以涂覆耐磨非金属材料，接触锌膏的机械和容器全部采用工程塑料，以便彻底避免金属杂质的引入。

　　电池的外壳采用镀镍钢壳，它同时又是正极的集流体。在钢壳的内壁上喷涂一层石墨导电胶，以便增大钢壳和正极锰环之间的接触面积，还可防止钢壳镀镍层的氧化。装配时将正极环推入钢壳内部，使之与钢壳紧密接触。然后将隔膜套插入正极环的中间，注入锌膏，再将负极组件插入。

　　负极组件由负极底、密封圈和集流铜钉组成，铜钉与负极底焊接在一起后穿过密封圈，负极组件的结构示意图如图 3-11 所示。密封圈可采用尼龙或聚丙烯，密封圈上设有薄层带作为防爆装置，一旦电池内气压达到一定标准，薄层带就会破裂，放出气体，从而避免电池内气压过高造成爆炸。

　　在钢壳口部涂上封口胶，经过封口、拔直等工序将钢壳和密封圈组装到一起。

3.5.5　可充碱性锌锰电池

　　可充碱锰电池通常采用和一次碱锰电池相类似的锰环-锌膏式结构。通过采取 MnO_2 材料的掺杂改性、锌负极限容的设计、恒电压充电方式的应用、耐枝晶隔膜的改进、正极机械牢固程度的提高、正极填充材料的选择、耐过充性能的改

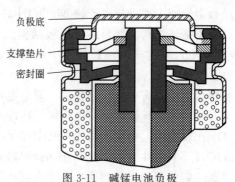

图 3-11　碱锰电池负极
组件的结构示意

善、氢气氧气的复合等一系列的措施，提高碱锰电池的可充电性。

常用的 MnO_2 掺杂改性材料包括 Bi_2O_3、PbO_2 和 TiO_2。Bi_2O_3 和 PbO_2 的改性材料改变了 MnO_2 电极的充放电机理，充放电过程在得失 2 个电子的范围内进行，放电容量大，可充性较好，但是改性材料的密度和电导率较低，可溶的放电产物会加剧负极的自放电。TiO_2 的改性材料能提高 MnO_2 电极的放电电势，改善 1 个电子放电范围内的可充性。

也可以采用泡沫镍作为集流体制作卷绕式的可充碱锰电池，这种可充碱锰电池具有良好的大电流放电性能，短路电流高达 30A 以上，致密的电极结构和电池紧装配方式能够抑制 MnO_2 电极的膨胀失效。但是，这种结构的可充碱锰电池加剧了锌枝晶短路的趋势，也增加了锌负极的自放电。

3.6 锌锰电池的主要性能

3.6.1 开路电压与工作电压

在锌锰电池的正负极中不只存在着 MnO_2 和 Zn 的两个电化学反应，还会存在着析氧、析氢等其他副反应，所以在开路条件下，无论正极还是负极都不处于 MnO_2 和 Zn 的平衡状态，其电极电势是它们的稳定电势。因此，电池的开路电压实际上是两电极的稳定电势之差。

$$U_{开} = \varphi_{C,MnO_2} - \varphi_{C,Zn} \tag{3-17}$$

式中，φ_{C,MnO_2} 与 $\varphi_{C,Zn}$ 分别为正极和负极的稳定电势。

显然，锌锰电池的开路电压与很多因素有关，凡是能影响正负极稳定电势的因素都将影响电池的开路电压。对于正极来讲，φ_{C,MnO_2} 决定于使用的 MnO_2 的种类和掺入的导电物质的种类以及它们之间的相对用量。此外，还与电解液的组成和浓度、温度等有关。采用不同的 MnO_2，由于其晶型不同，纯度不同，制造方法不同，其活性也不一样，在相同的电解液中其稳定电势值也不同。对于负极来讲，由于锌的交换电流密度较大，负极的稳定电势 $\varphi_{C,Zn}$ 主要决定于锌本身，受其他物质的影响较小。锌锰电池的开路电压随所用材料不同在 1.5～1.8V 之间。

当电池工作时，由于存在极化，工作电压总是小于开路电压，并且由于放电时 MnO_2 的电极电势持续下降，电池的工作电压也不断地随之降低。当放电电流增大时，电池两电极上的极化也相应增大，电池工作电压更低。工作电压降低的程度决定于两电极的动力学性能以及电解液的导电能力。一般而言，Zn 负极的动力学性能好于 MnO_2 正极，而 MnO_2 正极的动力学性能主要受放电产物 MnOOH 转移速度的限制。由于碱锰电池采用了电解锰、致密的正极锰环结构、锌粉多孔电极结构及 KOH 溶液良好的导电能力，碱锰电池的重负荷（较大电流）放电能力远远好于中性电池，重负荷（较大电流）放电时工作电压下降速度较慢。

锌锰电池具有电压恢复特性，即电池在工作时，工作电压下降，而在停止放电休息时电压又有所回升。锌锰电池的电压恢复特性产生的原因主要是 MnO_2 电极具有电势恢复特性。MnO_2 在放电时，由于产物 MnOOH 在电极表面积累导致电势持续下降，但当停止放电时，MnOOH 不再产生，而 MnOOH 的转移仍在继续，所以 MnOOH 的表面浓度下降，使得电势得到一定程度的恢复。这种电压恢复特性决定了锌锰电池更适合间歇方式放电，其间放性能优于连放性能。尤其当电池进行较大电流（例如，LR6 电池在 3.8Ω、3.9Ω 或 5.1Ω 恒阻

条件下）的重负荷放电时，连续放电工作电压下降明显，而放电间歇后电压显著回升，可重
新进行有效的工作。间歇放电正是某些用电器具的工作方式，例如电动剃须刀就是在类似于
5.1Ω 恒阻放电条件下工作，每次工作仅需几分钟的时间。另外，照相机闪光灯、电动牙刷、
遥控器、收音机、电动玩具、手电筒等其他用电器具也都是以间歇方式供电。再考虑到锌锰
电池出厂时即为荷电状态，储存性能良好，因此可随时处于准备工作状态，不会在间歇等待
过程中损失容量，因此锌锰电池适合在间歇工作的用电器具中使用。

3.6.2　欧姆内阻、短路电流和负荷电压

锌锰电池的内阻是比较大的，这与它所使用的材料、电池的结构等因素有关。电池的全
内阻包含 2 个部分，即欧姆内阻和极化内阻。

电池的欧姆内阻包括电池的引线、正负极电极材料、电解液、隔膜等的本体电阻及各部
分间的接触电阻，其大小与电池所用材料的性质和电池装配工艺等因素有关，是电池体系和
电池工艺的综合反映。欧姆内阻与电池工作时的电流密度无关，完全服从欧姆定律。电池欧
姆内阻的大小在很大程度上影响电池的重负荷放电性能，是考察电池性能的一个重要指标。
电池的种类不同，欧姆内阻不同。一个中等尺寸的铅蓄电池的欧姆内阻大约为几个毫欧，而
一个中性锌锰电池的欧姆内阻可达几百毫欧，一个碱锰电池的欧姆内阻则为几十毫欧。电池
的欧姆内阻可用高频率的电流信号进行测量，也可用交流阻抗的方法测量。

在工厂中也会采用测量电池的短路电流和负荷电压的方法去预测电池的负荷性能。短路
电流就是将电池的正负极短接，在短接瞬间流过的最大电流。例如，LR6 型碱锰电池的短
路电流可达十几安培。短路电流和电池的欧姆内阻之间存在着一定的对应关系，短路电流越
大，一般而言欧姆内阻越小，电池的重负荷放电性能可能会比较好。负荷电压就是电池正负
极短接瞬间的工作电压，碱锰电池的负荷电压一般在 1.5V 以上。碱锰电池的重负荷放电能
力明显优于中性锌锰电池。近年来，通过改进石墨导电胶、使用膨胀石墨、增加锰环成型压
力、增大电池含水量等措施，明显提高了碱锰电池的重负荷放电性能。由于有些提高重负荷
放电性能的措施会以牺牲部分电池容量为代价，因此电池有向中负荷应用和重负荷应用领域
细分的趋势。但是，由于锌锰电池销售的分散性和多种电器的共用性，这种细分市场的做法
存在一定的难度。

3.6.3　容量及其影响因素

电池的实际容量主要与两方面因素有关，一是活性物质的填充量，二是活性物质的利用
率。很明显，活性物质的量越多，电池放出的容量就越高；利用率越高，容量也越高。因
此，提高电池的容量通常从这两方面着手。以碱锰电池为例，21 世纪初碱锰电池的容量大
幅度提高就是这两方面措施共同作用的结果。

在正极方面，通过将镀镍钢壳的厚度从 0.30mm 降低到 0.25mm，则 LR6 型碱锰电池
正极环的体积可从 $3.2cm^3$ 增加到 $3.3cm^3$，使得正极活性物质填充量增加 3%。目前，还有
将钢壳厚度进一步降低到 0.20mm 的趋势；使用比表面积更大、粒度更小的膨胀石墨，一
方面可以减少石墨用量，增加 MnO_2 的填充量；另一方面，石墨、MnO_2 接触性能的改善
也提高了正极利用率。

在负极方面，通过提高锌膏中锌的比例，改变凝胶剂的配比，增加锌膏注入量，使用添
加剂等措施，负极活性物质的填充量和利用率也获得了提高。

锌锰电池的放电容量同电池的放电制度（工作方式）有关，一般情况下锌锰电池采用恒

阻方式进行放电测试，放电容量为恒阻放电曲线的积分。LR6 型碱锰电池的主要放电制度及相应的放电性能见表 3-3 所列。

表 3-3　LR6 型碱锰电池的主要放电制度及相应的放电性能

放电制度			使用寿命
放电模式		终止电压/V	
收音机	43Ω	4h/d	0.9	88.0h
录音机	10Ω	1h/d	0.9	19.0h
电机/玩具	3.9Ω	1h/d	0.8	6.9h
脉冲	1.8Ω	15s/min	0.9	600 次
遥控器	24Ω	15s/min,8h/d	1.0	31h
录音机	10Ω	24h/d	0.9	18.0h
电机/玩具	3.9Ω	24h/d	0.9	5.5h

3.6.4　储存性能

总体而言，锌锰电池的储存性能要比其他电池系列更好。尽管无汞化后锌的腐蚀趋势更大，但是通过采用锌合金粉、代汞缓蚀剂、高纯度原材料及清洁生产工艺等措施，锌电极的自放电水平仍被限制在含汞时的水平。一般情况下，锌锰电池在储存 5 年之后，电池容量仍可保持为新电池的 80%～90%。

电池的储存性能除要考虑荷电保持能力外，还要考察电池的爬碱、漏液情况。通过密封结构和材料的改进，爬碱、漏液问题也得到了有效的解决。

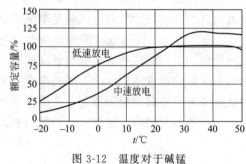

图 3-12　温度对于碱锰
电池放电容量的影响

另外，在电池储存过程中，还可能出现慢性内部短路问题，表现形式是开路电压明显低于正常水平。在无汞化后，这一问题比较突出。问题的原因可能是电池中某些有害的金属杂质（主要有 Cu、Fe、Co、Ni 等）通过置换反应使得锌枝晶在隔膜内缓慢生长，最终刺穿隔膜造成正负极短路。这一问题的解决途径有两个方面，一方面是使用高纯度原材料、改进设备和生产工艺避免污染，从而杜绝短路的根源；另一方面，可选用接枝膜和无纺布相结合的组合隔膜，并且降低隔膜厚度，增加隔膜卷绕的层数，以提高耐枝晶性能。

3.6.5　高温性能和低温性能

锌锰电池在高温放电时，通常容量增加。在低温放电时，容量比常温时更低。在低温性能方面，碱锰电池性能比较优异。不同温度下碱锰电池的放电容量如图 3-12 所示。

第 4 章　铅酸蓄电池

4.1　概述

4.1.1　铅酸蓄电池的发展

铅酸蓄电池已有近 150 年的历史了。1860 年，普朗特（Plante）首先报道了从浸在硫酸溶液中并充电的一对铅板可以得到有效的放电电流，后来富尔（Faure）提出了涂膏极板的概念。此后 100 多年来，电池的主要组件没有发生根本变化。但随着各国科学家和工程技术人员的不断努力，这种蓄电池仍发生了一系列技术进步，例如管状电极、胶体电解液、超细玻璃纤维隔板（AGM）、阀控密封铅酸蓄电池（VRLA）技术、卷绕 VRLA 技术等。

铅酸蓄电池的正极活性物质是二氧化铅，负极活性物质是海绵状金属铅，电解液是稀硫酸水溶液。在电化学中该体系表示为：

$$(-)Pb \mid H_2SO_4 \mid PbO_2(+)$$

该电池放电时，把储存的化学能直接转换为电能。正极二氧化铅和负极金属铅分别被还原和氧化为硫酸铅。铅酸蓄电池的标称电压是 2V，理论上放出 1A·h 的电量需要正极活性物质 PbO_2 4.45g、负极活性物质金属铅 3.87g、纯硫酸 3.66g。如此计算铅酸电池的理论比能量是 166.9W·h/kg，实际比能量 35～45W·h/kg。

构成铅酸蓄电池的主要部件是正负极和电解液，此外还包括隔板、电池槽和一些必要的零部件。正、负极活性物质是分别固定在各自的板栅上，活性物质加板栅组成正极或负极。

20 世纪下半叶铅酸电池在结构上发生了重大变化。此前，铅酸电池的极板是浸在可流动的硫酸中使用，在电池过充时，氢气和氧气可无障碍释放出来，这样就带来电解液失水，电池需定期维护。

长期以来，科学家一直试图研制"密封式"铅酸电池，这样阀控密封铅酸电池（valve-regulated lead-acid，VRLA）应运而生。首批商业化的 VRLA 电池是 20 世纪 60 年代德国的阳光公司和 70 年代的盖茨能源产品公司设计的。两家公司采用的工艺分别是"胶体"和"超细玻璃纤维隔板（AGM）"工艺。

VRLA 蓄电池设计师通过"内部氧循环"的方式来实现密封，如图 4-1 所示。

正极板在充电后期或过充时的析氧反应为：

$$H_2O \longrightarrow 2H^+ + 1/2O_2\uparrow + 2e^- \tag{4-1}$$

析出的氧通过特殊的气体空隙转移到负极板，在负极上再化合成水，其反应为：

$$Pb + 1/2O_2 + H_2SO_4 \longrightarrow PbSO_4 + H_2O + 热量 \tag{4-2}$$

在 VRLA 蓄电池充电期间，还存在 2 个反应，即负极的析氢反应和正极板栅的腐蚀，即：

$$2H^+ + 2e^- \longrightarrow H_2\uparrow \tag{4-3}$$

$$Pb + 2H_2O \longrightarrow PbO_2 + 4H^+ + 4e^- \tag{4-4}$$

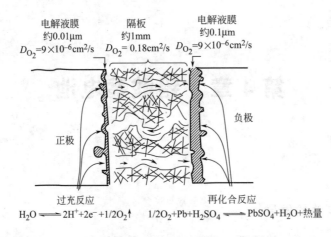

图 4-1　VRLA 电池中氧循环示意

式(4-1) 和式(4-2) 组成的氧循环使负极的电势负移较少；并且由于采用 Pb-Ca 系合金板栅，因此，式(4-3) 的析出速度被降到非常低的水平。使用单向的压力缓解阀以确保氢气积累不会在电池内部造成过高的压力。

4.1.2　铅酸蓄电池的结构

自 1860 年普朗特发明了形成式的铅酸蓄电池以来，陆续产生了涂膏式富液电池、胶体电池、阀控密封铅酸电池和卷绕 VRLA 电池等不同结构。目前，铅酸电池中的极板主要有涂膏式和管式两种。所谓涂膏式极板是将铅膏涂在铅合金板栅上而形成的极板；管式正极是在铅合金骨架外套以纤维管，并在管中挤入正极铅膏而形成的极板，在胶体 VRLA 电池中常常采用管式正极。图 4-2 为铅酸电池的极板和电池结构。

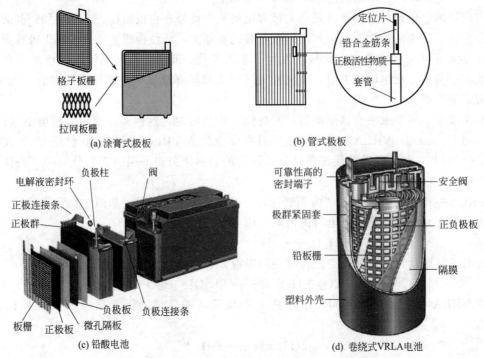

图 4-2　不同结构的极板与铅酸电池

4.1.3　铅酸蓄电池的用途

铅酸蓄电池主要有以下几方面的用途。

（1）启动用铅酸电池　除了供内燃机点火外，主要通过驱动启动电机来驱动内燃机。启动时电流通常为 $150\sim500A$，而且要求能够在低温时使用，为各种汽车、拖拉机、火车及船用内燃机配套。

（2）固定型铅酸电池　广泛用于发电厂、变电所、电话局、医院、公共场所及实验室等，作为开关操作、自动控制、通讯设备、公共建筑物的事故照明等的备用电源及发电厂储能等用途。对这类电池的特殊要求是寿命要长，一般为 $15\sim20$ 年。

（3）电动车用电池　用于各种叉车、铲车、矿用电机车、码头起重车、电动车和电动自行车。

（4）便携设备及其他设备用铅酸电池　常用于照明灯、便携仪器设备的电源。

4.1.4　铅酸蓄电池的特点

铅酸蓄电池的优点有：①原料易得价格低廉；②高倍率放电性能良好；③高低温性能良好，可以在 $-40\sim60℃$ 的环境下工作；④适合于浮充使用，使用寿命长无记忆效应；⑤废旧电池容易回收，发达国家铅的回收率高达 96%。

铅酸蓄电池的缺点亦十分明显：①比能量低，仅为 $30\sim40W\cdot h/kg$；②使用寿命没有镉镍电池和锂离子电池长；③制造过程易污染环境。

4.2　铅酸蓄电池的热力学基础

4.2.1　电池反应、电动势

1882 年，葛拉斯顿（Glandstone）和特瑞比（Tribe）提出了解释铅酸电池成流反应的理论，至今仍广为应用。需要说明的是，在铅酸电池使用的 H_2SO_4 的密度范围内（即 $1.05\sim1.30g/cm^3$），参加电极反应的是 HSO_4^-，而不是 SO_4^{2-}。这是由于：

$$H_2SO_4 \Longleftrightarrow HSO_4^- + H^+ \qquad k_1 = 10^3 \tag{4-5}$$

$$HSO_4^- \Longleftrightarrow H^+ + SO_4^{2-} \qquad k_2 = 1.02\times10^{-2} \tag{4-6}$$

因此，铅酸电池的两个电极反应如下所述。

负极反应：$$Pb + HSO_4^- \underset{充电}{\overset{放电}{\Longleftrightarrow}} PbSO_4 + H^+ + 2e^- \tag{4-7}$$

正极反应：$$PbO_2 + 3H^+ + HSO_4^- + 2e^- \underset{充电}{\overset{放电}{\Longleftrightarrow}} PbSO_4 + 2H_2O \tag{4-8}$$

电池反应：$$Pb + PbO_2 + 2H^+ + 2HSO_4^- \underset{充电}{\overset{放电}{\Longleftrightarrow}} 2PbSO_4 + 2H_2O \tag{4-9}$$

由于放电时，正、负极都生成 $PbSO_4$，所以该成流理论叫"双硫酸盐化理论"。

根据式(4-7)得负极的平衡电极电势，有：

$$\varphi_{PbSO_4/Pb} = \varphi_{PbSO_4/Pb}^{\ominus} + \frac{RT}{2F}\ln\frac{a_{H^+}}{a_{HSO_4^-}} \qquad \varphi_{PbSO_4/Pb}^{\ominus} = -0.300V \tag{4-10}$$

根据式(4-8)得正极的平衡电极电势，有：

$$\varphi_{\mathrm{PbO_2/PbSO_4}} = \varphi^{\ominus}_{\mathrm{PbO_2/PbSO_4}} + \frac{RT}{2F}\ln \frac{a_{\mathrm{H^+}}^3 \, a_{\mathrm{HSO_4^-}}}{a_{\mathrm{H_2O}}^2} \qquad \varphi^{\ominus}_{\mathrm{PbO_2/PbSO_4}} = 1.655\mathrm{V} \qquad (4\text{-}11)$$

将式(4-6)和式(4-5)相减就等于电池的电动势 E，即：

$$E = \varphi^{\ominus}_{\mathrm{PbO_2/PbSO_4}} - \varphi^{\ominus}_{\mathrm{PbSO_4/Pb}} + \frac{RT}{2F}\ln \frac{a_{\mathrm{H^+}}^3 \, a_{\mathrm{HSO_4^-}}}{a_{\mathrm{H_2O}}^2} - \frac{RT}{2F}\ln \frac{a_{\mathrm{H^+}}}{a_{\mathrm{HSO_4^-}}}$$

$$= \varphi^{\ominus}_{\mathrm{PbO_2/PbSO_4}} - \varphi^{\ominus}_{\mathrm{PbSO_4/Pb}} + \frac{RT}{F}\ln \frac{a_{\mathrm{H^+}} \, a_{\mathrm{HSO_4^-}}}{a_{\mathrm{H_2O}}}$$

$$= \varphi^{\ominus}_{\mathrm{PbO_2/PbSO_4}} - \varphi^{\ominus}_{\mathrm{PbSO_4/Pb}} + \frac{RT}{F}\ln \frac{a_{\mathrm{H_2SO_4}}}{a_{\mathrm{H_2O}}} \qquad (4\text{-}12)$$

由式(4-12)可以看出，除了影响 $\varphi^{\ominus}_{\mathrm{PbO_2/PbSO_4}}$、$\varphi^{\ominus}_{\mathrm{PbSO_4/Pb}}$ 的一些因素影响电动势之外，电池的电动势随硫酸活度的增加而增大。表 4-1 列举了不同硫酸浓度时电动势的实测值。

表 4-1　铅酸蓄电池的热力学数据（实测值，25℃）

硫酸密度/(g/cm³)	硫酸百分浓度/%	电动势/V	$\left(\dfrac{\partial E}{\partial T}\right)_p$/(mV/℃)
1.020	3.05	1.855	-0.06
1.050	7.44	1.905	$+0.11$
1.100	14.72	1.962	$+0.30$
1.150	21.38	2.005	$+0.33$
1.200	27.68	2.050	$+0.30$
1.250	33.80	2.098	$+0.24$
1.300	39.70	2.134	$+0.18$

铅酸蓄电池的电动势 E 与电池反应的热焓变化（ΔH）之间的关系可用吉布斯-亥姆霍兹方程式描述：

$$E = -\frac{\Delta H}{nF} + T\left(\frac{\partial E}{\partial T}\right)_p \qquad (4\text{-}13)$$

式中，$\left(\dfrac{\partial E}{\partial T}\right)_p$ 为电池的温度系数。

表 4-1 也列举了实测的温度系数，在电池正常工作的硫酸密度范围内，其数值为正，说明电池以无限慢的速度放电时，不仅将反应的热效应全部转换为电功，而且还可以从电池周围的环境中吸取热量变成电功。

由于正负极的稳定电势接近于它们的平衡电极电势，所以电池的开路电压与电池的电动势接近。

4.2.2　铅-硫酸水溶液的电势-pH 图

所谓电势-pH 图是表示两种物质之间互相转换（氧化还原或其他转换）达到平衡时的电势与溶液 pH 值的关系图线。其中横坐标是 pH 值，纵坐标是电极电势值（vs. SHE）。

图 4-3 是铅在硫酸根离子总活度等于 1mol/L 水溶液中的电势-pH 图。在这个电势-pH 图中有 3 种线，水平线、垂直线和斜线。水平线表示与 pH 值无关的氧化还原反应的平衡电极电势值；垂直线表示与 H^+ 有关的非氧化还原反应的平衡状态的 pH 值，也就是反应与电极电势无关；斜线表示与 H^+ 有关的氧化还原反应的平衡电极电势与 pH 值关系。

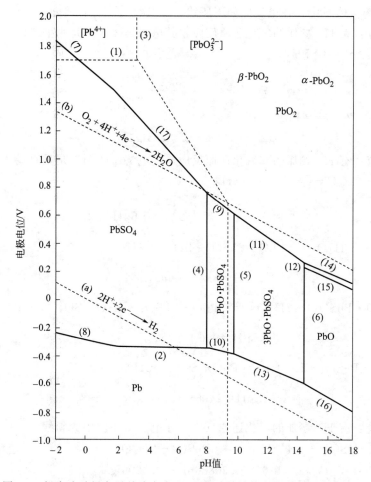

图 4-3 铅在硫酸根离子总浓度为 1mol/L 水溶液中的电势-pH 图（25℃）

由于在硫酸水溶液中，存在 H^+ 和 H_2O，它们能与某些氧化剂和还原剂作用，发生电化学反应，因此，在铅-硫酸水溶液的电势-pH 图中必须将 H_2O 氧化的氧电极和氢还原的氢电极的电势-pH 关系表示出来。

对于氢的反应，有：

$$2H^+ + 2e^- \longrightarrow H_2 \tag{4-14}$$

$$\varphi = \varphi_{H_2}^{\ominus} + \frac{RT}{2F} \ln \frac{a_{H^+}^2}{p_{H_2}} \tag{4-15}$$

当 25℃时，$\varphi_{H_2}^{\ominus} = 0$，且 $p_{H_2} = 1$，于是有：

$$\varphi = -0.059 \text{pH} \tag{4-16}$$

对于氧的反应，有：

$$O_2 + 4H^+ + 4e^- \longrightarrow 2H_2O \tag{4-17}$$

$$\varphi = \varphi_{O_2}^{\ominus} + \frac{RT}{4F} \ln \frac{p_{O_2} a_{H^+}^4}{a_{H_2O}^4} \tag{4-18}$$

当 25℃时，$\varphi_{O_2}^{\ominus} = 1.229\text{V}$，且 $p_{O_2} = 1$，于是有：

$$\varphi = 1.229 - 0.059 \text{pH} \tag{4-19}$$

这两个反应的电势-pH 关系即式（4-16）和式（4-19），是 2 条斜率均为 -0.059 的直线。

在铅-硫酸溶液体系中，各类反应如下所述。

第一类反应：无 H^+ 参加的氧化还原反应，其电势-pH 图上是水平线。

(1) $Pb^{4+} + 2e^- \Longrightarrow Pb^{2+}$

$$\varphi = 1.694 + 0.0295 \lg \frac{a_{Pb^{4+}}}{a_{Pb^{2+}}} \tag{4-20}$$

(2) $PbSO_4 + 2e^- \Longrightarrow Pb + SO_4^{2-}$

$$\varphi = -0.3586 - 0.0295 \lg a_{SO_4^{2-}} \tag{4-21}$$

第二类反应：有 H^+ 参加的非氧化还原反应，其电势-pH 图上是垂直线。

(3) $Pb^{4+} + 3H_2O \Longrightarrow PbO_3^{2-} + 6H^+$

$$\lg \frac{a_{PbO_3^{2-}}}{a_{Pb^{4+}}} = -23.06 + 6pH \tag{4-22}$$

(4) $2PbSO_4 + H_2O \Longrightarrow PbO \cdot PbSO_4 + SO_4^{2-} + 2H^+$

$$pH = 8.4 + \frac{1}{2} \lg a_{SO_4^{2-}} \tag{4-23}$$

(5) $2(PbO \cdot PbSO_4) + 2H_2O \Longrightarrow 3PbO \cdot PbSO_4 \cdot H_2O + SO_4^{2-} + 2H^+$

$$pH = 9.6 + \frac{1}{2} \lg a_{SO_4^{2-}} \tag{4-24}$$

(6) $3PbO \cdot PbSO_4 \cdot H_2O \Longrightarrow 4PbO + SO_4^{2-} + 2H^+$

$$pH = 14.6 + \frac{1}{2} \lg a_{SO_4^{2-}} \tag{4-25}$$

第三类反应：有 H^+ 参加的氧化还原反应，在电势-pH 图中为斜线。

(7) $PbO_2 + HSO_4^- + 3H^+ + 2e^- \Longrightarrow PbSO_4 + 2H_2O$

$$\varphi = 1.632 - 0.0886pH + 0.0295 \lg a_{HSO_4^-} \tag{4-26}$$

(8) $PbSO_4 + H^+ + 2e^- \Longrightarrow Pb + HSO_4^-$

$$\varphi = -0.302 - 0.0295pH - 0.0295 \lg a_{HSO_4^{2-}} \tag{4-27}$$

(9) $2PbO_2 + SO_4^{2-} + 6H^+ + 4e^- \Longrightarrow PbO \cdot PbSO_4 + 3H_2O$

$$\varphi = 1.436 - 0.0886pH + 0.0147 \lg a_{SO_4^{2-}} \tag{4-28}$$

(10) $PbO \cdot PbSO_4 + 2H^+ + 4e^- \Longrightarrow 2Pb + SO_4^{2-} + H_2O$

$$\varphi = -0.113 - 0.0295pH - 0.0148 \lg a_{SO_4^{2-}} \tag{4-29}$$

(11) $4PbO_2 + SO_4^{2-} + 10H^+ + 8e^- \Longrightarrow 3PbO \cdot PbSO_4 \cdot H_2O + 4H_2O$

$$\varphi = 1.294 - 0.0739pH + 0.0074 \lg a_{SO_4^{2-}} \tag{4-30}$$

(12) $4Pb_3O_4 + 3SO_4^{2-} + 14H^+ + 8e^- \Longrightarrow 3(3PbO \cdot PbSO_4 \cdot H_2O) + 4H_2O$

$$\varphi = 1.639 - 0.1055pH + 0.0222 \lg a_{SO_4^{2-}} \tag{4-31}$$

(13) $3PbO \cdot PbSO_4 \cdot H_2O + 6H^+ + 8e^- \Longrightarrow 4Pb + SO_4^{2-} + 4H_2O$

$$\varphi = 0.029 - 0.0443pH - 0.0074 \lg a_{SO_4^{2-}} \tag{4-32}$$

(14) $3PbO_2 + 4H^+ + 4e^- \Longrightarrow Pb_3O_4 + 2H_2O$

$$\varphi = 1.122 - 0.0591pH \tag{4-33}$$

(15) $Pb_3O_4 + 2H^+ + 2e^- \Longrightarrow 3PbO + H_2O$

$$\varphi = 1.076 - 0.0591pH \tag{4-34}$$

(16) $PbO + 2H^+ + 2e^- \rightleftharpoons Pb + H_2O$

$$\varphi = 0.248 - 0.0591 pH \tag{4-35}$$

(17) $PbO_2 + SO_4^{2-} + 4H^+ + 2e^- \rightleftharpoons PbSO_4 + 2H_2O$

$$\varphi = 1.712 - 0.1182 pH + 0.0295 lg a_{SO_4^{2-}} \tag{4-36}$$

4.3　板栅

板栅是铅酸蓄电池的基本组成结构之一，它占蓄电池总质量的 20%～30%，其作用主要有 2 个：①活性物质的载体，在蓄电池制造过程中，铅膏就涂覆在它上面，活性物质靠板栅来保持和支撑；②集流体，它担负着蓄电池在充放电过程中电流的传导、集散作用并使电流分布均匀。作为传导电流并支撑活性物质的板栅，其表面积较小又常为活性物质所覆盖，与电解液的接触面也较小，因而它参与电化学反应的能力远远低于活性物质，但其导电能力远高于活性物质，尤其是正极。所以电流总是在导电板栅附近并与电解液充分接触的那部分活性物质上优先通过，因为该处电阻最小。可见，导电性良好的板栅材料，可使电流沿筋条均匀分布于活性物质上，从而提高活性物质利用率。充电状态时正极活性物质二氧化铅的密度为 9.37g/cm³、负极海绵状铅的密度为 11.3g/cm³，放电后两极的硫酸铅的密度为 6.3g/cm³，由其密度差别可知，由多孔的二氧化铅和海绵铅转化为硫酸铅时，一方面多孔物质的孔隙率要减小，另一方面整个物质的体积会有某种程度的膨胀，充电时又会收缩，这就要求板栅具有足够的强度，能抵抗这种膨胀与收缩。

4.3.1　板栅合金

1881 年，塞伦（Sellon）采用 Pb-Sb 合金取代纯铅制成电极板栅，使铅酸电池板栅的机械强度显著增加，这一发明极大地改善了铅酸蓄电池的制造工艺，成为铅酸蓄电池发展过程中的一项重要改进。在随后的 100 多年时间里，人们对蓄电池板栅合金的力学、电化学、腐蚀、浇铸等性能进行了一系列的研究改进，开发出了各种系列合金。目前使用最广泛有 Pb-Sb 合金和 Pb-Ca 合金。

（1）Pb-Sb 板栅合金　根据锑的含量不同，锑合金分为高锑和低锑合金。高锑合金中锑的含量为 4%～12%（质量分数），具有良好的浇铸和深循环性能，易引起负极锑中毒现象；低锑合金中锑含量为 0.75%～3%（质量分数），浇铸性能、机械强度和耐蚀性有所下降，但负极锑中毒现象明显降低。

Pb-Sb 合金抗拉强度、延展性、硬度及晶粒细化作用明显优于纯铅极板，板栅在制造中不易变形；其熔点和收缩率低于纯铅，具有优良的铸造性能；Pb-Sb 合金比纯铅具有更低的热膨胀系数，在充电循环使用期间，板栅不易变形。最重要的是 Pb-Sb 合金能有效改善板栅与活性物质之间的黏附性，增强了板栅与活性物质之间的结合力，且腐蚀层有着很高的导电性，Pb-Sb 板栅可以抑制早期容量损失，同时锑还是二氧化铅成核的催化剂，阻止了活性物质晶粒的长大，使活性物质不易脱落，提高了电池的容量和寿命。

铅锑合金正极板栅制成的蓄电池，在循环使用中，尤其在充电时，锑将会从正极板上溶解到溶液中，从而沉积到负极活性物质上。随着正极板栅中锑含量及循环次数的增加，负极活性物质上积累的锑量增加，而 H⁺ 在锑上放电具有较低的过电势，锑的存在会使蓄电池在过充、储存时析氢量增加。此外，一部分锑吸附在正极活性物质上，降低了氧在正极析出的过电势，使水的分解电压下降，充电时水容易分解，存放时加速了自放电。采用铅锑合金板

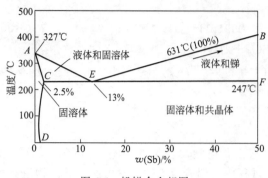

图 4-4　铅锑合金相图

栅的电池在过充电时，还会逸出有毒气体 SbH_3。

研究表明，随着板栅合金中锑含量的增加，尽管合金的硬度和浇铸性能得到提高，但腐蚀速率亦变大了。

图 4-4 表示的是 Pb-Sb 二元合金的平衡相图。Pb-Sb 合金为典型的共晶相图，其共晶熔化温度为 247℃。

由物理化学和金属学知识可知，铅锑合金相图描述的是铅锑合金平衡冷却析出晶体的过程。而实际生产中合金的晶析过程和平衡晶析过程是有差别的。铅锑合金系统的一个显著特性是冷凝时与平衡相图的偏差较大，有较大的过冷度，这可能是由于晶种缺乏造成的。合金冷却时，优先析出的固相不是平衡时预期的组分——一定锑含量的 α-Pb 固溶体，而是含锑量极少的铅，几乎是纯铅，因此，实际板栅铸造中 Pb-Sb 合金的相变情况应见修正后的二元相图（图 4-5）。

当用作铸造板栅的 Pb-Sb 合金中锑的含量小于 4% 时，铸造板栅会出现热裂纹现象。低锑合金容易出现热裂纹现象的原因是：当热的 Pb-Sb 合金倒入模具后，随着温度的降低，金属凝固，首先凝固的几乎是纯铅，其晶体为枝晶形态。随着铅的析出，熔融态合金将变得富锑，直至其锑含量为共熔体成分，这时开始共熔体的凝固。纯铅的枝晶结构在温度下降的过程中，由于枝晶收缩而形成裂纹，当锑的含量较高时，由于有足够的共熔体流到枝晶间的裂纹处，保证板栅无裂纹；反之，当锑的含量较低时，由于共熔体的量较少，不足以填满枝晶间的裂纹，板栅出现热裂纹，如图 4-6 所示。

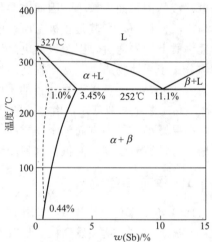

图 4-5　修正后的铅锑合金二元相图
（实际板栅铸造中的相变情况）

为了避免这种裂纹，会在熔液中加入某种成核剂。常用的成核剂有 Se、S、Cu、As 等。

（2）Pb-Ca 板栅合金　目前，免维护蓄电池最普遍使用的板栅材料是 Pb-Ca 合金。根据钙含量可分为高钙[$w(Ca)=0.09\%\sim0.13\%$]、中钙[$w(Ca)=0.06\%\sim0.09\%$]和低钙[$w(Ca)<0.04\%$]合金。现在 Pb-Ca 合金的研究发展方向是低钙高锡合金，改善合金的深循环能力。

铅钙合金为沉淀硬化型，即在铅基质中形成 Pb_3Ca，金属间化合物沉淀在铅基中成为硬化网络。图 4-7 是 Pb-Ca 二元合金相图。

由图 4-7 可见，在 328℃ 转熔温度下，Ca 的溶解度是 0.1%，温度下降时，Pb_3Ca 相会分离出来，25℃ 时为 0.01%。硬化网络使合金具有良好的机械强度，减缓了板栅的膨胀变形。当钙含量在 0.01% 以上时，既

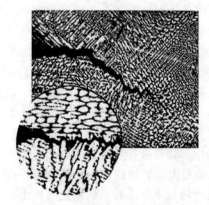

图 4-6　铅锑合金的热裂纹示意

不用热处理也无需控制凝固点，就可以产生良好的结晶颗粒。钙含量在小于 0.1％的范围内，铅合金的强度随钙含量增加而提高，因为颗粒细化作用增加，从而强度增加。如果 Ca 的含量低于 0.07％，Pb$_3$Ca 枝晶形成，当 Ca 的含量高于 0.07％时，Pb$_3$Ca 会在晶界处产生。因此，为了防止晶间腐蚀的加速，在合金中的 Ca 含量不应该超过 0.07％。

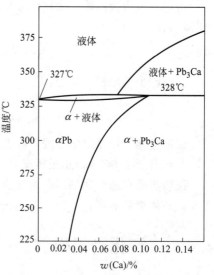

图 4-7　Pb-Ca 二元合金相图

Pb-Ca 合金的主要优点：①析氢过电势大，比 Pb-Sb 合金约高 200mV，与纯铅相接近，从而有效地抑制了电池的自放电和充电时负极的析氢，具有较好的免维护性能；②Pb-Ca 合金的导电能力优于铅锑合金，接近纯铅，其低温性能亦明显优于 Pb-Sb 合金；③正极板栅中的钙溶解后，不会在负极沉积，不会引起自放电加速和有毒气体 SbH$_3$ 的析出。

Pb-Ca 合金的缺点：①采用 Pb-Ca 合金后出现早期容量损失的问题；②Pb-Ca 合金还会造成正极板栅的膨胀，造成活性物质的脱落，进而造成蓄电池内部短路，使电池寿命提前终止；③Pb-Ca 合金的腐蚀速率随着钙含量的增加而增加，因此人们都普遍降低正极板栅合金中 Ca 的含量来改善板栅的抗腐蚀性。

为了提高 Pb-Ca 合金的铸造性能，并改善电池的深循环能力，可在 Pb-Ca 合金中添加 Sn(Sn 含量大于 0.8％)。并且发现，通过向 Pb-Ca 合金中加 Sn，可以减少铅酸电池由于板栅/活性物质界面腐蚀层导电性不好而带来的早期容量损失问题。研究表明当 w(Sn) 在 1.2％～1.3％时，腐蚀试验中质量损失最小。通过添加足够量的 Sn，Sn 与 Ca 形成金属间化合物可以阻止 CaSO$_4$ 的生成，在腐蚀层中不易生成 PbSO$_4$，深放电后的接受再充电能力得到明显改善。锡含量的增加不但可以改善熔融铅合金的流动性及可铸性，改善板栅的力学性能，也会提高 Pb-Ca 合金的抗腐蚀性能，明显改善电池循环寿命，减少腐蚀层中 PbO 的量，促进形成一个导电的腐蚀膜。合金的晶粒尺寸一般随着 Sn 含量的增加和 Ca 含量的减少而增大。Sn 的含量有个下限，这是因为 Sn 与 Ca 生成金属间化合物 Sn$_3$Ca，Ca 与 Sn 反应后，余下的 Sn 才能够提高活性物质与板栅界面腐蚀膜的导电性。Al 的加入可以减少铸造过程中 Ca 的烧蚀。

至今，Pb-Ca 系合金已发展为 Pb-Ca-Sn-Al 合金。其中 w(Ca) 为 0.05％～0.08％；w(Sn)为 0.3％～1.5％；w(Al) 为 0.015％～0.03％。合金的特点为：较高的电子导电性，高的抗拉强度，良好的抗腐蚀性能，制成电池的深放电恢复性能也很好。

这类合金既可用于正极板栅的制造，又可用于负极板栅的制造。

4.3.2　铅板栅的腐蚀

铅酸电池的正极反应为：

$$PbO_2 + 3H^+ + HSO_4^- + 2e^- \underset{充电}{\overset{放电}{\rightleftharpoons}} PbSO_4 + 2H_2O$$

正极的平衡电势为：

$$\varphi_{PbO_2/PbSO_4} = \varphi^{\ominus}_{PbO_2/PbSO_4} + \frac{RT}{2F} \ln \frac{a^3_{H^+} a_{HSO_4^-}}{a^2_{H_2O}} \qquad \varphi^{\ominus} = 1.655V$$

构成正极板栅的铅合金在硫酸中建立的稳定电势，可近似看成是铅在硫酸中建立的平衡电势，其反应为：

$$Pb + HSO_4^- \xrightleftharpoons[充电]{放电} PbSO_4 + H^+ + 2e^-$$

相应的平衡电极电势为：

$$\varphi_{PbSO_4/Pb} = \varphi^{\ominus}_{PbSO_4/Pb} + \frac{RT}{2F}\ln\frac{a_{H^+}}{a_{HSO_4^-}} \qquad \varphi^{\ominus}_{PbSO_4/Pb} = -0.300V$$

铅酸电池无论是充电过程，还是放电过程，其正极电势均高于 -0.300V，在充电过程中，甚至高于 1.655V，正极板栅处于热力学不稳定状态，其腐蚀是必定要发生的。

正极板栅在遭受腐蚀时，由于生成腐蚀层，使板栅产生应力，致使板栅线性长大变形，使极板整体遭到破坏。

4.4 二氧化铅正极

4.4.1 二氧化铅的多晶现象

二氧化铅是多晶化合物，常见的有两种结晶变体：一种是 α-PbO$_2$，另一种是 β-PbO$_2$。α-PbO$_2$ 是斜方晶系，为铌铁矿型，其晶轴为：$a = 4.938nm$，$b = 5.939nm$，$c = 5.486nm$；β-PbO$_2$ 是正方晶系，为金红石型，其晶轴为：$a = 4.925nm$，$c = 3.378nm$。

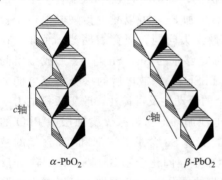

图 4-8　α-PbO$_2$ 和 β-PbO$_2$ 的八面体堆积

α-PbO$_2$ 和 β-PbO$_2$ 均为八面体密集，Pb^{4+} 居于八面体中心。α-PbO$_2$ 为 Z 形排列，β-PbO$_2$ 为线性排列，如图 4-8 所示。

α-PbO$_2$ 形成于弱酸性及碱性溶液中；β-PbO$_2$ 形成于强酸性溶液。

与 α-PbO$_2$ 相比，在硫酸电解液中，β-PbO$_2$ 转化为 PbSO$_4$ 的平衡电势较负，因此 β-PbO$_2$ 更稳定些。新制备的正极中 β-PbO$_2$ 含量低，使用一段时间后 β-PbO$_2$ 的含量逐渐变高了，这是由于在电池循环过程中有 α-PbO$_2$ 向 β-PbO$_2$ 转变的过程。

与 α-PbO$_2$ 活性物质相比，单位质量的 β-PbO$_2$ 活性物质给出的容量超高，这是由于：①β-PbO$_2$ 的真实表面积大，物质利用率高；②放电过程中在 α-PbO$_2$ 表面上生成致密的 PbSO$_4$ 层，降低了活性物质利用率；而在 β-PbO$_2$ 上则生成较疏松的 PbSO$_4$ 层。

研究表明，正极活性物质的容量不仅取决于 β-PbO$_2$ 与 α-PbO$_2$ 的比率，还取决于固化后的正极活性物质是 3PbO·PbSO$_4$·H$_2$O(3BS) 还是 4PbO·PbSO$_4$·H$_2$O(4BS)。

4.4.2 二氧化铅颗粒的凝胶-晶体形成理论

20 世纪 90 年代 Pavlov 等提出的，认为正极活性物质的最小单元为 PbO$_2$ 颗粒，而不是 PbO$_2$ 晶体。这种 PbO$_2$ 颗粒是由 α-PbO$_2$ 和 β-PbO$_2$ 晶体，以及周围的水化带组成。而水化带是由 PbO(OH)$_2$ 构成的，具有链状结构，是一种质子和电子导电的胶体结构。许多颗粒互相接触构成具有微孔结构的聚集体和具有大孔结构的聚集体骨骼。电化学反应在微孔聚集体上发生；在大孔聚集体上进行离子的传递和形成 PbSO$_4$。

Pavlov 等提出 PbO_2 颗粒形成的机理为：

$$PbSO_4 \longrightarrow Pb^{2+} + SO_4^{2-} \tag{4-37}$$

$$Pb^{2+} \longrightarrow Pb^{4+} + 2e^- \tag{4-38}$$

$$Pb^{4+} + 4H_2O \longrightarrow Pb(OH)_4 + 4H^+ \tag{4-39}$$

$Pb(OH)_4$ 具有溶胶特性，其部分脱水，形成凝胶颗粒：

$$nPb(OH)_4 \longrightarrow [PbO(OH)_2]_n + nH_2O \tag{4-40}$$

$[PbO(OH)_2]_n$ 凝胶颗粒进一步脱水，形成 PbO_2 微晶和晶体：

$$[PbO(OH)_2]_n \longrightarrow kPbO_2 + (n-k)[PbO(OH)_2]_n + kH_2O \tag{4-41}$$

凝胶区具有质子-电子导电功能，这是因为高价态的氧化铅可形成聚合物链：

水化的聚合物链构成凝胶：

这种水化的 PbO_2 为一种与水的紧密结合的结构，并具有较好的稳定性，与溶液处于动态平衡，可以和溶液中的离子进行交换，有着良好的离子（质子）导电性能。

在凝胶区电子可以沿着聚合物链，只需克服低的能垒，就从一个铅离子上跳到另一个铅离子上，因而具有较好的电子导电性。

晶体区与晶体区之间依赖这种聚合物链连接起来。聚合物链的长度不足以去连接任意 2 个晶体区。因此，平行链间距离或链的密度对凝胶的电子导电有重要影响。电导依赖于凝胶的密度和局外离子，这些离子可引起水化聚合物链彼此分开，增加链间距离，电导下降；或引起水化聚合物靠近，减少链间距离，促进电子传递。

晶体区好似一个小岛，在岛上整个体积内电子可以自由移动。水化聚合物链把这些岛连接起来，岛上的电子借助于水化聚合物形成的桥，在晶体区之间移动。

4.4.3　正极活性物质的反应机理

虽然许多学者对正极的充放电反应过程进行了研究，但由于 $PbSO_4/PbO_2$ 电极是一种多相结构，正极在循环过程中的活性物质结构的变化非常复杂，因此正极反应存在不同的机理。

关于铅酸蓄电池正极充放电反应机理有：①液相反应机理；②固相反应机理；③胶体结构的反应机理。

（1）液相生成机理　是指 PbO_2 的充放电过程，是以 H_2SO_4 溶液中的 Pb^{2+} 进行氧化还原反应作为中间步骤。

放电时 PbO_2 晶体中的 Pb^{4+} 接受外线路的电子而被还原为 Pb^{2+} 转入溶液，遇到 HSO_4^-，达到 $PbSO_4$ 的溶度积时沉淀为 $PbSO_4$ 固体而附着在电极上。

充电时，$PbSO_4$ 溶解为 Pb^{2+} 进入溶液，Pb^{2+} 被氧化为 Pb^{4+}，并将电子传递给外电路，同时溶液中的 H_2O 分子将 H^+ 留在溶液中，O^{2-} 和 Pb^{4+} 进入 PbO_2 晶格。

（2）固相生成机理　所谓固相反应机理，指 PbO_2 还原是通过固相生成一系列中间氧化

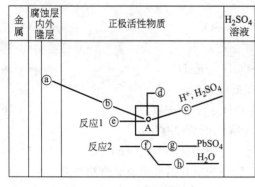

图 4-9　正极反应过程示意

物来实现的，而溶液中的离子不参加反应过程。在放电过程中，其氧化度不断降低，每一个瞬间均可把活性物质看作为含不同比例的 Pb^{4+}、Pb^{2+} 及 O^{2-} 的固体物质，而 $PbSO_4$ 的生成被解释为中间氧化物与 H_2SO_4 发生化学反应的结果。

胶体结构的反应机理参见式(4-37)～式(4-41)。

放电反应的单元过程可描述如下。取聚集体的任意一小块 A，它居于正极活性物质的深处，如图 4-9 所示，反应按以下顺序发生：

ⓐ 电子从金属板栅通过腐蚀层到达正极活性物质；

ⓑ 电子沿着正极活性物质聚集体骨骼传递到 A；

ⓒ H^+ 和 H_2SO_4 从主体溶液沿着大孔结构进行传质；

ⓓ H^+ 沿着聚集体的微孔传递至 A；

ⓔ 发生电化学反应：$PbO_2 + 2H^+ + 2e^- \longrightarrow Pb(OH)_2$；

ⓕ 发生化学反应：$Pb(OH)_2 + H_2SO_4 \longrightarrow PbSO_4(溶液) + 2H_2O$；

ⓖ 在大孔结构中发生 $PbSO_4$ 的成核和长大；

ⓗ 水从 A 沿着大孔结构传递到主体溶液。

电极反应受限于单元过程中最慢的步骤。

4.5　铅负极

在常温小电流放电时，电池的容量受正极的控制，因为正极活性物质的利用率低，负极活性物质利用率高。但是在大电流放电时，特别是低温大电流放电时，电池的容量转为受负极控制，因为这时的负极活性物质利用率反而比正极的低了，其原因是阳极钝化。

4.5.1　铅负极的反应机理

铅酸电池负极的式(4-1)，关于其反应机理，不同的研究者得到的结果不尽相同，可归纳成如下模型。

(1) 溶解沉积机理　溶解沉积机理认为，负极的放电过程是，当负极的电极电势超过 $Pb/PbSO_4$ 的平衡电极电势时，Pb 首先溶解为 Pb^{2+} 或可溶的质点 $Pb(Ⅱ)$，它们借助扩散离开电极表面，随即遇到 HSO_4^- 和 SO_4^{2-}，当超过 $PbSO_4$ 的溶度积时，发生 $PbSO_4$ 沉淀（在扩散层内发生），形成 $PbSO_4$ 晶核，然后是 $PbSO_4$ 的三维生长。

充电反应过程是，$PbSO_4$ 先溶解为 Pb^{2+} 和 SO_4^{2-}，Pb^{2+} 接受外电路的电子被还原。

(2) 固相反应机理　对于负极的放电反应，当放电电势超过某一数值时，达到固相成核过电势时，发生固相反应，SO_4^{2-} 与 Pb 表面碰撞直接成核，形成固态的 $PbSO_4$，随后 $PbSO_4$ 层以二维或三维方式生长，直到 Pb 表面上完全被 $PbSO_4$ 覆盖，最后 $PbSO_4$ 层的生长速度由 Pb^{2+} 通过 $PbSO_4$ 层的传质速度所决定。

与溶解沉积过程相比较，固相反应过程主要发生在较高过电势下，而溶解沉积过程主要是在较低过电势下发生。

4.5.2 铅负极的钝化

在常温低倍率放电条件下，铅酸电池的容量取决于正极，但在低温和高倍率放电时，表现出电压很快下降，电池的容量常常取决于负极，其主要原因就是由于负极的钝化。

负极放电时的最终产物是硫酸铅，当负极发生钝化时，在金属铅表面上形成多晶的硫酸铅覆盖层，由于这个覆盖层全部遮盖住海绵状铅电极表面，电极表面与硫酸溶液被机械隔离开来。此时能进行电化学反应的电极面积变得甚微，真实电流密度急剧增加，使负极的电极电势向正方向明显偏移，进而电极反应几乎停止，此时负极处于钝化状态。

因为在海绵状铅的表面上生成致密的硫酸铅层是钝化的原因，因此一切可以促使生成致密硫酸铅层的条件都加速了负极的钝化。例如大电流放电、硫酸浓度大、放电温度低。

4.5.3 负极活性物质的收缩与添加剂

未经循环的负极海绵状铅由于具有较大的真实表面积（$0.5\sim0.8\text{m}^2/\text{g}$），且其孔隙率较高（约为 50%），因而处于热力学不稳定状态，在循环过程中，特别是在充电过程中，存在收缩其表面的趋势。当负极活性物质发生收缩时，其真实表面积将大大减小，因而大大降低了负极板的容量。防止这种收缩的办法是采用负极添加剂。添加剂的一个功能是阻止负极活性物质收缩；另一个功能是去极化作用。

常用负极添加剂有无机添加剂和有机添加剂等。

无机添加剂有乙炔黑、木炭粉和硫酸钡等；而有机添加剂有木屑、各种木素及衍生物、各种腐殖质、腐殖酸等。

其中无机添加剂炭黑的添加目的，是增加负极活性物质的分散性，并提高其导电性。而硫酸钡（或硫酸锶）的作用机理是，硫酸钡（或硫酸锶）与硫酸铅都是斜方晶体，其晶格参数非常相近，见表 4-2 所列。在放电时，高度分散的硫酸钡（或硫酸锶）可以成为硫酸铅的结晶中心。由于成核中心多了，一方面使硫酸铅结晶时的过饱和度降低；另一方面使生成的硫酸铅粗大并覆盖负极的可能性减小了。

表 4-2 硫酸盐的结晶数据

物质名称	晶胞尺寸/nm			结晶类型
	a	b	c	
硫酸钡	0.8898	0.5448	0.7170	斜方晶系
硫酸铅	0.8450	0.5380	0.6930	斜方晶系
硫酸锶	0.8360	0.5360	0.6840	斜方晶系

有机添加剂也称为负极膨胀剂，膨胀剂可以吸附在活性物质上，降低了电极-溶液相界面的自由能，防止了海绵状铅表面的收缩，从而提高极板在低温和高充电电流下的容量，延长电池的循环寿命。膨胀剂的添加，可降低化成时间，并使负极充电过程析出氢气的电势变负。

4.5.4 铅负极的自放电

铅酸蓄电池的自放电速度是由负极决定的，因为负极自放电速度较正极快。电池的自放电随使用板栅合金的不同而不同，并随酸浓度的提高和温度增加而增加。通常表示铅酸电池自放电性能指标的是荷电保持能力，即用自放电后的剩余容量来表示。

（1）铅自溶的基本规律　铅酸蓄电池在开路状态下，铅在硫酸溶液中的自溶解，导致电池的自放电，相应的反应为：

$$Pb + H_2SO_4 \longrightarrow PbSO_4 + H_2 \uparrow \tag{4-42}$$

溶解在硫酸中的氧也能促进铅的自放电反应，即：

$$Pb + 1/2 O_2 + H_2SO_4 \longrightarrow PbSO_4 + H_2O \tag{4-43}$$

由于电池的外壳阻止了空气自由进入壳内，而且氧在硫酸中的溶解度是很小的，这限制了按式(4-43)进行的反应。通常，自放电主要是按式（4-42）进行。

而式(4-42)是由下列两个共轭反应组成：

$$Pb + HSO_4^- \rightleftharpoons PbSO_4 + H^+ + 2e^- \tag{4-44}$$

$$2H^+ + 2e^- \rightleftharpoons H_2 \uparrow \tag{4-45}$$

由于式(4-44)的交换电流远远超过式(4-45)的交换电流，因此铅在硫酸中的稳定电势实际上等于式(4-44)的平衡电极电势，即：

$$\varphi = \varphi_{PbSO_4/Pb}^{\ominus} + \frac{RT}{2F} \ln \frac{a_{H^+}}{a_{HSO_4^-}} \tag{4-46}$$

式(4-45)的平衡电极电势为：

$$\varphi = \frac{RT}{2F} \ln a_{H^+}^2 \tag{4-47}$$

于是铅电极上氢析出的过电势：

$$-\eta_{H_2} = \varphi_{PbSO_4/Pb}^{\ominus} - \frac{RT}{2F} \ln a_{H_2SO_4} \tag{4-48}$$

在稳定电势处析氢速度就等于铅的腐蚀速度，即：

$$i_{H_2} = i_{corr} \tag{4-49}$$

$$\eta_{H_2} = a + \frac{RT}{\alpha F} \ln i_{H_2} = a + \frac{RT}{\alpha F} \ln i_{corr} \tag{4-50}$$

式中，i_{H_2} 为析氢速度；i_{corr} 为腐蚀电流密度；a 为塔费尔方程的常数项；α 为传递系数。

经过简单的转换得到

$$i_{corr} = a_{H_2SO_4}^{\frac{a}{2}} \exp \left[-\frac{\alpha F}{RT} \left(\varphi_{PbSO_4/Pb}^{\ominus} + a \right) \right] \tag{4-51}$$

从式(4-51)可见，硫酸活度增加，负极自放电速度是增加的；a 数值的大小表示氢析出过电势的大小，a 值下降时腐蚀速度增加。所以一切低氢过电势的金属杂质都会使负极自放电速度增加。氢过电势愈低的金属杂质，它对负极的害处就愈大。

（2）正极板栅合金组分向负极的迁移　正极板栅合金组分向负极的迁移是金属杂质进入负极表面的主要根源。这种迁移是由于正极板栅的腐蚀，合金中的个别组分的离子又向负极迁移的缘故。

有人对锑的电迁移规律做了详细的研究，发现在充电过程中，正极板栅腐蚀，锑主要是以 $Sb_3O_9^{3-}$ 的形式转入溶液中，这些离子的大部分被二氧化铅吸附，只有小部分通过隔膜，迁移到负极。在负极充电时，Sb(Ⅴ) 被还原为 Sb(Ⅲ)，进而被还原为金属 Sb。由于氢在Sb 上的析出过电势较低，因此，会发生水损失。

正极合金中加入质量分数为 $0.05\% \sim 0.15\%$ 银时，银实际上不会迁移到负极上。当银质量分数为 0.3%、0.5% 和 1% 时，银会向负极的迁移，且迁移是随着它在合金中含量的增高而减小。

4.5.5　铅负极的不可逆硫酸盐化

极板的硫酸盐化也称为不可逆硫酸化，这种现象是由于使用或维护不当造成的。所谓不可逆硫酸化，是负极活性物质在一定条件下生成坚硬而粗大的硫酸铅，它不同于铅在正常放电时生成的硫酸铅，几乎不溶解，所以在充电时很难或者不能转化为活性物质——海绵铅，使电池容量大大降低。

当长期充电不足或者在放电状态下长期储存时，铅酸电池的负极由于存在大量的硫酸铅，再加上硫酸浓度和温度的波动，一些硫酸铅晶体就依靠附近小晶体的溶解而长大，生成的粗大 $PbSO_4$，从而发生不可逆硫酸化。

表面活性物质的吸附也可能造成了负极的硫酸盐化。表面活性物质吸附在放电态的 $PbSO_4$ 上的，妨碍了 $PbSO_4$ 晶体的溶解；表面活性物质吸附在荷电态的 Pb 上，使得 Pb 继续析出困难，从而使负极容易发生硫酸盐化。而在正极上，电极电势较正，足以使这些表面活性物质氧化，因此正极上不存在硫酸盐化。

防止负极不可逆硫酸盐化最简单的方法是及时充电和不要过放电。蓄电池一旦发生了不可逆硫酸盐化，如能及时处理尚能挽救。一般的处理方法是：将电解液的浓度调低（或用水代替 H_2SO_4），用比正常充电电流小很多的电流进行充电，然后放电，再充电……如此反复数次，达到恢复电池容量的目的。

4.5.6　高倍率部分荷电状态下铅负极的硫酸铅积累

混合电动车和电动自行车的 VRLA 电池经常处于高倍率部分荷电状态（High Rate Partial State of Charge，HRPSoC），即在使用过程中，其荷电状态维持在 20％～100％，最小充电电流为 8C，最大放电电流可达 18C。这种状态下的 VRLA 电池，负极容易发生硫酸铅积累。

在低倍率放电条件下，Pb^{2+} 从每个铅晶体上溶解速度较慢，因此，极板内部 HSO_4^- 的消耗也较慢，本体溶液中的 HSO_4^- 来得及扩散到极板内部。新生成的 $PbSO_4$ 趋向于在已沉积的 $PbSO_4$ 晶体上优先沉积，即晶体的生长速度大于成核速度。结果，在负极板的表面和内部，沉淀的 $PbSO_4$ 持续生长成大小不等的分散晶体，如图 4-10(a) 所示。负极板在低倍率放电时的活性物质利用率高，且放电后硫酸密度较低。在低浓度酸中，有利于 $PbSO_4$ 的溶解沉积过程，因此再充电能顺利完成。

而在高倍率放电条件下，如启动电流 18C 时，硫酸铅的生成是极为不同的。此时，电化学反应为：

$$Pb+HSO_4^- \xrightleftharpoons[\text{充电}]{\text{放电}} Pb^{2+}+SO_4^{2-}+H^++2e^- \tag{4-52}$$

进行得较快，以至于 HSO_4^- 的扩散速度赶不上其消耗的速度，极板内部出现严重的浓差极化，因此，$PbSO_4$ 的生成主要在电极表面，极板内部的放电反应会很快减慢或停止。此外，在高倍率放电条件下，每个铅晶母体周围 Pb^{2+} 的过饱和度较大，即成核速度大于生长速度。于是，在负极板

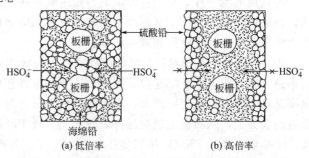

图 4-10　不同倍率放电条件下负极硫酸铅的分布示意

表面，形成微小结晶又比较致密的 $PbSO_4$ 层，如图 4-10(b) 所示，这阻碍了 HSO_4^- 扩散到极板内部，使放电反应主要发生在极板表面。

相对而言，高倍率放电后的负极板再充电比较困难。因为高倍率放电不能深入到极板内部，活性物质的利用率较低，放电后的酸浓度仍然处于较高水平，这降低了 $PbSO_4$ 的溶解度，影响了下一步的充电过程的电化学反应，即使在过充电量 10% 的条件下，仍然不能将表面的 $PbSO_4$ 全部转化为海绵 Pb。因此，长期处于高倍率部分荷电状态的负极板很容易发生 $PbSO_4$ 积累。

4.6 铅酸蓄电池的电性能

4.6.1 铅酸蓄电池的电压与充放电特性

铅酸蓄电池的电动势约为 2V，其值的实际大小主要由所用硫酸的浓度和工作温度决定，即：

$$E = \varphi_{PbO_2/PbSO_4}^{\ominus} - \varphi_{PbSO_4/Pb}^{\ominus} + \frac{RT}{F} \ln \frac{a_{H_2SO_4}}{a_{H_2O}} \tag{4-53}$$

开路电压是指外电路没有电流通过时，电池两极之间的电势差。实际生产中总结的计算开路电压的经验公式为：

$$U_{开} = 1.850 + 0.917(\rho_{液} - \rho_{水}) \text{ (V)} \tag{4-54}$$

电池的工作电压也称为放电电压和端电压。电池的工作电压的表达式为：

$$U_{开} = E - \eta_+ - \eta_- - IR \text{ (V)} \tag{4-55}$$

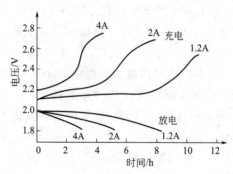

图 4-11 铅酸蓄电池的充放电曲线

通常采用充放电曲线表示电池的工作特性。在研究工作或分析问题时也常常测量单个电极相对参比电极的充放电曲线。铅酸蓄电池的充放电曲线如图 4-11 所示。

由图 4-11 可见，放电电流越大，放电电压越不平稳，这是因为放电电流大时，电极极化大之故。对于铅酸蓄电池来说，正负极的电化学极化不大，且硫酸溶液的电导率又高，因此发生的极化主要是浓差极化。

4.6.2 铅酸蓄电池的容量及其影响因素

与其他电池一样，铅酸蓄电池的容量主要取决于所用活性物质的数量与活性物质的利用率，而活性物质的利用率又与放电制度、电极与电池的结构、制造工艺等有关。放电制度主要指放电倍率、终止电压和放电温度。

表 4-3 所列为某种规格汽车电池放电倍率与放出容量的对应关系。由表 4-3 可见，放电倍率越大，工作电压下降越快，并更快达到放电终止电压，电池放出的容量就比较小。放电倍率越高，放电电流密度越大，电流在电极上分布越不均匀，电流优先分布在离主体电解液最近的表面上，从而在电极的最外表面优先生成 $PbSO_4$。$PbSO_4$ 的摩尔体积比 PbO_2 和 Pb 大，于是放电产物 $PbSO_4$ 堵塞多孔电极的孔口，电解液则不能充分供应电极内部反应的需要，电极内部物质不能得到充分利用，因而高倍率放电时容量降低。在大电流放电时，活性

物质沿厚度方向的作用深度有限，电流越大其作用深度越小，活性物质被利用的程度越低，电池给出的容量也就越小。

表 4-3　某种规格汽车电池放电倍率与放出容量的对应关系

放电倍率	容量/A·h	容量/%	放电倍率	容量/A·h	容量/%
20h	116	100	9min	43.2	37.2
15h	111.6	96.2	8min	41.8	36.5
10h	106	91.4	7min	40	34.5
7h	101	87.1	6min	38.2	32.9
5h	96.5	83.0	5min	36.2	31.2
3h	87.5	75.4	4min	34	29.3
2h	79.5	62.5	3min	30	25.9
1h	66.4	57.4	2min	24	20.7
50min	62.8	54.1	1min	14	12.1
40min	59.8	51.6	0.5min	8	6.9
30min	55.5	47.8	0.2min	3.5	3.0
20min	50.2	43.0	0.1min	2.0	1.7
10min	44.8	38.6			

放电温度对放电容量的影响是放电温度越低，电池放电容量就越低。这是因为低温时硫酸水溶液电导率降低，欧姆极化增大。温度降低时硫酸水溶液的黏度增加，硫酸的扩散速度减慢，浓差极化增大。同时温度低时电化学极化也稍有增大，所以低温时电池放出的容量低。温度越低，电池放出的容量越小；反之，温度升高，电池放出的容量也高。不过在低温时电池未放出的容量，待温度升高后仍可放出。

放电终止电压的选择对铅酸蓄电池的容量也有影响。一般大电流放电时，终止电压选择应低一些；反之，应选择高一些。对铅酸蓄电池来说，大电流放电时，放电容量相对额定容量少，生成 $PbSO_4$ 少，终止电压选择低一些，也不会对电池产生损害；以小电流放电，放电电压达到终止电压时，能够转化的 PbO_2 几乎都转化成 $PbSO_4$，使活性物质的体积膨胀，减少极板的孔率。不适当地降低终止电压，容易出现应力，对电极不利。

电极与电池的结构、制造工艺是决定电池容量的根本因素。

极板几何尺寸也对电池容量的有影响。活性物质的量一定时，极板厚度较薄，也就是极板的表观面积较大时，活性物质利用率较高，如卷绕 VRLA 电池；极板的高度越高，电极输出的容量就越小，当极板的长宽比较大时，沿高度方向板栅的电阻值就不可忽略，这样会造成电流密度值上端大下端小。电池高度较大时，硫酸也会有分层的现象，即上端密度低下端密度高。这些因素都影响活性物质的利用率，即都影响电池的容量。

板栅结构同样影响活性物质的利用率。Pavlov 等提出了关于板栅设计参数，α 为板栅质量与极板质量之比；γ 是单位面积板栅所对应的活性物质的质量。

$$\alpha = \frac{m_{grid}}{m_{PAM} + m_{grid}} \tag{4-56}$$

$$\gamma = \frac{m_{PAM}}{s_{grid}} \tag{4-57}$$

式中，m_{grid} 为板栅的质量；m_{PAM} 为活性物质的质量；s_{grid} 为板栅的真实表面积。

通常设计板栅时，α 越小，意味着有更多的活性物质，也就有更高的极板容量，但却使 γ 值变大，因此也就有更低的活性物质利用率。较低的 γ 值会导致较高的能量输出和更高的活性物质利用率，但也会使板栅的腐蚀速度提高。

极板的孔率、正极中 α-PbO_2 和 β-PbO_2 的比例、活性物质与板栅结合的好坏；隔板的选取、添加剂的使用情况等都影响容量。

4.6.3 铅酸蓄电池的失效模式和循环寿命

铅酸蓄电池的失效主要的有下述几种情况。

(1) 正极板栅的腐蚀与长大 在铅酸电池的充放电过程中，正极板栅会被腐蚀，致使板栅不能支撑活性物质；或者由于腐蚀层的形成，使板栅合金产生应力，致使板栅线性长大变形，使极板整体遭到破坏，引起活性物质与板栅接触不良而脱落。

(2) 正极活性物质软化、脱落 随着充放电反复进行，PbO_2 颗粒之间的结合强度变低，或从板栅上脱落下来。

(3) 负极的不可逆硫酸盐化 铅酸蓄电池长期充电不足、过放电或放电状态下长期储存时，其负极将形成一种粗大的 $PbSO_4$ 结晶，造成再充电困难。

(4) 早期容量损失 采用低锑或铅钙合金板栅时，电池的循环寿命明显缩短，尤其在深循环时，在蓄电池使用的初期会出现容量明显下降的现象，这主要是由于正极板栅和活性物质界面的导电性差而发生的容量损失。

(5) 热失控 对于 VRLA 电池，热失控也是主要的失效模式。通常要求 VRLA 电池的充电电压不要高于单格 2.4V，在实际使用中，由于调压装置可能失效，充电电压过高，从而充电电流过大，产生的热使电池电解液温度升高，导致内阻降低，而内阻降低又使得充电电流变大。如此，电池的温度与充电电流相互加强，最终不可控制。

影响铅酸电池循环寿命的因素除活性物质的组成、晶型、孔隙率、极板结构及尺寸、板栅材料和结构、电解液浓度与数量等内在因素外，还取决于外部因素，如放电电流密度、放电深度、温度、维护状况和储存时间等。下面主要讨论与用户使用方式有关的影响因素。

① 放电深度 放电深度即电池放出的容量与其电池的实际容量之比。80%的放电深度指电池已经放出的容量为实际电池容量的 80%。

铅酸电池寿命受放电深度影响很大。在铅酸电池的充、放电中，不断发生 PbO_2 与 $PbSO_4$ 转化，由于 $PbSO_4$ 的摩尔体积比 PbO_2 大 95%。于是，在电池的循环过程中，活性物质反复收缩和膨胀，就使 PbO_2 粒子之间的相互结合逐渐松弛，易于脱落。放电深度越大，循环寿命越短。

② 过充电程度 过充电时有大量气体析出，这时正、负极活性物质要遭受气体的冲击，这种冲击会促进活性物质脱落。此外，正极板栅合金也遭受严重腐蚀，所以电池过充电时间越长、次数越多，电池使用期限越短。

③ 电解液的浓度及温度 酸密度的增加有利于提高正极板的容量，因为酸密度提高有利于硫酸的扩散。但是，酸密度的提高加速了正极板栅的腐蚀速度及电池的自放电速度。同样电池的工作温度提高后硫酸扩散速率也加快，有利于提高容量；但是过高的温度（超过50℃）使负极容易硫酸盐化，二氧化铅在硫酸中的溶解度提高，这些都会降低电池的循环寿命。

4.6.4 铅酸电池的充电接受能力

充电接受能力一般是指电池放出的容量占前次充入容量的百分数，它是铅酸电池的一个重要指标，特别是对于电动车铅酸电池。通常情况下，铅酸电池的充电接受能力主要取决于负极，在低温和高倍率放电条件下，更是如此。例如，同样容量的正负极片以相同的条件在

−25℃充电，结果发现，负极的充电接收能力不到 40％，而正极已经超过 70％。

由于有机膨胀剂是吸附在活性物质 Pb 和 PbSO₄ 上的，这有碍于 PbSO₄ 晶体的溶解，从而使负极的充电接受能力降低。实践表明膨胀剂对放电容量越有利，其充电接收能力就越差。

根据溶解沉淀机理，负极充电反应所需的 Pb^{2+} 是由 $PbSO_4$ 溶解提供的，在低温条件下，$PbSO_4$ 的溶解度降低，Pb^{2+} 浓度降低，意味着极限电流密度下降，而且低温下 $PbSO_4$ 溶解速率也下降。电极反应消耗掉 Pb^{2+} 不容易被及时补充，进一步限制了极限电流值，影响了充电接受能力。

4.7　铅酸蓄电池制造工艺原理

本节以涂膏式极板为例介绍加工铅酸蓄电池的工艺原理。铅酸蓄电池制造是从加工极板开始的，而正负极板的加工工艺又是比较相似的。将生极板化成为熟极板后，就可以用正负极板和隔板等配件装配成电池。

4.7.1　板栅制造

铅合金板栅的形式主要有两种：铸造板栅、拉网板栅。

铸造板栅生产的工艺流程是：合金配制→模具加温→喷脱模剂→重力浇铸→时效硬化。

铸造板栅最常用的合金有两大类：Pb-Sb 合金和 Pb-Ca 合金。

Pb-Sb 合金的配制过程是，为了缩短熔化时间和节约能源、减少烧损，常采用先配制高 Sb 合金的办法，然后添加 Pb，使其变为需要的成分。

Pb-Ca 合金的配制，采用 Ca-Al 母合金配制时，先称取纯铅放到熔铅锅中，加热至 500℃，待铅熔化后加 Sn，并搅拌，继续保温，然后将 Ca-Al 合金打成小块，用纸包好，放入带孔的钟罩中，直接压到熔化的铅液中，不断摇晃，直至合金块熔化。也可以直接购买 Ca 含量 2％以上的 Pb-Ca 母合金，再加入 Pb、Sn 等成分稀释得到。

板栅铸造一般采用重力浇铸。铸造模具由低碳钢或球墨铸铁加工而成。浇铸过程一定要使合金铸满模具，为此，需注意控制合金的温度和模具的温度。如果浇铸前合金温度过低，则浇铸时流动性差；如果合金温度过高，会发生氧化，且在铸件中容易出现气孔。当铸造板栅的形状较复杂时，铸模的温度要适当高些，反之，当铸造板栅的形状较简单时，铸模的温度可适当低些。模腔的表面喷涂脱模剂，脱模剂一方面利于脱模，另一方面可以调节模具不同部位的冷却速度。

由于刚刚铸好的板栅是由过饱和的固溶体构成，而过饱和的固溶体在适当温度和一定时间下，会发生脱溶，生成沉淀相，从而提高板栅的硬度。因此，铸造好的板栅，通常需要放置一段时间，这就是时效硬化过程。

近年来，由于铸造过程易发生 Ca 的烧蚀，且铸得的板栅较厚，为此，采用 Pb-Ca-Sn 合金通过拉伸的方法制备的拉网板栅得到快速的发展和应用。

4.7.2　铅粉制造

铅粉制造是电极活性物质制备的第一步，而且是很重要的一步，其质量的好坏对电池的性能有重大影响。

目前制造铅粉主要有两种方法：一种是球磨法；另一种是气相氧化法。

球磨法采用的设备是岛津式铅粉机，它实际是一个滚筒式球磨机。球磨法生产过程大致如下：将铅块或铅球投入球磨机中，由于摩擦和生成氧化铅时放热，使筒内温度升高，为氧化铅的生成提供了条件。只要合理地控制铅量、鼓风量并在一定的湿度下就能生产出铅粉。

气相氧化法所用设备是巴顿式铅粉机。它是将温度高达450℃的铅液和空气导入气相氧化室，室内有一高速旋转的叶轮，它使铅液和空气充分接触，从而生成大部分是氧化铅的铅粉。将铅粉吹入旋风沉降器，以便降温并沉降较粗的铅粉。最后在布袋过滤器中分离出细粉。

现在大多数国家采用前一种方法生产铅粉。下面以球磨法为例，简略说明生产铅粉的原理：当球磨机工作时，在转筒内的铅球或铅块受离心力的作用，随转筒一道回转，带至一定高度又在重力的作用下下落并撞击筒内的铅球或铅块；同时随着筒体回转，使筒内铅球或铅块相互摩擦，当然铅球或铅块也和筒壁摩擦。此时在摩擦力的作用下，金属表面的晶粒发生位移。在具有一定湿度的高温空气作用下，铅的表面，特别是发生位移的晶面边缘更易氧化，同时放出热量，具体反应式为：

$$1/2O_2 + Pb \longrightarrow PbO + 217.7kJ/mol \tag{4-58}$$

由于铅的氧化物与纯铅的性质不同，在摩擦力、冲击力的作用下从铅表面脱落，并进一步被磨细，得到所需的铅粉。铅粉是很细的粉末，尺寸都是用微米表示。铅粉机工作时不断向转筒内鼓入空气。鼓入的空气有两个作用：一方面不断输入氧气，另一方面排出的空气带走产品铅粉和多余的热量。

生产中主要通过铅粉的氧化度、视密度、吸水率等参数来衡量和控制铅粉的质量。

氧化度是指铅粉中含氧化铅的质量分数。颗粒越细，铅粉的氧化度也越高。由于氧化度是影响极板孔率的一个因素，如果在其他条件不变的情况下，氧化度增加将使电池的初容量增加。一般氧化度控制在65%～80%之间。

视密度即铅粉自然堆集起来的表观密度，用g/cm^3表示。视密度是铅粉颗粒组成、粗细和氧化度的综合指标。一般生产中控制在$1.65 \sim 2.10g/cm^3$。

铅粉的吸水率表示一定质量的铅粉吸水量的大小，通常用百分率表示，它表示在和膏过程中铅粉吸水能力的大小，它与铅粉的氧化度和铅粉颗粒大小有关。

4.7.3　铅膏的配制

制造铅膏是极板生产中的关键工序。正极板用的铅膏是由铅粉、硫酸、短纤维和水组成。负极板用的铅膏是由铅粉、硫酸、短纤维、水和添加剂组成。和膏作业是在和膏机中进行的。和膏工艺的操作顺序是加入铅粉和添加剂，开动搅拌后，再加短纤维和水，而后再慢慢加入硫酸，最后继续搅拌一段时间后将铅膏排出和膏机。和膏过程中将发生以下化学反应。

（1）铅粉加水后进行

$$PbO + H_2O \longrightarrow Pb(OH)_2 \tag{4-59}$$

（2）加酸时进行

$$Pb(OH)_2 + H_2SO_4 \longrightarrow PbSO_4 + 2H_2O \tag{4-60}$$

（3）加酸后继续进行的反应

$$PbSO_4 + PbO \longrightarrow PbO \cdot PbSO_4 \tag{4-61}$$

和膏温度控制在65℃以下，则反应为：

$$PbO \cdot PbSO_4 + 2PbO + H_2O \longrightarrow 3PbO \cdot PbSO_4 \cdot H_2O \tag{4-62}$$

生成 $3PbO \cdot PbSO_4 \cdot H_2O$（3BS），颗粒长 $1\sim4\mu m$，直径 $0.5\sim0.8\mu m$。

如果和膏温度在 75℃ 以上，则生成 $4PbO \cdot PbSO_4 \cdot H_2O$（简称 4BS），相应的反应为

$$PbO \cdot PbSO_4 + 3PbO + H_2O \longrightarrow 4PbO \cdot PbSO_4 \cdot H_2O \tag{4-63}$$

生成 4BS 的颗粒长 $15\sim25\mu m$，宽 $3\sim15\mu m$。

（4）氧化反应（和膏过程中始终进行）

$$1/2O_2 + Pb \longrightarrow PbO \tag{4-64}$$

在起动型正极板铅膏配方中，氧化铅的物质的量是硫酸的 4.89 倍，硫酸消耗等物质的量的氧化铅生成 $PbSO_4$ 后，还有大量的氧化铅，所以铅膏的稳定组成是 PbO、$3PbO \cdot PbSO_4$ 或 $4PbO \cdot PbSO_4$，且铅膏是碱性的。

4.7.4　生极板的制造

（1）涂板　对于涂膏式极板，生极板的制造工艺包括：涂板→淋酸（浸酸）→压板→表面干燥→固化。

把铅膏涂到板栅上去，这道工序叫涂板。涂板通常在带式涂板机上进行，现在，有单面涂板机，也有双面涂板机。涂板机连续地依次完成填涂、淋酸和压板 3 道工序。

淋酸是将密度为 $1.10\sim1.15g/cm^3$ 的硫酸喷淋到涂好的极板表面上，形成一薄层硫酸铅，防止干燥后出现裂纹，也有防止极板密排时相互粘连的作用。

表面干燥是去掉生极板表面的部分水分，防止极板密排时相互粘连。表面干燥后铅膏的含水率应控制在 9%～11%。表面干燥是在隧道式表面干燥窑中进行。

（2）固化　经过涂板、淋酸（浸酸）、压板和表面干燥的极板，要在控制相对湿度、温度和时间的条件下，使其失去水分，进而凝结成含有均匀微孔的固态物质，此过程称为固化。

在极板的固化中会发生下列变化：①使铅膏中残余的金属铅氧化成氧化铅，使含铅量进一步降低，例如固化过程完成后金属铅含量，正极应少于 2%，负极应少于 5%，铅含量过多对正极板有坏作用，在化成或充放电循环中活性物质会脱落或蜕皮，这是由于此时铅再转变成硫酸铅、二氧化铅的过程中体积变化大，而使活性物质脱落下来；②在固化过程中，铅膏继续进行碱式硫酸铅的结晶过程，在 60℃ 以下主要生成 $3PbO \cdot PbSO_4 \cdot H_2O$，其固化工艺称作常温固化工艺，温度高于 80℃ 时有利于 $4PbO \cdot PbSO_4 \cdot H_2O$ 的生成，相应的固化工艺称作高温固化工艺；③通过固化使板栅表面生成氧化铅的腐蚀膜，增强板栅与活性物质的结合，使板栅与活性物质之间的连接更加紧密；④在保证上述过程顺利完成之后，使极板脱水，铅膏硬化，并形成多孔电极。

固化工艺一般分为两段：第一段控制温度、高湿度和时间，保证固化的前 3 个过程顺利进行；第二段控制温度和时间，使极板脱掉水分。

4.7.5　极板化成

固化后生极板的主要成分是：PbO、$3PbO \cdot PbSO_4 \cdot H_2O$ 或 $4PbO \cdot PbSO_4 \cdot H_2O$。化成就是用通入直流电的方法，使正极上的活性物质发生电化学氧化，生成二氧化铅，同时在负极板上发生电化学还原，生成海绵状铅。

化成分为槽式化成和电池化成 2 种形式。槽式化成是将极板放到一个专门的槽中，多片正、负极相间连接到一起，并与直流电源相接。而电池化成是不需要专门的化成槽，而是将生极板装配成极群组，并放入电池壳中，装成电池组，然后化成。槽式化成采用的硫酸密度

为 1.05～1.10g/mL，而电池化成采用的硫酸密度为 1.24～1.30g/mL。

（1）化成时极板上的反应　化成过程中，极板上进行着两类反应：化学反应和电化学反应。

① 化学反应　生极板的主要组成是氧化铅和碱式硫酸铅，它们都是碱性化合物。在放入盛有稀硫酸的化成槽后，会发生如下的化学反应：

$$PbO + H_2SO_4 \longrightarrow PbSO_4 + H_2O \tag{4-65}$$

$$3PbO \cdot PbSO_4 \cdot H_2O + 3H_2SO_4 \longrightarrow 4PbSO_4 + 4H_2O \tag{4-66}$$

随着反应物的消耗，上述中和反应的速率逐渐减慢。当反应物消耗完时中和反应就停止了。在通常情况下中和反应大约需要整个化成时间的一半或者短一些。

② 电化学反应　在直流电作用下，在正、负极板上分别发生电化学氧化和电化学还原反应。其中，正极板在化成初期进行如下的氧化反应：

$$3PbO \cdot PbSO_4 \cdot H_2O + 4H_2O \longrightarrow 4\alpha\text{-}PbO_2 + 10H^+ + SO_4^{2-} + 8e^- \tag{4-67}$$

$$PbO + H_2O \longrightarrow \alpha\text{-}PbO_2 + 2H^+ + 2e^- \tag{4-68}$$

由电势-pH 图可见，上述反应物的氧化要比 $PbSO_4$ 的氧化容易，所以优先进行。上面提到的由中和反应生成的 $PbSO_4$ 在化成的初期暂不参加反应。由于极板深处的 pH 值较高，根据电势-pH 图可以发现，这种情况下，氧的平衡电极电势比二氧化铅的平衡电极电势还正，氧气在极板深处是不可能析出的，所以化成的电流效率较高。

随着化学反应和电化学反应的进行，PbO 和 $3PbO \cdot PbSO_4 \cdot H_2O$ 不断减少，硫酸铅不断增加，pH 值也逐渐下降，于是发生了下列反应：

$$PbSO_4 + 2H_2O \longrightarrow \beta\text{-}PbO_2 + 4H^+ + SO_4^{2-} + 2e^- \tag{4-69}$$

化成前期，二氧化铅是在碱性、中性或弱酸性介质中生成的，因此，生成的主要是 α-PbO_2；化成后期二氧化铅是在酸性介质中生成的，因此生成的主要是 β-PbO_2，且在化成的后期，正极上还大量析出氧气：

$$2H_2O \longrightarrow O_2\uparrow + 4H^+ + 4e^- \tag{4-70}$$

从电势-pH 图上也可以看出，在酸性介质中氧的平衡电极电势比二氧化铅的平衡电极电势要负，所以在化成后期，氧的析出是可能的。

通电化成时负极上进行下列电化学反应：

$$PbO + 2H^+ + 2e^- \longrightarrow Pb + H_2O \tag{4-71}$$

$$3PbO \cdot PbSO_4 \cdot H_2O + 6H^+ + 8e^- \longrightarrow 4Pb + SO_4^{2-} + 4H_2O \tag{4-72}$$

当 PbO、$3PbO \cdot PbSO_4 \cdot H_2O$ 明显减少时，电极上将发生：

$$PbSO_4 + 2e^- \longrightarrow Pb + SO_4^{2-} \tag{4-73}$$

随着硫酸铅量的下降，极化增大，负极电势进一步降低，此时将析出氢气：

$$2H^+ + 2e^- \longrightarrow H_2\uparrow \tag{4-74}$$

综上所述，在化成的前半期既有氧化铅和碱式硫酸铅参加的化学反应，也有其参加的电化学反应；而在化成的后半期主要是硫酸铅的电化学氧化和还原，并伴随着氧气、氢气的析出。

（2）化成时槽电压及电极电势的变化　在极板化成过程中，槽端电压（也称槽压）可表示为：

$$U = \varphi_+ - \varphi_- + IR \tag{4-75}$$

式中，U 为化成槽的电压或单体电池电压；φ_+ 为正极板的电极电势；φ_- 为负极板的电极电势；I 为通过化成槽的电流；R 为化成槽中极板之间电解液的电阻。

化成时槽电压和正负极电极电势变化如图 4-12 所示，正负极电极电势的测量是相对于镉电极的电极电势（也称镉压）。由图 4-12 可见，三条曲线均可以分为化成前期 AB 段和化成中、后期 BD 段。还可以看出，在化成前期 AB 段，槽电压的变化和正极电极电势的变化规律相似，在化成中、后期 BD 段，槽电压的变化和负极电极电势的变化规律相似。

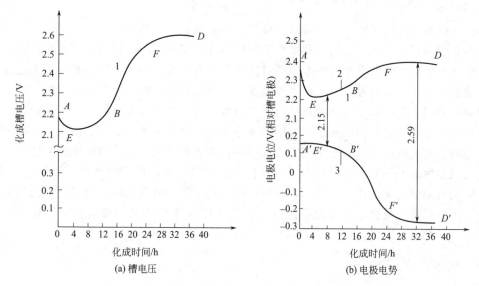

图 4-12 化成时的槽电压与正负极电极电势随时间的变化

正极板化成初期，对应 AE 段，铅膏的电阻较大，极板的小孔中还有空气，使得电流只能从板栅和与板栅相接触的铅膏流过，电流密度较大，正负极的极化都较大。并且，正极 PbO_2 成核需要一定的过饱和度和时间，正极的电势较正，化成槽的槽压较高，达 2.3～2.5V。随着化成的进行，正极铅膏逐渐转化为 PbO_2，电流可以在更大的面积上分布，小孔中空气也排出来了，硫酸溶液渗入到小孔中，与更多的铅膏接触，真实电流密度变小，槽压变低。这就是 AE 段下降的原因。

在化成初期，负极的化成反应也是由板栅开始，但是海绵状铅可以在现有的铅表面上生长，不存在晶核形成困难的因素；又由于 $Pb^{2+} \longrightarrow Pb$ 反应的可逆性好，过电势较小，所以开始电压（$A'E'$ 段）比较平稳。$B'F'$ 段变化较大，因为此时反应物硫酸铅的量已渐渐减少了，所以正、负极的过电势都不同程度的增加，造成了氢和氧的析出。由于氢在铅上析出的过电势值较大，所以负极电势偏移得就明显。

（3）化成时极板中铅膏的变化
研究发现，正极板的化成包括如下过程［如图 4-13（a）所示］：①与板栅表面腐蚀层接触的活性物质被化成；

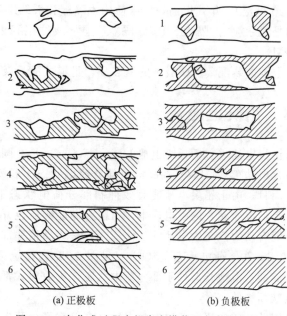

(a) 正极板　(b) 负极板

图 4-13 在化成过程中铅膏在横截面方向变化的示意

②而后，大部分铅膏被化成；③剩余一小部分铅膏还没化成时，正极板的电势开始上升，开始析出氧气。而负极板化成包括如下过程 [如图 4-13（b）所示]：①化成由铅板栅开始，Pb 和 $PbSO_4$ 晶带层首先覆盖电极表面；②当极板表面被 Pb 和 $PbSO_4$ 晶带层覆盖后，铅骨架的生长方向改向固化铅膏内部。由此可见，在化成时正极板与负极板的变化规律是不一样的。

（4）干荷电极板的化成　化成后的负极板在干燥过程中，约有 50% 的海绵状铅被氧化，使其基本处于非荷电状态。采用这种极板装配的电池使用前必须要进行长时间的初充电。干荷电蓄电池与普通铅酸蓄电池的根本区别时，干荷电蓄电池在注入电解液时，不必进行初充电，电池就能放出大部分容量。干荷电蓄电池出厂时通常不带酸，使用前再加酸。为了使电池加酸后能立即工作，装配电池的负极板干燥过程中就应尽量避免被氧化。防止铅被氧化的措施有多种，目前大都采用浸渍法，常用的浸渍液有：硼酸溶液、甘油水溶液和木糖醇溶液等。采用硼酸溶液浸渍法是：把化成后水洗至中性的极板浸入一定浓度的硼酸溶液中，在海绵状铅的表面生成偏硼酸铅 [$Pb(BO_2)_2$]，它不溶于水，保护铅不被氧化，但是它溶于酸，所以不影响电池的正常工作。此外也有采用惰性气氛干燥法处理极板；也有厂家在化成结束后，进行短时间保护性放电，目的是使极板表面生成部分 $PbSO_4$，抑制负极板在水洗、干燥过程中的氧化。

4.7.6　电池装配

铅酸电池装配工艺流程：配组极板群→焊极群→装槽（紧装配）→穿壁焊接→热封盖→焊端子→灌注封口胶。

极板群的配组过程是：将负极板与正极板间隔排列，每两片电极间配有隔板，组成极群，通常极群的边板是负极板。通过钎焊将同名电极连接在一起并配有极柱。

隔板是电池的主要组成部分之一，其主要作用是防止正、负极短路，但又要尽量不影响电解液自由扩散和离子的电迁移，也就是说隔膜对电解质离子运动的阻力要小，还要有良好的化学稳定性与机械强度。

20 世纪 60 年代以前，普遍使用木隔板和纸纤维隔板，现在已较少采用；后来较普遍使用的是微孔橡胶隔板、PVC 隔板，阀控密封铅酸电池则使用吸附式复合玻璃棉隔板（AGM）。

电池的装配要兼顾极板的紧装配、足够的酸量及工艺的可操作性。

4.8　铅炭电池

铅炭电池（包括超级电池 Ultra Battery）是在国际先进铅酸电池联合会倡导下，为了满足混合电动车（HEV）在高倍率部分荷电状态下长寿命循环使用而开发的一种先进铅酸电池。而且，由于铅炭电池能有效抑制部分荷电状态下铅负极的硫酸盐化，大大延长电池寿命，降低电能储存的度电成本，目前在储能领域也开始推广应用。

混合动力汽车中电池的工作模式，是在高倍率部分荷电态下的浅充放电，工作窗口大致为 30%～70% 荷电状态（SOC）（见图 4-14）。传统铅酸电池用于混合动力汽车以及风电能、光伏储能，电池长期处于部分荷电状态，失效模式都是负极的硫酸盐化，造成电池容量的快速衰减而失效。

因此，需要研究解决铅酸电池在高倍率部分荷电状态下工作时的负极硫酸盐化问题。很多研究表明，在负极活性物质中加入具有电化学活性的碳材料是解决这一问题的有效方法，能有效延长电池的循环寿命。

4.8.1 铅炭电池的结构原理

铅炭电池有三种结构形式，其中美国 Axion Power 公司的 PbC® 电池如图 4-15 所示，正极是 PbO_2 电极，负极是炭电极；日本古河株式会社和美国东宾公司开发生产了另一种铅炭电池产品 UltraBattery®，其负极采用炭电极与铅电极"内并"结构（见图 4-16）；第三种铅炭电池是"内混"结构

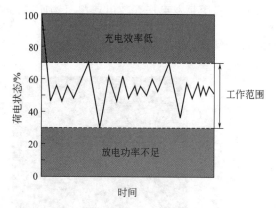

图 4-14　混合动力汽车中电池的工作状态

铅炭电池（图 4-17），只需在和膏时把碳材料与铅膏均匀混合即可，其他生产工艺设备与传统铅蓄电池相同。

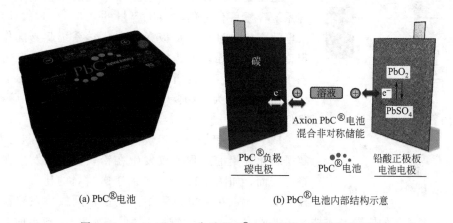

(a) PbC® 电池　　　　　　　(b) PbC® 电池内部结构示意

图 4-15　Axion Power 公司 PbC® 电池及其内部结构示意图

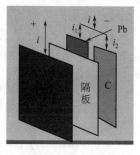

(a) 日本古河 "UltraBattery"　　(b) 美国东宾"UltraBattery"　　(c) "UltraBattery"内部结构

图 4-16　"UltraBattery" 及其内部结构

图 4-18 给出了铅炭电池的电路模型，负极板包括 2 个系统：一个电容系统 C 和一个电化学系统 EC，2 个系统对应的都是 PbO_2 正极。电容系统和电化学系统并联工作并且相互关联，其中电容系统储存或释放电荷，能够分担铅负极的法拉第反应电流，起缓冲作用，有效缓解负极的硫酸盐化。铅炭电池的电容系统充放电过程实际上是起到超级电容器的作用，

由于电容系统是双电层充放电，没有物质结构变化，可逆性非常好，能够进行非常多次数的循环。

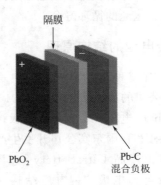

图 4-17　哈尔滨工业大学与天能合作开发的
"内混"铅炭电池及其内部结构

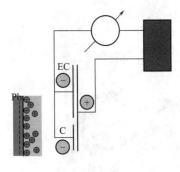

图 4-18　铅炭电池并联的
电容系统和电化学系统

粗略分析电容系统和电化学系统的容量不难发现，电容系统容量只有电化学系统容量的 $0.5\%\sim1\%$。因此，铅炭电池充放电过程中负极板的电化学系统起支配作用，决定铅炭负极的循环能力。由此看来，碳材料的作用不仅仅限于它对负极容量的贡献。碳材料能够强烈影响电化学系统的结构和行为，如降低孔径、增加面积、提高导电性、降低极化等。

D. Pavlov 等提出了铅炭负极的"平行充电机理"，即铅离子转化为铅的过程不仅发生在铅表面，也发生在碳材料颗粒表面，如图 4-19 所示。由于碳材料的比表面积比铅的比表面积大，在充电过程中，大量铅晶核将在碳颗粒表面形成，并长大成新的铅颗粒或枝晶，形成"Pb-C 活性物质"（见图 4-20）。放电时，形成的"Pb-C 活性物质"表面促使小颗粒的硫酸铅在碳颗粒表面大量生成，从而防止了硫酸铅晶粒的长大。小颗粒硫酸铅溶解度高，容易在电极充电时还原为海绵状金属铅，降低硫酸铅还原为铅的极化过电势，有利于提高充电接收能力和增加电极 HRPSoC 下的循环寿命。图 4-21 是加入电化学活性炭 EAC1 的负极，在高倍率部分荷电状态下循环充放电截止电压的变化规律，与不添加 EAC1 的负极相比，充电电压降低 $300\sim400mV$，具有明显的去极化作用。

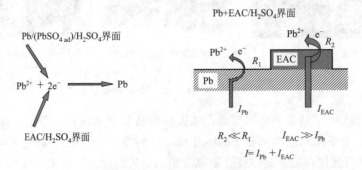

图 4-19　Pb-C 负极平行充电机理示意图

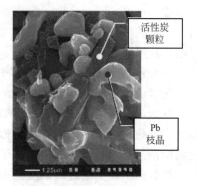

图 4-20 活性炭颗粒表面沉积铅颗粒和铅枝晶的 SEM 照片

4.8.2 铅炭负极及碳材料

铅炭负极的海绵状铅具有较大的真实表面积，表面能高，处于热力学不稳定状态。因此在充放电过程中海绵铅的真实表面积会不断减小，降低铅负极的比容量。为了减缓海绵铅的收缩，需要加入添加剂，常用负极添加剂有碳材料、硫酸钡、木素及衍生物等。其中，碳材料是铅炭负极的关键材料，由于碳材料种类繁多，而且不同厂家生产的同类碳材料形态各异，而且添加量也随碳材料的种类、颗粒大小、结构和微观形貌不同而不同。用于铅炭负极的碳材料应具有以下性质中的一种或几种：

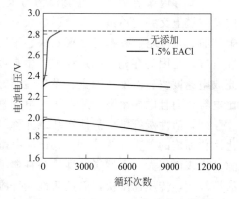

图 4-21 加入 EACl 负极高倍率部分荷电状态循环下的充放电截止电压

① 高的比表面积和高比电容；

② 与 $Pb/PbSO_4$ 的工作电势相匹配；

③ 与铅的相容性好，铅/碳界面的电子穿越势垒低，能形成"Pb-C 活性物质"；

④ 电导率高，能形成良好的电子导电网络，降低电极的欧姆极化；

⑤ 高的析氢过电势，析氢速率低。

用于铅炭电池的碳材料主要有活性炭、石墨烯、石墨、炭黑、导电高分子、活性炭纤维、碳纳米管、碳气凝胶等。

（1）活性炭　活性炭是以煤、木材和果壳等为原料，经炭化、活化和后处理制得。活性炭由微晶碳构成，由于微晶碳不规则排列，在交叉连接之间有细孔，因此它具有多孔结构，溶液成分可以进入到孔隙中。活性炭的比表面积大，是超级电容器常用的电容材料。制备活性炭的原料和生产工艺对其孔面积、孔结构有很大影响，进而影响其电容特性。活性炭的比电容受比表面积的影响，但并不是所有孔的表面都能够形成可充放电的双电层，太小的盲孔（<2nm）不利于液相传质，双电层电容难以发挥，有些活性炭比表面积高达 $3000m^2/g$，但比电容却很小。活性炭的孔径分布、孔结构、形状和表面官能团都对其比电容起决定性的影响。如果提高活性炭的中孔比例，其比电容和功率特性都将得到提高和改善。采用硝酸或 KOH 进行活化预处理，可以得到具有较宽的孔径分布，表面官能团会提高活性炭的孔表面润湿性，并能够提供额外的赝电容。

（2）石墨烯　石墨烯是一种由单层碳原子构成的二维片状碳材料，比表面积可达 $1520m^2/g$，具有非常优良的电子导电性，在酸性溶液中化学稳定性好。石墨烯不但具有高比表面积，可以提供比电容，而且电子导电性远高于活性炭。石墨烯用于铅炭电池，其片层表面不但是铅沉积的载体，而且片层的限域效应还可以抑制硫酸铅晶粒长大，并且石墨烯片层能够电子导电，片层间还可以储存电解液。

（3）石墨 石墨包括致密结晶石墨、鳞片石墨、微晶石墨、膨胀石墨等，具有层状结构、导电性好、化学稳定性高、价格便宜，可用于铅炭电池的负极，提高活性物质的导电性，改善电池的性能，但不同形态的石墨对铅炭电极的作用差别很大。

（4）炭黑 炭黑的碳原子的排列方式类似于石墨，组成六角形平面，通常 $3\sim5$ 层构成一个微晶，炭黑微晶的每个石墨层面中碳原子的排列是有序的，而相邻层面间碳原子的排列又是无序的，炭黑的多个粒子通过碳晶层互相穿插，形成链枝状。炭黑的导电性很好，加入到铅炭负极中，由于粒径很小，分散在不导电的 $PbSO_4$ 晶粒间隙中，具有导电网络的作用。

（5）导电聚合物 导电聚合物与上述碳材料不同，不是单纯的碳材料。在导电聚合物中，主链上交替的单键和双键形成大 π 键，π 电子的流动使聚合物导电。导电聚合物主要有聚苯胺、聚吡咯、聚噻吩、聚乙炔、聚并苯、聚对苯及聚苯乙炔等。导电聚合物具有法拉第准电容，是因为在充放电过程中发生高度可逆的氧化还原反应，生成 n 型或 p 型掺杂，因而充放电速度快、温度范围宽、循环性能好。导电聚合物的密度小、比表面积大，具有较高的比电容，而且电导率高，适合作为电容材料。

（6）活性炭纤维 活性炭纤维亦称纤维状活性炭，是由纤维状前驱体，经一定的程序炭化活化而成的，直径为 $10\sim30\mu m$，由微粒子以各种方式结合在一起，形成丰富的纳米孔隙，比表面积大。活性炭纤维是一种典型的微孔炭，孔隙直接开口于纤维表面，扩散路径比活性炭短，传质速度快，而且活性炭纤维所含有的许多不规则结构和表面官能团，使其具有很好的电容特性。

（7）碳纳米管 碳纳米管是一维纳米碳材料，可分为单壁碳纳米管和多壁碳纳米管。碳纳米管密度小、比表面积大，由于碳纳米具有优异的导电性、良好的机械强度和热稳定性，被广泛应用于超级电容器电极。

4.8.3 铅炭电池正极活性物质

铅炭电池用硫酸电解液的电导率在 $0.5\sim1S/cm$ 之间，而 PbO_2 的电导率是 $1.35\times10^2 S/cm$，也就是说在正极板中固相电导率比液相电导率高 2 个数量级，根据多孔电极理论，电极反应最先发生在靠近隔膜一侧，也就是正极板的表面，部分荷电状态下工作的铅炭电池，正极板表面软化现象尤为突出。为了与长寿命的铅炭负极相匹配，有必要提高铅炭电池正极活性物质的抗软化能力，采取有效措施形成稳定的四碱式硫酸铅（4BS）骨架，制造高 4BS 含量的正极板。

制造高 4BS 含量正极板的方法有两种，一是采用高温和膏、高温固化工艺生成 4BS。由于高温和膏、高温固化时自发生成 4BS，晶体尺寸大小不一，而且在极板中的分布不均匀，电池初期容量低，一致性差。另一种方法是铅膏中预置 4BS 晶种，在极板固化过程中起晶核作用，尤其是添加纳米 4BS 晶种，固化后的 4BS 数量多，分布均匀，晶粒大小相对均一，活性物质的利用率高，而且极板的一致性好，同时具有很好的循环稳定性，添加微米与纳米 4BS 晶种的正极板形貌见图 4-22。

4.8.4 铅炭电池的性能特点与应用领域

铅炭电池正负极改善后，有效抑制了负极硫酸盐化和正极板软化，具有充电能力好、高倍率部分荷电状态下循环寿命长的特点，可用于起停车和微混车等混合电动汽车。澳大利亚工业与标准研究机构采用功率辅助测试方法（EUCAR ECE 15L），模拟 HEV 行驶工作模式，对铅炭电池（超级电池）、VRLA 电池和镍氢电池三种 12V 电池组进行了对比测试，结果如图 4-23 所示，VRLA 电池的放电截止电压随着循环进行下降很快，32500 次循环后，达到了终止电压。超级电池循环至 18 万次仍处于良好的状态，比 VRLA 电池提高了 5 倍以上，而且优于同步进行测试的镍氢电池。该超级电池应用到 HEV 上，通过了 10 万英里（约 16 万千米）的路试，达到了美国"FREEDOMCAR"的目标值。

(a) 添加纳米晶种   (b) 添加微米晶种

图 4-22 添加 4BS 晶种的正极板

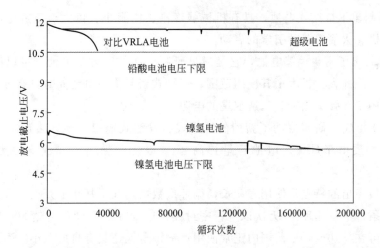

图 4-23 超级电池、VRLA 电池和 NiMH 电池 EUCAR 制度下的循环寿命

为了实现绿色低碳和可持续发展，世界各国大力发展风电、光伏等新能源和智能电网，由于风、光能源不稳定，以及智能电网"消峰、填谷"，都需要配备储能系统。经济指标是风电、光伏和智能电网规模化储能的关键，只有度电成本低于 0.5 元/度，才具有经济运行性。浙江南都电源动力股份有限公司研制的储能铅炭电池 50% DOD 循环寿命达到 6000 次。如果把回收价值考虑进来，该铅炭电池的度电成本约 0.32 元/度，远低于其他储能电池。国外也已成功将铅炭电池用于风电、光伏储能领域。铅炭电池以其安全和成本优势，在储能领域应用前景广阔。

第 5 章 镉 镍 电 池

5.1 概述

镉镍电池正极采用镍的氧化物，负极采用金属镉，电解质采用氢氧化钾溶液，其电池表达式为：

$$(-)Cd \mid KOH(或 NaOH) \mid NiOOH(+)$$

1899 年，瑞典人 Jungner 首先发明了镉镍电池，由于它具有很多独特的优点，因此发展迅速，其 100 多年的发展历史大致可以概括为 4 个阶段。

在 20 世纪 30 年代以前，主要是有极板盒式电池，也称为袋式电池，主要用于牵引、启动、照明。这种电池使用寿命长，但由于活性物质是装在极板盒里，因此内阻较大，不适合大电流放电。

1934 年研制出了烧结式电池，具有机械强度高、内阻小、可大电流放电的优点，主要用于坦克、飞机、火箭等各种引擎的启动。

1947 年研制出了密封镉镍电池，它是最早研制成功的密封蓄电池，可以以任意位置工作，不需维护，因此大大扩大了其应用范围。烧结式密封镉镍电池同时具有可以大电流放电的优点，可以用于导弹、火箭和人造卫星的电源。

20 世纪 80 年代，研制成功了新型的纤维式、发泡式镉镍电池，生产工艺简单，生产效率高，活性物质填充量大，电池容量提高 40% 以上。黏结式镉镍电池也得到了快速发展。

镉镍电池最突出的特点是使用寿命长，循环次数可达几千甚至上万次，人造卫星用镉镍电池在浅充放条件下可循环 10 万次以上，密封镉镍电池循环寿命也可达 500 次以上；使用温度范围宽，可在 $-40 \sim 40 \, ^\circ\mathrm{C}$ 范围内正常使用；镉镍电池还具有自放电小、耐过充过放、放电电压平稳、力学性能好等优点。缺点是活性物质成本较高、存在镉污染、电池长期浅充放循环时有记忆效应。

镉镍电池的分类方式有很多种。根据结构及制造工艺的不同可分为两大类，有极板盒式和无极板盒式电池，无极板盒式电池可以使用压成式、涂膏式、烧结式电极等。从密封方式可分为开口型、密封型、全密封型。有极板盒式电池是开口的，无极板盒式电池可以是开口电池，也可以是密封电池。按照输出功率可以把电池分为低倍率型、中倍率型、高倍率型、超高倍率型。

镉镍电池可用做铁路列车、飞机、船舶等的启动、照明电源，矿山机械与矿灯电源，电力、电信等系统的储备及应急电源，广泛应用于现代军事武器及航天事业，密封镉镍电池在便携式电子设备上应用广泛。

5.2　镉镍电池的工作原理

5.2.1　成流反应

镉镍电池在 KOH 溶液中充放电循环时，正、负极上分别进行如下反应。

正极：
$$2NiOOH+2e^-+2H_2O \underset{充电}{\overset{放电}{\rightleftharpoons}} 2Ni(OH)_2+2OH^- \tag{5-1}$$

负极：
$$Cd+2OH^- \underset{充电}{\overset{放电}{\rightleftharpoons}} Cd(OH)_2+2e^- \tag{5-2}$$

电池反应：
$$Cd+2NiOOH+2H_2O \underset{充电}{\overset{放电}{\rightleftharpoons}} 2Ni(OH)_2+Cd(OH)_2 \tag{5-3}$$

由电池总反应式(5-3)可知，电解质 KOH 不参加反应，只起导电作用。但由于反应中有水参加，所以电解液量不能太少。

5.2.2　电极电势与电动势

由电极反应式(5-1) 式(5-2)，可计算正负极的电极电势。

正极：
$$\varphi_{NiOOH/Ni(OH)_2}=\varphi^{\ominus}_{NiOOH/Ni(OH)_2}+\frac{RT}{2F}\ln\frac{\alpha^2_{H_2O}}{\alpha^2_{OH^-}} \tag{5-4}$$
$$\varphi^{\ominus}=0.49V$$

负极：
$$\varphi_{Cd(OH)_2/Cd}=\varphi^{\ominus}_{Cd(OH)_2/Cd}-\frac{RT}{2F}\ln\alpha^2_{OH^-} \tag{5-5}$$
$$\varphi^{\ominus}=-0.809V$$

由公式 $E=\varphi_+-\varphi_-$ 可计算电动势：
$$E=\varphi^{\ominus}_{NiOOH/Ni(OH)_2}-\varphi^{\ominus}_{Cd(OH)_2/Cd}+\frac{RT}{F}\ln\alpha_{H_2O}=1.299+\frac{RT}{F}\ln\alpha_{H_2O} \tag{5-6}$$

由式(5-6) 可知，电动势 E 除与 $E^{\ominus}$ 有关外，还与水在碱溶液中的活度有关。
镉镍电池电动势的温度系数为：
$$\left(\frac{\partial E}{\partial T}\right)_p=\frac{\Delta S}{nF}=-0.5mV/℃ \tag{5-7}$$

电池的温度系数是负值，表示电池的电动势随温度的升高而降低。由热力学关系式，等温情况下可逆反应的热效应为：
$$Q_R=T\Delta S=nFT\left(\frac{\partial E}{\partial T}\right)_p \tag{5-8}$$

镉镍电池的温度系数为 $-0.5mV/℃$，放电时，这个电池反应的热效应不能全部转变为电能，还有一部分以热的形式释放到环境中。而在充电时，电池还会吸收一部分环境中的热量转化为电能。

5.3　氧化镍电极

5.3.1　氧化镍电极的反应机理

氧化镍属于 p 型氧化物半导体，晶格中存在着超化学计量的 O^{2-}，相当于 $Ni(OH)_2$ 晶

格中一定数量的 OH^- 被 O^{2-} 所代替，同时，同一数量的 Ni^{2+} 被 Ni^{3+} 所代替。O^{2-} 相对于 OH^- 少了一个质子，称为质子缺陷，Ni^{3+} 相对于 Ni^{2+} 少了一个电子，称为电子缺陷，也可以称为空穴。氧化镍电极双电层的建立和电化学过程是通过晶格中的电子缺陷和质子缺陷进行的。当 $Ni(OH)_2$ 晶体与电解液接触时，在两相界面上产生双电层，如图 5-1 所示。

充电时，电极发生阳极极化，Ni^{2+} 失去电子成为 Ni^{3+}，电子通过导电骨架向外线路转移，同时电极表面晶格 OH^- 中的 H^+ 通过界面双电层进入溶液，与溶液中的 OH^- 结合生成 H_2O，如图 5-2 所示。其反应可用式（5-9）表示。

$$H^+（固）+OH^-（液）+Ni^{2+} \longrightarrow H_2O（液）+Ni^{3+}+e^- \tag{5-9}$$

反应后，固相中产生 O^{2-}（质子缺陷）及 Ni^{3+}（电子缺陷）。式（5-9）与 $Ni(OH)_2$ 充电的电极反应一致，即：

$$Ni(OH)_2+OH^- \longrightarrow NiOOH+H_2O+e^- \tag{5-10}$$

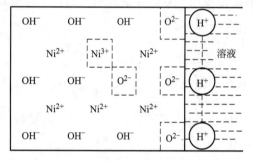

图 5-1　$Ni(OH)_2$ 电极/溶液界面双电层的形成

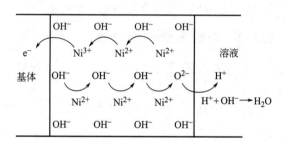

图 5-2　氧化镍电极充电过程

电极反应发生在电极表面层，使得表面层中 H^+ 浓度降低，而内部仍保持较高浓度的 OH^-，从而产生 H^+ 浓度梯度，引起 H^+ 从电极深处向表面层扩散，也相当于 O^{2-} 向电极深处扩散。由于质子 H^+ 在固相中的扩散速率相对很小，因此固相扩散速率将会小于电化学反应速率，造成表面层中质子浓度不断降低。根据动力学公式：

$$i_A = Ka_{H^+} a_{OH^-} \exp\left(\frac{\beta\varphi F}{RT}\right) \tag{5-11}$$

式中，a_{OH^-} 是液相 OH^- 活度；a_{H^+} 是氧化物表面层质子 H^+ 活度；i_A 是阳极反应速率；φ 是双电层电势；F 是法拉第常数；β 是对称系数。

由于表面层中 H^+ 的活度不断下降，若要使得反应速率维持不变，则电极电势会不断升高。在极限情况下，表面层中质子浓度降低到零，这时表面层中的 NiOOH 几乎全部转化为 NiO_2，反应式如下：

$$NiOOH+OH^- \longrightarrow NiO_2+H_2O+e^- \tag{5-12}$$

由于电极电势的升高，此时电极电势 φ 已能够使溶液中的 OH^- 氧化，发生下述反应：

$$4OH^- \longrightarrow O_2\uparrow+2H_2O+4e^- \tag{5-13}$$

由此可知，在充电过程中，镍电极上会有 O^{2-} 析出。此时，并不表示充电过程已全部完成，因为这时电极内部仍有 $Ni(OH)_2$ 存在。在充电不久镍电极上就会开始析氧，这是镍电极的一个特点。在极限情况下，表面层中生成的 NiO_2 并非以单独的结构存在于电极中，而是掺杂在 NiOOH 晶格中。NiO_2 不太稳定，会发生分解，析出 O_2。

$$2NiO_2+H_2O \longrightarrow 2NiOOH+\frac{1}{2}O_2\uparrow \tag{5-14}$$

放电时，即阴极极化时，进行着与充电过程正好相反的反应。这时，溶液中的质子越过界面双电层电场，进入固相，在表面层中占据质子缺陷与 O^{2-} 结合生成 OH^-。同时固相中的 Ni^{3+} 与从外电路得到的电子结合成为 Ni^{2+}。总的结果，液相提供了一个 H^+，产生一个 OH^-，固相少了一个质子缺陷及一个电子缺陷，多了一个 H^+，反应可由式 (5-15) 表示。

$$H_2O(液) \longrightarrow H^+(固) + OH^-(液) \tag{5-15}$$

式 (5-15) 与镍电极放电反应一致，即：

$$NiOOH + e^- + H_2O \longrightarrow Ni(OH)_2 + OH^- \tag{5-16}$$

随式 (5-15) 反应的进行，H^+ 进入固相表面层，占据了质子缺陷，使得表面层中 H^+ 增多（O^{2-} 浓度降低），这样就发生了质子向电极深处的扩散。同样，由于固相中扩散速率很小，引起了较大的浓差极化，使阴极电势不断变负。因为质子在固相中的扩散缓慢，因此，在电极深处的 NiOOH 还没有完全还原为 $Ni(OH)_2$ 时，放电电压就会降到终止电压，这样就使得氧化镍电极的利用率受到了限制。因而，氧化镍电极中活性物质利用率受放电电流大小的影响，并与质子在固相中的扩散速率有关。

因此，氧化镍电极的反应机理是固相质子扩散。根据镍电极充放电测量结果，充放电反应是：

$$\beta\text{-}NiOOH + e^- + H_2O \underset{充电}{\overset{放电}{\rightleftharpoons}} \beta\text{-}Ni(OH)_2 + OH^- \tag{5-17}$$

β-NiOOH 及 β-$Ni(OH)_2$ 是在一般充放电过程中存在的物质，但在异常的循环条件下及不同的电解质溶液中可得到其他形式结构的物质。在过充电时，β-NiOOH 会变成 γ-NiOOH 和 NiO_2，由于 γ-NiOOH 的密度小于 β-$Ni(OH)_2$ 的密度，活性物质发生膨胀，多次循环会使电极的结构开裂、掉粉，影响电极容量和循环寿命。γ-NiOOH 放电后将转变成 α-$Ni(OH)_2$，使体积膨胀更加严重。但是 α-$Ni(OH)_2$ 不稳定，在碱溶液中很快转化成 β-$Ni(OH)_2$。不同晶型氧化镍的氧化态、密度和晶胞参数如表 5-1 所列。

表 5-1　不同晶型氧化镍的氧化态、密度和晶胞参数

晶型	Ni 的平均氧化态	密度/(g/cm³)	a_0/nm	c_0/nm
α-$Ni(OH)_2$	+2.25	2.82	0.302	0.76~0.85
β-$Ni(OH)_2$	+2.25	3.97	0.3126	0.4605
β-NiOOH	+2.90	4.68	0.281	0.486
γ-NiOOH	+3.67	3.79	0.282	0.69

5.3.2　氧化镍电极的添加剂

由于氧化镍电极的半导体性质，它的导电性能不好，同时由于工作时受固相中质子扩散速率控制，因此，充放电反应进行得很不彻底，氧化镍电极的充电效率、放电深度、活性物质利用率都较低。如果提高镍电极中氧化物的导电性和质子在固相中的中的扩散速率，就可以改善电极的充电效率和放电深度，提高活性物质利用率。

半导体的导电率和固相中物质扩散速率不仅与温度有关，还与半导体晶格中存在的晶格缺陷有关。对于半导体，加入少量添加剂，就可明显改变半导体的性能。因此，在氧化镍电极中，我们可以通过加入一定的添加剂，来改善它的电化学性质。

添加剂 LiOH 一般作为电解液添加剂使用，在充放电过程中逐渐进入 $Ni(OH)_2$ 晶格中，可以提高氧析出的过电势，有利于改善充电效率。LiOH 还可以防止长期循环中 $Ni(OH)_2$ 晶粒的聚集长大，使 $Ni(OH)_2$ 保持分散状态，提高活性物质利用率。LiOH 添加量一般为 8~15g/L。

添加剂 Co 能提高放电深度，提高氧析出的过电势，降低镍电极的氧化电位。Co 的添加方式有 Co、Co(OH)$_2$、CoO 等，它们都能在一定程度上提高镍电极反应的可逆性，其中以 CoO 作用最明显。Co 的添加可以使用机械混合方式在制备电极的时候加入，也可以通过共沉积方式使 Co 与 Ni(OH)$_2$ 共结晶，添加剂在活性物质中的分布更加均匀。还可以通过表面沉积的方式在 Ni(OH)$_2$ 表面包覆一层 Co(OH)$_2$。在充电后会变成 CoOOH，由于 CoOOH 的导电性非常好，且在放电过程中不会被还原，因而改善了电极的导电性。含 Co 的 Ni(OH)$_2$ 晶体有序性差，晶格缺陷较多，H$^+$ 的扩散系数更大，电化学活性提高。Co 的价格较高，加入过多会提高生产成本，一般加入 3%～5%。

通过共沉淀法添加 Zn 可以提高电极稳定性，提高活性物质的利用率，抑制过充电时 γ-NiOOH 的生成，减少体积膨胀。通常 Co、Zn 联用可收到更好的效果。稀土元素元素 La 和 Yb 的氧化物可有效抑制高温下氧的析出，提高电极高温充放电性能和放电容量。

Fe 会降低对氧化镍电极氧析出过电势，降低充电效率，所以 Fe 是有害的杂质。Mg 的晶格和 Ni(OH)$_2$ 相似，因此 Mg 能深入 Ni(OH)$_2$ 晶格替代 Ni，降低容量。Ca 和 Si 也会降低 Ni(OH)$_2$ 容量。当有 Si 存在时，氧化镍电极在循环开始容量就明显下降。Ca 的不利影响随着循环次数增加会越来越大。

5.3.3　氧化镍电极材料

Ni(OH)$_2$ 通常是绿色的粉末物质，目前电池使用的 Ni(OH)$_2$ 均为 β 晶型。国内各生产厂家普遍采用化学方法制备氢氧化亚镍。传统的工艺流程如图 5-3 所示。

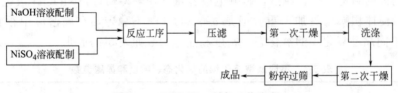

图 5-3　Ni(OH)$_2$ 生产工艺流程

在制造过程中，为保证活性物质的质量，必须严格控制各工序的工艺条件。

(1) 原材料杂质含量不允许超过规定值。

(2) 严格控制沉淀反应条件　生成 Ni(OH)$_2$ 的反应如下：

$$NiSO_4 + 2NaOH \longrightarrow Ni(OH)_2 \downarrow + Na_2SO_4 \qquad (5\text{-}18)$$

式(5-18) 反应必须在碱性条件下进行，若在中性或弱酸性条件下，NiSO$_4$ 与 NaOH 的反应产物将是碱式硫酸镍：

$$2NiSO_4 + 2NaOH \longrightarrow Ni_2(OH)_2SO_4 \downarrow + Na_2SO_4 \qquad (5\text{-}19)$$

一般采用将硫酸镍溶液以喷淋的形式加入到不断搅拌的 NaOH 溶液中，以防止局部反应区内 pH 值降得太低。为了保证反应过程中和反应结束后溶液 pH 值始终为碱性，一般使碱过量 5%～10%。反应的 pH 值、温度及陈化时间对 Ni(OH)$_2$ 的活性有很大影响。

(3) Ni(OH)$_2$ 的压滤　因为 Ni(OH)$_2$ 为胶体沉淀物，其中包含大量水及 Na$_2$SO$_4$、NaOH。为使 Ni(OH)$_2$ 分离出来，需将沉淀物在板框压滤机上压滤 10～12h，使滤饼中含水量为 48%～58%。

(4) 第一次干燥　目的是破坏胶体结构，使得 SO$_4^{2-}$ 在洗涤时易除去；另外，使水分蒸发，获得多孔结构的 Ni(OH)$_2$。干燥采用蒸汽作热源，干燥温度为 110～140℃，蒸汽压力为 54～69kPa，时间为 7h，干燥后水分含量不大于 8%。

(5) 洗涤　目的是洗去 SO_4^{2-}，洗涤用水必须是软化水，通入蒸汽加热，洗涤温度控制在 $70\sim80℃$，并不断搅拌，时间约 6h。洗涤后 Na_2SO_4 含量小于 1%。

(6) 第二次干燥　目的是除去吸附水，干燥温度为 $80\sim120℃$。干燥后 $Ni(OH)_2$ 呈浅绿色，水分含量不大于 6.5%。

(7) 粉碎过筛　将第二次干燥后的 $Ni(OH)_2$ 粉碎，过 40 目筛。

以上为传统的氢氧化亚镍的制备工艺。目前，随着镉镍电池的不断发展，特别是氢镍电池的出现，对镍电极提出了高容量、高活性的要求。为提高 $Ni(OH)_2$ 的电化学活性，人们进行了大量的研究工作。

据文献报道，$Ni(OH)_2$ 的电化学活性与其晶体结构、颗粒形状与尺寸以及晶体中含有的结晶水、添加剂的掺杂等因素有关，而这些因素又与 $Ni(OH)_2$ 的制备工艺有很大关系。目前，人们提出了多种制备高活性 $Ni(OH)_2$ 的工艺，有代表性的为高活性的球形氢氧化亚镍的制备。

传统的 $Ni(OH)_2$ 颗粒不规则，粒晶分布范围较宽，振实密度约为 $1.6g/cm^3$。球型 $Ni(OH)_2$ 具有一定的粒度分布范围、振实密度高（大于 $1.9\sim2g/cm^3$），能提高电极单位体积内的物质填充量，放电容量提高。目前制备的方法有氨催化液相沉淀法、高压合成法等，其中氨催化液相沉淀法具有工艺流程短、设备简单、操作方便、过滤性能好、产品质量高等优点。氨催化液相沉淀法是在一定温度下，将一定浓度的 $NiSO_4$、$NaOH$ 和氨水并流后连续加入到反应器中，调节 pH 值使其维持在一定数值，不断搅拌，反应达到预定时间后，经过过滤、洗涤、干燥，得到球形 $Ni(OH)_2$ 粉末。影响球形 $Ni(OH)_2$ 工艺过程的主要因素是溶液 pH 值、镍盐和碱的浓度、温度、反应时间、加料方式和搅拌强度等。为了改善球形 $Ni(OH)_2$ 的性能，常在反应体系中加入 Co、Zn、Li 等元素。

5.4　镉电极

5.4.1　反应机理

镉镍电池的负极活性物质为海绵状金属镉，放电产物是难溶于 KOH 溶液的 $Cd(OH)_2$，它属于六方晶系。负极的电极反应式为：

$$Cd+2OH^- \xrightarrow[\text{充电}]{\text{放电}} Cd(OH)_2+2e^- \qquad (5\text{-}20)$$

镉电极的反应机理是溶解-沉积机理。放电时 Cd 阳极氧化后以 $Cd(OH)_3^-$ 的形式进入溶液，然后再形成 $Cd(OH)_2$ 沉积在电极上。实验表明，镉电极放电时，氧化深度和电解液浓度存在一定的依赖关系，并且反应是在溶液中进行的。$Cd(OH)_3^-$ 在碱液中的溶解度为 $9\times10^{-5}mol/L$，这样大的浓度完全可以使电极反应迅速进行，反应机理如下所述。

Cd 电极放电时，首先发生 OH^- 的吸附：

$$Cd+OH^- \longrightarrow Cd\text{-}OH_{\text{吸附}}+e^- \qquad (5\text{-}21)$$

这一吸附作用，在更高的阳极电势下，进一步氧化：

$$Cd+3OH^- \longrightarrow Cd(OH)_3^-+2e^- \qquad (5\text{-}22)$$

当界面上溶液过饱和时，$Cd(OH)_2$ 就沉积出来：

$$Cd(OH)_3^- \longrightarrow Cd(OH)_2\downarrow+OH^- \qquad (5\text{-}23)$$

生成的 $Cd(OH)_2$ 是附着在电极表面上的，由于 $Cd(OH)_2$ 疏松多孔，并不妨碍溶液中

OH^- 继续向电极表面扩散，对反应速率的影响并不明显，电极的放电深度比较大，活性物质利用率较高。

镉电极在放电过程中，其过电势逐渐增大，因此放电电势逐渐变正。极化的产生主要是由于中间产物的积累而造成的，也就是由于 Cd^{2+} 的迁移阻力造成的。

5.4.2　镉电极的钝化与聚结

镉电极是不易钝化的金属，因此，镉电极的低温性质比较好。但是在较高的过电势下镉电极也将发生钝化。这时金属 Cd 表面产生一层很薄钝化膜，一般认为这层膜是 CdO，它阻碍了金属的正常溶解。如果放电电流密度太大、温度较低、电解液浓度较低时，都容易引起镉电极钝化。关于 CdO 的生成有两种看法，一种看法认为是由 $Cd(OH)_2$ 脱水而成，即：

$$Cd(OH)_2 \longrightarrow CdO + H_2O \tag{5-24}$$

另一种看法认为，CdO 是由 Cd 吸附氧生成的，即：

$$Cd + O \longrightarrow Cd\text{-}O_{吸附} \tag{5-25}$$

另外，由于海绵状镉有着很大的比表面，而充放电循环过程中镉的重结晶，使镉电极真实表面积不断收缩，极化增大，导致发生钝化。这是影响电池性能的重要因素。

为防止钝化，需要在活性物质中加入表面活性剂或其他添加剂。它们起到分散作用，阻止海绵镉状结晶时聚集和收缩，同时起着改变镉结晶的晶体结构的作用。在实际生产中，一般加入苏拉油或 25 号变压器油。

为提高电流密度，还可以加入 Fe、Co、Ni、Ag、In 等作为添加剂。Fe、Co、Ni 可提高电极的放电电流密度。Fe、Ni 可以降低放电过程的过电势，Ag、In 可提高电子导电性。

对 Cd 电极有害的杂质有 Tl、Ca 等。Tl 可使 Cd 晶体长大，表面变得平坦，减小海绵状金属 Cd 的真实表面积，导致电极迅速钝化，丧失活性。Ca 影响 Cd 电极的还原。

5.4.3　镉电极的充电效率与自放电

镉电极的自放电很小。镉若发生自溶解，应进行下列共轭反应：

$$Cd + 2OH^- \longrightarrow Cd(OH)_2 + 2e^- \tag{5-26}$$

$$\varphi^{\ominus}_{Cd(OH)_2/Cd} = -0.809V$$

$$2H_2O + 2e^- \longrightarrow H_2\uparrow + 2OH^- \tag{5-27}$$

$$\varphi^{\ominus}_{H_2O/H_2} = -0.828V$$

镉电极氧化的标准电极电势比氢析出的标准电极电势要正 20mV，所以上述共轭反应不能自发进行。即镉在碱液中不会自发地溶解而析氢。在实际中观察到的镉电极的自放电是氧对海绵状金属镉的化学氧化而造成的。

同样由于氢析出的标准电极电势比镉电极氧化的标准电极电势更负，而且 Cd 电极上析氢过电势高，正常充电状态下，氢气很难析出，只有当充电状态接近 100% 时，才会有氢气析出。

5.4.4　镉电极材料

负极活性物质是海绵状金属镉，一般在制造时首先制备 CdO，CdO 在电池化成时将转化为金属 Cd。CdO 的制备是通过金属 Cd 的升华、氧化制得的。熔融状态的金属 Cd 升华为 Cd 蒸气，在氧化室内被氧化成 CdO，其颜色为浅棕红色至棕红色。

也可以采用电解法制造海绵镉，在电解槽内加入含有镉盐的酸性溶液，选择合适的溶液温度和电流密度，通电后，在阴极上就可得到海绵状镉的沉积物。阳极是用纯的镉棒或镉球，将阳极放入钛篮中，并且套上布袋以防止阳极泥进入溶液，阴极采用平板状的镍或不锈钢。将阴极上沉积出的海绵镉用不锈钢刀刮下，经水洗后，放入托盘并送入 70～100℃ 烘箱中干燥 6～8h，然后过 20 目筛。

5.5　密封镉镍电池

5.5.1　密封原理

在储存和使用时，镉镍电池不可避免地有气体产生。因此，电池上需要有特殊结构的气孔以便气体的排出。气体逸出时，会带出电解液，腐蚀设备，而且要经常补加电解液。开口电池中，KOH 电解液容易发生碳酸盐化，降低电解液的电导率，影响电池的性能及寿命，需要定期更换电解液。如果将电池密封起来，就可以解决以上问题，同时可以任意姿态工作。这将大大扩大电池的使用范围。

电池实现密封最重要的条件是要防止储存时产生气体和消除工作时产生的气体。镉镍电池是最早被研制成功的密封蓄电池，并且可以做成全密封结构。镉镍电池中镉电极在碱液中不发生自溶解而析出氢气，同时由于氢气在镉上析出的过电势较高，在充电过程中，只要适当控制充电电流密度和温度等条件，镉电极上就不会析出氢气，充电效率高。另外，负极海绵状金属镉具有很强的氧化合能力，正极充电或自放电产生的氧气，只要扩散到负极，就很容易与 Cd 进行化学反应或电化学反应而被吸收掉。

化学反应：

$$2Cd+O_2+2H_2O \longrightarrow 2Cd(OH)_2 \tag{5-28}$$

或电化学反应：

$$2Cd+4OH^- \longrightarrow 2Cd(OH)_2+4e^- \tag{5-29}$$

$$O_2+2H_2O+4e^- \longrightarrow 4OH^- \tag{5-30}$$

5.5.2　密封措施

要使镉镍电池真正实现密封，在设计和使用中应采取以下措施。

(1) 负极的容量大于正极的容量　负极的容量大于正极的容量就是使负极始终具有未充电的物质存在，负极容量大于正极容量的部分，称为充电储备物质。正负极活性物质容量比一般要求负极容量是正极容量的 1.3～2.0 倍。当正极充电完毕后，即 Ni(OH)$_2$ 全部转变为 NiOOH 后，负极仍有部分未充电的 Cd(OH)$_2$ 存在，而正极充电和过充电时产生的氧气可与负极镉发生反应而被消除，负极上又生成了 Cd(OH)$_2$，使得负极总是处于未充足电的状态。这种充电保护作用又称为镉氧循环。

(2) 控制电解液用量　由于 H$_2$O 参与成流反应，因此电解液量不能太少，否则会影响电池性能和寿命。但是电解量也不能太多，因为电解液量过多易使电极处于淹没状态，减小氧气与负极镉化合的反应面积；同时也淹没隔膜透气孔，使氧气向负极扩散受阻；而且电解液多，使得电池内部气室减少。因此，要严格控制电解液用量，一般是在不影响电池性能的前提下，电解量要尽量少。

(3) 采用微孔隔膜　隔膜既要能保持电解液，又要给氧气扩散提供微孔通道。隔膜的微孔孔径小，能使气体透过，但可以防止活性物质的微小颗粒穿透隔膜造成短路。隔膜要尽量薄，以降低电池内阻，同时可以缩短氧气扩散路径，便于气体扩散。另外还要求隔膜化学性质稳定、韧性和强度好、耐压、耐冲击振动。

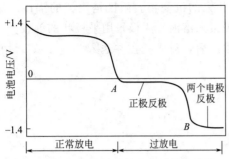

图 5-4　Cd-Ni 电池的放电与过放电曲线

（4）采取多孔薄型电极，实现紧密装配　采取紧密装配可以减少极间距离，有利于氧气从正极向负极顺利扩散。多孔镉电极可以增大负极表面积，有利于氧气吸收。

（5）采用反极保护　在电池组串联使用时，即使单体电池型号相同，串联电池组中总会存在着一个相对容量小的电池，这只容量较低的电池决定了整个电池组的容量。电池组放电时，这只容量最小电池的容量最先放完电，如果整个电池组仍在放电，这时这只电池就会被强制过放电。放电曲线如图 5-4 所示。第一阶段为正常放电，当放电至 A 点时，电池电压下降到 $0V$，正极容量已经放完，负极上仍有未放电的活性物质存在，在第二阶段中，电压急剧下降到 $-0.4V$，此时负极继续发生氧化反应，正极则发生水的还原，生成氢气。放电至 B 点，负极容量也被放完。电池电压急剧下降到 $-1.52\sim-1.6V$，这时负极发生 OH^- 的氧化而生成氧气。这是正负极上析出气体的情况正好与过充电时相反，因此称为"反极充电"。

发生反极充电时，正负极分别生成 H_2 和 O_2，会使电池内压急剧上升，而且 H_2 和 O_2 同时产生，有爆炸的危险。为了消除或避免反极充电，除了严格禁止过放电外，还可以采取反极保护措施。反极保护的方法有两类，正极中加入反极物质，或电池中加入辅助电极，使产生的气体在辅助电极上进行再化合反应。目前普遍采用在正极加入反极物质 $Cd(OH)_2$，在正常充放电时 $Cd(OH)_2$ 不参加反应，当发生过放电时，正极上发生 $Cd(OH)_2$ 的还原，避免了 H_2 的产生。同时负极过放电产生的 O_2 又可被正极生成的 Cd 吸收，避免了电池内部气体积累。镉镍密封蓄电池充放电及过充电、过放电时正负极上的反应如图 5-5 所示。

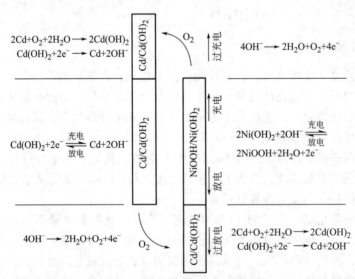

图 5-5　镉镍密封蓄电池充放电过程中的正负极反应

（6）使用密封安全阀　为防止电池内部因意外而出现高内压，密封电池一般都设有安全阀。当电池内部压力超过规定临界压力时，安全阀自动开启，使气体放出，保证安全。

（7）正确使用和维护电池　要严格充放电制度。在充电时，要保证充电末期 O_2 的生成速率不超过 O_2 的再化合速率，这样才能避免电池内部气体的大量产生。目前发展了许多充电控制方法，如：压力控制、温度控制、电压控制、容量控制等。禁止过放电。尽管密封电池采取了反极保护措施，但是如果长期过放电，氢气会从正极析出，造成电池内部压力增大，最后迫使电池密封打开，降低电池寿命。

温度对电池性能有一定的影响，高温会促使镍电极析氧速率加快，低温时电解液电阻率降低，内阻增大，因此，在一些对电池性能有严格要求的场合，如人造卫星上使用的密封镉镍电池，要严格控制使用温度，有时需要加热或散热。

5.6　镉镍电池的电性能

5.6.1　充放电曲线

镉镍电池的标准电动势为 1.299V，标称电压为 1.2V，平均工作电压为 1.20～1.25V。刚充足电的电池开路电压较高，超过 1.4V，放置一段时间后，不稳定的 NiO_2 发生分解，开路电压会降到 1.35V 左右。

图 5-6 是开口式镉镍电池的充放电曲线。可知，充电开始时，电池电压为 1.3V 左右，随着充电进行，电压慢慢上升到 1.4～1.5V，并稳定较长时间，电压超过 1.55V 后，电解液中水开始电解，产生气体，电压开始急剧上升，到末期，正负极上都开始析出气体，电池电压达到 1.7～1.8V。

放电曲线比较平稳，只是在放电终止时突然下降，一般以 0.2C 放电时，电压稳定在 1.2V 左右。电池放置一段时间后再放电，由于 NiO_2 的分解，因此初期电压稍有降低，容量也稍有减小。镉镍电池放电终止电压的规定与放电率有关，一般在 1.0V 左右，较高放电率时可以设定较低的放电终止电压。开口式镉镍电池对过充、过放有一定的耐受能力，但密封镉镍电池要严格充放电制度。密封镉镍电池的充电曲线与开口的也有一定差异。密封镉镍电池的充电曲线如图 5-7 所示。

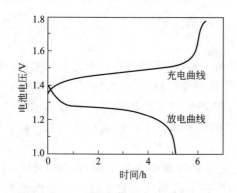

图 5-6　镉镍电池的充放电曲线

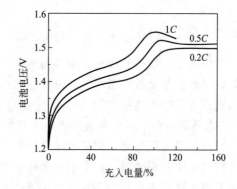

图 5-7　圆柱密封镉镍电池充电曲线

从图 5-7 中可以看出，密封镉镍电池在充电曲线上有一个电压最高点，这是由于充电时正极上生成的 O_2 在负极上被海绵 Cd 复合，反应放出大量的热，使电池温度升高，电池电压降低。

电池放电容量与活性物质的利用率、放电率、温度、电解液的浓度及电极结构有关。一般情况下，正极活性物质的利用率为 70% 左右，负极为 75%～85%。烧结式电极中活性物质利用率更高些。

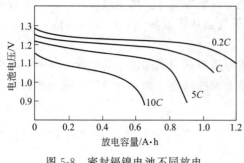

图 5-8　密封镉镍电池不同放电
倍率时的放电曲线

镉镍电池可以大电流放电，有极板盒式电池以 5C 放电时，仍可给出额定容量的 60%，而开口烧结式电池则可以高达 20C 的脉冲电流放电。一般有极板盒式及密封镉镍电池适用于中小电流放电，开口烧结式电池适用于高倍率放电。密封镉镍电池不同放电倍率时的放电曲线如图 5-8 所示。

镉镍电池的温度范围很广（-40~50℃），不同温度下镉镍电池的充电曲线和放电曲线如图 5-9 和图 5-10 所示。由于 Cd 电极不易钝化，所以低温性能较好，但是由于低温下，电解液的电阻增大，使得容量下降。升高温度可使容量增加，但温度超过 50℃时，会造成电池性能恶化。高温时正极上析氧过电势降低，正极容易充电不足；镉的溶解也会随着温度上升而增大，容易形成镉枝晶，导致短路；而小颗粒的镉结晶优先溶解，会促进形成大颗粒晶粒，降低负极活性；高温还会加速镍基板腐蚀和隔膜氧化，导致电池失效。密封镉镍电池工作温度一般在 5~25℃之间。

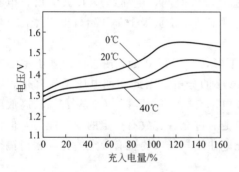

图 5-9　密封镉镍电池不同温度的充电曲线

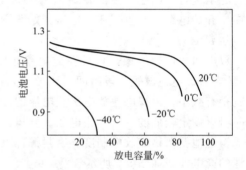

图 5-10　密封镉镍电池在不同温度的放电曲线

5.6.2　记忆效应

镉镍电池长期进行浅充放循环后再进行深放电时，表现出明显的容量损失和放电电压的下降，经数次全充放电循环后，电性能还可以得到恢复，这种现象称为记忆效应。例如，低地球轨道卫星用电池一般以 25% 放电深度放电，在较理想的工作温度下，可以有 30000~40000 次循环寿命，但经常表现出电压和容量达不到额定要求，从而影响整机供电。随着循环次数增加或温度升高，记忆效应更加明显。

扫描电镜分析表明，发生记忆效应的镉电极比正常镉电极中含有大颗粒 $Cd(OH)_2$ 多，但是有极板盒式电池很少发生记忆效应。可以采用再调节法消除记忆效应。例如电池充电后，可以先用较大电流放电至电池电压 1.0V，再用小电流使电池完全放电，然后进行全充放电，电池放电电压和放电容量可以提高。如果定期通过一个电阻以 100 小时率或更小电流放电至较低的终止电压，则几乎可以恢复到全容量。

5.6.3　循环寿命

在各类电池中，镉镍电池的循环寿命是最长的，可达 3000~4000 个周期，总的使用寿命可达 8~25 年。放电条件（放电深度、温度、放电倍率等）对电池的循环寿命影响很大，尤其是放电深度直接影响电池的循环寿命，减小放电深度可使循环寿命大大延长。密封镉镍电池比开口式电池寿命要短，在控制使用和控制充电条件下，可达到 500 次以上全放电。

5.6.4　自放电

镉镍电池充电后储存初期，自放电较严重，这是因为 NiO_2 不稳定造成的，经过 $2\sim3$ 天后，镉镍电池自放电几乎停止。这是因为镉电极在碱溶液中的平衡电极电势比氢的平衡电极电势正，而且氢在镉上的析出过电势很大，因而负极不发生镉的溶解而析氢。

在高温下储存时，电池的自放电较严重。自放电速率还与电解液组成有关，当 KOH 溶液中含有 LiOH 时，自放电速率降低。

5.7　镉镍电池的制造工艺

根据电极的结构，可分为有极板盒式电极（或袋式电极）、烧结式电极、发泡式电极、黏结式电极、纤维式电极等。由于电极的结构不同，它们的制造工艺和性能也不同。

5.7.1　有极板盒式电极的制造

将正负极活性物质分别填充到镀镍的穿孔钢带做成的扁平封闭盒子里，把这些扁盒子叠放在一起制成电极，称为有极板盒式电极，用这种正极和负极配合制成电池就是有极板盒式电池。有极板盒式电极结构坚固、性能可靠，循环寿命、储存寿命长，制造成本较低，但是比能量也较低。由于电极的穿孔面积仅占 $10\%\sim30\%$，所以电阻较大，而且正极物质在循环过程中有膨胀的倾向，极间距离不能太小，一般需保持 $1.0\sim1.5mm$，同时极板也不能做得很薄，因此，这种电池不适合大电流放电。增大钢带孔率，有利于降低电池内阻，提高电池放电倍率。

正极由 $Ni(OH)_2$ 和导电组分石墨以及添加剂 Ba、Co 的化合物组成。负极物质是 $Cd(OH)_2$ 或 CdO 与铁或铁的化合物，有时还有镍以及 25 号变压器油组成。粉状活性物质填充到已成一定形状的穿孔带里，用一系列滚轮把上下钢带扣合在一起形成极板条。许多极板条又相互扣合形成长长的电极薄板，并且在极板上压出条纹，以提高电极强度，并且使活性物质和与穿孔钢带紧密接触。然后按照需要的长度冲切成电极毛坯，将边框和正负极极耳焊接在电极毛坯上，这样就制成了电极。根据电池放电倍率的不同，极板厚度有所不同（$1.5\sim5mm$）。有极板盒式电极的结构如图 5-11 所示。

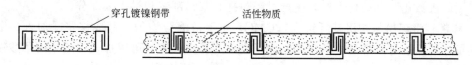

图 5-11　有极板盒式电极的结构

这些电极用螺栓连接或焊成电极组，极性相反的电极相互交错插在一起，并插入隔板使正负极彼此绝缘。将电极组插入塑料或镀镍钢板的电池壳里，并注意保持一定的松紧度，然后经封口、储液、化成、总装等工序，即制成成品电池。

图 5-12 是现代有极板盒式电池的结构。隔板使用硬橡胶棍或聚丙烯注射而成的隔板栅，电池壳可以使用薄钢板冲压而成，并经镀镍处理，或者使用 ABS、聚丙烯、尼龙等塑料注射成型。

5.7.2 烧结式电极的制造

图 5-13 是烧结镍基板的扫描电子显微镜照片，烧结式电极就是将活性物质填充在烧结镍基板的微孔中而制备出的电极。

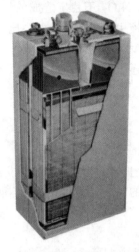

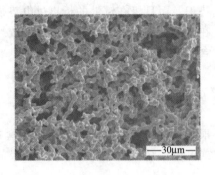

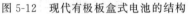

图 5-12　现代有极板盒式电池的结构　　　　图 5-13　烧结镍基板的扫描电镜照片

烧结式电极可以做得很薄，极间距离很小，所以内阻较低，适合大电流放电，且温度适应范围广（−40～50℃）、机械强度好，但是耗镍量大、制造工艺复杂、生产成本较高。若正负极板都采用烧结式极板，这种电池称为全烧结电池。由于镍的价格较贵，有时电池的负极使用拉浆式电极，称为半烧结式电池。

5.7.2.1 多孔镍基板的制造

多孔镍基板的制造由基板成型及烧结两部分组成。

（1）基板的成型方法有模压成型和湿法成型

① 模压成型　是将金属镍粉和造孔剂碳酸氢铵以一定的比例混合均匀，根据设计用量将混合好的粉料放在模具内，以镍丝网、镀镍钢丝或穿孔镀镍钢带为骨架，加压成型。高温下碳酸氢铵分解，在基板中形成孔隙。模压成型的基板几何尺寸稳定、精度高。

② 拉浆法　模压成型属于干法制造极板，生产过程中粉尘大、劳动条件差且粉料容易混合不均匀，拉浆法（湿法成型）是由法国萨福特（SAFT）公司在 1960 年研制成功，适合于连续的机械化、自动化生产，生产过程包括和浆、刮浆和烘干 3 部分。

a. 和浆　将镍粉与羧甲基纤维素（CMC）水溶液混合均匀，制成镍浆。加入一定量的消泡剂可以消除混合时带进去的空气，为了进一步提高孔率，可以加入一定量的草酸铵、碳酸镍等造孔剂。

b. 刮浆　穿孔镀镍钢带连续通过镍浆槽，钢带的两侧随即粘满镍浆，再经过一对刮刀或刮板使镍浆具有一定厚度。

c. 烘干　烘干是湿法生产极板的重要工序，一般采用立式红外干燥箱，炉内温度分为三段，下段温度 140℃，中段温度 220℃，上段温度 190℃，烘干速度 0.6～0.7m/min。镍带是自下而上进行的，入炉时温度不能过高，否则 CMC 水溶液失去黏性，使镍浆下坠，造成基板厚度不均匀。然后炉温逐渐升高，使得极板中水分缓慢失去，以防水分蒸发过快，造成极板龟裂。烘干后基板仍含有 10% 左右的水分，目的是使基板有一定的柔软性，经过导向轮时不至于产生裂纹。

湿法制造基板的基本装置如图 5-14 所示。

（2）烧结　经过烧结，基板中原来松散的镍粉颗粒彼此熔接在一起，使基板具有一定的强度，而且发孔剂在烧结时，受热分解，使基板具有一定的孔率。烧结温度一般为熔点的 2/3 左右，一般控制在 800～1150℃ 之间，时间为 5～25min。为防止镍氧化，烧结应在惰性气体或还原性气体的气氛中进行。

压制成型的基板，一般采用卧式烧结炉进行烧结，将基板放入烧结舟中，一层炭板，一层基板叠放，在最上面的碳板上，压上一块适当重量的铁板，防止烧结时基板变形。湿法成型的基板一般采用立式烧结炉进行烧结，与前段工序连续进行，如图 5-14 所示。烧结炉内温度始终保持基板的烧结温度，基板运动方向由上而下，即在烧结炉内经过预热、烧结、冷却 3 个阶段。预热阶段使造孔剂分解挥发。烧结阶段使镍粉颗粒连接部分熔接，提高极板导电性和强度。冷却阶段使基板由高温冷却到室温，冷却速率应缓慢，保证能够基板收缩时不出现龟裂，保证基板柔软性好。

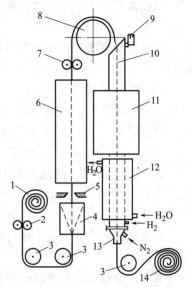

图 5-14　湿法生产基板的基本装置

1—冲孔镍带骨架；2—平整骨架碾压机；
3—导向轮；4—镍浆斗；5—刮刀；
6—干燥炉；7—碾压机；8—导向轮；
9—点火管；10—防爆炉盖；11—烧结段；
12—冷却段；13—密封炉尾；14—卷绕轮

对于烧结好的基板要求是孔率大、比表面积大、孔径大小适当且分布均匀，导电性好、机械强度高，厚度均匀。影响基板质量的因素很多，如胶黏剂量、造孔剂量、镍粉的粒度大小及均匀性等，烧结条件直接影响其质量，其中最主要的是烧结时间及温度。一般提高烧结温度，增加烧结时间，能提高基板的化学稳定性、机械强度及导电性，但孔率降低。正常基板的孔率为 80%～85%，影响孔率的因素有镍粉的表观密度、烧结时间和烧结温度。

5.7.2.2　多孔镍基板的浸渍及碱化

浸渍就是将活性物质充填到镍基板微孔中的过程。浸渍的方法有化学浸渍、电化学浸渍。

（1）化学浸渍　利用化学反应，使活性物质沉积在基板微孔中的方法为化学浸渍。化学浸渍又分为静态浸渍及真空浸渍。静态浸渍是在常压下进行，一般需几昼夜；真空浸渍是在抽真空或减压下进行，一般只需几十分钟。

正极浸渍，浸渍溶液为 $Ni(NO_3)_2$ 水溶液，将极板浸入溶液中，使 $Ni(NO_3)_2$ 渗入基板中。$Ni(NO_3)_2$ 溶液的密度为 $1.6～1.7g/cm^3$，pH 为 3～4，温度为 70～110℃，浸渍时间 1～8h，真空浸渍需要的时间更短。

基板浸渍后，淋干溶液，放入 50～70℃ 的干燥箱中，使 $Ni(NO_3)_2$ 结晶出来。然后再浸入 KOH 水溶液中进行碱化，溶液密度为 $1.19～1.21g/cm^3$，温度 60～70℃，碱化时间 1～4h，发生下列反应：

$$Ni(NO_3)_2 + 2KOH \longrightarrow Ni(OH)_2 + 2KNO_3 \qquad (5-31)$$

这时在基板微孔中生成了 $Ni(OH)_2$，将碱化过的基板用蒸馏水或去离子水洗涤，水温为 40～50℃，洗去 OH^- 和 NO_3^-，洗至中性，洗涤时刷去基板表面附着的 $Ni(OH)_2$。洗涤后放入 80～110℃ 的烘干箱中干燥。

根据需要，上述浸渍与碱化的过程可以重复几次，以使基板内活性物质的量达到设计要求。

负极浸渍方法与正极基本相同，浸渍液为 $Cd(NO_3)_2$ 或 $CdCl_2$ 溶液，浸渍可在常温下进行。

（2）电化学浸渍 电化学浸渍是利用电解的方法，使 $Ni(OH)_2$ 或 $Cd(OH)_2$ 沉积在基板内。对于镍电极，在浸渍时，以镍作阳极，以基板作阴极，在微酸性的 $Ni(NO_3)_2$ 溶液中，通直流电，NO_3^- 会在阴极上还原，发生下列反应：

$$NO_3^- + 10H^+ + 8e^- \longrightarrow NH_4^+ + 3H_2O \qquad (5\text{-}32)$$

由于反应(5-25)消耗大量 H^+，使阴极区 pH 值上升，当阴极区的 OH^- 浓度和 Ni^{2+} 浓度达到了 $Ni(OH)_2$ 的溶度积时，就会发生 $Ni(OH)_2$ 的沉淀。

$$Ni^{2+} + 2OH^- \longrightarrow Ni(OH)_2 \downarrow \qquad (5\text{-}33)$$

在酸性介质中，阴极上还可能发生如下反应：

$$2H^+ + 2e^- \longrightarrow H_2 \uparrow \qquad (5\text{-}34)$$

氢在镍电极上的析出过电势较小，当通电后，就可观察到氢气在阴极上不断析出，这个反应也促进了氢氧化物的沉淀。随着氢氧化物的不断沉积，使得电极面积不断减小，真实电流密度增大，造成阴极极化，使阴极电势不断向负移动。在电化学浸渍 $Ni(OH)_2$ 的过程中还可能发生 Ni^{2+} 阴极还原为金属 Ni，使基板表面发黑。为降低和避免副反应的发生，人们提出了脉冲电流浸渍方法。

电化学浸渍后的电极还要进行水洗和干燥。这种浸渍过程的基板腐蚀小、生产周期短，而且电化学活性高。

镉电极的电化学浸渍方法与镍电极相同，只是电解液改为 $Cd(NO_3)_2$ 溶液。

5.7.2.3 极板的化成

化成就是经过几次充放电过程，使正负极上的物质转化为具有电化学活性的物质。另外，经过化成，可清除掉电极表面的浮粉，使活性物质的结晶微细化，晶格缺陷和真实表面积增大。

化成可以正负极片装成电池进行开口化成，也可以正负极片配以辅助电极分别进行化成。化成时使用的电解液一般为 KOH 水溶液，少数情况下也有使用 NaOH 水溶液的。在电解液中加入一定量的 LiOH，电解液密度 $1.19\sim1.23g/cm^3$。电解液装入后，要使极板浸泡 $2\sim6h$，以便电解液渗透到电极内部。然后按规定工艺条件进行充放电循环，一般要进行一次或多次充放电循环。化成结束后，取出电极，冲洗干净，在 $50\sim60℃$ 干燥箱中干燥后即可进行装配。负极板经过化成、烘干后，要在 25 号变压器油中浸泡一段时间，然后在通风橱内晾干。

湿法生产的箔式电极可以采用连续式化成方法，如图 5-15 所示。连续式化成是使极板依次通过几组充、放电槽、水洗槽和烘干炉，化成时电流经导电辊传至电极带。

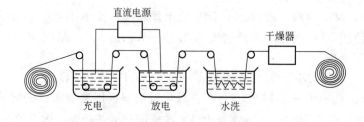

图 5-15 连续式化成方法示意

5.7.3　黏结式电极的制造

黏结式电极是将黏结剂与电极活性物质、导电组分、添加剂等混合，然后黏合在集流体上制成，生产周期短，生产设备简单，耗镍量少，成本低。根据不同的生产要求，既可生产单个电极，也可连续生产。使用黏结式电极的电池容量较高，中倍率放电性能好，但是大电流放电及快充性能较差。

黏结镍电极中要使用高活性的 $Ni(OH)_2$，导电剂选用镍粉、石墨、乙炔黑等，常用的添加剂有 Co、Ba、Zn、Li、Cd 等。黏结剂可以采用聚四氟乙烯（PTFE）、聚乙烯（PE）、聚乙烯醇（PVA）、羧甲基纤维素（CMC）等，根据所使用的黏结剂不同，制造工艺也不同，主要有成膜法、热挤压法、刮浆法等，主要工艺流程如图 5-16 所示。

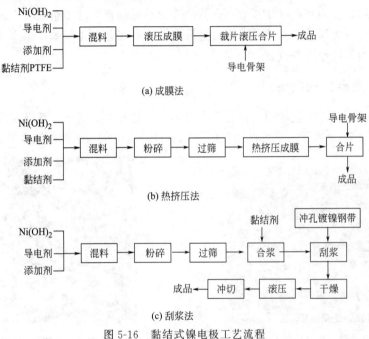

图 5-16　黏结式镍电极工艺流程

黏结式镉电极中活性物质一般是 CdO、海绵状 Cd 混合使用，制备工艺有模压法和拉浆法。

模压法：将 CdO、海绵状 Cd、25 号变压器油等混合均匀，再加入 3% CMC 水溶液，混匀后粉碎过筛，按照需要量放入模具中，放入镀镍切拉网作为导电骨架，加压成型。

拉浆法：先将 CdO 和海绵状 Cd 混合均匀，加入 25 号变压器油、维尼纶纤维等与 3% CMC 水溶液，和成浆状，穿孔镀镍钢带连续通过盛有浆料的容器，使钢带的两侧粘满浆料，经刮刀刮平并调整厚度，加热烘干，并经滚压、裁片，制得成品电极。拉浆法生产黏结式镉电极被广泛应用。

5.7.4　发泡式电极的制造

发泡式镍电极基体的扫描电镜照片见图 5-17。发泡式电极是将活性物质直接充填在发泡式镍基体中。发泡式镍基体具有多孔的三维网状结构，比表面大，孔率达 97%，孔径约 $300 \sim 500 \mu m$，强度和韧性也较好。与烧结式相比，由于其孔率高、孔径大，所以活性物质的充填量增大，充填方式也简单。

制备发泡式镍基体时，首先将泡沫塑料进行表面金属化处理，常用化学镀镍，然后用电镀镍加厚，也可以采用含有超细炭粉的导电胶处理泡沫塑料表面。最后进行热处理，其目的是除去泡沫塑料基体，提高电镀镍层的柔韧性和强度以及表面平整性。为防止镍表面氧化，热处理应在还原性气氛中进行，一般是在 H_2 和 N_2 的混合气氛中进行，同时需要控制热处理温度。

在发泡镍基体上可直接填充活性物质。目前常用的方法是将活性物质与添加剂、导电组分、胶黏剂等混合成浆料，填充在发泡式基体中，经干燥、压制而成。由于这种基体孔率、孔径大，活性物质填充量增大，所以由这种电极制造出的电池容量高，且能够快速充电。活性物质填充方便，添加剂的加入较为容易，因此有利于改善电池性能，产品质量较易控制。还可以采用干粉填充工艺，将活性物质与添加剂、导电组分等混合均匀，使发泡镍基体连续通过混合物料，同时使用刷粉机将物料直接填充到发泡镍的孔中，然后通过一台对辊机，将填充了活性物质的发泡镍电极挤压成型，然后在含有黏结剂溶液中稍加浸泡，使电极内浸入一定量的黏结剂，再烘干得到成品电极。这种电极制备工艺更加简单，生产效率高，电极容量大，电极的均匀性也得到改善。

5.7.5 纤维式电极的制造

纤维式电极是在纤维毡状镍基体孔隙中充填活性物质制成电极，纤维式镍电极基体的扫描电镜照片如图 5-18 所示。它可以用于制作镍电极，也可以用于制作镉电极。

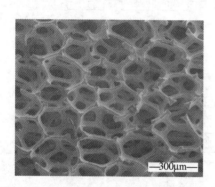

图 5-17　发泡式镍电极基体的扫描电镜照片　　　图 5-18　纤维式镍电极基体的扫描电镜照片

纤维式镍基体的制备方法主要有以下几种。

① 以碳纤维为基础，在碳纤维上电镀镍，然后再加工成一定厚度的纤维镍基体；

② 将高频切削得到的镍纤维均匀分布成毡片，在还原性气氛中烧结得到纤维镍基体；

③ 以塑料纤维毡为基础，通过化学镀镍、电镀镍制得纤维状镍基体；

④ 将镍粉或氧化镍粉加黏结剂调浆，从微孔喷丝头挤出成纤维，在高温下除去黏结剂后，在还原性气氛中烧结得到烧结状的纤维镍基体。

纤维式镍基体孔率高、导电性好、韧性好、可绕性好，生产工艺简单，耗镍量小，可以大规模连续化生产。在纤维式基体上可以用电化学的方法，也可以直接用机械充填的方法将活性物质充填进去。因此用这种方法制备的电池容量高、体积小、质量轻。缺点是电极边缘的镍纤维容易造成电池正负极微短路，导致自放电大。

5.7.6 电沉积镉电极的制造

电沉积式镉电极制造工艺简单、生产周期短、活性物质利用率高、电极比容量高。目前用电沉积法可以制备 Cd、Zn 等高活性电池的负极，电沉积电极的制备是采用网状基体，在金属盐溶液中进行恒电流沉积。

电沉积镉电极可以采用 $CdCl_2$ 溶液，在钛篮中放入镉球作为阳极，冲孔镀镍钢带为阴极，使钢带以一定速度连续移动，钢带依次经过电沉积海绵 Cd、一次滚压、一次烘干、浸渍镍盐、二次烘干、二次滚压、剪切而得到成品电极。小的电流密度和低溶液浓度有利于电沉积出较细的金属微粒，但太低时会造成阴极区 Cd^{2+} 的缺乏，必要时可以加导电盐。过高的温度和过大的电流密度会造成附着力差的疏松物质。

5.7.7　密封镉镍电池的制造

密封镉镍电池属于无极板盒式电池，既有全烧结的、半烧结的，也有发泡式电极、纤维式电极和黏结式电极的。极板的制造方法与开口式电池基本相同。在化成时，一般要先开口化成，然后甩去游离电解液再进行封口。封口后，根据情况，可以再进行一次充放电循环。也可以在电池装配后，加入适量电解液，然后直接封口，在电池内化成。

密封电池的结构有几种，最普通的为圆柱形，其容量范围为 $0.07\sim10A\cdot h$，小型扣式电池的容量为 $0.02\sim0.5A\cdot h$，另外还有长方形电池。圆柱形电池根据极板的结构不同，有箔式及板式的。一般中、低倍率电池采用板式电极，正负极相间，中间以隔膜隔开，电池外壳与负极相连，盖与正极相连。箔式电池的极板为带状，正负极之间用隔膜隔开，卷绕成卷状装入电池壳。负极焊在壳上，正极焊在顶盖上。箔式电池剖面图如图 5-19 所示。

纽扣式电池通常由压成式极板组成。活性物质在模具中压成圆片，然后装配成夹层状。纽扣式电池没有安全装置，其结构允许电池膨胀。膨胀时中断电气连接或者打开密封，以缓解异常情况下的超压。其结构如图 5-20 所示。

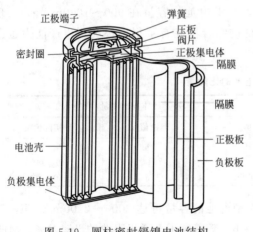

图 5-19　圆柱密封镉镍电池结构

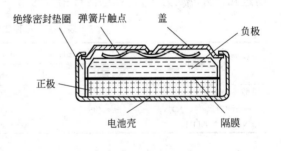

图 5-20　纽扣式电池结构

长方形密封电池结构类似于开口方形电池，但是具有密封电池所要求的特性和相应的结构。

镉镍电池还可以制造成全密封电池，即电池使用时既不泄漏电解液，也无气体释放，称为气密封电池。全密封镉镍电池对电池壳体材料有特殊要求，一般用不锈钢或优质镀镍钢板做电池壳体，封口是用金属陶瓷封接，可用电子束焊、弧焊和激光焊的封焊方法。

第6章 金属氢化物镍电池

6.1 概述

金属氢化物镍电池（MH-Ni 电池）是在航天用高压氢镍电池的基础上发展起来的。由于高压氢镍电池需要高压氢气及储氢罐，还需要贵金属催化剂，不适合作为民用电池。为了降低氢镍电池的压力，自 20 世纪 70 年代起，开始研究低压氢镍电池。

荷兰 Philips 实验室发现 LaNi$_5$ 合金具有可逆的吸放氢的性能，根据它的电化学特性，从 1973 年开始人们就试图用其作为二次电池的负极材料。但是由于吸放氢过程中合金晶格膨胀和收缩导致合金粉化，容量迅速衰减。直到 1984 年，Philips 公司才基本解决了 LaNi$_5$ 合金循环过程中的容量衰减问题，成功制造出了以 LaNi$_5$ 合金为负极材料的 MH-Ni 电池，1988 年美国 Ovonic 公司以及 1989 年日本松下、东芝、三洋等电池公司先后开发成功 MH-Ni 电池，并开始大规模商业化生产。表 6-1 是几种常用二次电池的比能量比较。

我国是稀土大国，研究和生产 MH-Ni 电池具有资源优势。在国家 863 计划的推动下，我国在储氢材料和 MH-Ni 电池的研究和开发方面取得了长足的进步，20 世纪 80 年代末研制成功电池用储氢合金，1990 年研制成 AA 型 MH-Ni 电池，容量在 $900\sim1000\text{mA}\cdot\text{h}$。现在已有数十个厂家大批量生产 MH-Ni 电池，电池的综合性能有了很大提高，生产能力也已超过几亿只，成为 MH-Ni 电池产销量的第一大国。

表 6-1 几种二次电池的比能量

电池系列	质量比能量/(W·h/kg)		体积比能量/(W·h/L)	
	理论值	实际值	理论值	实际值
铅酸蓄电池	170	30~40	720	50~100
Cd-NiOOH	209	35~50	751	70~140
LaNi$_5$H$_6$-NiOOH	275	50~60	1134	150~200

MH-Ni 电池的性能仍在不断提高，目前 AA 型电池的容量可达 $2000\sim2500\text{mA}\cdot\text{h}$，三洋公司生产的 AA 电池的额定容量高达 $2700\text{mA}\cdot\text{h}$。随着电子、通讯事业的迅速发展，MH-Ni 电池的市场迅速扩大，电动车用大容量方形 MH-Ni 电池的开发，将是一个更为巨大的市场。高容量、环境友好、寿命长的绿色 MH-Ni 电池将是 21 世纪应用最广的高能电池之一。

6.2 MH-Ni 电池的工作原理与特点

6.2.1 MH-Ni 电池的工作原理

MH-Ni 电池以金属氢化物为负极，氧化镍电极为正极，氢氧化钾溶液为电解液。MH-Ni 电池正常充放电时进行如下反应。

正极反应：$NiOOH + H_2O + e^- \underset{充电}{\overset{放电}{\rightleftharpoons}} Ni(OH)_2 + OH^-$ (6-1)

负极反应：$MH + OH^- \underset{充电}{\overset{放电}{\rightleftharpoons}} M + H_2O + e^-$ (6-2)

电池总反应：$NiOOH + MH \underset{充电}{\overset{放电}{\rightleftharpoons}} Ni(OH)_2 + M$ (6-3)

充电时，正极上的 $Ni(OH)_2$ 转变为 NiOOH，在储氢合金电极上，水分子还原成氢原子，氢原子吸附在电极表面上形成吸附态的 MH_{ab}，吸附态的氢再进一步扩散到储氢合金内部形成固溶体 α-MH。当溶解于合金相中的氢原子越来越多，氢原子将与合金发生反应，形成金属氢化物 β-MH。氢在合金中的扩散较慢，扩散系数一般为 $10^{-7} \sim 10^{-8}\,cm/s$，扩散成为充电过程的控制步骤。这个过程可以表示如下：

$$M + H_2O + e^- \longrightarrow MH_{ab} + OH^-$$ (6-4)
$$MH_{ab} \longrightarrow \alpha\text{-}MH$$ (6-5)
$$\alpha\text{-}MH \longrightarrow \beta\text{-}MH$$ (6-6)

还可能存在副反应：

$$2MH_{ab} \longrightarrow 2M + H_2 \uparrow$$ (6-7)

放电时，NiOOH 得到电子转变为 $Ni(OH)_2$，金属氢化物（MH）内部的氢原子扩散到表面形成吸附态的氢原子，再发生电化学氧化反应生成水。氢原子的扩散步骤仍然是负极放电过程的控制步骤。

6.2.2 MH-Ni 电池的密封

与 Cd-Ni 电池类似，MH-Ni 电池在过充电和过放电时电池内也会产生大量的气体。借鉴密封 Cd-Ni 电池的设计原理，为了限制负极析氢，保证氧的复合反应，消除氧气压力，MH-Ni 电池一般也设计成负极容量过量。

过充电时，正极上的 $Ni(OH)_2$ 已经全部变成了 NiOOH，继续充电，就会发生电解水的反应，这时 OH^- 失去电子生成 O_2，O_2 扩散到负极，在储氢合金的催化作用下又生成 OH^-。

正极反应：$4OH^- \longrightarrow 2H_2O + O_2 + 4e^-$ (6-8)
负极反应：$2H_2O + O_2 + 4e^- \longrightarrow 4OH^-$ (6-9)

总反应为零。因此过充电时，KOH 浓度和水的总量不会发生变化。

过放电时，正极上的 NiOOH 已经全部转变成 $Ni(OH)_2$，这时 H_2O 便在镍电极上还原生成 H_2，而在负极上会发生 H_2 的电化学氧化又生成 H_2O。

正极反应：$2H_2O + 2e^- \longrightarrow 2OH^- + H_2$ (6-10)
负极反应：$2OH^- + H_2 \longrightarrow 2H_2O + 2e^-$ (6-11)

这时电池总反应的净结果仍为零，但是镍电极出现了反极现象，镍电极电位反而比氢电极电位更负。

在电池反应中，储氢合金担负着储氢和在其表面进行电化学反应的双重任务。在过充和过放过程中，由于储氢合金的催化作用，可以消除产生的 O_2 和 H_2，从而使电池具有耐过充、过放电的能力。但随着充放电循环的进行，储氢合金会逐渐失去催化能力，电池内压会逐渐升高。

MH-Ni 电池的负极容量过量，电池容量由正极限制，负极容量超过正极容量的部分称为充电储备容量。同时，为防止负极过放电时合金发生氧化，负极还需要另外一部分额外容量，称为预充容量（或放电储备容量），如图 6-1 所示。

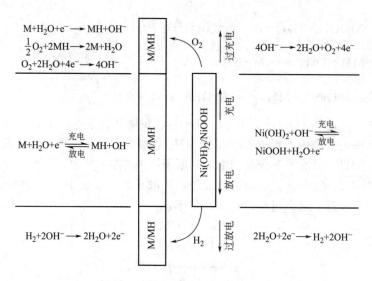

图 6-1　MH-Ni 电池充放电过程中的正负极反应

6.2.3　金属氢化物-镍电池的特点

MH-Ni 电池使用了氧化镍电极为正极，储氢合金电极作为负极，电池具有许多独特的优点。

① 能量密度高，是 Cd-Ni 电池的 1.5～2 倍。

② 电池电压 1.2～1.3V，与 Cd-Ni 电池相当，充放电曲线也相似，与镉镍电池具有互换性。

③ 可大电流快速充放电。

④ 低温性能好。

⑤ 可做成密封电池，耐过充、过放电能力强。

⑥ 环境相容性好，无毒、无环境污染，是绿色环保电池。

⑦ 无记忆效应。

MH-Ni 电池自放电较大，寿命也比镉镍电池稍差，但是也能达到 500 次循环以上。

6.3　储氢合金电极

MH-Ni 电池的负极是以储氢合金为活性物质，它属于金属氢化物。自从 20 世纪 60 年代后期荷兰飞利浦公司和美国布鲁克海文国家实验室分别发现 $LaNi_5$、$TiFe$、Mg_2Ni 等金属间化合物的储氢特性以后，世界各国都在竞相研究开发不同的金属储氢材料。它们在常温常压下能够与氢反应，成为金属氢化物，通过加热或减压可以将储存的氢释放出来，通过冷却或加压又可以再次吸收氢。图 6-2 比较了氢气、液氢、金属氢化物中的氢密度和氢含量。

可以看出，金属氢化物的氢密度比氢气和液态氢还要高，因而可用于储氢，MH-Ni 电池也具有高的能量密度。

6.3.1　储氢合金的性质

在一定的温度和压力下，储氢合金与气态氢可逆反应生成氢化物：

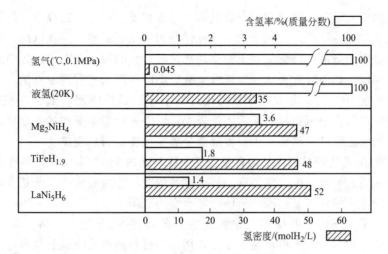

图 6-2　氢气、液氢、金属氢化物的氢密度与含氢率

$$M + \frac{y}{2}H_2 \rightleftharpoons MH_y + Q \qquad (6\text{-}12)$$

储氢合金吸收氢时要放出热量，这个反应可逆性很好，反应速率很快，整个过程可以分为 3 步进行。

（1）在合金吸氢的初始阶段形成含氢固溶体（α 相），合金结构保持不变

$$M + \frac{x}{2}H_2 \longrightarrow MH_x \qquad (6\text{-}13)$$

（2）当氢的吸收达到饱和后，固溶体进一步与氢反应，生成金属氢化物相（β 相）

$$MH_x + \frac{y-x}{2}H_2 \longrightarrow MH_y + Q \qquad (6\text{-}14)$$

（3）进一步增加氢压，合金中的氢含量略有增加。

储氢合金吸收和释放出氢的过程，最方便的表示方法是压力-组成-温度曲线，即 PCT 曲线，如图 6-3 所示。合金吸收的氢原子占据金属晶格中的空隙位置，其密度取决于氢气的压力，根据 Gibbs 相律，温度一定时，反应有一定的平衡压力。

当温度不变时，从 0 点开始，随着氢压的增加，合金吸收氢气，形成固溶体（α 相），随着体系中氢分压的增加，α 相吸收的氢浓度不断提高，氢原子浓度与平衡氢压的平方根成正比：

$$[H]_\alpha \propto p_{H_2}^{\frac{1}{2}}$$

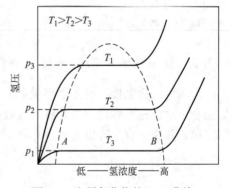

图 6-3　金属氢化物的 PCT 曲线

A 点对应于氢在合金中的极限溶解度。到达 A 点后，α 相再吸收氢气，生成氢化物相，即 β 相。在 AB 段，α 相与 β 相并存，氢的平衡压力不变。AB 段呈平直状，称为平台区，相应的平衡压力称为平台压力，这段氢浓度代表了合金在某一温度下的有效储氢容量。温度对平台压力、组成有较大影响，随着温度的升高，氢的平台压力升高，温度降低时，平台压力降低。因此，温度低有利于吸氢，温度高有利于放氢。

到达 B 点后，α 相全部转化为 β 相，如再提高氢压，氢化物中的氢仅有少量增加。

金属氢化物释放氢原子的过程与吸收氢原子过程相反。在分解过程中，氢的分压是不变的。随着氢原子浓度的降低，氢原子从金属氢化物相转化到 α 相，并在以后分解过程中氢原子浓度随着氢分压的降低而降低。对于一个理想过程，氢的吸收与释放过程中的平台氢分压应是相等的，实际上，不同的金属或储氢合金有着不同程度的滞后现象发生，平台压力段也存在一定的倾斜度，一般认为这与合金氢化过程中金属晶格膨胀引起的晶格间应力有关。$MmNi_5$ 和 $TiFe$ 储氢合金氢化物的滞后程度较大。可以采用添加某些过渡金属元素或添加少量过渡金属产生非化学计量组成来大幅度降低金属氢化物的滞后现象。

PCT 曲线是衡量储氢材料性能的重要特征曲线，通过 PCT 曲线可以知道金属氢化物中含氢量。平台压力、平台宽度、倾斜度、平台起始浓度、滞后效应等，既是常规鉴定储氢合金吸放氢性能的主要指标，又是探索新的储氢合金的依据。

储氢合金的平台压力对其应用是很重要的。在 MH-Ni 电池中，储氢合金平台压力太大，其热力学稳定性越差，释放氢越易发生，用这种材料制作的电池放电容易，但是充电时电池的内压也越高，另外氢分压过大会引起严重的自放电。但是氢分压也不能过低，否则金属氢化物难于放氢，影响电池的高倍率放电性能。热效应对金属氢化物的应用也很重要。一些利用储氢金属或合金吸/放氢时放热与吸热的特点制造的热泵，对金属氢化物的热效应有严格的要求。表 6-2 列出了某些稀土-镍基（AB_5 型合金）储氢合金氢化物的热力学性质。

表 6-2　稀土-镍基（AB_5 型合金）储氢合金氢化物的热力学性质

合金	$T/℃$	平台压力/MPa	$-\Delta H(H_2)/(kJ/mol)$
$LaNi_5$	25	0.19	30.2
$La_{0.8}Nd_{0.2}Ni_5$	25	0.31	30.2
$La_{0.8}Gd_{0.2}Ni_5$	25	0.48	30.2
$LaNi_4Co$	50	0.22	40.3
$LaNi_{4.6}Al_{0.4}$	20	0.016	36.5
$LaNi_{4.6}Sn_{0.4}$	20	0.0076	38.6
$LaNi_{4.6}Si_{0.4}$	30	0.07	35.7
$MmNi_5$	20	1.3	26.5
$MmNi_{4.5}Cr_{0.5}$	20	0.48	25.6
$MmNi_{4.5}Mn_{0.45}Zr_{0.05}$	50	0.4	33.2

6.3.2　储氢合金电极的电化学容量

金属氢化物电极的电化学容量取决于金属氢化物 MH_x 中含氢量 $x(x=H/M$ 原子比)。储氢合金电极充电时，储氢材料每吸收一个氢原子，相当于得到一个电子，因此，根据法拉第定律，其理论容量可以按式(6-15)计算：

$$C = \frac{xF}{3.6M}(mA \cdot h/g) \tag{6-15}$$

式中，F 为法拉第常数；M 为储氢材料的摩尔质量。

对 $LaNi_5$ 储氢合金，最大吸氢量为 $x=6$，即形成 $LaNi_5H_6$。因此可以计算 $LaNi_5$ 储氢合金的理论容量为 $C=372mA \cdot h/g$。

6.3.3　储氢合金的分类

现在已发现具有可逆储氢性能的氢化物有一千余种。但并不是所有的储氢合金都可以作MH-Ni 电池的负极材料，用作电池的储氢合金必须满足以下条件。

① 电化学储氢容量大，且在较宽的温度范围内，电化学容量变化小；平台压力适中（$101.325 \sim 101325 \text{Pa}$），氢化物的生成热 ΔH 小于 $6.226 \times 10^4 \text{J/mol}$。

② 储氢合金对氢的阳极氧化有电催化作用。

③ 在氢的阳极氧化电位范围内，储氢合金有较强的抗氧化的能力。

④ 在碱性电解质溶液中，合金的化学性能稳定性好，耐腐蚀。

⑤ 在反复充放电过程中，储氢材料的结构和性能保持稳定，电极寿命长。

⑥ 储氢合金具有良好的电和热的传导性。

⑦ 原材料来源丰富，价格便宜，无污染。

能够满足上述条件的储氢合金有以 $LaNi_5$ 和 $MmNi_5$ 为主的稀土系和 $TiNi$、Ti_2Ni、$Ti_{1-x}ZrNi_x$ 等钛系，锆系 Laves 相储氢合金电极和非晶态的 Mg-Ni 储氢合金电极正在研究之中。

储氢合金的分类方法主要有下列 2 种。

(1) 按储氢合金组分分类

稀土类：如 $LaNi_5$、$LaNi_{5-x}A_x$（$A = Al$、Mn、Co、Cu 等），$MmNi_5$（Mm 为混合稀土，主要成分是 La、Ce、Pr、Nd 等）等。

钛系类：如 $TiNi$、Ti_2Ni 等。

镁系类：如 Mg_2Ni、Mg_2Cu 等。

锆系类：如 $ZrMn_2$。

稀土类晶体结构为 $CaCu_5$ 型六方晶体，钛、镁、锆系分别为正方晶系、四方晶系和 Laves 相晶体结构。

(2) 按储氢合金中各组分的配比分类

AB_5 型：如 $LaNi_5$、$MmNi_5$ 等。

AB_2 型：如 $ZrMn_2$、$TiMn_2$。

A_2B 型：如 Mg_2Ni、Ti_2Ni 等。

AB 型：如 $TiNi$ 等。

目前已开发的储氢合金有稀土系、锆系、钛系、镁系 4 大系列。但实际用于 MH-Ni 电池的主要有稀土系、钛系 2 大类。

6.3.4　AB_5 型储氢合金

AB_5 型为 $CaCu_5$ 型晶型结构，是一种立方晶格的点阵结构，AB_5 型合金吸氢量大、平台压力适中、滞后小、电极活化快，大电流放电性能好，是目前应用最多的 MH-Ni 电池用储氢合金。典型的储氢合金是 $LaNi_5$。在 20℃ 下，能与 6 个氢原子结合，生成具有立方晶格的 $LaNi_5H_6$。由于 $LaNi_5$ 中的 La 吸氢后发生位置偏移。使晶格的 a 轴产生不同的变化。因此，$LaNi_5H_6$ 为变形的立方晶体结构。

图 6-4 的储氢合金 $LaNi_5$，在 $z=0$ 和 $z=1$ 的面上，各用 4 个 La 原子和 2 个 Ni 原子构成一层，在 $z=1/2$ 的面上由 5 个 Ni 原子构成一层。当吸收氢原子时，2 个 La 和 2 个 Ni 原子形成四面体晶格间位置（T 位置），4 个 Ni 和 2 个 La 形成八面体晶格间位置（O

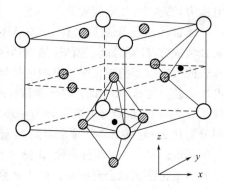

图 6-4　$LaNi_5$ 中氢原子的位置

○—La；◌—Ni；●—H

位置）。因此，吸收氢后，在 $z=0$ 面上，氢占有 3 个位置，在 $z=1/2$ 的面上氢也占 3 个位置，所以当氢原子进入 $LaNi_5$ 的全部晶格间位置后，形成 $LaNi_5H_6$。氢原子的进入使 $LaNi_5$ 晶格膨胀 23%，而在放氢后晶格又收缩。反复地吸放氢，会导致晶格变形，形成微裂纹，甚至微粉化。

虽然 $LaNi_5$ 合金具有很高的电化学储氢容量和良好的吸放氢动力学特性，但是合金储氢后体积膨胀较大，导致合金易于粉化，抗氧化能力也较差，电极循环性能差，不适宜用作 MH-Ni 电池的负极材料。

为了改善合金性能，并且降低合金材料的成本，在 $LaNi_5$ 合金中，La 可以被富镧混合稀土储氢或富铈混合稀土部分取代。一般来说，富镧混合稀土合金放电容量高，但循环性能稍差；富铈混合稀土合金活化性能较差，容量较低，但是循环性能较好。在 La-Ce 二元混合稀土合金中，随着 Ce 含量的增加，平衡氢压升高，导致合金放电容量降低，合金的循环稳定性则明显改善，而且含 Ce 合金的表面会生成一层 CeO_2 的保护膜，使合金耐腐蚀性得到改善。

$LaNi_5$ 合金中，Ni 可以被 Co、Cu、Fe、Mn、Sn、Al、Si、Ti、Cr、Zn 等部分取代。Co 能够降低合金的硬度，增强柔韧性，减小合金氢化后的体积膨胀和提高合金的抗粉化能力，同时还能抑制合金表面 Mn、Al 等元素的溶出，降低合金的腐蚀速率，从而改善合金的循环性能。但是过多的 Co 含量会导致合金成本增加，且使合金放电容量降低。Cu 能降低合金吸氢后的体积膨胀，有利于提高抗粉化能力，但是含 Cu 合金表面存在较厚的 Cu 氧化层，使合金的高倍率放电性能降低。Fe 对 Ni 的部分取代能够降低合金的平衡氢压，但合金容量有所降低。Mn 可以降低合金的平衡氢压，降低合金性能的温度敏感性，减小吸放氢过程的滞后程度，但是含 Mn 合金吸氢后粉化容易，且 Mn 易氧化为 $Mn(OH)_2$ 并溶解在碱液中，造成合金腐蚀，因此过多地 Mn 含量会降低合金的循环稳定性。Al 会降低合金的平衡氢压，减小合金的粉化程度，合金表面的 Al 氧化膜可以防止合金的进一步腐蚀，Al 含量较多时会使合金容量降低。Si 的作用与 Al 相似。Zn 可以使放电电压更稳定，提高合金高倍率放电性能。

6.3.5 AB$_2$ 型储氢合金

AB_2 型储氢合金又称为 Laves 相合金，其结构主要有 $MgZn_2$ 型（立方结构）、$MgCu_2$ 型（六方结构）和 $MgNi_2$ 型（立方结构），前两种结构更适合用作 MH-Ni 电池的负极材料。AB_2 型合金储氢量大，但是 PCT 曲线较为倾斜，合金活化性能不如 AB_5 型合金，大电流放电能力较差，自放电较大。

通常将合金 A 侧只含有 Zr 的 AB_2 型储氢合金成为 Zr 系合金，只含有 Ti 的 AB_2 型储氢合金成为 Ti 系合金。ZrM_2 或 TiM_2（M＝Mn、V、Cr 等）合金中，Zr、Ti 等元素在合金表面形成致密的钝化膜，影响电极导电性，阻碍电极反应，电极初期活化困难，高倍率放电性能差。含有 Mn 和 V 的合金具有较高的放电容量和高倍率放电性能，但是循环稳定性较差。含有 Cr 的合金具有较好的循环稳定性，但是合金较难活化，放电容量也较低。用 Ni 部分取代 ZrM_2 或 TiM_2 合金中的 M 元素，可以调整合金的平衡氢压，但是会使合金的容量有所降低。Mo、Co 部分取代 M 能延长电极循环寿命，但是会降低放电容量，高倍率放电能力和活化性能也受到影响。稀土元素 La 和 Ce 的加入对于活化性能有明显改善，放电容量和高倍率放电性能都有所提高，La 和 Ce 并不溶于 Laves 相中，而是形成 LaNi 和 CeNi。除了合金元素的取代，改变合金 A、B 两侧的化学计量比对于改善合金电极性能也有重要作用。美国 Ovonic 公司研制的 Ti-Zr-V-Cr-Ni 合金电化学容量高于 360mA·h/g，且循环寿命长。

6.3.6　储氢合金的制备

储氢合金的晶粒尺寸与晶界偏析随合金成分、铸造条件以及热处理工艺不同而不同，对电极的粉化、腐蚀、倍率性能、循环稳定性等也有重要影响。合金制造方法有感应熔炼法、电弧熔炼法、机械合金化法、还原扩散法等，制备方法不同，合金的性能也会有很大差异。

真空感应炉有电磁搅拌作用，有利于成分均匀，且合金成分易于控制，操作简单。但是对坩埚要求严格，因为熔体可能与坩埚材料反应，少量坩埚材料会熔入合金中。一般采用致密型 Al_2O_3、MgO 和 ZrO_2 陶瓷坩埚，使用坩埚带入的杂质含量小于 0.08%。将按照配比称量的物料置于坩埚中，在 Ar 气氛保护或真空状态下熔炼成合金。

机械合金化一般是在高能球磨机中进行，通过粉末与磨球、筒壁等的互相碰撞和摩擦，粉末重复地挤压变形，经过断裂、冷焊、再挤压变形成中间复合体，同时不同元素原子相互渗入，达到合金化的目的。球磨容器中通常充满惰性气氛，以防止小颗粒破裂产生的具有高反应活性的表面发生氧化。为了防止金属粉末之间、粉末与磨球及容器壁间的粘连，一般还需加入防粘剂。这种方法不用任何加热手段，只是利用机械能，在远低于材料熔点的温度下，由固相反应制取合金，材料在远离平衡态时合成，因而机械合金法避免了相图的限制。球磨法能够合成热力学可能、而用常规熔融方法难以合成的合金，比如可以制取熔点或密度相差较大的金属的合金，而且可以生成超细的微晶粒，适宜于合成具有短的扩散距离和大的比表面积的粉末电极材料，工艺设备简单。机械合金化制备储氢合金，在 Mg 系材料的应用较多，其性能优于传统方法制备的合金。

还原扩散法是将元素的还原过程与元素间的反应扩散过程结合在同一过程中直接制取金属间化合物的方法，一般采用氧化物与 Ca 或 CaH_2 还原剂反应制得。还原扩散法制得的储氢合金吸氢速率显著提高，有利于合金粉末的活化。

共沉淀还原法是在还原扩散法的基础上发展起来的。通常采用各组分的盐溶液，加入沉淀剂（如 Na_2CO_3）进行共沉淀，灼烧成氧化物后，再利用 Ca 或 CaH_2 还原制成储氢合金。该方法简单，能耗低，制得的合金比表面积大，催化活性强，合金容易活化，可用于储氢材料的再生利用。

MH-Ni 电池负极活性物质用的储氢合金通常要求粉碎到 200 目以下，一般采用机械粉碎法或氢碎法。机械粉碎是将不锈钢球与较大的储氢合金（1～3mm）按照一定的比例加入到不锈钢制的桶中，以一定速率转动，使储氢合金与球相互碰撞、冲击、研磨而达到粉碎的一种方法。氢粉碎法是利用储氢合金吸氢后体积膨胀，放氢后体积收缩，使合金表面产生很多裂纹，促进合金的进一步吸氢、膨胀和破裂，直至氢饱和，一般只要 1～2 次循环，就可以使合金大块粉碎至 200 目以下。可以先将合金放入密封耐压容器内，先抽真空，然后通入 1～2MPa 高纯 H_2，待氢压降为零后，再通入 1～2MPa 高纯 H_2，至氢饱和，再升高温度至 150℃，抽真空 15min 排出合金中氢气，经几次循环就可粉化成粉料，筛分得电池用合金粉。应注意，合金在急速吸氢时温度上升可能较快，应注意均匀散热，防止自燃。

机械粉碎的合金粉颗粒形状不规则，大小不均匀，比容量低，电化学活性差。氢化粉碎的合金粉则容量较高，活化也快，但是需要耐高压设备，氢排不净时合金容易发热，不利于大规模应用。

还可以使用气体雾化法制备合金粉末，通过高压 Ar 气流将合金熔体雾化分散成小小液滴，液滴下落同时凝固成球形粉末。气体雾化法可以获得平均粒径为 $10\sim40\mu m$ 的球形合金粉末，这样的合金粉末在电极中的填充密度高，电极容量提高，并且可以消除合金中稀土及 Mn 等元素成分的偏析，电极循环稳定性提高，但是初期活化较困难。

6.3.7 储氢合金电极的制造

储氢合金电极的性能与电极制造工艺有密切关系。储氢合金电极制造涉及储氢合金、导电集流体、添加剂、黏结剂等组分的最佳组合。目前已在生产上应用的储氢电极制造方法有拉浆法、泡沫电极法和烧结法等几种。

拉浆式储氢合金电极的制造是先将储氢合金粉与导电剂、添加剂、黏结剂等调成浆状，导电剂可以用镍粉或石墨粉，黏结剂常用 PTFF、CMC、PVA、SBR 等，使镍丝网或冲孔镀镍钢带连续通过浆料，控制涂浆的厚度，经过烘干和压薄整型，测量电极厚度符合要求后，就可以切割成所需的电极尺寸，或包装得到成品电极。

泡沫式储氢合金电极的制造是先将储氢合金粉与导电剂、添加剂、黏结剂等混合成浆料，填充在泡沫镍或泡沫铜基体的微孔中，经干燥、压制、冲切后，得到成品电极。目前泡沫式储氢合金电极又发展出一种干粉填充工艺。将储氢合金与添加剂、导电组分等混合均匀，使发泡镍基体连续通过混合物料，同时使用刷粉机将物料直接填充到发泡镍的孔中，然后通过对辊机的挤压将填充了活性物质的发泡镍电极挤压成型，然后在含有黏结剂溶液中少加浸泡，使电极内浸入一定量的黏结剂，再将其烘干得到成品电极。

烧结法制造储氢合金电极是将储氢合金粉与集流体复合并压制成型，在真空中 $800\sim900℃$ 下烧结 1h，冷却过程通入氢气，制成储氢合金电极，也有人在 $300\sim500℃$ 下烧结成电极。这种电极导电性好、内阻小、可大电流放电。

6.3.8 储氢合金电极的性能衰减

储氢合金电极性能在多次循环后会逐渐衰减。一般认为，性能恶化的模式主要有以下几种。

（1）储氢合金的粉化及氧化 储氢材料在经过多次的吸氢、放氢循环后，由于储氢合金的晶格反复膨胀与收缩，引起储氢合金材料破裂成更细的粉末，这种现象被称为储氢合金的粉化。虽然细粉的表面积大，有利于氢的吸收，但细粉颗粒间的接触不良使整个材料粉体的导热性、导电性下降，同时在重复的吸放氢过程中，细粉倾向于自动填实或致密化，从而影响了电极的动力学性能，造成电极性能的下降。

储氢材料的氧化主要发生在稀土类材料上。采用含 La 的稀土储氢材料，易于发生 La 的氧化。采用多元吸氢合金，在充放电过程中，氢的吸收与释放，使储氢材料的晶格反复膨胀与收缩。由于合金中各组成部分的晶格尺寸的不同，导致某些元素在储氢材料表面的富集，即出现合金元素的偏析。不仅所偏析的合金元素易被腐蚀，而且使合金材料失去储氢能力，从而使储氢合金电极的循环寿命下降。合金颗粒由于反复循环而造成的破裂又产生了很多新的表面，这些新鲜表面随后又会发生氧化过程，使得氧化过程向合金颗粒的内部延伸，造成电极性能的进一步衰减。

（2）储氢合金电极的自放电 储氢合金电极自放电有两方面的原因：一方面制作电极的合金选用不当，即使在室温下，氢也会从金属氢化物中释放出来。另一方面是储氢合金中某种金属元素的化学性质在碱液中或氧气氛中不稳定，易被腐蚀。C. Iwakra 把自放电划分为可逆自放电与不可逆自放电 2 种。可逆自放电是由于环境压力低于电极中金属氢化物的平衡氢压，氢气就从电极中脱附出来，逸出的氢还会与正极活性物质 NiOOH 反应，生成 Ni(OH)$_2$，导致容量的下降。可逆自放电可以通过再充电复原。不可逆自放电主要是由于储氢合金的化学或电化学方面的原因引起。自放电程度的高低一般与温度有关。温度升高会加剧自放电速率。一般减少自放电的方法有：吸氢合金材料的表面改性；选择适当合金使氢的平衡压力在较宽的温度范围内低于电池内压；采用非透气性膜阻止氢气与正极活性物质的作用，实用中可采用半透膜或离子交换膜。

6.3.9　储氢合金的表面处理技术

储氢合金的表面特性对电极的活化、在电解液中的腐蚀与氧化、电催化活性、高倍率充放电性能以及循环寿命等有很大影响。通过对储氢合金进行适当的表面处理，可以显著改变合金的表面特性，使合金电极的性能得到改善。通常采用储氢合金表面处理技术，常用的有表面包覆、酸/碱处理、氟化处理和热处理法等。

（1）表面包覆　采用化学镀的方法可以在储氢合金粉表面包覆一层 Cu、Ni、Co、Pd 等金属或合金膜。表面包覆层可以防止合金表面的氧化，增加合金电极的导电、导热性，提高合金表面的催化能力，改善快速充、放电性能，有助于氢原子向合金体相扩散，提高充电效率，降低电池内压，提高电池循环寿命。但是化学镀处理会提高生产成本，且存在废液污染。

（2）酸/碱处理　酸/碱处理是将储氢合金粉末浸泡于酸或碱中，以分别除去表面的氧化物及 Mn、Al 等元素的偏析，使合金表面形成具有较高催化活性的多孔富镍层，提高的合金的导电性能，提高电极的放电容量，改善电极的活化及倍率放电性能。

（3）氟化处理　储氢合金经过 HF 等氟化物溶液处理之后，表面覆盖一层厚度为 1～2μm 的氟化物层（LaF$_3$），在这层下面则是一层电催化活性良好的富 Ni 层。储氢合金经氟化处理后，合金的耐毒化能力提高，容量增大，容易活化，循环寿命延长，温度性能提高。

（4）热处理　多组分合金经熔炼铸锭后，如果冷却速率不够大，会造成某些组分在合金表面的偏析，从而对合金的吸氢性能造成不利影响。为了提高合金的吸放氢性能，往往采用热处理办法，将合金放入真空高温炉中，在真空或氩气气氛下加热至一定温度并保温一定时间，使合金成分相互扩散达到均匀的过程。多数研究认为热处理是改善储氢合金吸放氢性能的有效途径之一。其作用是：①消除合金结构应力；②减少组分偏析，特别是减少 Mn 的偏析，使合金整体组成均一；③降低吸放氢平衡氢压的平台斜率，减少吸氢放氢的压力滞后，同时使平台压力降低；④提高放电容量；⑤提高抗衰减能力，改善循环寿命等。因此多数合金生产中采用热处理工艺。

6.4　MH-Ni 电池的性能

MH-Ni 电池结构与 Cd-Ni 电池结构基本相同。正极为氧化镍电极，负极为储氢合金电极，隔膜一般为无纺布。圆柱形 MH-Ni 电池外壳为镀镍钢筒，电池盖帽上装有安全排气装置。方形 MH-Ni 电池的外壳可以使用镀镍钢壳，也可以使用尼龙塑料壳。MH-Ni 电池的特点是能量密度高，无记忆效应，耐过充过放能力强，无污染，被称为绿色电池。

6.4.1　MH-Ni 电池充放电特性

MH-Ni 电池充电曲线与 Cd-Ni 电池相似，如图 6-5 所示，但充电后期 MH-Ni 电池充电电压比 Cd-Ni 电池略低。充电速率对充电电压有明显的影响，充电速率快，充电电压高。MH-Ni 电池的标称电压是 1.2V，放电曲线与 Cd-Ni 电池相似，但放电容量几乎是 Cd-Ni 电池的 2 倍。电池放电容量和电压与放电倍率有关。一般放电倍率越大，放电电压越低，放电容量也越少，如图 6-6 所示。

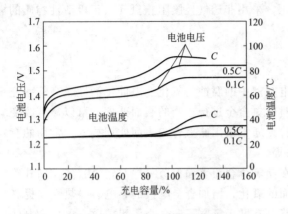

图 6-5　MH-Ni 电池充电曲线

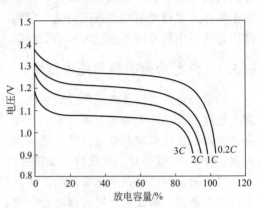

图 6-6　MH-Ni 电池的放电曲线（20℃）

6.4.2　温度特性

图 6-7 和图 6-8 是不同的环境温度下 MH-Ni 电池的充放电性能。在各种环境温度下，当充电容量接近额定容量的 75％时，由于正极电势升高开始析氧，使得电池电压升高，充电容量达额定容量的 100％时，电池电压达最大值。随后，由于电池内部氧的复合放热，电池温度升高，导致电池电压的降低。引起这种现象的原因是 MH-Ni 电池电压有一个负的温度系数。图 6-8 表明，环境温度不同，虽放电倍率相同，但放电容量不同。随着放电倍率提高，温度对放电容量的影响越来越显著，特别是在低温条件下放电时，放电容量下降更明显。

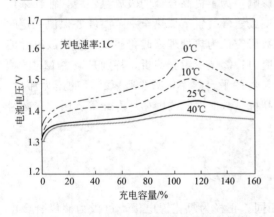

图 6-7　MH-Ni 电池不同温度时的充电曲线

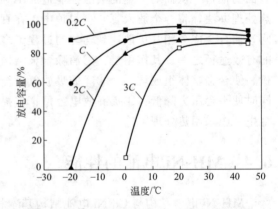

图 6-8　MH-Ni 电池放电容量与温度的关系

6.4.3　内压

MH-Ni 电池设计时，容量由正极控制，负极容量过量，过充电时正极上产生的 O_2 在负极上复合，可以实现电池密封。MH-Ni 电池工作时，储氢合金的平台氢压使得电池内必然存在一定压力，因此 MH-Ni 电池的内压是始终存在的，通常维持在正常水平，但是在过充电或过放电情况下，电池内可能会产生较高压力，带来安全问题。

在充电过程中，正极上产生 O_2 不能及时在负极上复合，负极上产生 H_2 不能及时被合金吸收，都会使内压升高，因此充电电流越大，电池内压越高。充入电量超过额定容量之后，电池内压升高更加迅速，如图 6-9 所示。随电池充放电循环次数增加，储氢合金的性能随之衰减，电池的内压还会逐渐升高。

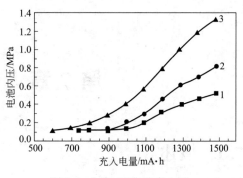

图 6-9　MH-Ni 电池充电过程中的内压变化曲线
1—0.2C；2—0.5C；3—1C

6.4.4　自放电特性

MH-Ni 电池的自放电比较大，20℃ 下，月自放电率达到 $20\% \sim 25\%$。引起电池自放电的因素很多，其中储氢合金的组成、环境温度、电池的组装工艺是主要因素。温度越高，自放电越大。

MH-Ni 电池的自放电主要受控于 MH 电极。储氢合金的析氢平台压力越高，则吸收的氢气越容易从合金中逸出，与 NiOOH 反应，造成电池的自放电。

$$H_2 + 2NiOOH \longrightarrow 2Ni(OH)_2 \tag{6-16}$$

为此，要求储氢合金的析氢平台压力在 $10^{-4} \sim 1MPa$ 之间。这部分自放电引起的容量损失是可逆的，可以通过充电的方式使电池容量恢复。

储氢合金的氧化失效也会导致电池自放电，但是这一部分自放电是不可逆的。

6.4.5　循环寿命

与其他二次电池一样，密封 MH-Ni 电池在经历多次充电-放电循环过程中，容量也是逐渐降低。降低的历程包括下列几个步骤。

① 在电池环境中，由于稀土元素、Mn 元素的热力学不稳定性，容易被氧化，使储氢合金丧失储氢能力。

② 在充电放电循环中，在合金粉末的表面形成的 $In(OH)_3$ 的增加，不利于合金吸收氢气。所以，电池内氢气的分压会在内部气体总压力中逐渐上升。

③ 当电池的内压高于密封的通气孔的固定压力时，就会发生气体的泄漏，导致电解液数量减少，内部阻抗增大，容量降低，电池的循环寿命下降。

第7章 锌氧化银电池

7.1 概述

锌氧化银电池是 20 世纪 40 年代开始广泛应用的一种高比能量、高比功率的化学电源体系，它既可制成原电池和储备电池，也可以设计成二次电池。早在 1800 年，意大利科学家伏特（Volta）的锌-银电堆研究就奠定了锌银电池的雏形。1883 年，出现了第一个完整的碱性锌-银原电池的专利。1899 年，瑞典科学家雍格纳（Jungner）制成了烧结式银电极，并推出了有实用价值的锌银电池。由于锌银电池有比能量高等诸多优点，使人们对其研究和开发一直有较浓厚的兴趣。但是在其后的几十年间，科学家们虽然做了大量的工作，但没有明显的突破，其主要原因是氧化银微溶于碱，并由正极向负极迁移；而且整体锌电极易发生钝化，不能大电流放电。直到 1941 年，法国科学家亨利·安德烈（Henry Andre）采用赛璐玢半透膜作为锌银电池的隔膜，延缓了氧化银的迁移，同时也防止锌枝晶的形成，还采用了多孔锌电极，防止了锌的钝化，使锌银电池具备了大电流放电性能，并促使了锌银电池的迅速发展。

锌氧化银电池以金属锌（Zn）为负极，银的氧化物（AgO 或 Ag_2O）为正极，电解质溶液为 KOH 或 NaOH 的水溶液，其电化学表达式为：

$$(-)Zn\,|\,KOH(或\ NaOH)\,|\,AgO(或\ Ag_2O)(+)$$

锌银电池具有如下优点：①具有较高的质量比能量和体积比能量，质量比能量可达 $100\sim300W\cdot h/kg$，体积比能量可达 $180\sim220W\cdot h/L$，为铅酸蓄电池的 $2\sim4$ 倍；②具有很高的比功率和较好的高速率放电性能；③具有非常平稳的放电电压；④自放电小，具有良好的机械强度。锌银电池的缺点是使用昂贵的银作为电极材料导致其成本高，作为二次电池其充放电次数少，寿命短，另外其高低温性能也不太理想。

锌银电池按工作方式可分为一次电池和二次电池，按结构可分为密封式电池和开口式电池，按储存状态可分为干式荷电态电池和干式放电态电池，按外形可分为矩形电池和纽扣式电池，按激活方式可分为人工激活电池和自动激活电池，按放电倍率可分为高倍率电池、中倍率电池和低倍率电池。其中几种分类方法可以概括如下：

$$
\text{锌-银电池}
\begin{cases}
\text{一次电池}
\begin{cases}
\text{纽扣式电池(非储备式湿荷电态电池)}\\
\text{储备电池}
\begin{cases}
\text{人工激活电池}\\
\text{自动激活电池}
\end{cases}
\end{cases}\\
\text{二次电池}
\begin{cases}
\text{干式荷电态电池}\\
\text{干式放电态电池}
\end{cases}
\end{cases}
$$

锌银电池可以制成各种形式的电池以满足不同用途的需求。一次锌银电池主要制作成 $5\sim250mA\cdot h$ 的纽扣式电池，广泛应用在助听器、石英手表、计算器等小型或微型电子装置中。虽然银的价格较贵，但是由于锌-银比容量高而仍得到广泛应用。二次锌银电池以其高比能量和高比功率著称，同样由于价格问题，主要应用在对电池性能有特殊要求又不计较成本的场合,比如在军事和航空航天等领域作为特殊用途的电源。锌银电池可应用于水下鱼雷发射及水雷、特殊试验艇、深潜救护艇等军事武器和装备,在宇航技术中,可应用于火箭、导弹、人造卫星、宇宙飞船等装置上作为电源,在直升机、喷气飞机上使用锌银电池做启动和应急电源。我国的锌银电池也是在 20 世纪 50 年代末随着导弹和宇航事业的发展而开始研制的,自 60 年代中期已在我国自行设计的导弹中获得应用。二次锌银电池的不足之处是循环寿命低,深充放循环只有 10~200 次。

7.2 锌氧化银电池的工作原理

7.2.1 电极反应

锌银电池正极上进行的电化学反应是氧化银还原为金属银,整个过程分两步进行,电极反应如下:

$$2AgO + H_2O + 2e^- \longrightarrow Ag_2O + 2OH^- \tag{7-1}$$

$$Ag_2O + H_2O + 2e^- \longrightarrow 2Ag + 2OH^- \tag{7-2}$$

锌银电池的锌负极在碱性介质中所进行的反应与电解液的组成和用量有关。当电池体系采用氧化锌所饱和的电解液,且电解液用量很少的情况下,锌电极发生氧化反应时所进行的电化学反应如下:

$$Zn + 2OH^- \longrightarrow Zn(OH)_2 + 2e^- \tag{7-3}$$

或

$$Zn + 2OH^- \longrightarrow ZnO + H_2O + 2e^- \tag{7-4}$$

电池的总反应为上述正负极电化学反应之和,分别将式(7-1)与式(7-3),式(7-1)与式(7-4),式(7-2)与式(7-3),式(7-2)与式(7-4)相加,可得到如下几个电池反应式:

$$Zn + 2AgO + H_2O \longrightarrow Zn(OH)_2 + Ag_2O \tag{7-5}$$

$$Zn + 2AgO \longrightarrow ZnO + Ag_2O \tag{7-6}$$

$$Zn + Ag_2O + H_2O \longrightarrow Zn(OH)_2 + 2Ag \tag{7-7}$$

$$Zn + Ag_2O \longrightarrow ZnO + 2Ag \tag{7-8}$$

以上反应是锌银电池放电时的总反应,二次锌银电池在充电时的反应为上述过程的逆反应。

7.2.2 电极电势与电动势

根据能斯特方程及电池正负极的电极反应可分别写出其电极电势表达式。从锌银电池的电极反应可知,电极电势与碱液中 OH^- 的活度有关。根据能斯特方程,可以写出各个电极反应对应的电极电势。

$$\text{对应式(7-1):} \quad \varphi_{AgO/Ag_2O} = \varphi^{\ominus}_{AgO/Ag_2O} - \frac{RT}{F} \ln a_{OH^-} \tag{7-9}$$

$$\text{对应式(7-2):} \quad \varphi_{Ag_2O/Ag} = \varphi^{\ominus}_{Ag_2O/Ag} - \frac{RT}{F} \ln a_{OH^-} \tag{7-10}$$

$$\text{对应式(7-3):} \quad \varphi_{Zn(OH)_2/Zn} = \varphi^{\ominus}_{Zn(OH)_2/Zn} - \frac{RT}{F} \ln a_{OH^-} \tag{7-11}$$

$$\text{对应式(7-4):} \quad \varphi_{ZnO/Zn} = \varphi^{\ominus}_{ZnO/Zn} - \frac{RT}{F} \ln a_{OH^-} \tag{7-12}$$

从电池总反应式可知,电池电动势仅与标准电极电势有关,而与 OH^- 活度无关。因此，可从标准电极电势直接计算电动势 E：

$$E = \varphi_+ - \varphi_- \qquad (7\text{-}13)$$

锌银电池的电池总反应比较复杂，其电池电动势也较复杂，每一个电池反应都对应于一个电动势。

对于正极，二价银还原为一价银的标准电极电势为：

$$\varphi_{AgO/Ag_2O}^{\ominus} = 0.607V$$

一价银还原为金属银反应的标准电极电势为：

$$\varphi_{Ag_2O/Ag}^{\ominus} = 0.345V$$

对于负极，当产物为 $Zn(OH)_2$ 时，由于 $Zn(OH)_2$ 有不同的结晶变体，它们对应的 $\varphi^{\ominus}$ 也有所不同，其中最稳定的为 $\varepsilon\text{-}Zn(OH)_2$，其标准电极电势为：

$$\varphi_{\varepsilon\text{-}Zn(OH)_2/Zn}^{\ominus} = -1.249V$$

当负极产物为 ZnO 时，其标准电极电势为：

$$\varphi_{ZnO/Zn}^{\ominus} = -1.260V$$

因此，式(7-5) 所对应的电动势为：

$$E = \varphi_{AgO/Ag_2O}^{\ominus} - \varphi_{Zn(OH)_2/Zn}^{\ominus} = 1.856V$$

式(7-6) 所对应的电动势：

$$E = \varphi_{AgO/Ag_2O}^{\ominus} - \varphi_{ZnO/Zn}^{\ominus} = 1.867V$$

式(7-7) 所对应的电动势：

$$E = \varphi_{Ag_2O/Ag}^{\ominus} - \varphi_{Zn(OH)_2/Zn}^{\ominus} = 1.594V$$

式(7-8) 所对应的电动势：

$$E = \varphi_{Ag_2O/Ag}^{\ominus} - \varphi_{ZnO/Zn}^{\ominus} = 1.605V$$

由以上各电池反应的电动势可看出，锌电极反应产物不同时其标准电极电势不同，但是数值相差不大，而氧化银的还原过程分为两步进行，相对应 AgO 还原为 Ag_2O 的电池反应的电动势在 1.86V 附近，相对应 Ag_2O 还原为 Ag 的电池反应的电动势在 1.6V 附近。也就是说，锌银电池在工作时会出现两个电压平台，一个高平台电压和一个低平台电压，这是锌银电池所特有的电压特性。在实际工作时，随放电率等工作条件的不同，电池的两个平台电压分别波动在 1.70V 及 1.50V 左右。在高放电倍率下，电压的高阶部分可以减小或消失。

7.3 氧化银电极

7.3.1 充放电曲线

锌氧化银电池的正极活性物质为银的一价氧化物 Ag_2O 及二价氧化物 AgO（三价银的氧化物 Ag_2O_3 不稳定），这些氧化物的特性决定了氧化银电极的充放电性质。在锌银电池中氧化银电极进行的电极反应为：

$$2AgO + H_2O + 2e^- \underset{充电}{\overset{放电}{\rightleftharpoons}} Ag_2O + 2OH^- \qquad (7\text{-}14)$$

$$Ag_2O + H_2O + 2e^- \underset{充电}{\overset{放电}{\rightleftharpoons}} 2Ag + 2OH^- \qquad (7\text{-}15)$$

充电时，首先是金属 Ag 被氧化为 Ag_2O，Ag_2O 又进一步被氧化为 AgO。放电时，AgO 首先还原为 Ag_2O，之后 Ag_2O 还原为金属 Ag。整个反应是分两步进行的，且不论是充电过程还是放电过程，均有中间产物 Ag_2O 的生成。由于每个反应都对应于一个电极电势，因此反映在氧化银电极充放电曲线上就会出现如图 7-1 所示的两个电位坪阶。这种电位特性是氧化银电极所特有的。

图 7-1 中的 AB 段为充电曲线的第一个电位坪阶，此电极电势区间为 1.60～1.64V，对应于 Ag 被氧化为一价银的氧化物 Ag_2O。开始阶段的反应在 Ag 和电解液界面上进行。随着反应的进行，Ag_2O 的量不断增加，由于 Ag_2O 电阻率大于 Ag 的电阻率（见表 7-1 所列），使得电极的欧姆内阻剧增，又由于银电极逐渐被 Ag_2O 覆盖，反应活性面积减小，从而使得充电的真实电流密度增大，导致极化增大，电极电势正向移动，当反应达 B 位置时，电位急剧增大，到达 AgO 的生成电位，即 C 位置，此时的电位可高达 2.00V。从 C 点之后开始进行 Ag_2O 氧化为 AgO 的反应，由于 AgO 的电阻率小于 Ag_2O，使得电极导电性能有所改善，因此，电位稍有下降至 D 位置。此后的充电阶段对应于充电曲线上的第二个坪阶，此过程发生的还有金属 Ag 直接氧化生成 AgO 的反应，其反应式为：

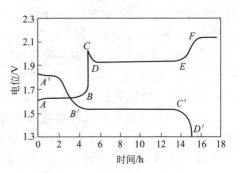

图 7-1 氧化银电极充放电曲线
（电势相对于锌电极）

$ABCDEF$—充电曲线；$A'B'C'D'$—放电曲线

表 7-1 Ag、Ag_2O 和 AgO 的密度和电阻率

物质	Ag	Ag_2O	AgO
电阻率/Ω·m	$1.59×10^{-8}$	$1×10^6$	$(10～15)×10^{-2}$
密度/(g/cm³)	10.9	7.15	7.44

$$Ag+2OH^- \longrightarrow AgO+H_2O+2e^- \tag{7-16}$$

在整个 DE 段进行着 AgO 生成的反应，由于生成的 AgO 导电性较好，DE 段电极电势非常稳定，一般在 1.90～1.95V 之间。随反应的进行，反应物逐渐减少，电极的氧化反应到了一定程度（E 位置）以后，AgO 生成的反应变得越来越难以进行，电位也迅速正移 0.2～0.3V（EF 段），达到氧的析出电位而发生析氧反应，此时充电过程结束。析氧反应式：

$$4OH^- \longrightarrow 2H_2O+O_2\uparrow+4e^- \tag{7-17}$$

充电过程完毕后，电极上有 Ag_2O 和 AgO，还有未被氧化的金属 Ag 存在。整个氧化银电极充电的总容量，相当于 Ag 完全被氧化为 AgO 所需电量的 60%～65%，或相当于金属 Ag 氧化为 Ag_2O 所需电量的 120%～130%。

放电曲线上同样存在两个电位坪阶。第一个坪阶（$A'B'$ 段）对应 AgO 还原为 Ag_2O。当用低电流密度放电时，起始点（A' 点）电极电势约在 1.80V。随着放电过程的进行，由于 Ag_2O 的电阻率大于 AgO 的电阻率，同时由于反应面积不断减少，使阴极电位向负方向移动，当达到 Ag 的生成电位时（B'），开始发生 Ag_2O 还原为 Ag 的反应，同时还有 AgO 直接还原为 Ag 的反应，反应式为：

$$AgO+H_2O+2e^- \longrightarrow Ag+2OH^- \tag{7-18}$$

此时放电曲线进入第二个坪阶，即 $B'C'$ 段，这一过程放电电压十分平稳，一般在 1.55V 左右，这是银电极放电过程的主要阶段，占总容量的 70% 左右。当电极上活性物质基本消耗完毕时，电位急剧下降，如 $C'D'$ 段所示。

从氧化银电极的放电曲线可知，氧化银电极放电时出现两个电压坪阶，相当于锌银电池放电时的"高阶电压段"和"平稳电压段"。

在实际中发现，高阶电压段在高倍率放电时不明显，甚至消失，原因是在大电流密度放电时，极化较大，使电位迅速负移，很快就达到了 Ag 的生成电位。但是在小电流长时间放电时，高电压阶段的存在就成为突出的问题，一般高阶电压段占总放电容量的 15%～30%。对于电压精度要求高的场合（如导弹、卫星用电源等），有时要设法消除掉。消除高阶电压段有以下几种方法。

① 还原方法　用热分解或葡萄糖溶液使电极表面的 AgO 还原为 Ag_2O。

② 预放电方法　使用前用一定的电流放电至平稳电压段。

需要指出的是采用这两种方法容易造成一部分能量的损失。

③ 不对称交流电或脉冲充电（化成）法　此方法可以较好地消除高阶电压段，并提高电池容量。此方法比较复杂，且放电电流密度小于 $5mA/cm^2$ 时仍会出现高阶电压。

④ 加入卤素离子添加剂　在电解液中加入卤素离子，如 Cl^-、Br^- 或 I^-。一般在 40% KOH 溶液中加入 $40g/L$ 的 KCl，可使高阶电压明显消除，并适当增加电池容量。它们抑制高阶电压段的机理目前还有争议。有人认为，在充电时 Cl^- 可被氧化为 ClO_3^-，ClO_3^- 在 AgO 上吸附而使得高阶电压段被消除。也有人认为，Cl^- 在充电后与 AgO 形成高电阻络合物。这也是目前广泛采用的抑制氧化银放电时高阶电压的方法。

在平稳电压段，从放电曲线可以看出，氧化银电极的放电电压十分稳定。这主要是因为放电产物 Ag 的电阻率比它的氧化物的电阻率小得多，因此随着 Ag 的生成，电极的导电性能大大改善，欧姆极化减小。另外，银的密度比它的氧化物大，故当氧化物还原为 Ag 时，活性物质体积变小，电极的孔率升高，从而改善了多孔电极的性能，不仅可以得到较平稳的放电电压，也使得活性物质利用率有所提高。

从充放电曲线上可看出，虽然充电时高坪阶段对应的是 AgO 的生成，放电时高坪阶段对应的是 AgO 的还原，但充电曲线上的高坪阶段的长度明显大于放电曲线上的高坪阶段的长度。这主要是由于以下几点原因。

① 放电时高坪阶段所进行的是 AgO 还原为 Ag_2O 的反应，而充电时所进行的不仅有上述反应的逆反应，而且还有 Ag 直接氧化为 AgO 的反应。因此，放电时每个银原子给出的电量比充电时每个银原子消耗的电量要少。

② 放电时此阶段的放电产物是 Ag_2O，而 Ag_2O 的电阻率较大，由于 Ag_2O 的生成，继续反应的阻力变大。因此，参加反应的 AgO 的量比实际含量要少。

③ 电池在充电状态搁置时，会发生活性物质消耗，反应式为：

$$Ag + AgO \longrightarrow Ag_2O \tag{7-19}$$

$$2AgO \longrightarrow Ag_2O + \frac{1}{2}O_2 \tag{7-20}$$

另外，氧化银电极可进行大电流放电，但是充电时必须使用小倍率，这主要是因为在 Ag 氧化生成 Ag_2O 的充电阶段，由于 Ag_2O 的电阻率大，而且密度比 Ag 小得多，因此表面生成一层绝缘的致密钝化膜，对 Ag^+ 或 O^{2-} 的透过有很大阻力，为使充电完全，必须采用低充电倍率。当放电时，AgO 还原生成 Ag_2O，由于 AgO 与 Ag_2O 的密度相差不大，所以虽然 Ag_2O 的电阻率较大，但其表面不致生成致密的钝化膜，故电极可以大电流放电。

7.3.2　氧化银电极的自放电

氧化银电极在荷电状态湿储存时，由于 Ag_2O 的化学溶解及 AgO 的分解会发生自放电现象而丧失部分容量。

Ag_2O 在碱液中以络离子 $Ag(OH)_2^-$ 的形式存在，且其溶解度随 KOH 溶液的浓度改变而变化，如图 7-2 所示。可以看出，在 6mol/L 的 KOH 溶液中，Ag_2O 的溶解度达到最大值，约为 $2.4×10^{-4}$ mol/L。

AgO 在碱溶液中的溶解度与 Ag_2O 类似，这可能与 AgO 在碱溶液中分解为 Ag_2O 的因素有关，溶液中没有发现 Ag^{2+} 存在。充电时，发现溶液中还有黄色的 $Ag(OH)_4^-$ 存在，其溶解度远大于 Ag_2O。如在 12mol/L 的 KOH 溶液中，$Ag(OH)_4^-$ 的溶解度达到 $3.2×10^{-3}$ mol/L，而 Ag_2O 的溶解度仅为 $2×10^{-4}$ mol/L。

如果仅以溶解度来说，即使以 $Ag(OH)_4^-$ 的溶解度达到 $3.2×10^{-3}$ mol/L 计算，也仅相当于 Ag 含量为 0.35g/L，这对与氧化银电极的容量损失是很小的。主要问题是溶解在电解液中的这种胶体银会向负极迁移，并在隔膜上沉积为细小的黑色金属银颗粒，随着充放电循环的进行和使用时间的延长，隔膜自正极到负极逐层被氧化破坏，最终导致电池短路而失效。这也是危害锌银电池寿命的重要因素。这种破坏作用随着胶体银浓度的升高而加速，因此锌-银二次电池最好在低温下以放电态搁置。

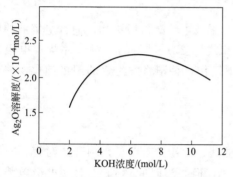
图 7-2　Ag_2O 在 KOH 溶液中的溶解度

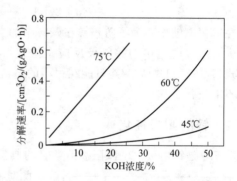
图 7-3　AgO 在 KOH 溶液中的分解速率

Ag_2O 在干燥和室温下是稳定的，25℃时的氧平衡压力仅为 34.66Pa，180℃时才达到 101.325kPa。Ag_2O 虽然在室温下是稳定的，但是它很容易受热分解，温度升高，分解速率增大。AgO 的分解有两种形式，包括固相反应及液相过程。

固相反应：

$$Ag + AgO \longrightarrow Ag_2O \tag{7-21}$$

液相过程：

$$2AgO \longrightarrow Ag_2O + \frac{1}{2}O_2 \tag{7-22}$$

有学者认为液相反应是由一对共轭反应所组成：

$$2AgO + H_2O + 2e^- \longrightarrow Ag_2O + 2OH^- \tag{7-23}$$

$$2OH^- \longrightarrow H_2O + \frac{1}{2}O_2 \uparrow + 2e^- \tag{7-24}$$

由于 O_2 在 AgO 上析出的过电势很高，AgO 分解的速率受析出氧气这一步骤控制，在室温下这种自放电反应速率很小。

AgO 在 KOH 中的分解速率如图 7-3 所示，其分解速率随温度的升高及 KOH 溶液浓度的增大而增大。在室温下，AgO 在 KOH 溶液中的分解速率很缓慢，如在 40% 的 KOH 中，25℃下 AgO 完全分解大约需要 41 年。

总之，在锌银电池中，氧化银电极的自放电与锌负极相比是很小的。但由于 $Ag(OH)_2^-$ 和 $Ag(OH)_4^-$ 的迁移及强氧化作用，对于锌银电池的寿命有较大的影响，因此在电池设计

（如正负极片设计和隔膜选择等）方面应予以足够的重视。

7.4 锌负极

金属锌由于电极电势比较负、电化当量较小及电极过程可逆等优点而被广泛用作一次或二次电池的负极活性物质。锌在碱性溶液中的交换电流密度很大，i^0 大约为 $200mA/cm^2$，电极过程的可逆性较好，且极化小，具有很好的放电性能。放电电流密度大时，片状锌电极由于在碱性溶液中很容易钝化，使得电池不能正常工作，因此一般使用多孔电极。

前面已经指出，锌在碱性溶液中的反应产物与电解液的组成和用量有关，在浓碱电解液中，锌电极的反应生成可溶性锌酸盐，反应式为：

$$Zn + 4OH^- \longrightarrow Zn(OH)_4^{2-} + 2e^- \tag{7-25}$$

在碱液被锌酸盐所饱和以及 OH^- 浓度较低时，锌电极的反应按式(7-26)或式(7-27)进行：

$$Zn + 2OH^- \longrightarrow Zn(OH)_2 + 2e^- \tag{7-26}$$

$$Zn + 2OH^- \longrightarrow ZnO + H_2O + 2e^- \tag{7-27}$$

在锌银电池中，为了防止锌在碱液中的自放电，碱液为锌酸盐所饱和，而且电解液的用量较少，所以电池中的锌电极反应是按式(7-26)和式(7-27)进行的。对于片状锌电极来讲，式(7-26)和式(7-27)只能在很小的电流密度下工作，否则将发生锌的阳极钝化，使得电池不能正常工作。

7.4.1 锌的阳极钝化

图 7-4 是锌电极恒电流阳极溶解时的典型钝化曲线。由图 7-4 可见，刚开始时锌正常溶解，此时极化很小，但是当时间达到 t_p 时，电极电势迅速升高，此时锌的阳极溶解过程受到很大的阻滞，导致电池无法继续工作。这种阳极溶解反应受到很大阻滞的现象，称为阳极钝化。影响锌电极阳极钝化的因素很多，其中主要为锌电极的工作电流密度及电极溶液界面上物质的传递速率。

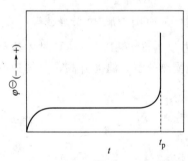

图 7-4 锌电极恒电流阳极溶解的典型电位-时间曲线

根据金属的钝化理论可知，当金属发生阳极极化时存在一个临界电流密度 i_1，当阳极工作电流密度小于 i_1 时，不论阳极极化时间多长，锌电极都不会发生钝化；当工作电流密度大于 i_1 时，将会发生钝化现象。通过实验研究发现，锌电极达到钝化所需的时间与工作电流密度间存在下列关系：

$$(i - i_1)t_p^{\frac{1}{2}} = K \tag{7-28}$$

式中，K 为与实验条件相关的常数；t_p 为钝化时间；i_1 是临界电流密度。

通过上式可看出，锌电极临界电流密度越小，达到钝化所需的时间也越短。

通过将锌电极放置在电解池的不同位置，可以看到物质传递条件对钝化的影响。将锌电极水平放置在电解池底部，由于锌酸盐的相对密度比碱溶液大，容易积累于电极表面，这时电极表面溶液中的物质传递主要靠扩散。实验测得，此时临界电流密度最小，锌电极最易钝化。若将锌电极水平放置在电解池顶部，这时物质传递除扩散外，由于重力的作用，锌酸盐会离开电极表面向下形成对流，这就加速了物质的传递过程，此时测得的临界电流密度最

大，锌也最不易钝化。如果将锌电极垂直安放，则结果处于上述两者之间。另外，由于
$Zn(OH)_4^{2-}$ 比 OH^- 的扩散系数小一个数量级，扩散过程也主要受 $Zn(OH)_4^{2-}$ 的扩散控制。

通过对锌电极钝化时其电极表面附近的电解液组成的研究，发现电极表面附近电解液组
成几乎均满足下述关系式：

$$\frac{c_{Zn(OH)_4^{2-}}}{c_{OH^-}} = 0.16 \tag{7-29}$$

此比值比 ZnO 在 KOH 溶液中的溶解度大得多，这说明在钝化时，锌电极表面溶液中
的锌酸盐是过饱和的。

通过上述结果可知，凡是促使电极表面电解液中锌酸盐含量过饱和及 OH^- 浓度降低的
因素都将加速锌电极的钝化。增加电流密度，实际上加速了锌酸盐的产生和 OH^- 的减少，
也就是导致了电极表面附近的锌酸盐积累和 OH^- 的缺乏，锌电极易于钝化。如果降低物质
传递速度，实际上也是使得电极表面附近的锌酸盐不能及时离开而造成锌酸盐积累。电流密
度与物质传递的影响其实质是一样的。

图 7-5 是锌电极在 6mol/L 的 KOH 溶液中，在不同的条件下的恒电位阳极极化曲线。
在曲线的 AB 段，锌电极处于活化状态，阳极溶解过程极化很小，过电势与电流密度关系服
从塔费尔公式，到达 B 点以后，电极开始钝化，随着电极电势向正方向移动，电流密度迅
速下降，到达 C 点，电极已经完全钝化，在 CD 段，锌电极处于比较稳定的钝化状态，这
时电流密度很小，而且与电位无关，当电极电势极化到 D 点以后，由于到达 OH^- 放电的电
位，电极表面开始进行新的反应，即 O_2 的析出。

从图 7-5 可以看到，当电解液被 ZnO 饱和及
不搅拌电解液的情况下，锌电极加速钝化。对应
于一定的实验条件，锌电极具有一个临界电流密
度，超过此电流密度值，锌电极就开始进入钝态，
这与上面得到的结果是一致的。

由以上分析可知，电极表面附近溶液中锌酸
盐的饱和及 OH^- 浓度的降低是导致锌电极钝化的
关键，而前者的直接结果是生成固态电极反应产
物 ZnO 或 $Zn(OH)_2$。

目前通过对室温下浓碱溶液中锌阳极钝化原
因的研究表明，疏松的、黏附在电极表面的 ZnO
或 $Zn(OH)_2$ 不是锌电极钝化的原因，锌电极表面
紧密的 ZnO 吸附层才会促使锌电极钝化。一般认
为，在锌电极发生阳极溶解时，首先生成锌酸盐。
随着它的浓度增加达到饱和，开始在锌电极表面
生成 ZnO 和 $Zn(OH)_2$，但它们是漂浮地、疏松地

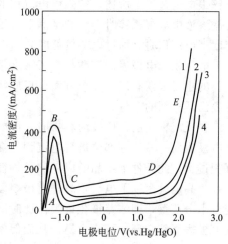

图 7-5 锌在 6mol/L KOH 中的阳极极化曲线
1—6mol/L KOH，搅拌；2—6mol/L KOH，
不搅拌；3—6mol/L KOH，饱和 ZnO，搅拌；
4—6mol/L KOH，饱和 ZnO，不搅拌

黏附在电极表面上，这种成相膜不影响锌的正常溶解，不是导致钝化的直接原因。但是它们
减少了电极的有效面积，增大了真实电流密度，从而增大了极化，使得电极电势正移，当电
位正移到吸附 ZnO 的生成电位时，锌电极表面就会生成紧密的 ZnO 吸附层，使锌的阳极溶
解受阻而导致钝化。

为了防止钝化的产生，就必须降低真实电流密度，加速物质传递速度。而在电池中，改
变物质传递条件是难以实现的。因此，改变电极结构，降低锌电极表面的真实电流密度，就

成为了防止钝化产生的主要措施。多孔锌电极应用使得电极上的真实电流密度就大大减小，电化学极化也会明显减小，也明显减小了电极钝化的可能性。

多孔电极的出现，为解决锌电极的钝化做出了很大的贡献，使得电池的比功率、比能量大大提高。多孔锌电极不仅在锌银电池而且在锌-空气电池等电池系列中也起到了很大的作用。但电池设计时也应注意，一方面要提高孔率、孔径以增大比表面，又要考虑到其孔径、孔率的增大会使电极的机械强度降低，且比表面的增大与其效果并不成正比。

7.4.2　锌的阴极沉积过程

在一次和二次锌银电池中，都会遇到电沉积锌的阴极过程。在二次锌银电池的充电过程中，当负极表面的氧化锌全部被还原以后，溶液中的锌酸盐离子开始在锌电极表面放电析出金属锌，这时容易形成锌枝晶。枝晶与电极基体结合不牢，容易脱落，从而降低电池容量。锌枝晶还会引起电池内部短路，大大缩短电池循环寿命。因而锌-银蓄电池充电时，常常采取各种措施以避免锌枝晶的生成。

一次锌银电池没有循环寿命的问题，但要求锌负极能在大电流密度下工作，这就要求电极应具有高的孔隙率和一定的机械强度。用电沉积方法制备的树枝状锌粉压制成的锌电极可以很好满足这些要求，因为树枝状锌粉具有很大的比表面，并且树枝状结晶相互交叉重叠，在较小压力下就可加压成型，接触良好，孔率可高达 $70\%\sim80\%$，而且电极还具有足够的强度和良好的导电性能。

掌握锌阴极电沉积的规律，以适应一次和二次锌银电池的不同要求，是很有必要的。对于锌银电池，如上所述，锌阴极电沉积的重要问题是锌的结晶形态。实验表明，当从碱性锌酸盐溶液中电沉积锌时，锌的结晶形态受过电势的影响很大，如果在浓的锌酸盐溶液、低电密度下电沉积时（即过电势较低时），容易得到苔藓状或卵石状的锌结晶，而在高电流密度下电沉积，电极表面锌酸盐离子浓度非常贫乏的情况下，容易得到锌枝晶。影响电沉积枝晶成长的主要因素有以下几个方面：反应物的物质传递条件、电极过程的电化学极化以及溶液中表面活性剂的含量。

在反应物质的传质较为容易时，即电化学极化足够高，浓差极化可以忽略条件下，不仅在电极表面一些活性部位进行电沉积，在比较完整的结晶晶核，进行电沉积过程。此条件下结晶的成长比较均衡，不容易得到树枝状结晶。但是，当反应物传质较困难，高电流密度下电沉积时，电极表面附近溶液中反应物非常贫乏，这时物质传递的影响变得十分严重，即浓差极化很大。此时溶液中反应离子扩散到电极表面的突出处，要比扩散到电极表面其它部位更为容易，从而促使形成树枝状结晶。另外，当溶液中含有某些表面活性剂或抑制剂时，它们会吸附或成长在结晶表面的活性部位，阻滞枝晶成长。如在碱性锌酸盐溶液中含有少量铅离子时，铅将和锌共沉积，改变锌的晶形，抑制枝晶的成长。

以上分析可知，通过改变电流密度、溶液组成、温度等因素，控制电沉积过程的结晶条件，从而得到符合要求的锌结晶体。

7.5　锌氧化银电池的电化学性能

7.5.1　放电特性

锌银电池的显著特点是放电电压平稳。由图 7-6 不同倍率下的放电曲线可以看出，放电

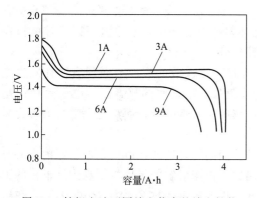

图 7-6 锌银电池不同放电倍率的放电性能

（电池容量 3A·h，环境温度 30℃）

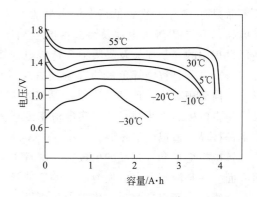

图 7-7 锌银电池不同温度的放电性能

（放电倍率 2C）

倍率对其放电平稳性影响不大，在大电流放电时，仍能输出大部分能量，且工作电压也无明显变化。另外，在高倍率放电时电压的高坪阶段基本消失。

温度对锌银电池的放电特性有很大影响，由图 7-7 可以看出，随温度降低，电池内阻增加，放电电压降低，同时放电时间缩短。在低温下放电时，高坪阶电压段不明显，甚至消失。在低温下以中高倍率放电时，因为要克服电池内阻而消耗能量，使得电池开始时，工作电压较低，随放电的进行，电池内部发热，工作电压又逐渐升高，趋于正常。放电温度过高，则电池寿命缩短，甚至不能正常工作。

锌-银蓄电池的理论比容量大。正负极活性物质利用率也较高，在 5～10 小时率下放电，它的正极活性物质利用率达 70%～75%，负极活性物质利用率达 80%～85%，这是因为正极极化很小，且放电过程中生成了导电性良好的 Ag，以及负极则采用了粉状多孔锌电极不易钝化的结果。而且锌银电池电解液用量少，导电骨架与外壳等零件的质量在整个电池中所占的比例较少，电池装配紧凑，体积小，重量轻，它的比能量比较高。这样，对于某些要求电池体积小，质量轻的特殊场合锌银电池具有十分重要的意义。锌银电池也具有较高的比功率，它可以在大电流放电时仍然具有较大的比能量。另外，由于锌银电池的充电效率高，电池内阻小，工作电压较高，活性物质利用率高，因而相对于其他传统的二次电池体系它具有较大的输出效率，具体比较见表 7-2 所列。

表 7-2　几种蓄电池的开路电压、工作电压以及容量和能量输出效率

电池种类	开路电压/V	平均工作电压/V	容量效率/%	能量效率/%
镉镍电池	1.44	1.20～1.25	75～88	55～65
铁镍电池	1.48	1.25～1.30	70～80	50～60
铅酸电池	2.0～2.1	1.95～2.05	80～90	65～75
锌银电池	1.85	1.50	95 以上	80～85

锌银电池正极和负极上都会发生自放电。锌电极上的自放电速率明显高于氧化银电极，由于电池结构和制造技术的不同，自放电速率也不一样。一次纽扣式电池常温下存放一年时间容量仍应保持锌电池容量的 90%，二次电池在 20℃储存 3 个月容量下降大约 15%。与锌电极相比，氧化银电极的自放电速率在常温下非常缓慢，但是它的溶解产物对隔膜的寿命影响较大，所以在延长电池寿命方面，应采取相应的措施。

7.5.2　锌银电池的循环寿命

锌银电池的循环寿命很短，在深放电循环时（80%～100%放电），高倍率锌银电池的循

环寿命只有 10～50 次，低倍率锌银电池可达到 100～150 次。浅放电时，循环寿命都相应有所提高，但与镉-镍蓄电池及铅酸蓄电池相比，循环寿命要低得多，其主要原因是锌电极在循环过程中的容量损失及隔膜损坏造成电池短路而失效。

（1）循环过程中锌负极的容量损失　锌电极经过一定次数的充放电循环后往往发生变形，几何面积减小，顶部及边缘的活性物质减少或消失，电极底部却增厚。电极变形的结果，使得电极表面积减小，真实电流密度增大，不仅电极容量降低，而且过电势增大，容易产生锌枝晶，造成电池短路。

锌电极变形和锌枝晶的生成是二次锌电池中的普遍问题，造成锌电极变形的原因主要有两方面：一是溶解在电解质溶液中的氧使锌发生腐蚀。由于溶解的氧比较容易到达电极的顶部与边缘处，所以这些地方优先发生腐蚀；二是锌电极的放电产物 ZnO 或 $Zn(OH)_2$，在碱液中有一定的溶解度，因而可以在溶液中迁移。充电时，锌不能在原来溶解的地方沉积。由于锌酸盐的相对密度较大，容易沉积在电池的底部，造成电池的上下部锌酸盐浓度不同，因而锌电极的上下两部分形成被锌电极短路的浓差电池，使得锌在电极顶部溶解，在底部沉积。同时由于锌酸盐在底部的积累，使得放电时，锌上部易于溶解；而充电时，下部则易于沉积。一般随着电池充放电电流和放电深度的增大以及当电解液中 ZnO 溶解量比较少时，锌电极的变形更加严重。

为了防止锌电极的变形，采用紧装配结构、尽可能减小电解液用量、电解液用 ZnO 饱和，以减少锌电极的反应产物在电解液中的溶解量。紧装配还可以减小电池体积和重量，增强极板机械强度。但是由于电解液用量减少，会使锌电极提前钝化，降低电池容量，必须在电池设计时在电极结构上加以考虑。还可以使锌电极尺寸略大于正极，或使锌电极容易发生腐蚀的顶部或边缘加厚，以防止锌电极变形。另外，还有其他因素会造成锌电极容量降低。锌电极表面细小的锌粉在放电时优先溶解，留下颗粒较大的锌粉，充电时就成为锌沉积的晶核。随着充放电循环进行，小颗粒的锌粉逐渐团聚为大颗粒，使锌电极表面逐渐聚结，比表面积减小，而使容量逐渐降低。锌粉与电极骨架结合不牢，造成活性物质脱落，也是造成电极容量降低的原因之一。

高放电率的锌-银蓄电池其容量下降很快。高放电率的情况下，电池内部温度较高，使锌在 KOH 溶液中的腐蚀速率加快，负极活性物质减少，电解液中锌酸盐浓度加大。放电结束后，电池内部温度降低时，锌电极表面沉积出 $Zn(OH)_2$ 或 ZnO，使电极真实表面积减小，导致电池的容量下降。

在锌电极活性物质中加入少量聚四氟乙烯（PTFE）作黏结剂，对保持电极容量有较好效果。PTFE 可以形成惰性骨架，有效地防止了充放电循环时活性物质的脱落和迁移。某些添加剂也可以延长锌电极的循环寿命，如采用非离子型的表面活性剂（Emul-phogene E-610）在 KOH 溶液中强烈吸附于锌电极表面，防止了锌结晶团聚结块，并使充电时锌结晶均匀分布。也可以采用脉冲直流电充电或叠加交流电等方法，抑制枝晶的生长，但是需要复杂的充电设备和充电条件，使实际应用受到限制。

（2）隔膜因素对容量的影响　电池的隔膜通常应该具有较好的机械强度、离子导电性和耐腐蚀性能。根据锌银蓄电池的工作原理、装配工艺以及电极的特性，理想的锌银电池隔膜还应满足下列条件：隔膜应在 $-50～80℃$ 的温度范围内耐强碱溶液的腐蚀；隔膜对强氧化性的氧化银、氧气和 $Ag(OH)_2^-$ 等要稳定；具有良好的电解液吸收和保持能力，锌银电池结构一般为紧装配，电解液量较少，所以要求隔膜能吸收和保持一定的电解液，以供电极反应需要，而且由于锌银电池大多数用于飞机、导弹、卫星等特殊场合，要求当处于超重或是失重状态的时候，仍能保持足够电解液，确保电池正常工作；隔膜在电解液中有一定的弹性和膨胀度，以实现电池紧装配，防止负极活性物质的脱落；能阻止银和氧化银向负极迁移；具有一定的湿强度，能够阻止锌枝晶穿透而引起的短路；锌银电池的特点是高速率放电，要求隔膜具有较高的电导率。

实际的锌银电池常常由于隔膜损坏，导致电极短路而失效。因此，常采用复合隔膜的组合形式，一般在银正极片上包一层辅助膜，采用惰性的尼龙布、尼龙纸、尼龙毡和石棉膜作为隔膜。这种多孔隔膜吸收电解液性能好。辅助膜将正极与主膜分开，以防止主膜氧化。目前广泛应用的主膜是水化纤维素隔膜，它对电解液中 $Ag(OH)_2$ 或 Ag 的胶体颗粒的通过阻力较大，且具有较高的离子电导率，可以较好地抑制锌枝晶的生长。它损坏的原因主要有两个：被氧化或被枝晶穿透。

① 隔膜氧化　氧化银在 KOH 溶液中有一定的溶解度，尤其在充电时，生成的溶解产物 $Ag(OH)_2^-$、$Ag(OH)_4^-$ 具有很强的氧化性，它们从正极区向负极区迁移。经过隔膜时，使水化纤维素遭受强烈的氧化，发生解聚损坏。$Ag(OH)_2^-$、$Ag(OH)_4^-$ 被还原为 Ag 会沉积在隔膜中，当金属银在隔膜中的沉积达到一定量之后，就会使电池正负极短路而失效。在高温下，隔膜的破坏更加严重，因而在高功率下工作和经常处于充电状态储存的锌银蓄电池，常由于隔膜损害而终止寿命。

② 锌枝晶穿透　锌-银蓄电池在充电末期及过充电时，锌电极上的 ZnO 已经完全被还原，溶液中的锌酸盐开始还原沉积出 Zn，由于存在较大的浓差极化，这时锌电极易生成锌的枝晶，枝晶甚至可以在隔膜微孔中生长，并且最终穿透隔膜。而且隔膜在使用中由于碱溶液和银离子的化学作用，其结构也在逐渐破坏，失去原有的强度和致密性，抗枝晶穿透的能力逐渐降低。随着锌枝晶的增长，最后会穿透隔膜，导致电池短路。另外，水化纤维素隔膜虽然具有一定的耐碱性，但由于长期在锌银电池的 KOH 电解液中，受到氧化剂的不断作用，其耐碱性逐渐下降，最后也会导致解聚而损坏。

在高放电率的电池中，隔膜经常处于高温条件下，则引的氧化物的腐蚀作用就成为隔膜损坏的主要原因。另外，如果电池经常过充电，则锌枝晶的穿透就成为隔膜损坏的主要原因。为延长隔膜寿命，首先应该合理使用和维护电池，比如充电电压不要超过 2.05V，避免过充电，长期搁置时应以放电态储存。

7.6　锌银电池结构与制造工艺

锌银电池由于用途的不同，其结构及制造工艺也有所不同。根据形状的不同，锌银电池有圆柱形、纽扣形和方形 3 种形式，蓄电池最普遍的是方形，一次民用电池常为纽扣式。下面简要介绍几种目前应用较广泛的锌银电池的制造方法。

7.6.1　电极制备

(1) 锌负极的制造　锌电极最常用的制造方法为压成式、涂膏式及电沉积式 3 种。

① 涂膏式锌电极　将氧化锌粉、锌粉及添加剂按比例均匀混合，再加入适量黏结剂，调成膏状，涂于银网骨架上，模压成型。加入锌粉是为了提高其导电能力，充电时使氧化锌易于转化为具有电化学活性的锌。一般采用氧化汞为添加剂，以减小锌电极的自放电，由于汞对环境和人身的危害性，目前在研究替代汞的措施。涂膏式锌电极制备的具体工艺如下。

以氧化锌 65%～75%、锌粉 35%～25% 及氧化汞 1%～4% 的配比均匀混合，然后加入一定量的聚乙烯醇水溶液，调成膏状。在铺有棉纸的模具内，以银网为骨架，根据电极容量和活性物质利用率，称取一定量的锌膏进行涂片。将锌电极用耐碱棉纸包好，然后将包有棉纸的电极在室温下晾干或在 $40 \sim 50℃$ 条件下干燥，再将极板放入模具内，在 $40 \sim 100MPa$ 下加压，之后在 $50 \sim 60℃$ 下烘干。这种极板可直接用于干式放电态锌银电池作为负极板。若用于一次电池或荷电态电池，则需进行化成。化成是在 5% 的 KOH 溶液中进行，采用镍或不锈钢作为辅助电极，电极在电解液中浸泡一定时间后，以 $i = 15mA/cm^2$ 的电流密度充电，充电时间以全部氧化锌还原为金属锌计算。化成后，经洗涤至中性，快速干燥后，在真空干燥箱中储存备用。

② 压成式锌电极　将电解锌粉与 $1\% \sim 2\%$ 的氧化汞及 1% 的聚乙烯醇粉混合均匀，在模具内放入耐碱棉纸及导电网，然后将一定量混合锌粉放入模具，在 $40 \sim 50MPa$ 的压力下压制成型。也可以将锌粉在模具内以银网为骨架，在 $10 \sim 15MPa$ 压力下压制成型后，再在高温炉中进行烧结，烧结温度和升温速率会影响极片的质量。

压成式锌电极电化学活性较好，工艺简单，不需化成，适用于高速率放电的一次电池。涂膏式锌电极的活性物质循环性能好，往往用于二次电池。

③ 电沉积式锌电极　电沉积式锌电极是在电解槽中，将锌沉积到金属骨架上，然后将得到的极板经干燥、辊压后，达到所要求的厚度和密度。

对于纽扣式锌银电池的锌负极，可以采用锌粉式负极，即将汞齐化锌粉加入溶有胶凝剂的碱液中，经混合、干燥和过筛后按一定量加入电池壳中，滴加电解液后进行电池装配。也可以采用压片式及膏式锌电极。

（2）银电极的制造　银电极的制备方法有烧结式、涂膏式、压成式以及烧结树脂黏结式等几种方法。下面主要介绍烧结式和压成式银电极。

① 烧结式银电极　首先介绍银粉的制备：将 35% AgNO$_3$ 溶液缓慢地滴入密度为 $1.3g/mL$ 的 KOH 溶液中，生成 Ag$_2$O 沉淀。KOH 溶液中含有 0.2% KCl，KCl 可防止形成胶体溶液，便于沉淀和过滤。另外，Ag$_2$O 沉淀的同时可以生成少量 AgCl，以消除或缩短放电时的高坪阶电位段。Ag$_2$O 沉淀经过滤并洗涤到无 NO$_3^-$ 和 OH$^-$，经 $80℃$ 下烘干和 40 目研磨过筛。为了使热还原过程反应迅速和防止银粉结块，应在每 $100g$ 的 Ag$_2$O 粉中加入 $5 \sim 10mL$ 密度为 $1.1g/mL$ 的 KOH 溶液，搅拌均匀后过筛，然后平铺在银盘中，在 $450 \sim 480℃$ 的高温炉中加热 $15 \sim 25min$，使之还原为金属银，取出冷却后再将银粉研细过 40 目筛，并储存于棕色瓶中备用。

按设计要求，取一定量的活性银粉，铺于模具内，并放入银网骨架，在 $40 \sim 60MPa$ 的压力下压制成型，然后在 $400 \sim 500℃$ 的高温炉中烧结 $15 \sim 20min$，取出冷却后，即可用于装配电池。

如用于一次电池或干荷电电池，则需进行化成。化成时用镍或不锈钢作辅助电极，电解液为 5% 的 KOH，由于银电极的充电能力差，为使金属 Ag 充分转化为 AgO，必须采用低电流密度化成。化成后，经洗涤、干燥，就可用于装配电池。银电极的化成也可采用与锌电极配对的形式进行充电。

② 压成式银电极　压成式银电极是将 AgO 粉末和黏结剂按比例混合均匀，干燥后，过 40 目筛。称取一定量的混合粉，放入模具中，以银网为骨架，在 $30 \sim 40MPa$ 压力下直接压制成型。

过氧化银（AgO）的制备是用化学方法。首先将 $85 \sim 90℃$ 的 KOH 溶液倒入 $85 \sim 90℃$ 的 AgNO$_3$ 溶液中，反应过程中保持强烈的搅拌，反应生成 Ag$_2$O 沉淀。

$$2AgNO_3 + 2KOH \longrightarrow Ag_2O\downarrow + 2KNO_3 + H_2O \qquad (7\text{-}30)$$

将 $K_2S_2O_8$ 粉末很快倒入上述反应的生成物中，加热至溶液沸腾，发生反应为：

$$Ag_2O + K_2S_2O_8 + 2KOH \longrightarrow 2AgO\downarrow + 2K_2SO_4 + H_2O \qquad (7\text{-}31)$$

保持沸腾 $15\sim20min$，使氧化反应充分进行，且使过量的 $K_2S_2O_8$ 分解。将生成的 AgO 沉淀洗涤，然后过滤、干燥，过 $60\sim80$ 目筛备用。这种方法制得银电极即使在低放电率时，也不会出现高坪阶电位。但由于循环寿命不好，一般用于一次电池。

7.6.2 隔膜和电解液

在锌-银二次电池中广泛使用的隔膜为水化纤维素膜，其原料是高聚合度的三醋酸纤维素膜，经过皂化处理和银镁盐处理两道主要工序"再生"而成。

皂化处理过程如下：配制体积比为 1∶1 的乙醇水溶液或 9∶1 的甲醇水溶液，在搅拌过程中加入 KOH，全部溶解后浸入三醋酸纤维素膜。在蒸气间加热至 $40\sim50℃$ 进行皂化处理。皂化反应方程式为：

$$[C_6H_7O_2(CH_3COO)_3]_n + 3nKOH \xrightarrow{C_2H_5OH \text{ 或 } CH_3OH} n[C_6H_7O_2(OH)_3] + 3nCH_3COOK$$

皂化反应中 KOH 参与了反应，使三醋酸纤维素分子中的 3 个憎水基团 CH_3COO^- 由 3 个亲水基团 OH^- 取代，成为能使离子通过的水化纤维素膜。乙醇或是甲醇并不参加反应，仅加快了皂化反应速率。皂化后的隔膜经水洗至中性，烘干后即得到皂化膜（又称白膜）。

皂化膜进一步经银镁盐处理可得到银镁盐膜（又称黄膜），银镁盐处理过程如下：室温下将 $AgNO_3$、$Mg(NO_3)_2$ 和蒸馏水按一定质量配比制成溶液，将皂化膜浸入其中 1h 左右。取出后擦拭干净后再利用 KOH 溶液处理 15min 左右，之后将膜水洗至中性，烘干后即得到银镁盐膜（黄膜）。

黄膜常用在对循环寿命或是干储寿命要求较高的锌银蓄电池，而白膜常用在对循环寿命和干储寿命要求不高的场合。

锌银电池的电解液为 KOH 溶液，有时也用 NaOH 溶液。由于 KOH 的电导率比 NaOH 高，所以高倍率电池一般都用 KOH，由于 NaOH 的盐析及爬碱发生率低，故在一些低倍率、长寿命的纽扣式电池中有时也使用 NaOH 溶液作电解液。

在低倍率、长寿命的电池中，为延长电池寿命，一般加入锂、铬添加剂，如铬酸钾和氢氧化锂。

在充电时，溶液中的 CrO_4^{2-} 被负极的锌还原为 CrO_2^-：

$$2CrO_4^{2-} + 4OH^- + 3Zn \longrightarrow 2CrO_2^- + 3ZnO_2^{2-} + 2H_2O \qquad (7\text{-}32)$$

CrO_2^- 迁移到正极区，与正极溶解下来的 $Ag(OH)_2^-$ 进行反应：

$$CrO_2^- + 3Ag(OH)_2^- \longrightarrow CrO_4^{2-} + 3Ag + 2H_2O + 2OH^- \qquad (7\text{-}33)$$

使 $Ag(OH)_2^-$ 在还未迁移到隔膜之前就被还原，因此可减少 $Ag(OH)_2^-$ 对隔膜的氧化破坏作用，从而延长隔膜和电池寿命。

饱和锌酸盐的电解液在搁置过程中，会自动析出氧化锌或氢氧化锌胶状沉淀，沉积在锌电极的表面，加速锌电极钝化。加入 Li^+ 可以大大减缓这种锌酸盐的老化过程。锂、铬添加剂的加入，可以延长锌银电池的寿命，但是高温下，这种作用显著减弱，而且这些添加剂的加入使电解液的电阻率加大，高放电率时工作电压有所降低。因此，这种电解液只适用于长寿命、低倍率放电的锌-银蓄电池。此外，应严格控制对电池有害的杂质如铁、碳酸盐等，以降低自放电速率和延长电池使用寿命。

7.6.3　电池装配

（1）锌-银蓄电池　锌-银蓄电池最普遍的是方形电池，主要是由电极片组、单体电池盖、壳体、气阀及极柱等组成。锌-银蓄电池的极片为紧装配，正负极之间依靠隔膜相互紧密压紧，间隙很小，电池装配的松紧度约为 70%～80%，自由电解液量较少。

对于高放电率的电池，采用比较薄的极板，因为在高放电率的条件下，多孔电极的内表面利用率比较差，采用薄的极板可以增加极板的实际工作面积，降低极化。对于长寿命、低放电率的电池，可以采用比较厚的极板，因为在低放电率的条件下，多孔电极的内表面利用率比较好，采用厚的极板可以提高电池的容量。

主隔膜一般采用水化纤维素隔膜。为防止受氧化银电极的氧化，正极片外套有一层尼龙布作为辅助隔膜，锌电极则包耐碱棉纸，用来吸收电解液及保持极板的机械强度。

在包好隔膜的成对负极片之间，加入一片包好尼龙外套的正极片，再在负极片的外侧放一片正极片，这样使正负极片相互交错组成极群。为了使氧化银电极充分利用，极群的两侧均为负极片。

将正负极的银丝极耳分别与蓄电池盖上相应的镀银极柱焊接，然后将极群放入电池壳，密封顶盖，拧紧气塞，即为成品电池。装配好的锌银电池出厂时不带电解液，电极为荷电状态（也有的为放电状态），使用前加入电解液，即可工作。放电态的电池加入电解液后，要先经过 2～3 次充放电循环进行化成。

（2）储备式锌银电池　储备式锌银电池中，电极以荷电态装配于电池中，不加入电解液，电池可以长时间保存，电池性能不会有大的变化。使用前，自动注入电解液进行激活，电池在很短时间内就可以进入工作状态。储备式锌银电池主要用于导弹、鱼雷以及其他航天装置中，可以满足随时处于战备的需要。这种电池要求能高倍率放电，并且具有高比能量和高比功率。

储备式锌银电池的特点是需要在极短的激活时间内（一般在 0.5s 以内），电池电压立刻正常。为了使电池组在短时间内激活，锌银电池必须具有一套附加的激活装置，如电解液储存器、气体发生器（或高压气体）以及信号系统等。图 7-8 为 4 种储备式电池的激活原理示意图。在储备式锌银电池中，对隔膜的主要要求是具有高吸湿性和低的电阻率，对耐氧化、长寿命、防枝晶穿透能力并无要求。正极采用烧结式银电极，并经过电解化成处理，或使用化学法制备的氧化银制造的极板，负极一般使用电沉积式锌电极，或使用 0.05～0.1mm 厚的穿孔锌箔。为满足高放电率的要求，储备式锌银电池的电极孔率较高，极板也比较薄，并常在极板上压有凹槽，以利于激活时电极润湿及排出气体。

（3）纽扣式锌银电池　纽扣式锌银电池是目前生产数量最大、应用最广泛的一种锌银电池。电池壳体是用机械拉伸方法得到的钢壳，然后镀镍，或用镍-钢-镍复合带拉伸制成。电池盖通常用铜-不锈钢-镍三层复合制成，有些大电流放电的电池壳外侧镀金。密封圈同时还起到正负极间的绝缘作用。

纽扣式电池中的银电极一般是由一价银的氧化物 Ag_2O 及胶体石墨以 95∶5 的比例放入球磨机中研磨，然后经辊压、过筛，最后在打片机上打制成圆片状正极片。因为二价银的氧化物 AgO 在碱液中热稳定性较差，而且纽扣式电池使用的场合对电池的电压要求高，不允许有高坪阶电压，若有 AgO 则必须严格消除高阶电压。随着对锌银电池的进一步研究，目前已发现可通过加入添加剂改善 AgO 的稳定性，通过重新设计正极结构可解决高阶电压，采用在 AgO 颗粒上包覆一层 Ag_2O 的方法可有效消除高阶电压，也可以在 AgO 电极和隔膜

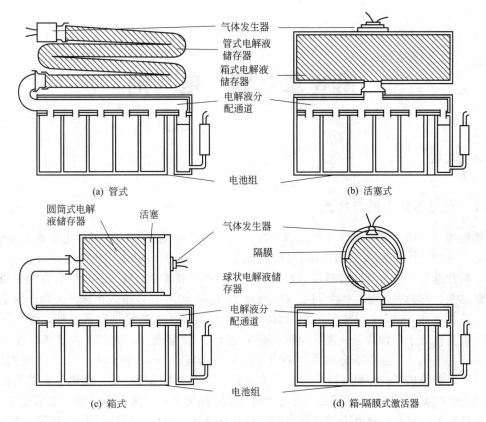

(a) 管式

(b) 活塞式

(c) 箱式

(d) 箱-隔膜式激活器

图 7-8　4 种储备式电池的激活原理示意

之间再加上一 Ag_2O 层。另外，通过脉冲化成所得到的银电极也可解决上述问题，但尚未广泛应用于纽扣式电池。

对于纽扣式锌银电池的锌负极，有很多制备方法。如采用锌粉式负极，是将汞齐化锌粉加上黏结剂，经混合、干燥、过筛后，按一定量加入装配好密封圈的电池壳中，滴加电解液后，即可进行电池装配。也可采用压片式锌电极，将汞齐化锌粉在模具中压成片状电极，装入电池。还可采用膏式锌电极，将汞齐化锌粉加入电解液，调成锌膏，挤入电池壳中。

第8章 锂 电 池

8.1 概述

8.1.1 锂电池的发展与特点

锂电池分为锂一次电池（又称锂原电池）与锂二次电池（又称锂可充电电池）。锂的电负性极小（鲍林标度为0.98），并且是摩尔质量最小（6.94g/mol，密度为0.53g/cm³）的金属，因此选择锂作为电池材料可以获得较高的电动势和能量密度。这种以锂作为负极的化学电源体系统称为锂电池。锂金属二次电池在20世纪80年代被推入市场。但由于安全性等问题，除以色列Tadiran电池公司和加拿大的Hydro Quebec公司仍在研发外，锂金属二次电池发展基本处于停顿状态。锂原电池的研究起始于20世纪60年代。1962年，在美国波士顿召开的电化学学会秋季会议上，来自美国的科学家Chilton和Cook提出了"锂非水电解质体系"的设想。这个想法第一次把活泼金属锂引入到电池设计中，锂电池的雏形由此诞生。但由于锂和水会发生剧烈的反应，故当时大都选用非水电解液，而正极多选用CuF_2等材料。这些正极材料在电解液中很容易溶解，且初期电池的结构材料的耐电解液腐蚀性能也不高，当时并未形成真正的商品化锂电池。"锂非水电解质体系"得到大多数电池设计者的认可，但电化学性能却迟迟未有突破。于是欧美和日本的研究者沿着两条路径摸索新型的正极材料，一是转向具有层状结构、后来被称作"嵌入化合物"的电极材料，这也使"嵌入化合物"进入锂电池设计者的视野，为锂二次电池研发奠定了坚实的理论基础；二是转向以二氧化锰为代表的过渡金属氧化物的研究和开发。1970年后日本松下电器公司成功研制了$Li-(CF_x)_n$电池；法国SAFT公司在20世纪60年代开展了锂电池的研究，并于1970年获得$Li-SOCl_2$电池的专利权。在美国，1970年成立专门从事$Li-SO_2$电池研究的动力转换公司（Power Conversion Inc.），主要从事军事用途的锂电池研究和生产。1976年，日本三洋公司推出了在计算器领域广泛应用的$Li-MnO_2$电池，使得三洋公司取得锂原电池商业制造的巨大成功，锂电池终于从概念变成了商品。锂电池由于具有能量密度大、放电电压平稳、工作温度范围宽（$-40\sim50℃$）、低温性能好、储存寿命长等优点，已广泛应用于心脏起搏器、电子表、录音机、计算器、导弹点火系统、鱼雷、潜艇、飞机等民用和军事领域。目前有以下几个

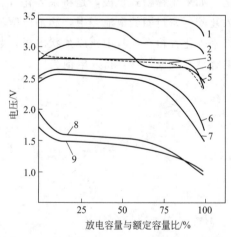

图 8-1 几种锂电池放电曲线的比较
1—$Li-SOCl_2$，60小时率；2—$Li-V_2O_5$，200小时率；
3—$Li-MnO_2$，100小时率；4—$Li-SO_2$，30小时率；
5—$Li-Ag_2CrO_4$，1000小时率；
6—$Li-(CF_x)_n$，100小时率；
7—$Li(Cu)_4O(PO_4)_2$，1000小时率；
8—$Li-CuO$，2000小时率；
9—$Li-FeS_2$，50小时率

系列实现了商品化：Li-I$_2$、Li-Ag$_2$CrO$_4$、Li-(CF$_2$)$_n$、Li-MnO$_2$、Li-SO$_2$ 和 Li-SOCl$_2$ 电池。图 8-1 列出几种锂电池的放电曲线。锂电池在湿储存期间在锂表面形成一层致密的钝化膜而阻止金属锂进一步腐蚀，因此其湿储存寿命长。

锂电池的安全性问题应该引起足够的重视。锂电池在短路或重负荷条件下，某些有机电解质锂电池及非水无机电解质锂电池都有可能发生爆炸。通常认为爆炸是由于反应产生的热使电池温度升高，而温度升高又加速了电池中某些反应的进程。温度在电池内部某些位置超过锂的熔点（180℃），挥发的溶剂组分与反应产生气体导致电池腔体内压力升高，这些原因导致局部锂熔化造成热失控。另外，某些无机盐本身也有爆炸性（如 LiClO$_4$），隔膜分解也是电池具有爆炸性的因素。防止锂电池爆炸的措施是在电池结构上进行改进，如安装透气片。当电池内达到一定温度（如 100℃）或一定压力（如 3.5MPa）时，透气片破裂，气体逸出，电池不致爆炸。但这种方法会使有毒气体或腐蚀性气体外逸，造成周围环境和设备的污染。也在单体电池内安装保险丝，或是在隔膜上镀一层石蜡状材料，当温度超过一定值时，蜡状物质熔融堵塞隔膜孔道，造成放电终止以防止电池爆炸。另外，短路、强迫过放电、过充电等都可能引起爆炸。

8.1.2　锂电池分类

锂电池按电解质类型的不同，分为有机电解质锂电池、无机电解质锂电池和固体电解质锂电池。表 8-1 为各种锂一次电池的分类和性能比较。

表 8-1　锂电池的类型和性能

电池名称	电池分类	电池组成			开路电压/V	工作电压/V	比能量/(W·h/kg)	
		正极	电解质	负极			理论	实际
一次电池	有机电解质电池	锂-聚氟化碳电池	(CF$_x$)$_n$	LiClO$_4$-PC	Li	3.14	2.6	3280	320
		锂-聚氟化四碳电池	(C$_4$F)$_n$	LiAsF$_6$-PC-THF	Li	3.14	2.9	2019	154
		锂-氯化银电池	AgCl	LiAlCl$_4$-PC	Li	2.84	2.5	600	66
		锂-二氧化锰电池	MnO$_2$	LiClO$_4$-PC+DME	Li	3.5	2.8	768	300
		锂-五氧化二钒电池	V$_2$O$_5$	LiAsF$_6$+LiBF$_4$-MF	Li	3.5	3.2	477	57
		锂-三氧化钼电池	MoO$_3$	LiAsF$_6$-MF	Li	3.3	2.6	656	200
		锂-氧化铜电池	CuO	LiClO$_4$-PC+DME	Li	2.4	1.5	913	300
		锂-二氧化硫电池	SO$_2$	LiBr-SO$_2$+AN+PC	Li	2.95	2.7	1114	280
		锂-硫化铜电池	CuS	LiClO$_4$-THF+DME	Li	3.5	2.5	1100	250
		锂-二硫化铁电池	FeS$_2$	LiClO$_4$-PC+THF	Li	1.8	1.5	720	150
		锂-铬酸银电池	Ag$_2$CrO$_4$	LiClO$_4$-PC	Li	3.35	3.0	520	178
		锂-铋酸银电池	AgBiO$_3$	LiClO$_4$-DIO	Li	1.8	1.5	195	90
	无机电解质电池	锂-亚硫酰氯电池	SOCl$_2$	LiAlCl$_4$-SOCl$_2$	Li	3.65	3.3	1460	4.5
	固体电解质电池	锂-碘电池	P$_2$VP·nI$_2$	LiI	Li	2.8	2.78	1900W·h/L	650W·h/L
	高温电池	锂-二硫化铁电池	FeS$_2$	LiCl-KCl(450℃)	LiAl	2.53	1.7	650	100
二次电池	有机电解质电池	锂-二硫化钛电池	TiS$_2$	LiAsF$_6$-2MeTHF	Li	2.5	2.1	564	120
		锂-硫化铜电池	CuS	LiAsF$_6$-THF	Li	3.5	1.8	1100	90
		锂-十三氧化六钒电池	V$_6$O$_{13}$	LiAsF$_6$-2MeTHF	Li	3.0	2.2	636	159
		锂-二氧化硫电池	SO$_2$	LiGaCl$_4$-AN+SO$_2$	Li	2.95	2.7	1114	165
	固体电解质电池	锂-二硫化钛电池	TiS$_2$	LiI-Al$_2$O$_3$	LiSi	2.4	—	564	—

8.2 锂电池的电极与电解液

8.2.1 正极材料

到目前为止对锂电池的正极物质的探索相当广泛，构成了庞大的锂电池正极材料系列，但真正得以应用的仅有 10 余种。作为锂电池的正极活性物质要具有较高的电极电势、较高的比能量及对电解液有相容性，且最好具有一定的导电性，对于导电性不好的物质可添加一定量的导电添加剂，如石墨等。另外，材料要对环境无污染。但是找到满足上述条件的理想正极材料是比较困难的。目前常用的正极材料有 SO_2、$SOCl_2$、$(CF_x)_n$、CuO、MnO_2 等。表 8-2 列出常用的锂一次电池的正极材料。

表 8-2 锂电池正极材料

反应物状态	正极材料类型	实 例
固态	卤化物	CuF_2,$(CF)_n$,$(CF_4)_n$,$CuCl$,$AgCl$
	硫化物	PbS,CuS,FeS,FeS_2,Ni_2S_3,Ti_2S_3,MoS_3
	氧化物	MnO_2,Mn_2O_3,V_2O_3,CuO,PbO,TiO_2,V_6O_{13},Cr_3O_8
	含氧酸盐	Ag_2CrO_4,$Pb_2Bi_2O_3$
	卤素	I_2 及其络合物
液态	非金属氧化物	SO_2
	卤氧化物	$SOCl_2$,SO_2Cl_2,$POCl_3$
	卤素	Br_2,Cl_2

固态卤化物的特点是电极电势较正，工作电流密度大，活性物质利用率高，但由于其在有机电解液中溶解度较大，自放电严重，只能作为储备型锂电池，其中 $(CF)_n$ 由于具有较好的性能已经得到应用，但其价格较贵。固态硫化物虽然在有机溶剂中稳定，但其电极电势较低，特别是大电流放电时，容量衰减较快。氧化物和含氧酸盐具有较高的化学稳定性，且在非水介质中溶解度小，具有较高的电化学活性，但其在大电流放电时极化严重，导电性差，故仅适用于小倍率放电使用。

液态活性物质比较成功的为 SO_2、$SOCl_2$、SO_2Cl_2 及 $POCl_3$ 等材料，其中 SO_2 能溶于有机电解质中，其他的 3 种本身即是电解质的溶剂，可以在多孔的碳电极上还原。以 SO_2 和 $SOCl_2$ 为正极制成的电池具有比能量高、倍率性能好、电压平稳、储存寿命长及使用温度范围广等特点。

8.2.2 锂负极

几种常用金属负极材料的特性见表 8-3 所列。从表中可知，锂在体积比能量方面不及铝、镁等金属，但铝的电化学性能差，无法作为良好的电池负极材料，镁的实际工作电压比较低。锂则具有良好的电化学性能和机械延展性。由于锂能与水发生剧烈反应，生成 $LiOH$ 和 H_2。所以，锂电池生产过程必须保持十分干燥，通常在相对湿度 $1\% \sim 2\%$ 的环境中才能可靠地操作。锂是良导体，电池中锂的利用率高达 100%。制造电池的锂要求其纯度在 99.9% 以上。杂质允许含量是：$Na_2O < 0.015\%$，$K < 0.01\%$，$Ca < 0.06\%$。

锂电极通常做成片状，其制备方式主要有 3 种。

表 8-3 常用负极材料的性能

负极材料	原子量	$\varphi^{\ominus}$/V	密度/(g/cm³)	熔点/℃	化合价	电化当量/[g/(A·h)]	比能量 /(A·h/g)	比能量 /(A·h/cm³)
Li	6.94	−3.05	0.54	180	1	0.259	3.86	2.08
Na	23.0	−2.7	0.97	97.8	1	0.858	1.16	1.12
Mg	24.3	−2.4	1.74	650	2	0.454	2.20	3.8
Al	26.9	−1.7	2.7	659	3	0.325	2.93	8.1
Fe	55.8	−0.44	7.85	1528	2	1.04	0.96	7.5
Mn	65.4	−0.76	7.1	419	2	1.22	0.82	5.8
Cd	112	−0.40	8.65	321	2	2.10	0.48	4.1

① 涂膏式 将锂粉（<20μm）、镍粉（<10μm）、羧甲基纤维素（2%二甲基亚砜溶液）混合物的矿物油悬浮液涂在镍网上，加压成型。

② 压片式 将二片锂片用滚轮压在银网、铜网或镍网的两面，加压黏合。

③ 电镀式 在 $LiAlCl_4$ 电解液中电镀，加些染料（如若明丹染料等），可以使镀层牢固而不脱落。

8.2.3 电解液

金属锂非常活泼，常温下即可与水发生剧烈的化学反应，因此锂电池只能采用非水溶剂作为电解液，由非水溶剂与电解质构成的电解液主要有两类：由有机溶剂与电解质构成的有机电解质溶液和由非水无机溶剂与电解质构成的无机电解质溶液。

8.2.3.1 有机电解质溶液

有机电解质溶液（简称为有机电解液或有机电解质）由有机溶剂和无机盐溶质组成，首先应该满足电解质溶液的基本要求：化学稳定性好，不与正负极活性物质发生反应；具有较高的离子电导率和低的电子电导率等。电解液组成的特殊性也给电池性能带来了某些特殊性。锂电池对有机电解质的要求应从溶剂和溶质两方面加以考虑。作为锂电池的有机溶剂应该满足下列要求。

① 有机溶剂对锂电极应是惰性的，且在电池放电时不与正负极发生电化学反应。有机溶剂分子中，如果有活泼的氢原子，或者溶剂中含有杂质水，它们就会与锂电极反应。所以，应当除去杂质水，并避免使用含有活泼氢原子的有机酸、醇、醛、酮、胺、酰胺等有机溶剂。另外，含有氮原子并有不饱和键的脂肪族化合物也可与锂发生聚合反应。但选用二甲基甲酰胺、乙腈等溶剂并用 $LiClO_4$ 作溶质时，此有机电解液对锂是稳定的。所以采用这些有机化合物作溶剂时，必须选用 $LiClO_4$ 作溶质，构成锂有机电解质电池。

② 有机溶剂应具有较高的介电常数和较小的黏度。一般化学电源的电解质溶液是水溶液，其电导率范围大约为 0.1～1.0S/cm，而有机电解质溶液的电导率只有水溶液的 1/10～1/100，因而造成电池的欧姆压降较大。表 8-4 列出一些有机电解质溶液的电导率。影响有机电解质溶液电导率的因素很多，起主要作用的是有机溶剂的介电常数 ε 和它的黏度 η。众所周知，溶液的电导率和单位体积中的离子数目以及离子迁移速度的乘积成正比。单位体积中的离子数取决于电解质的溶解度和它的电离程度。在介电常数为 ε_r 的溶剂中，相距 r 的两个静电荷（Q_1，Q_2）间的作用力，可表示为：

$$F = \frac{Q_1 Q_2}{4\pi\varepsilon_0\varepsilon_r r^2} \tag{8-1}$$

式中，ε_r 为溶剂的相对介电常数；ε_0 为真空中的介电常数；Q_1、Q_2 分别表示电解质盐

表 8-4　一些有机电解质溶液[①]的电导率

电导率 /(S/cm) 电解质 \ 溶剂	乙腈	硝基甲烷	二甲基甲酰胺	二甲基亚砜	γ-丁内酯	碳酸丙烯酯	水
LiClO₄	0.029	0.010	0.019	0.014	0.010	0.0049	—
KPF₆	0.018	—	0.025	—	0.0054	0.0078	0.044
NaPF₆	—	—	—	—	0.013	0.0068	—
LiBF₄	—	—	—	—	0.0084	0.004	—
NaBF₄	—	—	0.015	—	—	0.0034	0.065
LiAlCl₄	—	0.042	—	—	—	0.0092	—
AlCl₃	0.023	0.015	0.046	—	0.04	0.0035	—
LiCl	0.004	—	0.0086	—	0.0007	0.0033	0.071
LiBr	—	—	0.018	—	—	—	—
KF	—	—	0.0005	—	—	0.00003	0.061
KI	—	—	0.022	—	—	0.00052	0.11
KCNS	0.022	—	0.021	0.0088	0.011	0.0060	—
(C₄H₉)₄NI	—	—	0.11	—	—	0.0045	0.0022

① 溶液浓度为 1mol/L；溶解度较小者，为饱和溶液。

的正负离子所带电量；F 为 Q_1 和 Q_2 间的作用力。

从式（8-1）中可见，ε_r 大的溶剂，离子间的相互作用力小，离子容易解离。水在 25℃ 下的介电常数为 78.5，而大部分有机溶剂的介电常数均比水小得多，所以电解质在有机溶剂中的电离度比在水中小。

通常在介电常数小于 10 的溶剂中离子解离比较困难。表 8-5 列出某些有机溶剂的结构和介电常数的值，从表中可以看到，在常温下碳酸丙烯酯的介电常数最大。因此，碳酸丙烯酯是至今用得最广的一次锂电池的有机溶剂。

但是介电常数并不是选择有机溶剂的唯一因素。实际上有许多介电常数较小的有机溶剂也可以作为锂电池的有机溶剂使用，这与某些有机化合物的结构特点有关。实践证明某些有机溶剂虽然介电常数很小，但分子结构中具有能提供一对或几对自由电子的氧或氮原子，它们就能使锂离子溶剂化或发生络合作用，形成一层溶剂保护层，从而使电解质盐容易解离。如表 8-5 中的四氢呋喃就属于这类溶剂，在锂电池中已得到应用。

另外，溶剂的黏度对离子的迁移速率有直接影响。黏度越大，离子迁移的阻力越大，电导就越小。由于介电常数与溶解度及电离度有关，而黏度又与离子迁移速率有关，因此，常用 ε/η_0 比值作为有机溶剂的一个重要性质（η_0 表示无限稀时溶剂的黏度）。ε/η_0 比值大，则用这种溶剂制成的有机电解质的溶液的电导率一般较大。如表 8-5 中乙腈的 $\varepsilon/\eta_0=110$，远高于其他有机溶剂，制成的有机电解质溶液也有相对较高的电导率。

③ 有机溶剂的沸点要高（例如在 150℃ 以上），熔点要低（例如在 -40℃ 以下），这样可使锂电池有较宽的工作温度范围。

有机电解质中的溶质通常要满足下面的要求。

与电极活性物质不起化学反应，在较宽的电位范围内比较稳定，在电池放电时不与两极发生电化学反应。

在有机溶剂中溶解度高，容易解离。无机盐在有机溶剂中溶解度高，易解离，可以增加电解质的导电性。一般来讲，晶格能小的可溶性盐类容易溶解和解离。晶格能与正负离子晶格半径总和成反比。离子越大，晶格能越小，离子间相互作用力减弱，容易电离，同时也容易迁移，因此要选正负离子半径总和最大的盐类。对于锂电池来说，正离子（Li⁺）已确

表 8-5　几种有机溶剂的结构和介电常数

有机溶剂	结构式	介电常数(25℃)	黏度/cP	ε/η_0
碳酸乙烯酯(EC)	(见结构式)	89.1(40℃)	固体(常温)	
碳酸丙烯酯(PC)	(见结构式)	64.4	2.53	
二甲亚砜(DMSO)	CH_3-S-CH_3	46.4	1.10	41
γ-丁内酯(γ-BL)	(见结构式)	39.1	1.73	22.6
乙腈(AN)	CH_3-CN	38.0	0.335	110
二甲基甲酰胺(DMF)	(见结构式)	36.71	0.802	45.8
乙酰氯(ACCl)	(见结构式)	15.8(22℃)		
氯碳酸甲酯(ClMC)	$Cl-O-C-OCH_3$	13.0		
甲酸甲酯(MF)	$HCOOCH_3$	8.5(20℃)		
四氢呋喃(THF)	(见结构式)	7.4	0.4	

注：$1cP=10^{-3}Pa \cdot s$。

定，故只需选择负离子即可。例如，ClO_4^- 与 Cl^- 相比，ClO_4^- 晶格半径大，同时 $LiClO_4$ 在有机溶剂中溶解度也大，所以 $LiClO_4$ 作为溶质要比 $LiCl$ 的性能好。

　　如果无机盐负离子相同，则正离子体积决定其溶解度。一般来说，溶解度以 K^+、Na^+、Li^+ 的顺序增长。正离子体积越小，溶剂化作用越强，溶解度也就越大。在选择有机溶剂和溶质时，除按照上述要求选择外，还要注意溶液浓度对有机电解质溶液电导率的影响。有机电解质溶液的浓度与电导率的关系同水溶液的浓度与电导率的关系相同，也出现一个电导率最高的浓度点，如图 8-2 给出高氯酸锂在不同有机溶剂中的浓度与该溶液电导率之间的关系。出现电导率最高点的原因，一方面是由于浓度高时，单位体积中离子数目增多，使电导率提高；另一方面由于浓度增大，使离子间、离子与溶剂之间的作用力加强，降低了离子的迁移速率，从而使电导率下降。因此有

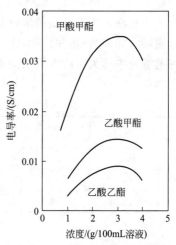

图 8-2　不同浓度的高氯酸锂在
几种有机溶剂中的电导率

机电解质溶液出现了电导率的最高点。

为了得到性能更佳的有机电解质，还可以把不同性能的有机溶剂进行搭配组成混合溶剂。通常是把高介电常数、高黏度的碳酸丙烯酯和 γ-丁内酯，以及低介电常数、低黏度的四氢呋喃和 1,2-二甲氧基乙烷进行混合使用，可以得到性能优于单一溶剂的混合溶剂。也可以把黏度小或介电常数大的一种溶剂加到所选溶剂中，组成混合溶剂。例如，碳酸乙烯酯的介电常数很大，在 40℃时是 89.1，但在常温下它是固体。如果把它与碳酸丙烯酯混合起来，其混合溶剂的介电常数和配制的电解质溶液的电导率均大于单一的碳酸丙烯酯，而其黏度却变化不大。如将 PC 和 EC 按 1∶4 比例混合后其介电常数可达到 87.2，黏度为 2.55cP（2.55×10^{-3} Pa·s）。

有机溶剂中的杂质对锂电极的性能有很大的影响，因此必须提纯有机溶剂。在有机溶剂中，主要的杂质成分是水。水与锂电极发生反应：

$$Li + H_2O \longrightarrow LiOH + \frac{1}{2}H_2 \qquad (8-2)$$

在锂电极表面生成 LiOH 薄膜，并放出氢气。薄膜的组成随 H_2O 含量的不同而异，可能是 Li_2O、LiOH 或 LiOH·H_2O。这层薄膜是造成锂有机电解质电池有滞后现象的主要原因。有机溶剂一旦混入水，电池活性物质的稳定性就要受到破坏。有机溶剂中还有少量其他杂质，如碳酸丙烯酯中含有少量环氧丙烯、丙二醇、丙烯醇、丙醛等，可达千分之一，提纯后可大部分被除去。蒸馏法是最常用的提纯有机溶剂的方法。若在蒸馏的同时加脱水剂，其脱水效果比单独用脱水剂提纯或单独用蒸馏法提纯都好。常用的脱水剂有 CaO、MgO、LiCl 和锂粉，脱水效果与振荡时间有关。如果溶剂中含有某些难除去的杂质，如碳酸丙烯酯中含丙二醇，乙腈中含丙烯腈等，最好用色谱法提纯。

8.2.3.2　无机非水电解质

无机非水电解液是无机电解质溶解于非水的无机溶剂中构成的溶液。对于非水无机溶剂，要求其不能与正负极活性物质反应，且具有较高的介电常数和低的黏度，有较高的沸点和低的冰点，且电解质在其中有较大的溶解度，在电池正常工作时不分解，无污染，价格低廉，另外要求溶剂不能有过高的蒸气压等。

无机电解质溶液是 20 世纪 70 年代后迅速发展起来的，它的无机溶剂主要是共价的卤化物，如 $POCl_3$、SO_2Cl_2 及 $SOCl_2$ 等，其性质见表 8-6 所列。又如这些材料化学稳定性高，不少无机盐在其中有较高的溶解度，因此锂电池放电时的电流密度有很大的提高。这些无机电解质溶液如 $LiAlCl_4$ 的 SO_2Cl_2（硫酰氯）溶液、$LiAlCl_4$ 的 $SOCl_2$（亚硫酰氯）溶液等。这些电解液中的无机溶剂既是溶剂，由于它们可在碳上被还原，因此又可作为锂电池的正极活性物质。

表 8-6　三种无机溶剂的物理性质（除标明外温度为 25℃）

溶剂名称	摩尔质量/(g/mol)	冰点/℃	沸点/℃	密度/(g/cm³)	黏度/cP	介电常数	电导率/(S/cm)
$POCl_3$	153.4	1.25	105.8	1.645	1.065	13.7	2×10^{-8}(10℃)
$SOCl_2$	119	−104.5	78.8	1.629	0.603	9.05(20℃)	3×10^{-9}(20℃)
SO_2Cl_2	135	−54.1	69.4	1.657	0.657	9.15(22℃)	2×10^{-8}(20℃)

注：1cP=10^{-3} Pa·s。

$LiAlCl_4$ 由 $AlCl_3$ 和无水 LiCl 在 300℃熔融反应制得。$AlCl_3$ 经过升华提纯。无水 LiCl 由 LiCl·H_2O 真空干燥制成。$SOCl_2$ 和 SO_2Cl_2 溶剂加亚磷酸三苯酯和金属锂片回流，然后精馏提纯。将 $LiAlCl_4$ 与 $SOCl_2$ 和 SO_2Cl_2 配成无机非水电解质溶液。

由表 8-6 可知上述溶剂的电导率大都在 $10^{-9} \sim 10^{-8} S/cm$ 之间，但当溶剂中加入无机盐后其电导率会显著提高，表 8-7 给出了一些无机电解质溶液的电导率值。

表 8-7　一些无机电解质溶液的电导率值

溶剂名称	电解质种类	浓度/(mol/L)	电导率/(S/cm)
$SOCl_2$	$LiAlCl_4$	1.0	1.46
$SOCl_2$	$LiAlCl_4$	2.0	2.04
$SOCl_2$	$LiAlCl_4$	2.8	2.0
$SOCl_2$	$LiAlCl_4$	4.0	1.5
$SOCl_2$	$LiSbCl_4$	1.0	1.25
$SOCl_2$	$AlCl_3$	3.93	8.41×10^{-2}
SO_2Cl_2	$LiAlCl_4$	1.0	0.74

8.2.3.3　其他电解质

锂电池的电解质还有固体电解质和熔盐电解质两类。固体电解质应具有离子电导性，而不表现电子电导性，且离子电导率比较小。如锂-碘电池采用的是固体的 LiI，它是靠正负极接触时自身形成的，因为固态的 LiI 中存在着锂离子缺陷（空穴），称为肖脱基缺陷，其电导率为 $10^{-8} \sim 10^{-7} S/cm$，由于其电导率很低，故锂-碘电池只能进行微安级电流放电。另外，电池在放电过程中组分的体积变化较小，还没有气胀、短路和隔膜损裂等问题的发生。

熔融盐作为锂电池的电解质有如下的优点。①电解质电导率高，通常比水溶液的电导率高 1 个数量级。由于常温下为固态，它在高于熔点时呈熔融状态。高温下离子迁移速率很快，且不存在未解离的分子，高温下所有的离子都参与导电，导电能力很强。②高温反应阻力小，极化小，可以大电流放电。③可以在很宽的电压范围内选择正负极活性物质。

熔融盐电解质也存在一些缺点。①工作时需要高温，不可避免地要有能量损失，且需要高温维持设备。②高温情况下电池的自放电增大。③电池材料在高温情况下腐蚀严重。高温熔盐锂电池的电解质通常有 LiCl-KCl、LiCl-LiI-LiF 及 LiCl-KCl-KBr 等体系，如 $Li-TiS_2$ 电池就是采用此类电解质。

8.3　$Li-MnO_2$ 电池

8.3.1　$Li-MnO_2$ 电池的特点及基本原理

$Li-MnO_2$ 电池是锂电池中应用较多的一种有机电解质电池。它具有较高的工作电压和比能量，开路电压为 3.5V，负荷电压为 2.8V，比能量可达 $200W \cdot h/kg$ 和 $500W \cdot h/L$；电池可在 $-40 \sim 50℃$ 范围内工作，在常温下电池储存寿命超过 10 年，且在储存和放电过程中无气体析出，安全性能较好。$Li-MnO_2$ 电池品种繁多，一般做成纽扣式或圆柱形，目前正在发展矩形大容量电池。日本汤浅公司的矩形 $Li-MnO_2$ 电池的容量为 $1000A \cdot h$。它以金属锂作为负极，二氧化锰作为正极，电解液中的有机溶剂为碳酸丙烯酯（PC）和乙二醇二甲醚（DME），溶质为高氯酸锂（$LiClO_4$）。$Li-MnO_2$ 电池的电化学表达式为：

$$(-)Li \mid LiClO_4, PC+DME \mid MnO_2(+)$$

负极反应： $Li \longrightarrow Li^+ + e^-$ (8-3)

正极反应： $MnO_2 + Li^+ + e^- \longrightarrow MnOOLi$ (8-4)

电池反应： $Li + MnO_2 \longrightarrow MnOOLi$ (8-5)

按照上述反应，Li-MnO$_2$ 电池放电时负极锂发生阳极溶出生成 Li$^+$ 进入电解质溶液，正极 MnO$_2$ 得电子还原成三价锰，同时，锂离子进入 MnO$_2$ 晶格中形成 MnO$_2$(Li)，即 MnOOLi。

8.3.2　Li-MnO$_2$ 电池的结构与制备

Li-MnO$_2$ 电池有纽扣式、圆筒式和矩形 3 种，外形结构如图 8-3 所示。纽扣式电池是小容量电池，圆筒形和矩形可制成大容量电池。正负极的结构因电池的形状不同而不同，纽扣式电池的电极为矩形，圆筒形电池的电极为带状，而矩形电池的电极为矩形。

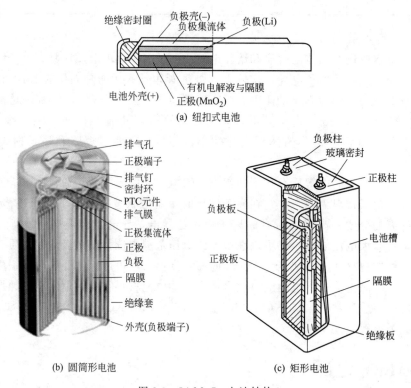

图 8-3　Li-MnO$_2$ 电池结构

Li-MnO$_2$ 电池制造主要包括锂负极制备、MnO$_2$ 正极制备、电解液配制和电池装配等工序。

（1）锂负极制备　锂负极可以采用滚压法来制备，它是将厚度为 0.25～0.5mm 的锂片，在干燥的惰性气氛中置于导电网的两侧经压制而成。锂具有很好的延展性，因此可以做成不同厚度的锂负极，这种电极成型方法可以用于矩形 Li-MnO$_2$ 电池中，也可制成薄极板用于筒形卷绕式结构中。此外，锂负极也可采用涂膏式和电沉积方法。纽扣式 Li-MnO$_2$ 电池用的锂负极制作方法相对简单，是在相对湿度小于 2% 的手套箱中，将锂带冲压成规定尺寸的圆片，即为锂负极。

（2）MnO$_2$ 正极制备　二氧化锰有 α、β、γ 和 δ 等几种晶型。最适合作 Li-MnO$_2$ 电池

正极的锰粉应是 γ-β 型的 MnO_2。而一般的电解二氧化锰（EMD）或化学二氧化锰粉（CMD）含有相当多的 α 和 γ 相 MnO_2 及少量水分。因此，一般采用煅烧方法脱水并转化成 γ-β 混合晶型的 MnO_2，即在高温炉中，控制温度约 360℃，恒温数小时，自然冷却，即可得 γ-β 混合晶型的 MnO_2。

Li-MnO_2 电池正极制作有粉末压成式和涂膏式。粉末压成式是把 MnO_2 粉、炭粉、合成树脂黏合剂的混合物，加压成型；涂膏式是把 MnO_2 粉、炭粉、胶黏剂调成膏状，涂在集电体上，进行热处理制成薄式电极。对用于圆筒形的卷绕式电池，常采用滚压法制备 MnO_2 电极，一般是将配制好的正极膏加热，置于导电网的两侧经对辊机滚压而成。电解液采用碳酸丙烯酯（PC）和乙二醇二甲醚（即二甲氧基乙烷，DME），以 1:1 混合，溶质为 1mol/L 的 $LiClO_4$。

正极制作时，MnO_2 粉的热处理是关键。在 Li-MnO_2 电池中，α-MnO_2 性能最差，γ-MnO_2 较差，β-MnO_2 较好，γ-β-MnO_2 性能最好。图 8-4 为各种晶形 MnO_2 的放电特性。图 8-5 表示各种温度热处理的 MnO_2 的放电特性，图中表明 MnO_2 的热处理温度采用 300～350℃，可以获得 γ-β 型的 MnO_2。

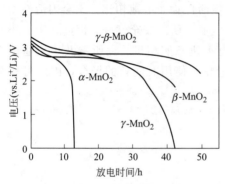

图 8-4　不同晶形 MnO_2 的放电特性

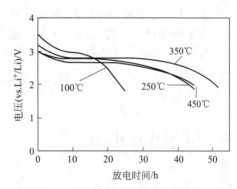

图 8-5　各种温度热处理 MnO_2 的放电特性

（3）电解液配制　Li-MnO_2 电池用电解液是将 $LiClO_4$（高氯酸锂）熔于 PC（碳酸丙烯酯）与 DME（乙二醇二甲醚）的混合有机溶剂中，为保证电解液的性能，必须对 $LiClO_4$、PC、DME 进行二次干燥脱水处理：将含有结晶水的 $LiClO_4$ 放在干燥箱中烘干，至变成白色粉末后转入真空干燥箱中，控制温度 120℃，直至完全脱水为止；PC 和 DME 的提纯通常采用蒸馏法，由于 PC 沸点高（241℃），常用减压蒸馏。当压力降到 666Pa 时，PC 沸点降至 100℃ 左右，蒸馏 PC 的操作是将锂带放入磨口三颈瓶中，注入 PC，接入减压蒸馏系统，抽真空，用油浴加热到 120℃，直至蒸馏结束，弃去初、末馏分。将蒸出的中间馏分收集在磨口瓶中，再放入锂带除去微量水备用。DME 沸点低（85.2℃），可用常压蒸馏法提纯，一般控制油浴温度 100℃。

电解液配制在干燥的空气环境中进行，电解液的浓度为 1mol/L，溶剂 PC 与 DME 的比例为 1:1。一般水的含量应小于 0.005%。

（4）电池装配　锂电池装配都在手套干燥箱或干燥室内进行。纽扣式电池装配是将锂负极放在负极盖内，用冲头使锂片与集流网密合，在上面放上一张隔膜。将正极片放在电解液内浸泡少许时间，取出放在隔膜之上，扣上电池壳，经封口工序完成电池装配。

8.3.3　Li-MnO_2 电池特性

Li-MnO_2 电池的开路电压为 3.5V，工作电压一般为 2.7～2.9V，具体数值与放电倍率

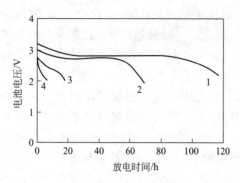

图 8-6 Li-MnO₂ 电池恒电流放电曲线

放电电流密度为：1—0.6mA/cm²；2—1mA/cm²；

3—3mA/cm²；4—5mA/cm²

有关。电池的终止电压为 2.0V，这类电池主要用于低倍率放电。其实际比能量大于250W·h/kg 及 500W·h/L，约为铅酸蓄电池的 5～7 倍。Li-MnO₂ 圆筒形电池，无论是卷绕式还是反极碳包式，其比能量都优于碱性锌锰电池。从 Li-MnO₂ 电池的负荷特性看，其性能比 Li-SO₂ 电池和 Li-SOCl₂ 电池差，而与 Li-(CF$_x$)$_n$ 等电池相近。图 8-6 为 Li-MnO₂ 电池不同电流密度下的放电曲线。从曲线可看出，随着放电倍率的增加，电池的放电性能逐步下降。

Li-MnO₂ 电池工作温度范围宽（－20～50℃），一般来讲，温度对放电容量影响较小；Li-MnO₂ 电池储存性能好，自放电小，储存 1 年容量下降 7%～8%，一些大容量的 Li-MnO₂ 电池，可以做到每年容量下降率仅 1%；Li-MnO₂ 电池储存和放电过程中无气体析出，与 Li-SO₂ 电池和 Li-SOCl₂ 电池等具有液态正极活性物质电池相比，不会因活性物质分解引起电池内压增大。即使偶尔短路，也不会损坏电池，所以安全性好。因此，中、小容量的 Li-MnO₂ 电池适合于作小型电子计算机、电子打火机、照相机、助听器及小型通讯机的电源，大容量 Li-MnO₂ 电池适合于要求电池比能量高、使用时间长的场合，因此可作为军事领域的理想电源。

8.4 Li-SOCl₂ 电池

8.4.1 特点及基本原理

Li-SOCl₂ 电池是一种研究较为成熟的无机电解质电池。20 世纪 60 年代，法国 SAFT 公司 Gabano 博士提出了 Li-SOCl₂ 体系制成锂电池的可能性。1971 年，美国 GTE 公司开始研制 Li-SOCl₂ 电池，并于 1974 推出商业化产品。目前，中国、美国、法国、以色列等国家已有 Li-SOCl₂ 电池商品。Li-SOCl₂ 电池有许多优良性能，其单体电池开路电压高达3.6～3.7V，且电压平稳、负荷电压精度高，Li-SOCl₂ 电池具有较高的比能量，SOCl₂ 既是溶剂又是正极活性物质，其实际比能量高达 300W·h/kg，中倍率放电为 400W·h/kg，低倍率放电更达到 600W·h/kg。Li-SOCl₂ 电池的使用温度范围宽，可以达－55～85℃；Li-SOCl₂ 电池具有优异的储存寿命和较低的自放电率（小于 1%）。由于锂在电解质表面生成 LiCl 保护膜，使锂在电解液中非常稳定，加上电池密封结构，电池搁置寿命长达 10 年。但是 Li-SOCl₂电池也存在电压滞后和安全性能差的缺点。Li-SOCl₂ 电池成本低，每安时Li-SOCl₂ 电池比碱性锌-锰电池的价格便宜 40%。表 8-8 给出一些常用小型电池系列活性物质成本的比较，从表可见，Li-SOCl₂ 电池是常用电池中成本最低的。

表 8-8　常用电池系列成本的比较

电池	Zn-MnO₂	Zn-HgO	Zn-Ag₂O	Li-SOCl₂	Li-SO₂	Li-(CF)$_n$	Li-MnO₂
成本/[美分/(A·h)]	0.553	9.91	45.5	0.814	1.54	5.49	1.59
成本/[美分/(W·h)]	0.369	7.34	30.4	0.226	0.527	1.96	0.45

$Li-SOCl_2$ 电池的型号及种类很多，如纽扣式、圆筒形和矩形电池各有十几种，容量从几毫安时到几千安时，目前广泛应用的是低、中倍率电池，主要用于心脏起搏器、CMOS 支撑电源，同时在军事领域也有大量应用，主要用于炮弹、导弹、引信和水雷等。

$Li-SOCl_2$ 电池的电化学表达式为：

$$(-)Li|LiAlCl_4\text{-}SOCl_2|C(+)$$

电解液是 $LiAlCl_4$ 的 $SOCl_2$ 溶液。$SOCl_2$ 既是电解质的溶剂，又是正极活性物质。$LiAlCl_4$ 是将 $LiCl$ 加入到化学计量的 $AlCl_3$，或直接从其熔盐中制成，对于激活式 $Li-SOCl_2$ 电池常用无水 $AlCl_3$ 作为电解质。$Li-SOCl_2$ 电池的隔膜采用非编织的玻璃纤维膜。

电池反应为：

$$4Li+2SOCl_2 \longrightarrow 4LiCl+S+SO_2 \tag{8-6}$$

放电产物 SO_2 部分溶于 $SOCl_2$ 中，S 大量析出，沉积在正极炭黑中，$LiCl$ 是不溶物。

这种电池的负极锂与 $SOCl_2$ 接触时会发生如下反应：

$$8Li+4SOCl_2 \longrightarrow 6LiCl+Li_2S_2O_4+S_2Cl_2 \tag{8-7}$$

或

$$8Li+3SOCl_2 \longrightarrow 6LiCl+Li_2SO_3+2S \tag{8-8}$$

由于产物 $LiCl$ 形成致密的保护膜阻碍了反应继续进行，又由于它还是固体电解质膜，允许离子通过，所以不妨碍锂电极的正常阳极溶解。

8.4.2　$Li-SOCl_2$ 电池的组成和结构

$Li-SOCl_2$ 电池通常有纽扣式、圆筒形和矩形三种形状，图 8-7 为圆筒形电池结构图。电池负极紧贴于不锈钢外壳的内壁，中间为多孔的聚四氟乙烯的碳电极，正负极之间的隔膜为非编织的玻璃纤维。

$Li-SOCl_2$ 电池负极采用锂带，在充氩气的手套箱中将锂带压制在拉伸的镍网上，卷成圆筒形，放入电池壳内并使锂与壳体内壁紧密接触。正极活性物质 $SOCl_2$ 溶液加入锂后

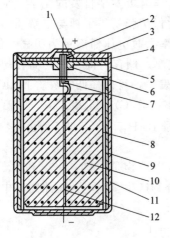

图 8-7　圆筒形 $Li-SOCl_2$
电池剖面图

1—联结片；2—正极帽；3—环氧树脂；
4—聚四氟乙烯；5—电池盖；6—玻璃金属封接；
7—中心注液管；8—玻璃纤维隔膜；9—锂负极；
10—带集流网的炭包；11—电池壳体；
12—正极极耳

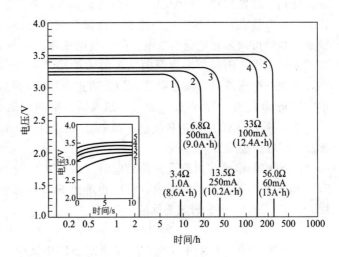

图 8-8　D 型 $Li-SOCl_2$ 电池
的放电曲线（25℃）

在氩气中回流，回流时加入亚磷酸三苯酯，与杂质生成高沸点化合物，然后蒸馏提纯除去杂质和水。将正极活性物质和炭、石墨粉和 PVC 乳状液混合，加入适量乙醇使之混合均匀，然后滚压到镍网上，在真空中恒温干燥。对于要求大电流放电时，还可在膏状物中加入一些发泡剂，如 $Na_2S_2O_3$ 或 NH_4Cl，电极成型后用水溶解除去发泡剂，真空干燥制成电极。Li-$SOCl_2$ 电池一般采用金属/玻璃或金属/陶瓷绝缘的全密封结构。

8.4.3 Li-$SOCl_2$ 电池的电化学特性

Li-$SOCl_2$ 电池开路电压 3.6～3.7V，电池放电电压高且放电曲线平稳。电解液使用 1.8mol/L $LiAlCl_4$ 的 $SOCl_2$ 溶液。当放电电流密度为 $1mA/cm^2$ 时电压为 3.3V，在 90% 以上电池的能量范围内电压保持不变。图 8-8 为 D 型 Li-$SOCl_2$ 电池在 25℃下的放电曲线。

Li-$SOCl_2$ 电池具有高比能量和中等比功率。正极采用聚四氟乙烯黏结的多孔碳电极时，

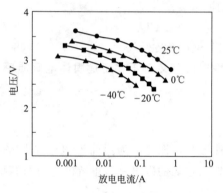

图 8-9　R_6 Li-$SOCl_2$ 高功率电池的不同温度下的极化曲线

电池在室温及中、低等放电率下性能优良。例如，以电流密度 $1mA/cm^2$ 放电时，其比能量大于 500W·h/kg；以电流密度 $10mA/cm^2$ 放电时，其比能量大于 400W·h/kg；电池能量的 98% 都是在 3V 以上输出的；Li-$SOCl_2$ 电池工作温度范围宽，可以在 $-50～60℃$ 范围工作。但低温下容量下降较大，在 $-50℃$ 时容量下降了室温的 40%～50%。图 8-9 给出 Li-$SOCl_2$ 电池在不同温度下的电压-电流极化曲线，由图可见，低温时放电曲线略有倾斜。

Li-$SOCl_2$ 电池存在两个突出问题，即"电压滞后"和"安全问题"。电压滞后是由于在电池体系中使用了四氯铝锂（$LiAlCl_4$）电解质盐，电解质溶液与锂电极发生自发的化学反应，反应的主要产物 LiCl 以薄膜的形式覆盖在锂阳极的表面，此保护膜妨碍了锂与电解质溶液的接触，虽然可以防止电池自放电，但导致电压滞后，放电率大时电压滞后更为明显。另外，膜的晶粒大小，随储存温度及时间的增大而增大，膜也变厚。储存时间越长，储存温度越高，电池的电压滞后也就越明显。为了防止电压滞后现象发生，可以降低电解质 $LiAlCl_4$ 浓度（1.0mol/L 和 0.5mol/L），也可以加入添加剂如聚氯乙烯（PVC）、$Li_2B_{10}Cl_{10}$、$Li_2B_{12}Cl_{12}$ 等。加入替代 $LiAlCl_4$ 的电解质盐，如多面体的氢化硼阴离子 $B_{10}H_{10}^{2-}$ 和 $B_{12}H_{12}^{2-}$ 的卤化物作用形成的卤硼酸盐等。

Li-$SOCl_2$ 电池在短路重负荷放电时。Li-$SOCl_2$ 电池放电产物是 LiCl、SO_2 和 S，其中 SO_2 和 S 主要溶解在电解液中。SO_2 也可由 $SOCl_2$ 缓慢分解产生。当电池短路时，电池温度升高，引发 Li 和 S 的放热反应。

$$2Li + S \longrightarrow Li_2S + 433.0kJ/mol \tag{8-9}$$

Li_2S 在 145℃下又可与 $SOCl_2$ 发生剧烈放热反应。这两个反应很可能是在短路条件下爆炸的触发反应。另一个引起爆炸的原因可能是 Li 的欠电压电沉积，即电压不足就发生锂的还原电沉积，形成 LiC 嵌入化合物，这种嵌入化合物很可能与 $SOCl_2$ 或放电产物 S 发生剧烈的放热反应，从而导致热失控引起爆炸。过放电也是引发电池爆炸的又一个因素。在负极限容量电池中，当 Li 用完后，正极发生如下反应：

$$2SOCl_2 + 4e^- \longrightarrow SO_2 + S + 4Cl^- \tag{8-10}$$

如果 LiCl 堵塞严重，也可能发生 Li^+ 还原，

$$Li^+ + e^- \longrightarrow Li \tag{8-11}$$

在正极上沉积的锂形成枝晶，造成短路。Li 与 S 反应，发生爆炸性反应。负极也发生如下反应：

$$SOCl_2 \longrightarrow SOCl^+ + \frac{1}{2}Cl_2 + e^- \tag{8-12}$$

放电产物 SO_2 也可在负极发生电化学氧化反应：

$$SO_2 \longrightarrow SO^{2+} + O + 2e^- \tag{8-13}$$

或

$$SO_2 + Cl_2 \longrightarrow SO^{2+} + 2Cl^- + O \tag{8-14}$$

$$Cl_2 + O \longrightarrow Cl_2O \tag{8-15}$$

而生成的 Cl_2O 是一种十分不稳定的爆炸性物质。

Li-$SOCl_2$ 电池爆炸至今尚没有肯定的说法，防止电池爆炸，只能针对不同情况采取相应措施。如采用低压排气阀解决短路情况下的安全问题；采用改进电池设计（C 型电池采取阴极限制，而大容量电池采取阳极限制的措施）和采用新的电解质盐，解决反极情况下的安全问题；采取全密封来防止部分放电的电池在储存或暴露于环境中时发生的安全问题。

8.5 Li-SO_2 电池

8.5.1 基本原理

非水有机电解液的 Li-SO_2 电池是 1971 年发表的专利，现在已有包括我国在内的许多国家生产，其特点是高功率输出和优异的低温性能，主要用于军事工业作为军事装备电源，如广泛应用于无线电收发报机、导弹点火系统、声呐浮标和炮弹等方面。另外，在存储器及微处理机、照相机及闪光灯等领域也有应用。

Li-SO_2 电池的化学表达式为：

$$(-)Li \mid LiBr\text{-}AN,PC,SO_2 \mid C(+)$$

负极反应：
$$Li - e^- \longrightarrow Li^+ \tag{8-16}$$

正极反应：
$$2SO_2 + 2e^- \longrightarrow S_2O_4^{2-} \tag{8-17}$$

电池反应：
$$2Li + 2SO_2 \longrightarrow Li_2S_2O_4（连二亚硫酸锂） \tag{8-18}$$

8.5.2 Li-SO_2 电池结构与制造工艺

Li-SO_2 电池大都采用圆筒卷绕式结构，正极为压在铝网骨架上的聚四氟乙烯（PTFE）和炭黑的混合物，正极活性物质 SO_2 以液态形式加入电解液中。负极为锂片，滚压在铜网上。电解液采用碳酸丙烯酯（PC）和乙腈（AN）的混合液作为溶剂，浓度为 1.8mol/L 的 LiBr 作为电解质，隔膜是多孔聚丙乙烯，外壳通常采用镀镍的钢壳。

多孔碳电极适用于作为吸收正极活性物质（即 SO_2）的载体。电极的制法是按乙炔黑和 PTFE 质量比为 90∶10 混合，加入适量乙醇混合调成膏状并均匀涂布在铝网上，碾压成厚度约 0.9mm、孔隙率 80% 的正极，经干燥除去乙醇得到正极。

电解液用 PC 经减压蒸馏净化，AN 用常压蒸馏净化，LiBr 经真空干燥脱水。在干燥空气环境中，配成浓度为 1.8mol/L LiBr 溶液。注液方法为：按液体的体积比 $V(SO_2)$∶

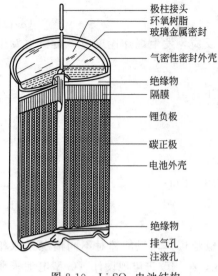

极柱接头
环氧树脂
玻璃金属密封
气密性密封外壳
绝缘物
隔膜
锂负极
碳正极
电池外壳

绝缘物
排气孔
注液孔

图 8-10　Li-SO$_2$ 电池结构

$V(PC):V(AN)=23:3:10$ 配制，先将 PC 和 AN 加入到特制搅拌罐内混合，再加入 LiBr 后注入液态 SO$_2$，完全搅拌混匀后，用泵打入注液系统向电池注入电解液，用氩弧焊将电池焊封。

圆筒形卷式 Li-SO$_2$ 电池结构如图 8-10 所示。将多孔碳电极、长方形锂负极片、多孔聚丙烯隔膜（0.025mm 厚）或聚丙烯毡卷绕成电芯，与另一层隔膜按螺旋形卷绕而成。这种卷绕式电极具有表面积大、内阻小等特点。这样可以满足电池大电流放电及低温条件下正常工作。

8.5.3　Li-SO$_2$ 电池特性

Li-SO$_2$ 电池是目前研制的有机电解液电池中综合性能最好的一种电池，主要具有以下的电池特性。

（1）具有较高的比能量、比功率和电压精度　Li-SO$_2$ 电池比能量为 330W·h/kg 和 520W·h/L，比普通锌和镁电池高 2～4 倍。Li-SO$_2$ 电池开路电压为 2.95V，终止电压 2.0V，放电电压高且放电曲线平坦，如图 8-11 和图 8-12 所示。Li-SO$_2$ 电池比功率高，可以大电流放电。从高至 2 小时率到低输出连续放电长至 1～2 年的范围内都具有有效的放电性能，甚至在极端的放电负荷下，都具有良好的电压调节性能。

（2）Li-SO$_2$ 电池工作温度范围宽，低温性能好　电池在 −54～70℃ 范围工作时，其放电曲线平坦。普通一次电池组在低于 −18℃ 时均不能工作，Li-SO$_2$ 电池组在 −14℃ 时仍能输出其室温容量的 50% 左右，显示了良好的低温放电特性。这主要是因为 Li-SO$_2$ 电池的有机电解质溶液电导较高，且随温度的变化电导下降不大。

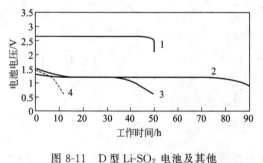

图 8-11　D 型 Li-SO$_2$ 电池及其他
电池的放电曲线（21℃ 200mA）
1—Li-SO$_2$ 电池；2—锌-汞电池；3—碱性锌-锰电池；
4—锌-锰干电池

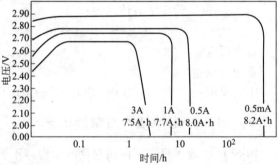

图 8-12　D 型 Li-SO$_2$ 电池的放电特性（23℃）

（3）Li-SO$_2$ 电池比其他的锂有机电解质的电池内阻小　D 型 Li-SO$_2$ 电池的内阻约为 0.1Ω，因此，电池具有良好的大电流放电性能，特别是在低温下，该系列电池在小于 3～4mA/cm^2 电流密度下工作，仍能获得最大的比能量。

（4）Li-SO$_2$ 电池储存寿命长　大多数一次电池在搁置时，由于阳极腐蚀，电池副反应或水分散失使得电池容量大大下降。一般来说，这些一次电池在搁置时温度不能超过 50℃，如果长期搁置还需制冷。而 Li-SO$_2$ 电池可以在 21℃下储存 5 年，其容量只下降 5%～10%，而且随着储存期的延长，容量下降率大大降低。Li-SO$_2$ 电池储存性能优异的原因一方面是由于 Li-SO$_2$ 电池是密闭结构，另一方面是由于在储存期间锂电极表面上生成了一层薄膜而使其得到了保护。

（5）存在电压滞后现象　主要是由于自放电产物 Li$_2$S$_2$O$_4$ 在负极表明形成保护膜，虽然阻止了自放电的继续进行，但造成了放电时的电压滞后现象。低温放电或大电流放电时，电压滞后更为明显。滞后时间一般只有几秒。

（6）Li-SO$_2$ 电池安全性能较差，且 SO$_2$ 对人和环境有危害和污染　Li-SO$_2$ 电池如果使用不当会发生爆炸或 SO$_2$ 气体泄漏。爆炸原因是由于短路，较高负荷放电或外部加热使电池温度升高，反应加速，从而产生更多的热量，使电池温度达到锂的熔点（180℃）；高温下溶剂挥发，反应产生的气体形成较高压力；电池内存在不挥发的有机溶剂；正极放电产物有硫，正极活性物质中的炭粉在高温下会燃烧。当缺乏 SO$_2$ 时，锂和乙腈、锂和硫都会发生反应放出大量的热；隔膜中的无机和有机材料会分解，这些因素都可能引起爆炸。

防止 Li-SO$_2$ 电池爆炸的措施研究得很多：有的采用透气片，当电池达到一定温度（如 100℃）或一定压力（如 3430kPa）时透气片破裂，使气体逸出，电池不致爆炸。但逸出的 SO$_2$ 气体具有强腐蚀性，而且有毒，这种措施不是很理想；采用锂阳极限制（锂与 SO$_2$ 的化学计量约为 1:1），保证了在电池的整个寿命过程中都有 SO$_2$ 存在，从而使锂不与电池的其他成分起化学反应。因为缺乏 SO$_2$ 的情况下，多余的锂与乙腈间发生反应放出大量热，引起 LiS$_2$O$_4$ 分解，此外，锂也与硫发生反应放出大量热，造成电池爆炸；选用稳定的溶剂和减少反应性的添加剂也是防止爆炸的一种措施，已发现乙腈/碳酸丙烯酯（AN/PC＝90/10）或乙腈/醋酸酐（体积比为 90/10）有较好地防止电池在高放电率滥用条件下爆炸的效果。

8.6　Li-(CF$_x$)$_n$ 电池

8.6.1　Li-(CF$_x$)$_n$ 电池原理与基本特点

Li-(CF$_x$)$_n$ 电池称为锂聚氟化碳电池，又写作 Li-CF$_x$ 电池（锂氟化碳电池），以锂为负极，固体聚氟化碳或者氟化碳为正极（0≤x≤1.5）。其电化学表达式（以 LiClO$_4$-PC 电解液为例）可以写为：

$$(-)Li \mid LiClO_4\text{-PC} \mid (CF_x)_n(+)$$

氟化碳材料可以由碳粉和氩气冲淡的氟气在 400～500℃条件下反应生成，反应式表示如下：

$$2nC(s) + nxF_2 \longrightarrow 2(CF_x)_n(s) \tag{8-19}$$

传统电解液一般采用 LiAsF$_6$-DM-SI（亚硫二甲酯），或 LiBF$_4$-γ-BL＋THF，或 LiBF$_4$-PC＋1,2-DME。电池放电时反应为：

负极反应：
$$nLi - ne^- \longrightarrow nLi^+ \tag{8-20}$$

正极反应：
$$(CF_x)_n + ne^- \longrightarrow nC + nF^- \quad (x=1) \tag{8-21}$$

总反应：
$$nLi + (CF_x)_n \longrightarrow nLiF + nC \quad (x=1) \tag{8-22}$$

Li-(CF$_x$)$_n$ 电池有纽扣式、圆柱形和针形。圆柱形电池负极是将 0.13～0.64mm 厚的锂片，压在展延的镍网上。正极是将活性物质 (CF$_x$)$_n$ 与 5% 左右的炭黑及黏合剂制成膏状后

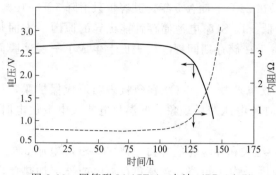

图 8-13　圆筒形 Li-$(CF_x)_n$ 电池（BR-2/3P）
放电电压与内阻变化（300Ω，20℃）

涂在栅网上，加压成型。也可将混合物直接压在栅网上成型、干燥。

以 R14 卷式圆柱形电池为例。正极组成按质量比 $m[(CF_x)_n]$：m（石墨）：m（乙炔黑）：m（黏结剂）=30：50：5：15 混合，黏结剂为苯乙烯-丁二烯橡胶的甲苯熔液。隔膜为非编织的聚丙烯膜。电解质溶液为 1mol/L LiBF₄-γ-丁内酯。将负极片、隔膜、正极卷在一起，插入到外壳圆筒中，注入电解液，加盖，卷边，封口。

锂氟化碳电池的开路电压为 2.8～3.3V，工作电压 2.6V，放电电压平稳，其电池放电曲线及电池内阻的变化如图 8-13 所示。Li-CF$_x$ 电池中，当 CF$_x$ 中 $x=1$ 时，对应 Li-$(CF_x)_n$ 电池的理论比能量约为 2180W·h/kg，是目前固体正极材料中容量相对较高的材料体系。圆柱形电池实际比能量可达到 285W·h/kg 和 500W·h/L，约为锌锰干电池的 5～10 倍；Li-$(CF_x)_n$ 电池在贮存过程中无气体析出，自放电极微，常温下是贮存 1 年容量损失小于 5%。这主要是由于氟化碳是一种化学稳定和热稳定的材料，安全性能好，不存在腐蚀性气体。Li-$(CF_x)_n$ 电池比功率较低，只适用于小电流工作，低温性能仍比较差，在 −10℃下放电所获得的容量仅为 45℃时的一半，成本也较高。表 8-9 列出几种 Li-$(CF_x)_n$ 电池的主要性能。

表 8-9　Li-$(CF_x)_n$ 电池的主要性能

IEC 型号	电池 型号	尺寸/mm		V /cm³	m /g	C /mA·h	W'	
		d	h				/(W·h/kg)	/(W·h/L)
BR-435	针杆式	4.19	35.8	0.49	0.9	40	110	205
BR-2025	纽扣式	20	2.0	0.63	2.3	90	98	355
BR-2325	纽扣式	23	2.5	1.04	3.1	150	120	360
BR-2/3A	圆柱式	16.7	33.3	7.29	13.5	1200	220	410
BR-C	圆柱式	26	50	26.5	47	5000	265	470

目前，锂氟化碳电池已被广泛应用于胎压监测系统、心脏起搏器、军用移动电台、导弹点火系统等科技前沿领域，其中纽扣式 Li-$(CF_x)_n$ 电池可用作电子手表、袖珍计算器的电源。针状 Li-$(CF_x)_n$ 电池与发光二极管匹配，在钓鱼时作为发光浮标。功率较大的电池，如日本松下公司生产的 BR-P₂，由两节 BR-2/3A 串联而成，容量 1200mA·h，电压 6V，用于照相机，作为自动卷片、测光等电源。松下公司生产的 BR17335 氟化碳电池，平均比能量 220W·h/kg。Quinetiq 开发了带状电池，比能量达 550W·h/kg。近年来美国和欧洲的一些国家，加大了对该体系电池的研发强度。将氟化物引入多层碳纳米材料中，与传统碳氟化物材料相比，具有不同的原子结构，从而解决了氟化碳材料导电性能差的限制。

8.6.2　反应机制

氟化碳材料放电过程中通常存在较大的极化，导致放电电压低于理论值，这种明显的电压滞后现象除了与材料的低电导率有关之外，还与该材料的微观结构和电化学反应机制相关联。CF$_x$ 的电化学性能与 CF$_x$ 结构的层间距和晶格缺陷等有关，通过测试、放电产物的观测以及理论计算，目前被大多数人认可的氟化碳材料的放电机制，认为放电过程中溶剂化的锂离子嵌入氟化碳层间形成溶剂化的碳-氟-锂三元中间相，随后去溶剂化生成 LiF 和碳单质。根据该理论，Li/CF$_x$ 电池的电化学反应方程式可以表示为：

阳极反应：　$x\text{Li} + x\text{S} \longrightarrow x\text{Li}^+ \cdot \text{S} + xe^-$　（S 代表电解液溶剂分子）　(8-23)

阴极反应：　$\text{CF}_x + x\text{Li}^+ \cdot \text{S} + xe^- \longrightarrow \text{C}(\text{Li}^+ \cdot \text{S-F}^-)_x \longrightarrow \text{C} + x\text{LiF} + x\text{S}$　(8-24)

电池总反应：　　　　　$\text{CF}_x + x\text{Li} \longrightarrow \text{C} + x\text{LiF}$　(8-25)

反应式中 S 代表电解液溶剂分子；C(Li$^+$·S-F$^-$)$_x$ 代表溶剂化的碳-氟-锂三元中间相。

8.6.3　发展趋势与前景

目前，新的研究方向主要集中在氟化碳材料的改性，改善材料的电化学活性，提高电池比能量上。从传统的锂-氟化碳电池来看，虽然该电池体系具备诸多优点，但其与当前的应用需求仍有诸多关键技术亟须突破。电池通常在放电初期存在明显的电压滞后现象，实际放电电压仅能达到 2.4～2.8V，远低于 3.3V 的开路电压。此外，由于锂-氟化碳电池工作时发热严重和体积膨胀严重所导致的安全性问题，也是制约其商业化应用的重要原因之一。氟化碳材料的结构与电化学性能紧密相关，通过制备工艺的优化来调控氟化碳材料的体相和表面结构，进而提升氟化碳材料电化学性能是获得高性能锂原电池的关键。氟化碳材料制备的关键技术包括氟源与碳源的选取、氟化温度的控制等方面。目前，氟化碳材料较为常见的合成工艺为高温合成法，即在高温条件下将碳材料与含氟气体进行氟化制备，此外，可以通过调节反应温度、压力以及碳源来调节材料的氟化程度，进而调节氟化碳材料的电化学性能。碳源的选择会在很大的程度上影响电极材料的电化学性能。碳源对 CF$_x$ 电化学性能有重要影响，随着碳晶格曲率的增大，C—F 键的共价特性减弱，放电平台提高，锂-氟化碳电池的电化学性能有所提高。随着氟化温度的升高，生成的 C—F 键共价键强，氟化碳材料导电性降低，放电过程中极化严重，放电电压一般低于 2.8V。此外，通过复合具有高电压平台、高导电性的正极材料，能够有效提高氟化碳复合正极的导电性，减少电池放电过程中的极化，例如采用复合了 MnO$_2$ 的 CF$_x$ 材料所组装的锂-氟化碳电池具有较好的倍率放电能力。

8.7　Li-I$_2$ 电池

锂/碘电池属常温固体电解质电池，它具有体积比能量高（500～800W·h/L）、可靠性好、寿命长等优点。因为电池是全固态，反应无气态和液态产物，无气液泄漏之患，具有较高的可靠性和安全性，因而现在多用于心脏起搏器中。LiI 是锂离子导电的固体电解质，电导率在室温下达到 10^{-5}S/cm 左右，Li-I$_2$ 电池在放电过程中会产生 LiI，而起固体电解质兼隔膜的作用，不必事先预做成管型或塞子式的固体电解质层，因而电池可以做得很薄。

电池的表示式为：

$$(-)\text{Li} | \text{LiI} | \text{I}_2(\text{P}_2\text{VP})(+)$$

电池的负极为金属锂，正极由聚二乙烯基吡啶（P$_2$VP）与碘的配合物组成。负极装在中间，两边是正极材料压入金属外壳（如不锈钢），此外壳也是电池正极集流器。

电池反应如下所述。

负极反应：　　　　　$\text{Li} - e^- \longrightarrow \text{Li}^+$　(8-26)

正极反应：　　　$n\text{I}_2(\text{P}_2\text{VP}) + 2e^- \longrightarrow (n-1)\text{I}_2(\text{P}_2\text{VP}) + 2\text{I}^-$　(8-27)

总反应：　　　$2\text{Li} + n\text{I}_2(\text{P}_2\text{VP}) \longrightarrow (n-1)\text{I}_2(\text{P}_2\text{VP}) + 2\text{LiI}$　(8-28)

电池的开路电压 2.8V，形成的 LiI 很薄，约为 $1\mu m$，开始有 I_2 与 Li 作用形成 LiI，即自放电现象。后来由于 LiI 增厚而减少了 I_2 的扩散，自放电减少，因而储存寿命较长（一般可达 10 年以上），工作温度为室温到 40℃ 之间，低温时 LiI 电导率太低，温度更高则自放电严重。

Li-I_2 电池具有较好的力学性能，电池经受一定的震动、冲击和旋转，当 LiI 层受到破坏时电池本身具有自愈性，可自动修复。由于随着反应的进行而产生 LiI 层，它的电阻比较大，LiI 越多，电阻越高，由于内阻越来越高，电池电压越来越小，放电过程中的电压与内阻变化见图 8-14。一般而言，电压逐渐降低是一个缺点，但对心脏起搏器而言却是一个优点，因为它可对电池的工作时间起预告的作用。

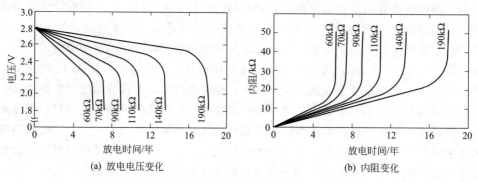

图 8-14　Li-I_2 电池放电过程中的电压与内阻变化

锂-碘电池的结构视其用途不同而不同，医疗用的电池具有各种规格尺寸，其外形有矩形、半圆形或是混合形。根据包封方式不同，存在正极包封负极式和负极包封正极式的 Li-I_2 电池。非医疗用的 Li-I_2 电池一般为纽扣形和圆筒形两种。

8.8　可充电金属锂负极

金属锂负极具有高达 3860mA·h/g 或 2061mA·h/cm³ 理论比容量和 $-3.04V$ 的低电极电势，这些特性吸引人们用其做成可充电的金属锂电池。早在 20 世纪 80 年代，加拿大 Moli 公司就推出了基于金属锂负极的二次电池，但由于容易产生锂枝晶，以及充放电过程中自身的"相对无限体积变化"和锂负极表面膜（SEI 膜）不稳定，导致基于金属锂负极的二次电池存在严重的安全隐患和很差的循环性能。受制于当时人们的认识及科技水平的限制，金属锂负极的研究和应用未能获得突破。直到 2015 年以后，由于人们对高能量密度电池的迫切需求，金属锂负极二次电池再次成为研究的热点。

8.8.1　金属锂负极存在的问题

可充金属锂负极的安全性和循环稳定性问题至今没有得到根本性解决，严重的安全性隐患和较差的循环性能制约其应用，具体表现在以下几个方面。

（1）充电过程容易产生锂枝晶，并引发安全隐患　金属锂负极的电极电势负，表明其活性高，因此会与电解液发生反应生成 SEI 膜，而且金属锂负极在充放电过程中体积波动极大，容易导致表面 SEI 膜破碎，锂枝晶会从 SEI 膜破碎处生长；放电时锂枝晶会发生断裂，产生"死锂"；锂枝晶还会与电解液反应形成新的 SEI 膜而消耗大量的电解液。经过多次充放电循环后，上述反应会在金属锂表面形成较厚的 SEI 膜和大量"死锂"，如图 8-15 所示。

上述过程不仅导致电池循环性能下降，而且锂枝晶穿透隔膜还会造成电池内部短路，引发安全事故。

图 8-15 金属锂负极枝晶生长及产生"死锂"的示意图

金属锂负极的充电过程是 Li$^+$ 的电沉积过程，相比其他金属的电沉积更容易生长枝晶。金属锂的电负性和高反应活性导致其与电解液迅速反应生成 SEI 膜。Li$^+$ 在 SEI 膜固相中的传质速率比在液相中慢得多，Li$^+$ 的传质速率跟不上交换电流密度较大的电化学步骤的反应速率，当界面的 Li$^+$ 浓度下降到零时，会产生局域空间电荷层，诱导锂枝晶的晶核产生。金属锂表面的微观不均匀溶解-沉积，还会造成锂电极表面的凹凸不平、缺陷等，凸起处的电子浓度增大，吸引更多的 Li$^+$，从而导致该处放电产生的 Li 原子迅速增加而形成锂枝晶；另一方面，凸起处 Li$^+$ 的传质速率要远远快于平面处，也会导致凸起处局部电流密度增大，进而加剧锂枝晶的生长。

（2）SEI 膜与金属锂的固/固界面不稳定并导致循环性能差　金属锂负极充放电过程产生"相对无限体积变化"，若电极单面比容量达到商用的 30A·h/m^2，会产生约 14.6μm 的厚度变化。放电过程中，锂溶出导致 SEI 膜脱离金属锂的支撑而发生破损，由于 SEI 膜破损处的反应活性高，再次充电时，会优先在此处沉积锂而形成枝晶，锂枝晶表面又会形成新的 SEI 膜，此现象会在充放电过程中恶性循环，致使金属锂负极表面 SEI 膜的不稳定问题非常严重；放电过程中锂溶出还会产生界面间隙，电解液会从破损处进入界面间隙，与金属锂反应生成新的 SEI 膜，使 SEI 膜增厚，增加界面阻抗。

8.8.2　锂枝晶的生成原理

锂枝晶是阻碍可充金属锂负极应用的罪魁祸首，金属锂负极每次充电都伴随锂的电沉积过程，每次循环都有产生锂枝晶的可能。在锂电沉积过程中，初始成核对随后的枝晶生长起着关键性的作用。锂枝晶的生长受控于 Li$^+$ 的传质步骤和放电 Li 原子的电结晶步骤，并与电子转移步骤相关联。有关传质步骤影响锂枝晶成核的理论研究，被普遍接受的是"Sand's time"模型，该模型认为：充电过程中，由于在 SEI 膜中 Li$^+$ 的传质速率慢，容易发生极限扩散控制，当电极表面 Li$^+$ 浓度下降到零时，凸起处产生的局域空间电荷层会吸引更多的 Li$^+$，诱导锂枝晶成核。锂枝晶初始成核的临界时间为：

$$\tau = \pi D \left(\frac{z_c e C_0}{2j} \right)^2 \left(\frac{\mu_a + \mu_c}{\mu_a} \right)^2 \tag{8-29}$$

式中，τ 是锂枝晶初始成核的临界时间；$D = (\mu_a D_c + \mu_c D_a)/(\mu_a + \mu_c)$，其中 D_c 和 D_a 是 Li$^+$ 和阴离子的扩散系数，μ_c 和 μ_a 是 Li$^+$ 和阴离子的迁移率；e 是电子电量；$z_{Li^+} = 1$；C_0 是最初的 Li$^+$ 浓度；j 是电流密度。"Sand's time"模型表明，较小的电流密度 j 对应较大的锂枝晶成核时间 τ，即在低电流密度下，受 Li$^+$ 传质步骤控制的锂枝晶成核会被延迟，甚至被抑制。

"Sand's time"模型考虑的是 Li$^+$ 传质步骤对锂枝晶成核的影响。但实际上，即使传质步骤不发生极限扩散控制，不诱导锂枝晶成核前提下，放电 Li 原子的电结晶过程依然还有锂枝晶成核和生长的可能。Jens Steiger 用物理气相沉积（PVD）法制备金属锂时，依然发现了锂枝晶现象，如图 8-16 所示。这说明在 PVD 过程中，金属锂表面没有 SEI 膜，也没有电沉积过程导致的局域空间电荷层的诱导作用，但锂枝晶这一现象依然会发生。该研究表明，锂枝晶成核及生长与气态锂原子的结晶过程有关，那么就有理由认为，锂的电沉积过程即使消除了扩散控制，在后续的电结晶过程中也有导致锂枝晶成核的因素，因为放电 Li 原子的电结晶过程与 PVD 气态锂原子的结晶过程类似，都是游离（或吸附）态 Li 原子向凝聚态转化。

图 8-16　在清洁 Cu 表面 PVD 金属锂产生的锂枝晶

锂晶核是锂枝晶生长的根源，关于成核位点有不同观点，包括针尖诱导成核、基体诱导成核和多向诱导成核，目前尚未得出统一结论。崔屹团队研究了同时在 Au、Cu 基体上锂的电结晶行为，发现锂优先在 Au 上沉积，如图 8-17 所示，该现象说明，锂的电结晶行为与锂原子和基体原子的结合能有关。

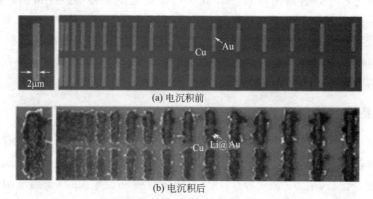

图 8-17　在 Au、Cu 图案基体上电沉积的金属锂

金属锂的熔点低，在室温下使用透射电镜观察锂枝晶时，由于电子束的撞击，锂枝晶边缘会卷曲甚至熔化，无法得到真实图像。2017 年，美国斯坦福大学崔屹团队利用冷冻电镜（cryo-EM）技术，首次获得了原子级锂枝晶的图像（见图 8-18）和锂枝晶按低能量晶面生长的台阶（见图 8-19）。

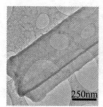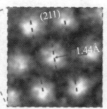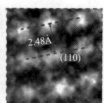

图 8-18　冷冻电镜拍摄的锂枝晶及锂原子排列

图 8-19　冷冻电镜观察到的锂枝晶的横断面结构

同期，美国加州大学圣地亚哥分校 Meng Ying Shirley 团队利用冷冻电镜观察到了电沉积锂枝晶中的非晶态锂，而 SEI 膜则呈晶态，这与崔屹团队观察到的晶态锂不同，可能与电沉积的条件有关，说明在一定条件下可以通过电沉积获得非晶态金属锂。

8.8.3　金属锂负极的结构优化

增加金属锂负极电化学面积与表观面积的比，降低真实电流密度，可以减缓锂枝晶的生长。金属锂负极的先进微/纳米结构对于削弱锂枝晶有很好的效果，这与减小 SEI 膜中 Li^+ 单位面积的传质流量和降低界面游离（或吸附）Li 原子的生成速率直接相关，二者分别对应传质步骤控制和电结晶步骤控制的锂枝晶成核及生长。关于先进微/纳米结构金属锂负极的研究很多，比如石墨烯/金属锂复合电极、碳纳米管/金属锂复合电极、纳米线或孔阵列基体锂电极、碳纤维毡基体锂电极、玻璃纤维布覆层锂电极、纳米空心碳球修饰锂电极等，这些结构的锂电极均能在一定程度上改善金属锂负极的性能。

最具结构优势的是三维网状结构泡沫锂负极，其高比表面积能在保持表观电流密度和表观面积比容量的前提下，大大降低真实电流密度和真实面积比容量，防止 Li^+ 在 SEI 膜达到极限传质，并减小金属锂与 SEI 膜固/固界面的位移波动距离。真实电流密度大幅度减小还有利于降低金属锂的表面粗糙度，减弱锂枝晶的成核。此外，泡沫锂的三维网状结构方便其骨架表面预置 SEI 膜，还有利于 Li^+ 液相传质，以及由于载体的支撑作用，充放电过程中表观体积稳定，有利于全电池的设计制造和循环使用，是理想的金属锂负极结构。图 8-20 所示是王殿龙等人研制的泡沫锂的微观结构，所用载体（泡沫铜或镍）的面密度 $80\sim100g/m^2$，与 $10\mu m$ 厚度的铜箔相当；通过减小孔径，增加厚度至 $1\sim2mm$，可把泡沫锂的有效电化学面积比提升到 100 以上，界面位移波动从 $15\mu m$ 降低到 $0.15\mu m$（对应商品电池的 $30A\cdot h/m^2$）。

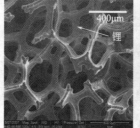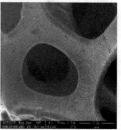

图 8-20　泡沫锂的 SEM 照片

将泡沫锂负极的厚度增至毫米级，对电解液的电导率提出了高要求。目前锂离子电池商用碳酸酯类和醚类有机电解液的电导率约为 $0.01S/cm$，远不能满足毫米级泡沫锂负极的要求。为了与泡沫锂负极相适应，国内王殿龙等人研制出了以二氧化硫为溶剂、三氯化锂为电解质盐的无机非水电解液，电导率高达 $0.1S/cm$，可以满足毫米级泡沫锂负极的要求，而且该无机非水电解液的 Li^+ 浓度高达 $5\sim6mol/L$，属于超浓缩电解液，对消除锂枝晶有帮助。无机非水电解液还具有不可燃性质，本征安全，有利于解决金属锂二次电池的安全问题。基于以上优点，泡沫锂/无机非水电解液电极体系在金属锂二次电池中具有实际应用前景。

8.8.4　电解液的优化

在液态电解液中加入特殊的添加剂，能够提高金属锂负极 SEI 膜的均匀性和稳定性，对锂枝晶生长有抑制作用。电解液添加剂能够在金属锂表面分解、吸附和聚合，从而提升 SEI 膜的均匀性，改善锂电沉积过程中电极表面的电流分布。可用于金属锂负极电池体系的添加剂包括以下几种类型。

（1）含 F 添加剂　有研究显示，碳酸酯类电解液中少量的 HF 和 H_2O，可以在锂负极表面形成一层均一的 LiF 和 Li_2O 层，改善锂负极 SEI 膜的稳定性，从而使电沉积锂的过程更加均匀。常用的含氟添加剂有 $(C_2H_5)_4NF(HF)_4$、LiF 和氟代碳酸乙烯酯等。

（2）自修复静电吸附添加剂　在电解液中添加少量电势与 Li^+ 接近的金属离子 M^+，如果电沉积过程中 M^+ 不被还原，而是吸附在金属锂负极表面，尤其是局部极化过大的凸起部位会吸附更多的 M^+，形成静电层，从而排斥 Li^+ 在凸起处还原，则能够减缓锂枝晶的生长。丁飞等人研究发现，添加 Cs^+ 可以抑制锂枝晶生长，如图 8-21 所示，Cs^+ 能够吸附在锂枝晶的凸起处，阻止锂枝晶生长。Cs^+ 添加剂还对 SEI 膜产生有利影响，Meng Ying Shirley 团队利用冷冻电镜观察发现，在碳酸酯类电解液中添加如 Cs^+，能使锂枝晶表面形成的 SEI 膜均匀、致密，厚度减薄至 1nm；而添加 Zn^{2+} 锂枝晶表面生成的 SEI 膜不致密，而且厚度不均匀。

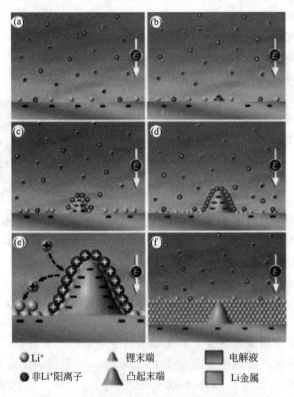

图 8-21　锂电沉积的自修复静电屏蔽机制

（3）锂多硫化合物与 $LiNO_3$ 复合添加剂　在醚类电解液中同时加入锂多硫化合物和 $LiNO_3$，可以显著提升电沉积锂的均匀性，减少锂枝晶，提高金属锂负极的循环性能。锂多硫化合物与 $LiNO_3$ 复合添加剂的作用机理是，$LiNO_3$ 首先与金属锂反应形成钝化层，然后锂多硫化合物再与钝化层反应形成 Li_2S 和 Li_2S_2 等,从而防止电解液与金属锂进一步反应。

(4)超浓缩电解液　传统的枝晶生长模型认为,增加电解液中金属盐的浓度,可以提高临界电流密度值,从而抑制锂枝晶的产生。根据这一理论,一款 LiTFSI 浓度高达 7mol/L 的超浓缩电解液被研究出来,该电解液能够显著抑制 Li-S 电池中锂枝晶的生长,同时还有利于倍率性能的提升。

(5)纳米分散相电解液　在电解液中加入惰性纳米微粒,如碳纳米球、纳米 SiO_2、纳米 Al_2O_3、纳米金刚石等,形成分散相电解液,纳米微粒会吸附在锂负极表面,通过削弱 "Sand's time" 模型中诱导锂枝晶成核的域空间电荷层的产生,和降低阴离子的迁移率,抑制锂枝晶成核。按照 "Sand's time" 公式,若阴离子的迁移率 μ_a 的值趋于 0,则锂枝晶初始成核的临界时间 τ 趋于无穷大,锂枝晶成核被抑制。

(6)全固态电解质　从解决金属锂二次电池的安全性出发,全固态电解质也是近些年的研究热点。全固态电解质包括全固态聚合物电解质和无机陶瓷电解质两大类。与液态电解质相比,全固态电解质的安全性好、电化学窗口宽、对锂枝晶生长具有一定阻挡作用,缺点是离子电导率低。目前研究的重点是提高离子电导率和 Li^+ 的迁移数,并已取得良好的进展,比如 Goodenough 团队研制的高电导率玻璃态电解质,Li^+ 或 Na^+ 的电导率达到 $10^{-2}S/cm$;Kamaya 等报道了一种具有三维贯通框架结构的固体电解质 $Li_{10}GeP_2S_{12}$,离子电导率为 $1.2 \times 10^{-2}S/cm$。以上研究表明,全固态电解质的离子电导率已经接近或达到了商品有机电解液的水平($1 \times 10^{-2}S/cm$),用于 Li-S 电池的隔膜能有效阻止多硫化物穿梭,但全固态电解质用于金属锂负极还存在界面问题。由于金属锂充放电过程中发生 "相对无限体积变化",而全固态电解质与金属锂构成的固/固界面缺乏自修复机制,无法弥补金属锂溶出产生的界面间隙,这对全固态电解质是一个必须解决的问题。另外,全固态电解质电池中也存在枝晶问题,而且固体电解质的密度普遍高于液态电解液,对电池的质量比能量不利。

8.8.5　金属锂负极的固体电解质界面优化

SEI 膜直接与电解液和金属锂接触,起桥联作用,其结构和成分都对金属锂负极的枝晶和界面稳定性有着显著的影响。Robert L. Sacci 等采用原位电化学透射电子显微镜金晶粒表面金属锂的电沉积行为和枝晶生成的演化过程,观察到 SEI 膜在锂沉积之前生成,金属锂的沉积过程在 SEI 层和金晶粒表面之间进行,不规则的 SEI 膜会诱发锂枝晶产生。

Zheng Haimei 等研究金电极表面电沉积锂时,观察到了金属锂与 SEI 膜的界面存在间隙,并且界面间隙随电沉积过程而变化。根据传统电极过程动力学理论,电极/溶液界面发生电荷跃迁的紧密层厚度小于 1nm,这就要求充放电循环过程中 SEI 膜随金属锂的表面位移,而且不破损,为此人们针对 SEI 膜的稳定性作了大量研究工作。但总的来说,金属锂负极与电解液反应自发生成的 SEI 膜,厚度从几纳米到几百纳米不等,强度低,容易破损,难以适应金属锂负极表面的波动,循环次数达不到要求。

对于金属锂负极,理想的 SEI 膜应该具有以下特点:①适当的厚度,厚到足以阻止电子输运到电解液,但不能太厚,会增加锂离子扩散的阻力,但目前还没有确切的 SEI 厚度的结论;②高离子导电率,降低锂离子的扩散阻力;③兼具高强度和弹性,不但能阻挡锂枝晶,而且能适应锂溶解/沉积产生的位移波动和不均匀体积变化;④在长期循环过程中,形态、结构和化学性质稳定。

改善金属锂负极界面的有效方法是在金属锂负极与电解液接触之前就预置一层完整的 SEI 膜,这层 SEI 膜需要足够强韧,高强度能够抑制锂枝晶的生长,高弹性可随金属锂表面波动而不破损。预置 SEI 膜方法有化学预处理、电化学预处理和物理预处理，例如将金属锂负极利用取代硅烷进行处理，取代硅烷与金属锂表面的一些含有羟基的化合物反应，就会生成一层非常稳定和低阻抗的 SEI 膜；也可以用 N_2 和金属锂反应生成 Li_3N 膜层；Li_3PO_4 具有很高的 Li^+ 电导率，也可以作为预置层。

2016 年崔屹团队报道了一种预置 SEI 膜的方法，首先在铜箔表面预置一层厚度 $4\mu m$ 的弹性 SEI 膜，然后电沉积金属锂，利用 SEI 膜可传输 Li^+ 但却电子绝缘特性，将金属锂电沉积到了 SEI 膜下面的铜箔的表面。与空铜箔基体相比，预置弹性 SEI 膜后电沉积的金属锂结晶致密，如图 8-22 所示。该金属锂负极能够稳定循环 190 次，容量保持稳定。

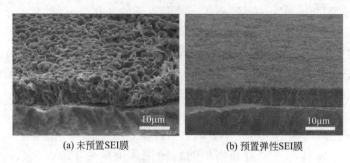

(a) 未预置SEI膜　(b) 预置弹性SEI膜

图 8-22　铜箔表面预置 SEI 膜前后电沉积的金属锂

8.8.6　金属锂负极展望

实现可充金属锂负极的实际应用，需要解决金属锂负极的锂枝晶、界面稳定性和安全性问题，应当重点发展好以下技术。

（1）三维结构金属锂负极技术　三维结构是解决金属锂负极问题的一个可行途径，包括金属锂/载体复合电极。

（2）SEI 膜和金属锂负极表面改性技术　通过电解液添加剂或者金属锂表面预处理等手段，稳定 SEI 膜的结构和成分，提升界面稳定性，减少锂枝晶的产生和生长。

（3）固态电解质及新型电解液技术　提高固态电解质离子电导率和弹性模量，与新型安全电解液复合解决固/固界面间距问题。

（4）先进检测技术　利用先进的检测技术对锂枝晶的产生和生长机理以及固/固界面的稳定性进行深入研究。

（5）全电池设计　可充金属锂负极全电池的设计主要面临两大难题：一是金属锂负极的相对无限体积变化，因此在电池设计时要注意正负极之间的体积变化相匹配，或用金属锂/载体限制体积膨胀；二是对于 Li-S 电池或 Li 空气电池，解决多硫化物或 O_2 的穿梭问题。

（6）电池安全技术　①研究安全电解液（质），解决可充电金属锂电池的本征安全问题；②设计锂枝晶检测、温度敏感性阻燃剂、电池紧急切断等智能技术，为可充电金属锂电池设置第二道防线。

8.9　Li-S 电池

8.9.1　Li-S 电池特点及基本原理

锂硫电池是以硫（S）作为正极活性物质、金属锂作为负极的一种锂电池，最早于 20 世纪 60 年代被证实可作为一种高比能化学电源。硫材料的理论比容量为 $1675\mathrm{mA \cdot h/g}$，基于硫和金属锂的电池体系理论能量密度可达 $2600\mathrm{W \cdot h/kg}$，远高于现阶段商业化的锂离子二次电池。用作活性材料的单质硫（通常指环八硫 S_8）是黄色的晶体，又称作硫黄，难溶于水，微溶于乙醇，易溶于二硫化碳，无毒，对环境相对友好，且硫是地球上丰度较高的元素，基于硫正极的锂二次电池是一种非常有发展前景的高比能电池体系。

锂硫电池的构造通常如图 8-23 所示。与其他电池结构类似，锂硫电池也主要由正极、负极以及电解液等核心部件组成。负极采用金属锂，电解液通常采用溶解锂盐的醚类有机溶剂，正极一般由硫活性材料、导电添加剂和黏结剂组成。

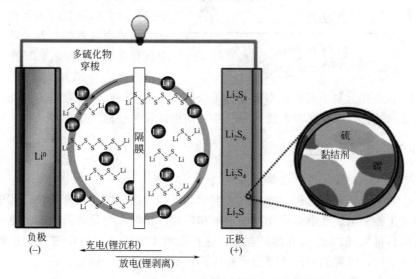

图 8-23 锂硫电池结构示意图

锂硫电池利用金属锂与单质硫之间的氧化还原过程，通过 S—S 键的断裂/生成与电子转移，从而实现化学能与电能间的相互转换。二次锂硫电池的充放电过程中存在多个可逆反应，因而导致锂硫电池的充放电反应复杂，其机理由于中间产物的复杂性等因素而尚未明确。目前较认可的充放电机理如图 8-24 所示，其电极反应如下。

正极反应：
$$S_8 + 2e^- \underset{充电}{\overset{放电}{\rightleftharpoons}} S_8^{2-} \qquad (8\text{-}30)$$

$$3S_8^{2-} + 2e^- \underset{充电}{\overset{放电}{\rightleftharpoons}} 4S_6^{2-} \qquad (8\text{-}31)$$

$$2S_6^{2-} + 2e^- \underset{充电}{\overset{放电}{\rightleftharpoons}} 3S_4^{2-} \qquad (8\text{-}32)$$

$$S_4^{2-} + 2e^- \underset{充电}{\overset{放电}{\rightleftharpoons}} 2S_2^{2-} \qquad (8\text{-}33)$$

$$S_2^{2-} + 2e^- \underset{充电}{\overset{放电}{\rightleftharpoons}} 2S^{2-} \qquad (8\text{-}34)$$

负极反应：
$$Li \underset{充电}{\overset{放电}{\rightleftharpoons}} Li^+ + e^- \qquad (8\text{-}35)$$

电池反应：
$$16Li + S_8 \underset{充电}{\overset{放电}{\rightleftharpoons}} 8Li_2S \qquad (8\text{-}36)$$

从图 8-24 中可以看出，锂硫电池在放电过程中存在两个明显的放电平台，分别位于 $2.4 \sim 2.1\mathrm{V}$ 和 $2.1 \sim 1.5\mathrm{V}$ 附近，不同位置的放电平台代表了不同的还原过程。在放电初期，固态的单质硫八元环（S_8）首先展开被还原为易于在醚类溶剂中溶解的长链多硫化离子

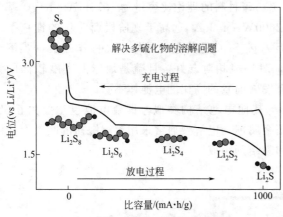

图 8-24　典型锂硫电池充放电曲线

S_8^{2-}，随后进一步被还原为 S_6^{2-} 和 S_4^{2-}，其化学反应式对应式（8-30）～式（8-32），这一过程的放电容量由 2.4～2.1V 的高电压平台体现；而在 2.1～1.5V 的低电压平台代表了多硫离子 S_4^{2-} 进一步转换为固态的 Li_2S_2 以及 Li_2S 的过程，其化学反应式对应式（8-33）与式（8-34），值得注意的是这一过程动力学过程较为缓慢，通常是锂硫电池放电过程的控制步骤。充电过程中同样在 2.3V 和 2.45V 附近存在两个充电平台，分别对应了固态放电产物 Li_2S_2 以及 Li_2S 转化为易于溶解的多硫化锂 Li_2S_n（$4 \leqslant n \leqslant 8$），以及液态的多硫化锂进一步转化为单质硫的过程，与此同时，锂离子迁移到负极并发生还原反应。

8.9.2　Li-S 电池面临的主要挑战

实现锂硫电池的商业化生产面临诸多挑战。

（1）多硫化锂在充放电过程中的形成、溶解和迁移　锂硫电池在充放电过程中会不可避免地生成多硫化物。电解液中多硫化物的溶解和转移（扩散）会显著降低锂硫电池的循环性能（充放电比容量）、倍率性能和循环寿命。这种影响主要来自于放电过程中中间产物多硫化物的形成和溶解，溶解的多硫化物会通过隔膜扩散到锂负极，同金属锂发生化学反应，导致活性物质的损失、金属锂的腐蚀和自放电现象的产生。

（2）单质硫及其放电产物的电子绝缘性　单质硫及其最终放电产物 Li_2S_2（Li_2S）具有极低的电子和离子传导速率，极大地增加了电池的内部阻抗，造成极化增大，从而增加电池的能量损失。同时，后期的放电产物 Li_2S_2 和 Li_2S 会在硫颗粒表面形成不溶性的绝缘层，进一步降低了电极的传导速率，阻碍硫的进一步还原，导致硫正极的活性物质利用降低。

（3）硫正极体积应变　由于硫单质（$\rho = 2.07 g/cm^3$）和放电产物 Li_2S（$\rho = 1.66 g/cm^3$）的密度不同，因此单质硫在锂化过程中，会产生较大的体积膨胀（大约 79%）。充放电过程中，正极表面会由于应力的反复变化而产生许多不可逆的形貌变化，这些变化会导致电极材料结构恶化，传导通路发生变形，严重影响电池的电化学性能以及电池的使用寿命。

（4）"穿梭效应"　当锂硫电池正常工作时，多硫化物在正极被氧化，但在实际过程中，多硫化物往往由于浓度差而通过隔膜扩散到锂金属表面发生还原，随后又再次扩散到正极表面重新被氧化成多硫化物，从而形成一种正极氧化、负极还原的恶性循环过程，这就是"穿梭效应"。"穿梭效应"严重时，可能会导致硫正极的过充现象，即同一次循环过程中，充电容量高于放电容量。"穿梭效应"是锂硫电池的特殊之处，也是造成锂硫电池容量衰减的主要原因之一，使得锂硫电池活性物质减少和库仑效率下降。

针对以上问题，国内外研究者从许多方面提出了独特改进方案：①优化电解质体系，例如在醚类电解液中加入硝酸锂等添加剂可以很好地抑制"穿梭效应"的发生，从而提高电池库仑效率；使用固态电解质，消除多硫化锂的溶解和扩散；②保护锂金属负极，通过物理阻隔等方式将锂与多硫化物隔离，抑制硫及多硫化物与金属锂的自放电消耗，进而改善电池的循环稳定性；③对正极材料及隔膜等进行改性，例如制备硫与其他物质的复合材料作为正极材料，以及采用表面具有涂敷层的隔膜等。

8.9.3 硫电极

锂硫电池中单质硫和放电产物 Li_2S/Li_2S_2 的电绝缘特性使得电极反应过程中电子传递困难，增加电池极化；在循环过程中会发生严重的体积膨胀问题；充放电过程中多硫化锂会溶解在电解液中并伴随"穿梭效应"现象的发生，使得在循环过程中活性物质利用率降低，循环性能下降。为解决以上问题，2009 年，研究人员提出以 CMK-3 介孔碳材料为储硫主体结构，开发了高性能硫/碳复合正极材料，从而引发研究者们设计出各种结构新颖、性能优异的碳材料应用于锂硫电池。碳材料具有良好的导电性，比表面积大，且与硫之间有很好的亲和性，可以形成有效的物理吸附，具有提供导电网络、减少绝缘产物堆积以及缓解应力的作用，被认为可以作为有效的正极材料；导电碳骨架在提高电极材料导电性的同时，可以通过孔的毛细作用吸附部分多硫化锂，从而起到抑制多硫化锂溶解的效果。然而碳作为非极性材料对多硫化锂的吸附能力也是有限的，其本质只是简单的物理吸附。研究人员发现通过在正极中加入金属氧化物能够极大地提高电池性能，并将其归结为氧化物与多硫化锂之间的化学吸附作用。此后，大量极性材料（氧化物、硫化物等）开始应用到锂硫电池当中。这些极性材料通过与多硫化锂之间的极性作用产生化学吸附，这种化学吸附能力要远强于单纯碳材料的物理吸附，极大地提高材料的固硫能力，抑制多硫化锂的溶解和飞梭效应；为了加快循环过程中多硫化锂的动力学转化过程，高效催化材料的选择也是提升活性物质利用率、加速锂硫电池反应动力学的重要手段。

8.9.4 Li-S 电池电解液

适合锂硫电池的有机电解液的基本特征：①具有高的化学稳定性和离子传导性；②对 Li_2S_n（$4 \leqslant n \leqslant 8$）具有一定溶解度；③与锂电极相容性好。但是当中间产物 Li_2S_n（$4 \leqslant n \leqslant 8$）溶解在电解液中后，有机电解液黏度会增大，将导致电解液的离子传导性降低，因此单溶剂组分的电解液体系难以满足以上条件。经过长时间的研究积累，研究人员逐渐发现使用链状醚类溶剂，如四甘醇二甲醚（TEGDME）、乙二醇二甲醚（DME）、二乙二醇二甲醚（DG）、四乙醇二甲醚（TG）等与环状醚类溶剂（如 DOL、THF、甲基乙基砜 EMS 等）的混合溶剂作为锂硫电池的有机电解液能够得到较好的性能，特别是在首次循环中有较高的单质硫利用率。其中，有机电解液中链状醚类溶剂对 Li_2S_n（$4 \leqslant n \leqslant 8$）具有高溶解度，环状醚类在降低电解液黏度的同时，可以在锂电极上沉积形成保护层，降低锂电极的腐蚀。

采用普通的链状醚类与环状醚类的混合溶剂作为锂硫电池的电解液，仅能解决锂硫电池基本的正常充放电问题，使电池在首次放电中达到较高的放电比容量，但由 Li_2S_n（$4 \leqslant n \leqslant 8$）的溶解及其向负极的扩散带来的循环问题难以仅靠这类混合溶剂解决。因此开发适合锂硫电池使用的电解液添加剂对于提升其长期循环性能至关重要。在早期的研究中，由于对锂硫电池的充放电原理尚处于探索阶段，因此研究人员对使用何种有机电解液未达成共识，对电解液添加剂的研究更是甚少。20 世纪 70 年代研究人员尝试利用 BF_3 抑制 Li_2S_n（$4 \leqslant n \leqslant 8$）的溶解，但是使用该电解液的锂硫电池并没有得到良好的性能。在确定了使用环状醚类和链状醚类的混合溶剂作为锂硫电池的有机电解液后，研究人员逐渐开始研究有效的电解液添加剂，以再次提高锂硫电池的活性物质利用率及循环性能。2004 年，研究人员提出在 DME+DOL 电解液中添加含 N—O 键化合物能有效提高锂硫电池正极活性物质利用率并减少电池自放电，其中以 $LiNO_3$ 效果最好。多个研究小组证实了在电解液中添加 $LiNO_3$ 对改善锂硫电池循环性能的效果。进一步使用电化学阻抗（EIS）、红外光谱（FT-IR）、X 射线光电子能谱（XPS）等方法对在 DME＋DOL 电解液中添加 $LiNO_3$ 从而改善锂硫电池性能的机理进行了分析，认为 $LiNO_3$ 的主要作用是保护金属锂负极。$LiNO_3$ 能与电解液中的 DOL 以及 Li_2S_n（$4 \leqslant n \leqslant 8$）反应，在锂负极表面形成一层 SEI 钝化保护层，以减少锂硫电池中的飞梭现象。使用含 $LiNO_3$ 电解液的锂硫电池放电终止电压不宜过低，否则该 SEI 保护层将不可逆地被破坏，从而在长时间循环时无法提供持续的保护。此电解液体系电池最适合的充放电电压区间为 1.8～3.0V。经过近十年的研究，$LiNO_3$ 被认为是至今在锂硫电池有机电解液中最有效的添加剂，对其的研究及应用仍在不断继续。从上述研究可以看出，锂硫电池电解液添加剂的主要作用是对锂负极进行所谓的"原位保护"，即在电池放电过程中添加剂与放电中间产物及金属锂反应，在锂负极表面形成一层 SEI 钝化保护层，从而避免 Li_2S_n（$4 \leqslant n \leqslant 8$）与锂负极的直接接触，最终提高锂硫电池的电化学性能。

第 9 章　锂离子电池

9.1　概述

9.1.1　锂离子电池的发展史

锂离子电池是 20 世纪 90 年代开发成功的新型高能电池，是在锂二次电池基础上发展起来的一种锂离子嵌入式电池。早在 20 世纪 70 年代初，开始有金属锂与插层化合物或硫化物（TiS_2、TiO_2、MnO_2、V_2O_5、V_6O_{13}等）组成锂电池的报道，但由于金属锂在电池充放电过程中会以锂枝晶形式沉积，随着锂枝晶在充放电过程中的不断生长，有可能刺破隔膜，导致电池内部短路，引发爆炸等事故。因此，当时以金属锂作负极的锂二次电池并没有实现商业化。

1980 年，M. Armand 等提出利用嵌锂化合物代替金属锂二次电池中的金属锂负极，并提出"摇椅式电池"的概念，采用低嵌锂电势的 $Li_y M_n Y_m$ 层间化合物代替金属负极，配以高嵌锂电势的化合物 $A_z B_w$ 做正极，组成了没有金属锂的二次锂电池。1987 年，Auburn 等提出了 MO_2｜$LiPF_6$ 和 PC｜$LiCoO_2$ 类锂离子电池的设计。

1990 年日本 SONY 公司研究出可以商品化的以碳材料为负极的二次锂电池，正极为 $Li_{1-x}CoO_2$（或 $Li_{1-x}YO_2$），其中 Y 为过渡金属元素（Ni、Mn），这种电池采用能够嵌锂的焦炭作为负极材料，并且首次提出"锂离子电池"这一全新概念。1991 年，Tarascon 等研制出尖晶石型正极材料的电池：$Li_x C_6$｜$LiClO_4$，EC-DME｜$Li_{1-x}Mn_2O_4$。

锂离子电池一般可分为液态锂离子电池和固态锂离子电池，其输出电压达 3.6V 左右，是镍氢电池的 3 倍。它与金属锂电池的不同在于，采用能使锂离子嵌入和脱嵌的碳材料替代金属锂作负极。由于锂离子在正负电极中的嵌入和脱嵌反应取代了锂电极上的沉积和溶解反应，避免了在负极上形成锂枝晶和钝化问题，大大提高了电池的寿命，同时也提高了安全性。

锂离子电池的快速发展，依赖于新材料的开发利用，近十几年来，锂离子电池技术取得了巨大的突破，已成为通讯类电子新产品的主要能源之一。我国的锂离子电池从 1998 年开始起步，在短短的几年内获得了迅猛的发展，已成为世界上最大的锂离子电池制造国之一。

9.1.2　锂离子电池的工作原理

锂离子电池原理上是一种浓差电池，正负极活性物质都能发生锂离子嵌入-脱

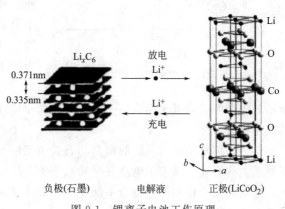

图 9-1　锂离子电池工作原理

出反应。锂离子电池的工作原理如图 9-1 所示：充电时，锂离子从正极活性物质中脱出，在外电压的驱使下经由电解液向负极迁移；同时，锂离子嵌入负极活性物质中；电荷平衡要求等量的电子在外电路从正极流向负极。充电的结果是使负极处于富锂态、正极处于贫锂态的高能量状态。放电时则相反，Li^+ 从负极脱嵌，经由电解液向正极迁移，同时在正极 Li^+ 嵌入活性物质的晶格中，外电路电子流动则形成电流，实现化学能向电能的转换。在正常充放电情况下，锂离子在层状结构的碳材料和层状结构氧化物的层间嵌入或脱出，一般不破坏晶体结构，因此从充放电反应的可逆性看，锂离子电池的充放电反应是一种理想的可逆反应。

锂离子电池的正负极充放电反应如下所述。

$$负极反应： \qquad 6C + xLi^+ + xe^- \underset{放电}{\overset{充电}{\rightleftharpoons}} Li_x C_6 \tag{9-1}$$

$$正极反应： \qquad LiMO_2 \underset{放电}{\overset{充电}{\rightleftharpoons}} xLi^+ + Li_{1-x}MO_2 + xe^- \quad (M=Co、Ni 等) \tag{9-2}$$

$$电池反应： \qquad LiMO_2 + 6C \underset{放电}{\overset{充电}{\rightleftharpoons}} Li_{1-x}MO_2 + Li_x C_6 \quad (M=Co、Ni 等) \tag{9-3}$$

9.1.3 锂离子电池的特点和应用

锂离子电池具有工作电压高、能量密度大、循环寿命长、自放电率小、低污染、无记忆效应等优异性能，具体表现为以下几点。

① 单电池电压为 3.6V，是镉镍电池、氢镍电池的 3 倍。

② 锂离子电池的能量密度要比镉镍电池、氢镍电池大得多，如图 9-2 所示，而且锂离子电池还有进一步提高的潜力。

③ 由于采用非水有机溶剂，锂离子电池的自放电小。

④ 不含铅、镉等有害物质，对环境友好。

⑤ 无记忆效应。

⑥ 循环寿命长。

由于锂离子电池与铅酸蓄电池、镉镍电池、氢镍电池等二次电池相比，具有以上优点，自 20 世纪 90 年代初商品化以来，就获得迅猛的发展，在各种领域不断取代镉镍电池和氢镍电池，成为化学电源应用领域中最具竞争力的电池。目前，锂离子电池已被广泛应用于移动电话、笔记本电脑、个人数据处理机、手提终端机、无线装置、数字相机等便携式电子设备中。在军事装备中使用的电池，如鱼雷、声呐干扰器等水中兵器电源，微型无人驾驶侦察机动力电源、特种兵保

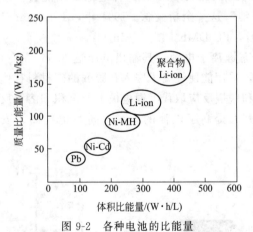

图 9-2 各种电池的比能量

障系统电源等，均可采用锂离子电池。锂离子电池还在空间技术、医疗等众多领域有着广阔的应用前景。

随着人们环保意识不断的提高和石油价格的日益高涨，电动自行车、电动汽车成为最具发展活力的行业，锂离子电池在电动汽车上的应用非常乐观。随着锂离子电池新材料不断发展，电池的安全性和循环寿命不断提高，成本越来越低，锂离子电池成为电动汽车的首选高能动力电池之一。

9.2　锂离子电池的正极材料

锂离子电池正极材料是锂离子电池的一个重要组成部分,在锂离子充放电过程中,不仅要提供在正负极嵌锂化合物间往复嵌/脱所需要的锂,而且还要负担负极材料表面形成 SEI 膜所需的锂。近年来,研究开发的正极材料有 $LiCoO_2$、$LiNiO_2$、$LiMn_2O_4$、$LiCo_xNi_{1-x}O_2$、$LiCo_{1/3}Ni_{1/3}Mn_{1/3}O_2$、$LiMnO_2$、$V_2O_5$、$LiFePO_4$ 和 $Li_3V_2(PO_4)_3$ 等。一般而言,锂离子电池的正极材料应满足以下要求。

① 锂离子在嵌入化合物($Li_xM_yX_z$)中应有较高的氧化还原电势,而且 x 值的变化对电势影响尽可能小,从而保证电池的输出电压高而稳定。

② 应有足够多的位置接纳锂离子,以使电极具有足够高的容量。

③ 应有充分的离子通道,允许足够多的锂离子可逆地嵌入和脱嵌,从而保证电极过程的可逆性(层状结构化合物是最理想的正极材料)。

④ 离子和电子的嵌入和脱嵌过程,对正极材料结构的影响尽可能小,以保证电池性能的稳定。

⑤ 应具有较高的电子电导率和离子电导率,以减小极化和提高充放电电流。

⑥ 在整个充放电电压范围内,应具有较高的化学稳定性,不与电解质发生反应。

另外,从实用角度考虑,嵌入化合物应具有资源丰富、制备工艺简单、生产成本低和对环境不产生二次污染等特点。表 9-1 给出了几种主要正极材料的结构和性能参数。

表 9-1　几种主要锂离子电池正极材料比较一览

正极材料	$LiCoO_2$	$LiNiO_2$	$LiMn_2O_4$	$LiNi_{1/3}Co_{1/3}Mn_{1/3}O_2$	$LiFePO_4$	$Li_3V_2(PO_4)_3$
晶体类型	α-$NaFeO_2$ 型	α-$NaFeO_2$ 型	尖晶石型	α-$NaFeO_2$ 型	橄榄石型	—
空间群类型	$R\bar{3}m$	$R\bar{3}m$	$Fd3m$	$R\bar{3}m$	$Pnma$	$P2_1/n$
工作电压/V	3.6	3.6	3.6	3.5	3.4	3.6,4.1
理论容量/(mA·h/g)	274	274	148	278	170	329(x=5) 197(x=3)
实际容量/(mA·h/g)	130~150	150~220	110~130	160~170	140~160	120~150 (x=3)
振实密度/(g/cm³)	2.6~3.0		1.8~2.2	2.2~2.6	1.0~1.4	1.7
电子电导率/(S/cm)	10^{-3}		10^{-6}~10^{-5}		10^{-9}、10^{-2}(包碳)	10^{-7}
循环寿命	>500		>500	>500	>500	>500
热稳定性	差	极差	稳定	较稳定	好	好
成本	很高	高	低	较低	较低	较低
环保	污染大	重金属 Ni	无毒	较低污染	无毒	低污染
商品化程度	商品化	商品化	商品化	商品化	商品化	待开发

9.2.1　钴酸锂

$LiCoO_2$ 作为锂离子电池的正极材料由 Mizushima 等于 1980 年提出,后来由日本 Sony 公司以 $LiCoO_2$/C 系统率先实现商业化。相比其他正极材料,$LiCoO_2$ 在可逆性、放电容量、充电效率和电压稳定性等方面综合性能好,是目前商品化锂离子电池中最成功的正极材料。$LiCoO_2$ 不足之处:钴资源有限,价格较贵,且对环境有污染。

$LiCoO_2$ 是具有 α-$NaFeO_2$ 型层状结构的晶体,晶格常数 $a=0.2805nm$,$b=0.2805nm$,

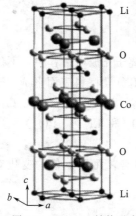

图 9-3 LiCoO$_2$ 结构示意

$c = 1.406$nm，空间群为 $R\overline{3}m$，其中 O^{2-} 作面心立方紧密堆积，Li$^+$ 与 Co^{3+} 交替占据岩盐结构的（111）层面的 $3a$ 与 $3b$ 位置，O-Co-O 层内原子（离子）以化学键结合，而层间靠范德华力维持，由于范德华力较弱，锂离子的存在恰好可以通过静电作用来维持层状结构的稳定。图 9-3 是层状 LiCoO$_2$ 的结构示意。

LiCoO$_2$ 的理论容量高达 274mA·h/g，但锂离子脱嵌量超过 50% 时，正极的电化学性能会有许多退化，这是因为电解质自身的氧化和 Li$_x$CoO$_2$ 结构的不稳定性导致电池极化增加，从而减少了正极的有效容量，使其实际容量仅为 140mA·h/g 左右。Li$^+$ 的扩散速率与 Li$_x$CoO$_2$ 中的 x 密切相关，在不同的充放电状态下，其扩散系数可变化几个数量级，当 $0.45 < x < 0.80$ 时，Li$^+$ 的扩散系数 $D = 5 \times 10^{-8} \sim 7 \times 10^{-8}$ cm^2/s。

LiCoO$_2$ 一般用高温固相反应合成，并采用以下措施来改善其电化学性能：①在合成材料时，采用锂钴摩尔比大于1的原料配比，可以消除锂挥发所产生的影响，使 Li$_x$CoO$_2$ 中的 x 趋近于1，而具有较高的比容量；②用不同的离子掺杂。目前采用掺杂、包覆等办法引入的多种元素中，Mn 和 Al 表现出较好的效果，较成功的表面包覆有 AlPO$_4$、Al$_2$O$_3$ 和 MgO，可逆容量可以超过 200mA·h/g。

虽然 LiCoO$_2$ 具有种种优点，并在小电池上取得了成功，但由于 Co 资源匮乏、价格较高、安全性差等缺点，在动力电池中的应用不具优势。

9.2.2 锰酸锂

锰酸锂具有锰资源丰富、价格便宜、无毒等优点，近年来国内外学者对其进行了广泛的研究。锂锰氧化物主要有用于 4V 锂离子电池的尖晶石系列 LiMn$_2$O$_4$ 和用于 3V 锂离子电池的层状 LiMnO$_2$ 系列。

9.2.2.1 尖晶石型锰酸锂

尖晶石型 LiMn$_2$O$_4$ 属于 $Fd3m$ 空间群，晶格常数 $a = 0.8245$nm，晶胞体积 0.5609nm^3。其中的 [Mn$_2$O$_4$] 骨架是一个有利于 Li$^+$ 扩散的四面体与八面体共面的三维网络，如图 9-4 所示，LiMn$_2$O$_4$ 中的 Mn 占据八面体（$16d$）位置，3/4Mn 原子交替位于立方紧密堆积的氧层之间，余下的 Mn 原子位于相邻层；O 占据面心立方（$32e$）位置，作为立方紧密堆积；Li 占据四面体（$8a$）位置，可以直接嵌入由氧原子构成的四面体间歇位，Li$^+$ 通过相邻的四面体和八面体间隙沿 $8a$-$16c$-$8a$ 通道在 [Mn$_2$O$_4$] 三维网络中脱嵌。

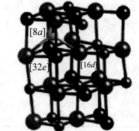

图 9-4 LiMn$_2$O$_4$ 晶格结构示意

尖晶石型 LiMn$_2$O$_4$ 易于合成，合成方法比较多，如高温固相合成法、固相配位反应法、机械化学合成法、控制结晶法、Pechini 法、溶胶-凝胶法、共沉淀法等。其中，高温固相法操作简便，易于工业化，是合成 LiMn$_2$O$_4$ 的常用方法。高温固相法合成尖晶石 LiMn$_2$O$_4$ 是将锂盐和锰化合物按一定比例机械混合在一起，然后在高温下焙烧而制得，焙烧温度为650~850℃，焙烧温度、冷却温度对材料的形貌和电化学性能影响很大。

尖晶石 LiMn$_2$O$_4$ 理论放电比容量为 148mA·h/g，实际放电比容量为 110~120mA·

h/g。长期以来困扰 $LiMn_2O_4$ 正极材料商品化的原因是其放电比容量在多次循环的过程中衰减严重，即所谓的 Jahn-Teller 效应：尖晶石型 $LiMn_2O_4$ 在充放电循环过程中发生晶格畸变，导致容量衰减。另外，电解液中存在痕量水时，尖晶石 $LiMn_2O_4$ 对电解液中 $LiPF_6$ 的分解有催化作用（$LiPF_6$ 在高温下分解出 PF_5，PF_5 再水解产生 HF，即 $LiPF_6 + H_2O \longrightarrow POF_3 + 2HF + LiF$），从而造成循环容量迅速衰减。为了解决这些问题，研究人员尝试在尖晶石结构中引入掺杂离子，以达到不参与氧化还原反应，而只起到在电化学循环过程中支撑晶格的作用，以及优化电解液，减少电解液中的微量水和痕量酸以降低锰的溶解（采用分子筛和添加路易斯碱），并通过元素掺杂以改善其性能。

(1) 过渡金属离子掺杂　由于四方相尖晶石 $LiMn_2O_4$ 在 3.3～4.5V 范围内是热力学不稳定的，一般认为 Jahn-Teller 效应主要发生在 3V 放电平台内。采用过渡金属离子进行锰位掺杂，生成尖晶石相 $LiM_xMn_{2-x}O_4$（M＝Cr、Ni、Cu、Fe），可以提高电池的充放电电压，抑制 Jahn-Teller 效应的发生。掺杂 Cr、Ni、Cu 的尖晶石锰酸锂材料的晶格常数减小，使得尖晶石 $LiM_xMn_{2-x}O_4$ 的三维隧道结构更为牢固，在循环过程中充放电状态的体积变化较小，对提高循环性能有利。掺杂离子的半径是一个不容忽视的因素，若掺杂离子的半径过大或过小，都可能导致晶格过度扭曲而使稳定性下降，使得容量与循环性能变差。

(2) 反尖晶石离子掺杂　Al^{3+}、Ga^{2+} 的掺杂可以提高 Mn 元素的平均价态，但容易形成反尖晶石结构 [其通式为 B（AB）O_4，A^{2+} 分布在八面体空隙，B^{3+} 一半分布于四面体空隙，另一半分布于八面体空隙]，掺杂量较大时导致尖晶石结构破坏。它们主要取代四面体 8a 位置的 Li^+，掺杂量较少时，电池可逆容量只是稍有降低，而循环性能明显提高。当掺杂 Al^{3+} 时，占据四面体 8a 位和八面体 16d 位，其晶格常数也发生相应的变化，即随着掺杂量（0＜x＜0.6）的增大，材料结构因子减小，a 值也减小，这是因为 Al^{3+} 半径小于 Mn^{3+} 半径，Al^{3+} 的取代使八面体的位置产生较大的空隙，造成周围间距收缩；掺杂量超过 0.6 时，晶格常数开始增加，这主要是由于 Al 掺杂量较大时不再是单一的尖晶石相，而出现其他相。研究证明，在 298K 下，Al_2O_3、Mn_2O_3 的标准吉布斯生成自由能分别为 $-1573kJ/mol$、$-881kJ/mol$，说明 Al—O 键比 Mn—O 键的键能更大，这有利于结构的稳定。此外，以非活性的 Al^{3+} 取代部分 Mn^{3+}，使 Al^{3+} 起到了"支撑"尖晶石结构的作用，抑制了晶格收缩和膨胀带来的结构的破坏，增大了尖晶石骨架的稳定性，同时提高了 Mn^{4+} 的相对含量，减少了 Mn^{3+} 引起的 Jahn-Teller 效应，使结构更趋稳定。但 Al^{3+} 引入到尖晶石结构 $LiMn_2O_4$ 后，Al^{3+} 位于四面体位置，晶格产生收缩，形成可缩写为 $[Al_2^{3+}]Tet[LiAl_2^{3+}]OctO_8$ 的反尖晶石结构。因此，改性尖晶石结构移至八面体位置，而八面体位置的 Li^+ 在约 4V 时不能脱出。此外，当温度高于 600℃时，过多的 Al 易形成杂相 β-$LiAlO_2$（Pna21）、Al_2O_3、γ-$LiAlO_2$，因而 Al 不宜掺杂过多。

9.2.2.2　层状锰酸锂

层状 $LiMnO_2$ 存在单斜相和斜方相两种结构，理论容量高达 $286mA·h/g$。斜方相结构中 LiO_6 和 MnO_6 以波形层交互排列；单斜相 $LiMnO_2$ 和 $LiCoO_2$、$LiNiO_2$ 结构相同，属于 α-$NaFeO_2$ 型层状结构，该结构中 Li^+ 位于 MnO_6 层间的八面体位。在这两种 $LiMnO_2$ 的同质多晶体中，由于高自旋 Mn^{3+}（$t_{2g}^3e_g^1$）引起的 Jahn-Teller 畸变使得氧的排列发生畸变，不再是理想的立方紧密堆积，而且在充放电过程中易向尖晶石结构转变，导致容量衰减快。与斜方 $LiMnO_2$ 相比，单斜 $LiMnO_2$ 是不稳定的，高温固相反应总是生成斜方相。

为了获得结构稳定的层状锰酸锂，可以掺杂金属离子（Co、Ni、Al、Cr 等），改善其循环性能，但是除了掺 Co 和 Ni 以外，其他元素的掺杂在增强循环稳定性的同时都会使容量有不同程度的降低。目前合成层状锰酸锂的方法主要有离子交换法、水热合成法、高温固相法、溶胶-凝胶法。

9.2.3 镍酸锂

镍酸锂是目前研究的各种正极材料中比容量最高的正极材料，理想的 $LiNiO_2$ 材料具有与 $LiCoO_2$ 类似的 α-$NaFeO_2$ 型层状结构，空间群为 $R\bar{3}m$，晶格常数 $a=0.2885nm$，$b=0.2885nm$，$c=1.420nm$。其理论比容量为 $275mA \cdot h/g$，实际容量约 $190 \sim 210mA \cdot h/g$，Li^+ 的扩散系数 $D=2\times10^{-8}cm^2/s$。图 9-5 为 $LiNiO_2$ 结构示意。

图 9-5 层状 $LiNiO_2$ 结构

与 $LiCoO_2$ 相比，$LiNiO_2$ 具有容量高、价格低等优点，但存在合成困难、热稳定性能差等问题，而且 $LiNiO_2$ 材料表面易生成 Li_2CO_3，影响正常使用，它的安全性也是限制其应用的一个因素。

目前 $LiNiO_2$ 通常用固相反应合成，合成时存在很大的困难是较难得到化学计量比的 $LiNiO_2$，原因主要有：①在高温合成条件下，锂盐容易挥发而导致锂缺陷产生；②从 Ni^{2+} 氧化到 Ni^{3+} 存在较大的势垒，其难于完全氧化；③高温下 $LiNiO_2$ 易发生相变和分解反应，产生的立方相没有电化学活性，且其逆过程很慢而不完全。

由于以上原因，合成过程中合成条件的细微变化往往会导致 $Li_{1-x-y}Ni_{1+y}O_2$ 非化学计量化合物生成，其结构中锂离子和镍离子的无序分布，使电化学性能恶化，能量密度下降。采用一系列优化措施可促进接近计量比 $LiNiO_2$ 产物的合成，如高温固相反应在 O_2 气氛中合成材料以减小组成化学计量偏移，提高正极电化学性能，合成温度根据氧气压力大小控制在 $700℃$ 左右；或采用不同的锂镍比，使 Li^+ 大大过量，消除锂挥发的影响。通过优化措施，目前可以制备出 $z=0.01 \sim 0.02$ 的 $Li_{1-z}Ni_{1+z}O_2$ 产物，但完全满足计量比的产物仍难实现。

9.2.4 磷酸亚铁锂

自 1997 年 A. K. Padhi 等首次报道磷酸亚铁锂可用作锂离子电池正极材料以来，引起了广泛关注和大量的研究。$LiFePO_4$ 晶体属橄榄石型结构，空间群为 $Pnma$，包括 4 个 $LiFePO_4$ 单元，晶胞参数 $a=0.6008nm$，$b=1.0334nm$，$c=0.4694nm$。其中 Li^+ 在八面体的 $4a$ 位置，Fe 在八面体的 $4c$ 位置。以 b 轴方向视角出发，可以看到 FeO_6 八面体在 bc 平面上以一定角度连接起来，而 LiO_6 八面体沿 b 轴方向共边，形成链状。一个 FeO_6 八面体分别与一个 PO_4 四面体和两个 LiO_6 八面体共边，同时，一个 PO_4 四面体还与两个 LiO_6 八面体共边。在垂直于氧密堆积方向，层状 Fe^{2+} 和 P^{5+} 与层状 Li^+ 交替出现。Fe-P 层包括了交替的 PO_4 四面体和 FeO_6 八面体。PO_4 四面体通过八面体空隙原子相互连接。这些八面体与 2 个 P 四面体和 2 个 Li 八面体共 4 个面。在 Li 层，一半的八面体位置被 Li^+ 占据。同时八面体还与 1 个 P 四面体和 2 个 Li 八面体共 3 个面。因此，在橄榄石结构中有两组不同的八面体。图 9-6 为 $LiFePO_4$ 结构示意图。

橄榄石型 $LiFePO_4$ 具有 $170mA \cdot h/g$ 的理论容量和 $3.5V$ 左右的对锂充放电电压平台，其电化学反应在 $LiFePO_4$ 和 $FePO_4$ 两相间进行。与传统的 $LiCoO_2$、$LiNiO_2$ 和 $LiMn_2O_4$ 等正极材料相比，制备 $LiFePO_4$ 的原料来源广泛、价格低廉、对环境友好，用作正极材料时具有热稳定性好、循环性能优良、安全性高等突出特点，被认为是动力锂离子电池的理想正极材料，但 $LiFePO_4$ 的主要缺点是它的室温电导率低，锂离子扩散速率慢和振实密度低，导致大电流放电时容量衰减大，体积能量密度小。目前通过碳掺杂或包覆合成 $LiFePO_4$-C，以及利用金属离子掺杂对 $LiFePO_4$ 进行改性，克服 $LiFePO_4$ 的自身缺点。

图 9-6　$LiFePO_4$ 结构示意

用于碳掺杂或碳包覆的原料有蔗糖、葡萄糖、草酸、柠檬酸、石墨、碳纳米管、聚芳环化合物等。

金属离子掺杂常用的原料有镁、铝、钴、铜、银的盐。有文献认为 Co 元素能进入橄榄石结构八面体的 $4c$ 位置，取代 Fe，属于 Fe 位掺杂；Mg 元素进入橄榄石结构八面体的 $4a$ 位置，取代 Li，属于 Li 位掺杂。Li 位掺杂和 Fe 位掺杂都能有效地调控 $LiFePO_4$ 晶格常数，从而提高 $LiFePO_4$ 中锂离子的扩散能力。

制备 $LiFePO_4$ 的方法有高温固相法、水热法、微波法、溶胶-凝胶法、碳热还原法、共沉淀法等，这些方法的对比列于表 9-2。

表 9-2　制备 $LiFePO_4$ 材料的方法比较

制备方法	优　点	缺　点
高温固相法	工艺简单、易实现工业化、制备条件容易控制，分解产物易于除去，减少了杂质的生成	物相不均匀，晶体尺寸较大，粒度分布范围宽，且煅烧时间长；使用保护气体，成本较高
水热法	容易控制晶型和粒径，物相均一，粉体粒径小，过程简单	需要高温高压设备，造价高
微波法	该方法设备简单、加热温度均匀、易于控制、所需时间短	工业化生产的困难较大
共沉淀法	溶解过程中原料间可均匀分散，前驱体可实现低温合成	反应后需沉淀、过滤、洗涤等；工艺较长
溶胶-凝胶法	化学均匀性好、热处理温度低、粒径小且分布窄、反应过程易于控制、设备简单	干燥收缩大，工业化生产难度大，合成周期较长，制备的过程较复杂
碳热还原法	避免了反应过程中 Fe^{2+} 可能氧化为 Fe^{3+}	反应时间仍相对过长，产物一致性要求的控制条件更为苛刻

9.2.5　其他正极材料

（1）$LiNi_{1/3}Co_{1/3}Mn_{1/3}O_2$ 正极材料　$LiNi_{1/3}Co_{1/3}Mn_{1/3}O_2$ 的晶体结构与 $LiCoO_2$ 相同，是 α-$NaFeO_2$ 型结构，属 $R\bar{3}m$ 空间群、三方晶系。其中 Li^+ 占据 $3a$ 的位置，过渡金属离子（M＝Mn、Co、Ni）和 O^{2-} 分别占据 $3b$ 和 $6c$ 的位置，镍、钴和锰分别以＋2、＋3及＋4的价态存在。

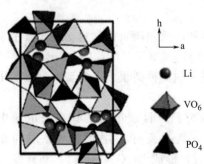

图 9-7　单斜 $Li_3V_2(PO_4)_3$ 结构示意

尽管 $LiNi_{1/3}Co_{1/3}Mn_{1/3}O_2$ 正极材料的放电电压较低，但具有比容量高、循环性能好、热稳定性好和价格较低的特点。$LiNi_{1/3}Co_{1/3}Mn_{1/3}O_2$ 正极材料在 $2.5\sim4.6V$，实际放电比容量接近 $200mA\cdot h/g$。$LiNi_{1/3}Co_{1/3}Mn_{1/3}O_2$ 的振实密度为 $2.2\sim2.6g/cm^3$。

（2）磷酸钒锂 $Li_3V_2(PO_4)_3$　$Li_3V_2(PO_4)_3$ 具有单斜和菱方两种晶型，其中单斜结构 $Li_3V_2(PO_4)_3$ 的锂离子脱嵌性能优于菱方晶型。单斜结构的

$Li_3V_2(PO_4)_3$ 属于 $P2_1/n$ 空间群，晶格常数为：$a = 0.8662nm$，$b = 0.81624nm$，$c = 1.2104nm$，$\beta = 90.452°$。单斜结构 $Li_3V_2(PO_4)_3$ 的电子电导率为 $10^{-7}S/cm$。图 9-7 为单斜 $Li_3V_2(PO_4)_3$ 的结构示意图。

单斜结构的 $Li_3V_2(PO_4)_3$ 材料有 3 个锂离子的脱嵌，对应的理论容量为 197mA·h/g。但单斜 $Li_3V_2(PO_4)_3$ 还可以再嵌入两个锂离子，V 的化合价就由 +3 价变为 +2 价，对应的放电电压平台在 2.0～1.7V 之间，因此，理论上单斜 $Li_3V_2(PO_4)_3$ 有 5 个锂离子可以嵌脱，对应的理论放电比容量为 332mA·h/g。

合成单斜结构 $Li_3V_2(PO_4)_3$ 正极材料的方法主要有：高温固相合成法、碳热还原法和溶胶-凝胶法等。

单斜结构的 $Li_3V_2(PO_4)_3$ 化合物，不仅具有良好的安全性，并且具有较高的 Li^+ 扩散系数、放电电压和能量密度，被看成是电动车和电动自行车锂离子电池最有希望的正极材料。

9.3 锂离子电池的负极材料

早期锂电池使用金属锂作为负极，由于锂是碱金属，而且密度小，有很高的电化学当量（3860mA·h/g）和最负的电极电势（-3.045V）。但是锂在充电过程中容易形成枝晶，刺破隔膜导致电池的内部短路，因此以金属锂作负极的二次电池安全性差，循环性能不好，一直没能实际应用。为了克服锂负极的上述缺点，人们开发了以石墨为主的插层化合物作为锂离子电池的负极材料，在牺牲容量的同时，解决了锂离子二次电池的安全性问题。目前商品化的锂离子电池主要使用碳负极材料。

石墨负极材料虽然已成功商品化，但还有一些难以克服的弱点：①碳电极的电势与金属锂的电势很接近，当电池过充电时，碳电极表面易析出金属锂，从而可能会形成锂枝晶而引起短路，因此石墨负极需要有比正极多的剩余容量；②在高温下，碳负极上的 SEI 膜可能分解而导致电池着火，因此使用锂离子电池有温度限制；③碳负极的性能受制备工艺的影响很大。鉴于以上情况，寻找性能更为良好的非碳负极材料仍是锂离子电池研究的重要课题。非碳基负极材料主要有以下几种：氮化物、硅基材料、锡基材料、新型合金、钛的氧化物、纳米氧化物和其他负极材料。

目前，锂离子电池的负极材料的研究呈现出多元化发展趋势。传统石墨材料的改性处理（如在石墨表面采取氧化、镀铜、包覆聚合物热解碳等）、金属锂、锂合金、Sn 基合金以及过渡金属氮化物等，特别是石墨材料的改性处理，能明显改善其充放电性能，进一步提高比容量。

9.3.1 碳素材料

按照石墨化程度可以将碳负极材料分成：石墨、软碳和硬碳。碳负极材料是最先被用来取代金属锂作为锂离子电池负极的材料，具有低的电极电势[<1.0V（vs. Li^+/Li）]、循环寿命长和安全性能良好等优点。石墨化碳负极材料随原料不同而种类很多，典型的为石墨化中间相微珠、天然石墨和石墨化碳纤维。

（1）石墨 石墨是目前锂离子电池应用最多的负极材料，目前市售的锂离子电池中75% 以上都使用石墨负极，其导电性好，结晶度较高，具有良好的层状结构，层间距 0.335nm，适合锂的嵌入-脱嵌，锂离子嵌入石墨的层间后，形成 Li_xC_6（$x \leqslant 1$）非计量比化合物，$x=1$ 时 LiC_6 的层间距 0.371nm，因此石墨有足够的弹性让 Li^+ 可以容易地嵌入和脱出。图 9-8 是石墨的结构示意和形成的 LiC$_6$ 嵌入式化合物的示意。

按照 LiC$_6$ 比例计算，石墨的理论比容量 372mA·h/g。锂在石墨中脱嵌反应发生在 0～0.25V（vs. Li$^+$/Li），具有良好的充放电电势平台。

石墨在嵌锂时首先存在着一个比较重要的过程：形成钝化膜或固体电解质-界面膜（Solid Electrolyte Interface，SEI），SEI 膜的好坏对于其电化学性能

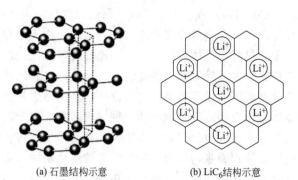

(a) 石墨结构示意　　(b) LiC$_6$ 结构示意

图 9-8　石墨结构示意和 LiC$_6$ 结构示意

影响非常明显。如果 SEI 膜不稳定，一方面会引发电解液分解，另一方面会导致碳结构的破坏。

石墨的种类包括人造石墨和天然石墨，人造石墨是将易石墨化炭（如沥青焦炭）在氮气氛中于 1900～2800℃经高温石墨化处理制得。常见人造石墨有中间相碳微球（MCMB）和石墨纤维。其中 MCMB 作为锂离子电池负极材料除了具有石墨材料的一般特征以外，还具有球形结构，层状分子平行排列，堆积密度大、不可逆容量小，有利于锂离子的嵌入和脱嵌。MCMB 的结构主要由其石墨化热处理的温度和石墨化时间来决定，除了通过热处理来优化其性能，化学改性、包覆和与合金复合等改性手段也是研究的热点。

天然石墨有无定形石墨和鳞片石墨两种。无定形石墨纯度低，石墨晶面主要为 2H 晶面排序结构，即按 ABAB… 顺序排列，可逆比容量仅 260mA·h/g。鳞片石墨晶面主要为 2H＋3R 晶面排序结构，即石墨层按 ABAB… 及 ABCABC… 两种顺序排列，其结晶性好，纯度较高，含碳 99％以上的鳞片石墨，可逆容量可达 300～350mA·h/g。

（2）软碳　软碳即易石墨化碳，是指在 2500℃以上的高温下能石墨化的无定形碳。软碳的结晶度低，晶粒尺寸小，晶面间距较大，与电解液的相容性好，但由于形成 SEI 膜等原因，首次充放电的不可逆容量高，输出电压较低，无明显的充放电电势平台。常见的软碳有石油焦、针状焦、碳纤维、碳微球等。

（3）硬碳　硬碳是指难石墨化碳，是高分子聚合物的热解碳，这类碳在 2500℃以上的高温也难以石墨化。常见的硬碳有树脂碳（如酚醛树脂、环氧树脂、聚糠醇等）、有机聚合物热解碳（PVA、PVC、PVDF、PAN 等）、炭黑（乙炔黑），其中，日本 SONY 公司已用聚糠醇树脂碳作为锂离子电池负极材料，容量可达 400mA·h/g，具有很好的充放电循环性能。

（4）其他碳类负极　石墨化碳纤维的表面和电解液之间的浸润性能非常好，同时由于嵌锂过程主要发生在碳纤维的端面，从而具有径向结构的碳纤维极有利于锂离子快速扩散，因此具有优良的大电流充放电性能。但是石墨化碳纤维电极材料的制造工艺比较复杂，对生产条件要求高，产物优势还不稳定，因此实用规模不大。最近碳纳米管被研究用作锂离子电池的负极材料，把碳纳米管同储锂量高的金属、金属氧化物或非金属制备成碳纳米管复合材料，并经处理把碳管的端头去掉，可以改善其循环性能。

由于目前其他具有竞争优势的实用化负极材料还没有出现，碳类负极材料的应用还将会持续相当长的时间。

9.3.2　合金负极材料

锂能与许多金属 M（Mg、Ca、Al、Si、Ge、Sn、Pb、As、Sb、Bi、Pt、Ag、Au、

Zn、Cd、Hg）在室温下形成金属间化合物，由于锂合金的形成反应通常是可逆的，因此能够与锂形成合金的金属理论上都能够作为锂离子电池的负极材料。然而金属 M 在与锂形成合金的过程中，体积变化较大，锂的反复嵌入脱出会导致材料的机械强度逐渐降低，从而逐渐粉化失效，导致循环性能较差。如果以金属间化合物或复合物取代纯的金属，将显著改善锂合金负极的循环性能。这种方法的基本思想是在一定的电极电势即一定的充放电状态下，金属间化合物或复合物中的一种（或多种）组分能够可逆储锂（反应物），也就是能够膨胀收缩，而其他组分相对活性较差，甚至是惰性的，即充当缓冲"基体"的作用，缓冲"反应物"的体积膨胀，从而维持材料的结构稳定性。正是在这一思想的指导下，各种活性非活性复合合金体系的研究在锂离子电池负极材料的研究领域引起了广泛关注，并取得了很大进展。其研究主要集中在 Sn 基、Sb 基、Si 基、Al 基合金材料及其复合物。

（1）锡基合金　理论上，1 个锡原子可以和 4 个锂原子形成合金，其理论容量要远远高于碳负极。此外，锡基合金作为负极材料还具有以下优势：①嵌锂电势为 $1.0 \sim 0.3V$（$vs. Li^+/Li$），这样在大电流充放电过程中金属锂的沉积而产生枝晶的问题可以较好地得到解决；②电极在充放电过程中没有溶剂共嵌入问题存在，因此可以灵活选择溶剂；③储锂容量大；Sn 的理论容量为 $990mA \cdot h/g$，合金堆积密度大，锂锡合金（$Li_{22}Sn_5$）的堆积密度为 $75.46mol/L$，超过金属锂的堆积密度 $72.36mol/L$，因此材料的体积比容量高。但是锡金属本身作负极循环寿命太短，原因是它与锂的合金化过程中体积变化非常大，体积膨胀可达到 $100\% \sim 300\%$，在材料内部产生较大应力，而引起电极材料粉化，造成与集流体的电接触变差。此外，完全锂合金化的电极材料的导电性较差。为了缓解形成合金时体积的变化，采用加入惰性金属形成锡基合金或金属间化合物，利用惰性金属减小充放电过程中产生的应力，提高锡基负极的循环性能。

能与 Sn 形成金属间化合物的元素有很多，如 Cu、Fe、Sb、Ni、Ca、Mg、Co、Mn、Zn、S 等。其中最具代表性的是锡-铜合金，是单相金属间化合物，具有 NiAs 型结构（空间点群为 $P6_3/mmc$），其嵌锂理论容量是 $605mA \cdot h/g$，由于铜基底的存在，使得反应中体积的收缩和膨胀得到了抑制。Cu_6Sn_5 可以通过不同的方法制得，在用机械合金化、气体雾化法、熔体纺丝法和熔融法中，以机械合金化材料的体积容量最大。此外还有锑-锡、镍-锡和钴-锡、锡-银合金。近几年，锡基合金的研究取得了较为明显效果，但这些成果距离商业化应用还有一定的距离，限制其实用化的原因主要还是初次循环的不可逆容量损失和循环性能差。

（2）硅基合金　硅在嵌入锂时会形成含锂量很高的合金 $Li_{44}Si$，其理论容量为 $4200mA \cdot h/g$，是目前研究的各种合金中理论容量最高的。有文献报道，用气相沉积法制备了 Mg_2Si 纳米合金，其首次嵌锂容量高达 $1370mA \cdot h/g$，但该电极材料的循环性能很差，10 个循环后容量小于 $200mA \cdot h/g$；用高能球磨法制备了纳米 NiSi 合金，首次放电容量 $1180mA \cdot h/g$，20 次循环后容量 $800mA \cdot h/g$ 以上，嵌锂过程中 Si 与锂形成合金，Ni 保持惰性，维持结构的稳定，提高循环性能，但纳米材料的剧烈团聚限制 NiSi 循环性能的进一步提高。

（3）锑基合金　金属锑有 $660mA \cdot h/g$ 的首次理论嵌锂容量，嵌锂电势在 0.8V 左右（$vs. Li^+/Li$），并且锑的嵌脱锂过程具有平坦的电化学反应平台，能提供非常稳定的工作电压。近年来，Sb 基合金材料的报道很多，主要的合金形式有 SnSb、InSb、Cu_2Sb、MnSb、Ag_3Sb、Zn_4Sb_3、$CoSb_3$、$NiSb_2$、$CoFe_3Sb_{12}$、$TiSb_2$、VSb_2 等。在锑合金的嵌脱锂过程中，其显著的体积变化造成电极的粉化，导致容量的快速衰减。因此采取了很多措施，其中使用一些特殊结构的化合物，特别是那些与锂反应时具有保持稳定面心立方排列的主体结构的化合物（$M_x Sb$），使电极的可逆性得到显著的提高。其中，CuSb 是一个最具吸引力的锑基电极材料，一方面铜原子的尺寸与锂的插入有良好的相容性，同时，$Cu_2 Sb$ 合金在锂化过程中，铜不与锂发生反应，从而保证结构的稳定。

（4）其他合金　Al 基合金材料主要的合金形式有 $Al_6 Mn$、$Al_4 Mn$、$Al_2 Cu$、AlNi、$Fe_2 Al_5$ 等。尽管 Al 能与 Li 形成含锂量很高的合金 $Al_4 Li_9$，其理论容量为 $2235mA \cdot h/g$，但 $Al_6 Mn$、$Al_4 Mn$、$Al_2 Cu$、AlNi 合金的嵌锂活性很低，几乎可以认为是惰性的。此外，为了与无锂源正极材料如 MnO_2、S、$V_2 O_5$、$Li_{1-x} V_2 O_8$ 等相匹配组成电池，必须考虑在储锂合金材料中掺入锂，一方面可以解决锂源问题，另一方面也可以补偿储锂合金材料的首次不可逆容量，目前这方面的研究有 LiMg、LiAl、LiCrSi、LiCuSn 等锂合金。

总之，合金材料作为一种很有潜力的锂离子电池负极材料，在近几年成为负极材料研究的一个热点，但从目前合金负极材料的研究现状来看，还没有一种合金材料具有特别出色的电化学性能，满足实际需要。首次充放电效率低是合金材料的固有缺点，这也是限制合金材料发展的最大障碍。

9.3.3　其他负极材料

（1）金属氧化物　一些金属氧化物，如 SnO、SnO_2、CuO、WO_2、MoO_2、VO_2、TiO_2、$Li_x Fe_2 O_3$、$Li_{4/3} Ti_{5/3} O_4$、$Li_4 Mn_5 O_{12}$ 等，电势与 Li^+/Li 电势相接近，并能实现 Li^+ 的脱嵌，可作为锂离子电池的负极材料。其中的 SnO 材料更是研究中的重点，这是由于锡基氧化物储锂材料有容量密度较高、无污染、原料来源广泛、价格便宜等优点。非晶态氧化亚锡基储锂材料的可逆放电容量达到 $600mA \cdot h/g$，嵌脱锂电势均较低，电极结构稳定，循环性能较好。用化学气相沉积法制备的结晶态 SnO 薄膜，容量达到 $500mA \cdot h/g$，并表现出良好的循环性能。另一个研究的热点是钛酸锂，虽然其可逆容量偏低（$150mA \cdot h/g$），放电电压偏正（1.65V），但放电曲线平坦，循环寿命长（2000 次），耐过充放电性能好、充放电效率高，是有待深入研究的新型负极材料。

（2）氮化物　氮化锂具有良好的离子导电性，电极电势接近金属锂，有可能用作锂离子电池的负极材料。目前，人们已研究的氮化物体系材料有属于反萤石结构的 $Li_7 MnN_4$ 和 $Li_3 FeN_2$，和属于 $Li_3 N$ 结构的 $Li_{3-x} Co_x N$。其中 $Li_7 MnN_4$ 和 $Li_3 FeN_2$ 都有良好的可逆性，但其比容量为 $200mA \cdot h/g$ 和 $150mA \cdot h/g$，显得偏低，放电电势也偏正。而 $Li_{3-x} Co_x N$ 有高达 $900mA \cdot h/g$ 的容量，放电电势稍负于反萤石型。

（3）其他新型负极材料　薄膜负极材料主要用于微电池中，包括复合氧化物、硅及其合金等。主要的制备方法有射频磁控喷射法、直流磁控喷射法和气相化学沉积法。

纳米负极材料的研究主要是希望利用材料的纳米特性，减少充放电过程中体积膨胀和收缩对材料结构的影响，从而改进其循环性能。纳米负极材料离实际应用还有一段距离，关键原因是纳米粒子随循环的进行而逐渐发生团聚，结果失去了纳米粒子特有的性能，导致结构被破坏，可逆容量发生衰减。

9.4　锂离子电池的电解液

电解液是锂离子电池的重要组成部分，它自身的性能及其与正负极活性物质形成的界面状况很大程度上影响电池的性能，因而电解液体系的选择是电池设计的一个重要方面。由于锂非常活泼，决定了液体电解质不能以水为溶剂，目前锂离子电池电解液由高纯有机溶剂、电解质锂盐和必要的添加剂组成，优良的锂离子电池有机电解液应满足以下要求：①良好的化学稳定性，与电池内的正负极活性物质和集流体（一般用铝箔和铜箔）不发生化学反应；②宽的电化学稳定窗口；③高的锂离子电导率，低的电子电导率；④具有良好的成膜特性，在碳负极材料表面形成致密稳定的钝化膜（SEI 膜）；⑤良好的热稳定性，合适的温度范围，高沸点，低熔点；⑥安全低毒，无环境污染；⑦价格低。

9.4.1 有机溶剂

有机溶剂是电解液的主体部分，与电解液的性能密切相关，为了增强电解液的电导率，应选择锂盐在其中溶解度较大的有机溶剂，要求溶剂有较高的介电常数，同时又要考虑溶剂的黏度尽量小，由于有机溶剂的介电常数和黏度是一对矛盾，一般用高介电常数溶剂与低黏度溶剂混合使用。同时溶剂必须是非质子的极性溶剂，以保证锂盐的溶解和不与锂发生反应。目前溶剂多采用碳酸酯系列高纯有机溶剂，如碳酸乙烯酯（ethylene carbonate，EC）、碳酸丙烯酯（propylene carbonate，PC）、二甲基碳酸酯（dimethyl carbonate，DMC）、二乙基碳酸酯（diethyl carbonate，DEC）、甲乙基碳酸酯（methyl ethyl carbonate，EMC）等。表 9-3 是一些常用有机溶剂的物理化学参数。

表 9-3　一些常用有机溶剂的物理化学参数

溶　剂	结构式	熔点/℃	沸点/℃	相对介电常数	黏度/cP	密度/(g/cm³)	施主数 DN	受主数 AN
碳酸乙烯酯(EC)		37	238	89.6	1.86	1.32	16.4	—
碳酸丙烯酯(PC)		−49	242	64.4	2.53	1.20	15.1	19.3
碳酸丁烯酯(BC)		−53	240	53	3.2	1.15	—	—
二甲基碳酸酯(DMC)		3	90	3.12	0.59	1.06	8.7	3.6
二乙基碳酸酯(DEC)		−43	127	2.82	0.75	0.97	15.1	2.6

续表

溶　剂	结构式	熔点/℃	沸点/℃	相对介电常数	黏度/cP	密度/(g/cm³)	施主数 DN	受主数 AN
γ-丁内酯(γ-BL)	(结构式)	−43	202	39.1	1.75	1.13	18	18.2
甲乙基碳酸酯(EMC)	(结构式)	−55	108	2.9	0.65	1.01	—	—
甲酸甲酯(MF)	(结构式)	−99	32	8.5	0.33	0.97	—	—
乙酸甲酯(MA)	(结构式)	−98	58	6.7	0.37	0.93	16.5	10.7
丙酸甲酯(MP)	(结构式)	−88	79	6.2	0.43			

注：$1cP=10^{-3}Pa\cdot s$。

没有一种溶剂可同时满足优良电解液的多种要求，因此使用混合溶剂（如 EC/DMC、EC/DEC 等），扬长避短是优化电解液体系的重要途径。选择混合溶剂的基本出发点是借助不同的溶剂体系解决电解液中制约电极性能的两对矛盾：一是在首次充电过程中，保证负极在较高的电极电势下建立 SEI 膜，阻止溶剂共嵌入和降低电解液的活性，增大电极循环寿命和保证电池安全性之间的矛盾；二是降低体系黏度、增大锂离子迁移速率与保证溶剂较高的介电常数、削弱阴阳离子间相互作用，从而提高电解液的电导率并降低表观活化能，提高电极的高倍率充放电性能。在多元系统中，电解液的物理化学性能参数（如介电常数、黏度、溶液的温度范围、配位数等）可以进行优化组合，混合多元系统电解液的电导率一般高于单一系统电解液。通常所使用的多元溶剂体系一般是由环状碳酸酯和链状碳酸酯组成的，混合溶剂 EC/DMC（1∶1）的分解电压为 4.1V，EC/DEC（1∶1）的分解电压为 4.25V，PC/DEC（1∶1）的分解电压为 4.35V。

9.4.2　电解质盐

电解质盐是指无机阴离子或有机阴离子与锂离子形成的锂盐，在锂离子电池中，电解质盐应满足：①与电极活性物质在较宽的电压范围内稳定存在，在电池充放电时不与电极活性物质、集流体发生电化学反应；②锂盐在有机溶剂中应具有较高的溶解度和解离度，以保证足够的电导率。锂离子电池常用的电解质锂盐主要有：$LiPF_6$、$LiClO_4$、$LiBF_4$、$LiAsF_6$、$LiCF_3SO_3$ 等。

高氯酸锂（$LiClO_4$）：是一种强氧化剂，制成的电解液电导率和电化学稳定性良好，在实验电池中一直被广泛应用，但在工业上为电池安全着想，已从根本上被排除。

六氟砷酸锂（$LiAsF_6$）：电导率和稳定性都较好，但价格昂贵，且有毒性。

六氟磷酸锂（$LiPF_6$）：最常用的导电盐，含有 $LiPF_6$ 的有机电解液显示出良好的电导率和电化学稳定性，不腐蚀铝、铜集流体，但价格较贵，抗热和抗水解性能不够理想，固态 $LiPF_6$ 在大约30℃分解，在溶液中大约130℃分解。

四氟硼酸锂（$LiBF_4$）：价格便宜，只有六氟磷酸锂的1/3，但是它的氧化电势相对较低，与六氟磷酸锂类似，对热和水不稳定。

全氟甲基磺酸锂（$LiCF_3SO_3$）和全氟甲基磺酸亚胺锂 $[Li(CF_3SO_2)_2N]$ 是一类很有吸引力的锂盐，$Li(CH_3SO_2)_2N$ 的电导率和 $LiPF_6$ 相当，并高于 $LiCF_3SO_3$。但是含 $LiCF_3SO_3$ 和 $Li(CF_3SO_2)_2N$ 的电解液腐蚀铝，对铝电极表面钝化差，因此，这类盐不能用于以铝作为正极集流体的锂离子电池，并且 $Li(CH_3SO_2)_2N$ 的价格高，尚未实现实用化。

以上几种电解质锂盐的热稳定性顺序为 $LiCF_3SO_3 > LiAsF_6 > LiBF_4 > LiPF_6$，从成本、安全性等多方面考虑，六氟磷酸锂是目前商业化锂离子电池采用的主要电解质。

9.4.3 电解液添加剂

在锂离子电池有机电解液中添加少量添加剂就能显著地改善电池的某些性能，现在主要研究的添加剂有：SEI膜成膜添加剂、控制电解液中酸和水含量的添加剂、过充电保护剂和阻燃剂。

（1）改善电极SEI膜性能的添加剂　在液态锂离子电池首次充放电过程中，负极材料石墨与电解液作用形成固体电解质界面膜（SEI膜）。良好的SEI膜能降低锂离子电池的不可逆容量，改善循环性能，增加嵌锂稳定性和热稳定性，在一定程度上有利于减少锂离子电池的安全隐患。通常可以从石墨材料和电解液两个方面来改善SEI膜性能。优化电解液的组分，选择合适的溶剂、锂盐及其相关添加剂是改善SEI膜的一条有效途径。

目前，用于改善SEI膜性能的无机添加剂主要有 CO_2、SO_2 等，有机添加剂主要有氯化碳酸乙烯酯（Cl-EC）、1,2-亚乙烯碳酸酯（VC）等。这些添加剂的作用主要是抑制电解液的分解，使石墨负极形成良好的SEI膜，提高电极可逆容量和稳定性。锂离子电池的SEI膜中含有 Li_2CO_3，由于 Li_2CO_3 有较好的锂离子电导率，因此在溶剂中加入 CO_2 或者直接加入 Li_2CO_3，可促使在负极表面形成 Li_2CO_3 膜。CO_2 作为添加剂还可以提高溶剂分子的还原电势，抑制活性较大的电解质阴离子的还原。使用 SO_2 作为添加剂，有利于在石墨表面形成一层良好的SEI膜，这主要是由于 SO_2 发生还原反应的电势较低 [$2.7V(vs.\ Li^+/Li)$]，这个电势低于电解液的还原分解电势。

PC、EC基电解液中加入氯化碳酸乙烯酯（Cl-EC），可以提高容量、循环寿命和充放电效率。氯化碳酸乙烯酯比PC、EC易于还原，主要是氯原子的吸附效应。氯化碳酸乙烯酯和PC混合时，在 $1.7V(vs.\ Li^+/Li)$ 发生还原反应，在PC还原分解之前起保护作用。

（2）控制电解液中酸和水含量的添加剂　有机电解液中存在痕量的水和酸（HF）对SEI膜的形成具有很重要的作用，但水和酸HF的含量过高，会导致 $LiPF_6$ 的分解，而且会破坏SEI膜。将锂和钙的碳酸盐作为添加剂加入到电解液中，它们与电解液中微量的HF发生反应，阻止其对电极的破坏和对 $LiPF_6$ 分解的催化作用，提高电解液的稳定性。碳化二亚胺化合物能吸收水分，也能阻止 $LiPF_6$ 水解成酸，这是因为碳化二亚胺类化合物中的 C=N双键能与水形成氢键，而 PF_6^- 又可与氢键相连形成一种络合物，从而阻止HF的产生。

（3）过充电保护添加剂　当锂离子电池过充电时，由于电池电压随极化增大而迅速上升，将引发正极活性物质结构的不可逆变化以及电解液的氧化分解，进而产生大量的气体并放出大量热，导致电池内压和温度急剧上升，产生燃烧、爆炸等安全隐患。通过添加剂来实现电池的过充电保护，对于简化电池制造工艺，降低电池生产成本具有重要的意义。二茂铁及其衍生物是早期研究的过充保护剂之一，但是金属茂化物的氧化还原电势范围较低，难以在高电压的锂离子电池中获得应用，相对而言，亚铁离子的 2,2-吡啶和 1,10-邻菲咯啉的配合物具有比二茂铁高的氧化电势。电聚合保护是一种有效的安全保护方法，芳香族化合物烷基苯（tert-alkylenzene）及其衍生物与联苯（biphenyl）及其衍生物、烷基联苯（alkylbiphenyl）和环己基苯（cyclohexylbenzene）等均可用作过充电聚合添加剂。

（4）阻燃剂　锂离子电池用有机电解液都是极易燃烧的物质，当电池过热或过充电状态下，都可能引起电解液的燃烧甚至爆炸，在电解液中添加高沸点、高闪点的阻燃剂，可以改善锂离子电池的安全性能，3-苯基磷酸酯（TPP）、3-丁基磷酸酯（TBP）和磷酸三甲酯（TMP）可作为锂离子电池电解液的阻燃剂。

9.5　聚合物锂离子电池

聚合物锂离子电池是指在正极、负极与电解质中至少有一项使用了高分子材料的电池系统，而目前所开发的聚合物锂离子电池中，高分子材料主要是被应用于电解质。聚合物锂离子电池与液体电解质锂离子电池的正负极材料都是相同的，其工作原理与液态有机电解质锂离子电池基本相同。它们的主要区别在于电解质的不同，锂离子电池使用的是液体电解质，而聚合物锂离子电池则以固体聚合物电解质来代替，这种聚合物电解质可分为纯聚合物电解质及胶体聚合物电解质，纯聚合物电解质室温电导率较低，而胶体聚合物电解质是利用固定在具有微孔结构的聚合物网络中的液体电解质实现离子传导，既具有固体聚合物的稳定性，又具有液态电解质的离子传导率，目前大部分采用胶体聚合物电解质。由于用固体电解质代替了液体电解质，可以把电池做成全塑结构，电池可以更薄，也更具有可塑性。此外，聚合物锂离子电池在工作电压、容量、充放寿命等方面都比锂离子电池有所提高。

9.5.1　聚合物锂离子电池的特点

由于聚合物锂离子电池没有游离的电解液，因此具有以下特点。

（1）设计灵活　聚合物锂离子电池的每个组件均为固态，可用铝塑包装替代金属外壳，制成薄膜电池，整个电池的厚度可做到 1mm 以下。由于正、负极与电解质隔膜可以复合为一体，易实现连续化生产，并且在包装上无松紧度问题。

（2）安全性高　由于电解质为固态，不存在电解液泄漏问题，聚合物锂离子电池比液态锂离子电池安全性高。而且，聚合物电解质具有良好的柔韧性，可以缓解在充电过程中活性物质的体积变化。

（3）比能量高　聚合物电解质电池无须用刚性金属壳封装，可使用质轻的铝塑包装，因此电池的能量密度比液体电解质锂离子电池更高，重量比能量可以做到 200W·h/kg 以上。

9.5.2　聚合物锂离子电池的结构

图 9-9 是聚合物锂离子电池的内部结构示意，其正负极活性物质与液体电解质锂离子电池相同，不同之处在于外包装、隔膜和正极/聚合物电解质膜/负极三合一复合膜。

（1）铝塑复合包装膜　聚合物锂离子电池所用的软包装材料铝塑复合膜具有以下特性：①具有极高的阻隔性，水蒸气和氧气的透过率只有普通铝塑复合材料的万分之一左右，需要采用较厚的铝箔，且需采用复合结构；②具有良好的热封性能，聚合物锂离子电池对高温比

负极耳
正极耳

正极

隔膜

负极

图 9-9　锂聚合物
电池结构示意

较敏感，一般使用温度低于 60℃，这样要求软包装材料在满足热封强度前提下，热封温度越低越好；一般而言，热封强度不能小于 35N/15mm，热封温度不能高于 150℃，热封时间一般不要超过 3s，以防止热辐射和热传导对电芯起破坏作用；③内层材料不与电解液反应，软包装材料的内层材料既不能被电解液所溶解，也不能被电解液溶胀；④具有良好的延展性、柔韧性和机械强度，保证电池的生产和使用过程安全。

（2）聚合物电解质隔膜　聚合物电解质隔膜具有电解质和隔膜的双重作用，其骨架基质材料有聚偏氟乙烯（PVDF）、聚氧化乙烯（PEO）、聚丙烯腈（PAN）、聚甲基丙烯酸甲酯（PMMA）和聚氯乙烯（PVC）等几个体系，几种胶体聚合物电解质的离子电导率见表 9-4 所列。

表 9-4　胶体聚合物电解质的离子电导率

聚合物电解质	LiClO$_4$ /EC-PC-PEO	LiClO$_4$ /EC-PC-PAN	LiN(CF$_3$S)$_2$ /EC-PC-PAN	LiClO$_4$ /EC-PC-PVC	LiBF$_4$ /GBL-PMMA	LiClO$_4$ /PC-PVME
离子电导率/(S/cm)	2×10^{-3}	2×10^{-3}	2×10^{-3}	1×10^{-3}	3×10^{-3}	1×10^{-3}

聚合物电解质膜的性能不仅要有高的离子电导率，还要保证机械强度、柔韧性、孔结构和化学稳定性，所制备的聚合物电解质膜抗拉强度不小于 100kgf/cm^2（10MPa），孔隙率大于 40%。

9.6　锂离子电池的制造工艺

锂离子电池的制造包括极片制造、电池装配、注液、化成等工序，图 9-10 是以 LiCoO$_2$ 为正极活性物质、MBMC 为负极活性物质制作锂离子电池的工艺流程图。

9.6.1　极片制造

极片的制作包括：和膏、涂布、压片、分切、焊接极耳等工序。

正极片的制作过程是将正极活性物质（如 LiCoO$_2$）与一定比例的导电剂（如乙炔黑）、PVDF 黏结剂和 NMP 溶剂混合，搅拌成正极浆料，然后在涂布机上均匀地涂布在铝箔（厚度 16μm）集流体上面，经过干燥、碾压、分切、焊接铝极耳，制成正极片。

同样，负极片的制作过程是将负极活性物质（如 MCMB）与一定比例的 PVDF 黏结剂和 NMP 溶剂混合，搅拌成负极浆料，在涂布机上均匀地涂在铜箔（厚度 10μm）集流体上面，经过干燥、碾压、分切、焊接镍极耳，制成负极片。

和膏浆料的均匀性对锂离子电池的质量有很大影响，浆料的均匀度决定了活性物质在电极上分布的均匀性，从而影响电池的性能。制浆过程时间过短，浆料不匀，而制浆过程时间过长，浆料过细，电池的内阻则过大。

在涂布工艺中，希望通过加热将浆料中溶剂全部除去，如加热温度或时间不够，难以去除残留的溶剂，致使部分黏结剂溶解，造成部分活性物质剥落；而加热温度过高，则黏结剂可能发生晶化，也会使活性物质剥落，从而产生电池内部短路。

电芯的正负极容量的配比是关系到锂离子电池安全性的重要环节。正极容量过大会出现

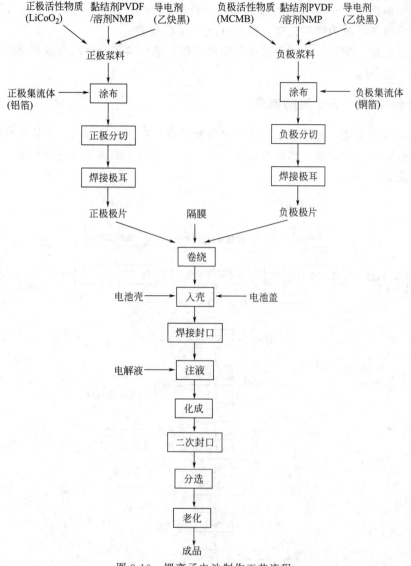

图 9-10 锂离子电池制作工艺流程

金属锂在负极表面沉积，而负极过大电池的容量会有较大的损失，因此装配过程中要求负极容量约过量 10%，这样即可确保电池的安全性，又不至于引起电池较大的容量损失。

9.6.2 电池的装配

电池的装配和注液过程是在卷绕机上将正极片、负极片、隔膜一起卷成电池卷芯，并将卷芯装入电池壳中，用激光焊接机对壳帽进行焊接封口；经过必要的真空干燥后，再向电池中注入足量的电解液。图 9-11 是圆柱形锂离子电池的结构示意图。

电池的化成和分选采用恒流-恒压充电方式，恒流放电。化成一般采用 0.2C 电流充电，

图 9-11 圆柱形锂离子电池结构示意

充电终止电压根据电极材料的不同来确定，一般在 3.9～4.1V。电池分选以 1C 恒流充电，达到充电终止电压，改为恒压充电，截至电流 0.05C 左右。

电池经过化成、搁置、分容等活化及检测工作，最终得到合格的电池产品。电池出厂时一般荷电 50% 左右。

9.6.3 聚合物锂离子电池的制造

聚合物锂离子电池的制作工艺与液体电解质锂离子电池区别较大，包括聚合物电解质膜的制备、聚合物电极的制备、单体极组的制备、增塑剂的萃取抽提、电池组装、封装等主要步骤，流程图如图 9-12 所示。

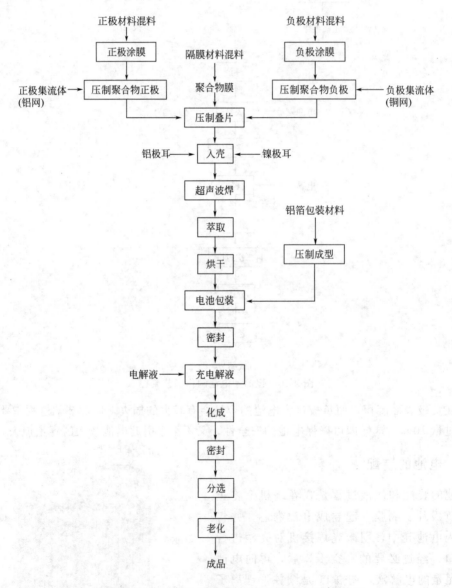

图 9-12 聚合物锂离子电池的制作流程

9.6.3.1 聚合物电解质膜的制备

目前用于聚合物电解质膜的工艺主要有流延法、丝网印刷法、浇铸法。

（1）流延法　流延法是目前使用较广泛，能够获得高质量、超薄型聚合物电解质膜的成型方法。所用基体材料是 PVDF，增塑剂为 DBP，添加剂为气相二氧化硅，溶剂为丙酮。制备方法是先在粉料中加入溶剂、分散剂、黏结剂、增塑剂等成分，得到分散均匀的稳定浆料，然后将浆料铺展在平滑光洁的传送带上，用一个可调的刀口狭缝来控制膜的厚度，经过烘道烘干后再将膜揭起，制备连续的电解质薄膜。

（2）丝网印刷法　将浆料置于丝网漏液板栅上，丝网下辅以平整玻璃板或聚四氟乙烯板作为膜的载体，用胶辊在丝网上来回滚动，使在载体上形成一层均匀薄膜，经过干燥后，即可得到聚合物电解质膜。

（3）浇铸法　是用平整玻璃板或聚四氟乙烯板做载体，根据需要制备膜的厚度设计出一定深度的浅槽，向槽中注入搅拌均匀的浆液，刮去多余的浆料，然后严格水平地放置在50～60℃的烘箱中干燥 2h，即可获得所需大小和厚度的聚合物电解质膜。

9.6.3.2　聚合物电极的制备

聚合物锂离子电池电极制备工艺与液态锂离子电池的制备工艺不同，其工艺路线主要有：先将活性物质、导电剂、增塑剂、聚合物在有机溶剂中混合成均匀浆料，然后将该浆料直接涂布在集流体上，在一定压力下辊压，得到所需厚度的、含增塑剂的电极。聚合物锂离子电池常用铝网为正极集流体，铜网为负极集流体，为了提高电极膜与集流体的接触导电性能，集流体表面需要预处理。

铜网预处理是在硝酸和硫酸的混合稀溶液中蚀刻，去除表面的氧化铜。然后用0.5%～1.5%（质量分数）VDF-HFP 共聚物/丙酮溶液对铜网进行表面处理，待丙酮挥发后，进行 340℃热处理 5～20s，形成黏结层。如果在黏结层中加入乙炔黑等导电物质，能降低黏结层电阻，黏结层厚度要综合考虑电极膜与集流体之间的黏结力及电子导电能力。

铝网表面的蚀刻与预处理是先将已去除表面油污的铝网放入碱性蚀刻液中蚀刻，然后用蒸馏水、丙酮清洗，得到表面洁净的铝网。在铝网表面覆盖一薄层电子导电能力强的氧化锌，能够提高铝网与电极膜间的导电性和铝网表面的粗糙度。

9.6.3.3　聚合物锂离子电池的制造

制好的聚合物电极需要与聚合物电解质膜复合在一起，复合时必须施加一定的压力，热复合温度接近聚合物的熔点。复合后的正极/聚合物电解质膜/负极必须经过萃取，去除增塑剂，干燥，制成干极组，萃取剂一般选用乙醚或甲醇。

电池组装是先把单体极组按容量配组，组成极群，并焊接极耳（正极用铝极耳，负极用镍极耳），然后进行电池封装、注液活化和化成分容。对于萃取完增塑剂的干极群来说，一旦注入电解液，便可迅速被吸收到增塑剂留下的空隙内，电池内无自由电解液。化成后要经过二次封口，将化成时产生的气体排出。

9.7　锂离子电池的性能

电池性能可以分为 4 大类：能量特性，如电池的比容量、比能量等；工作特性，如循环性能、工作电压平台、阻抗、荷电保持率等；环境适应能力，如高温性能、低温性能、抗振动冲击性能、安全性能等；配套特性，主要指和用电设备的配套能力，如尺寸适应能力、快速充电、脉冲放电等。

9.7.1 充放电性能

锂离子电池充电时 Li^+ 从正极活性物质中脱嵌到电解质中，同时电解质中的 Li^+ 嵌入负极。结果导致正极电势升高；负极电势降低。当充电接近完成时，电池的充电电压升高加剧。

由于锂离子电池使用的是有机溶剂电解液，存在特定的电化学窗口，充电电压过高会发生电解液的分解，一般锂离子电池采用恒流-恒压（CC/CV）充电制度，充电限制电压一般是 4.2V。图 9-13 是锂离子电池的充电特性曲线，$t_0 \sim t_1$ 阶段为恒流充电阶段，截止电压为 4.2V；$t_1 \sim t_2$ 阶段为恒压充电阶段，终止充电电流为电池 $0.05C$ 对应的电流。对于锂离子电池组的充电，由于存在单体电池的差异，需要在充电过程中对各单体电池电压进行均衡控制，尽量实现各电池在充电结束时电压一致，保证电池的稳定性和使用寿命。

锂离子电池的放电电压与电池材料有关，以碳材料为负极时，$LiCoO_2$ 为正极材料的锂离子电池的放电电压平台为 3.6V 左右，而 $LiFePO_4$ 为正极材料的锂离子电池的放电电压平台 3.4V 左右。

正极材料中锂离子的扩散能力对电池的放电性能影响较大，特别是在低温和高倍率条件下，锂离子在正负极中的扩散是限制电池充放电性能的主要因素。与常温相比，电池低温放电电压平台低，放电容量小。

对锂离子电池充放电性能的评价指标主要有电池的充放电时间、充放电效率、充放电电压平台、不同充放电倍率下的容量等。电池的放电倍率越高，放电电压平台和放电容量越低，图 9-14 是锂离子电池不同倍率的放电特性曲线。

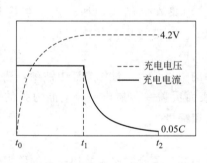

图 9-13　锂离子电池的充电特性曲线

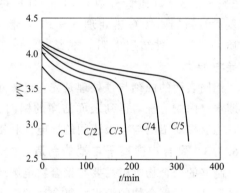

图 9-14　锂离子电池不同倍率的放电曲线

9.7.2 安全性

正负极材料、电解液及其添加剂、电池的结构以及制备工艺条件都对锂离子电池的安全性有重要的影响。高容量及动力型锂离子电池的安全性尤为重要，尤其在滥用条件下（如高温、短路、过充放、振动、挤压和撞击等），容易出现冒烟、着火甚至爆炸等情况。锂离子电池的热稳定性和过充保护对锂离子电池的安全性有直接影响。

9.7.2.1 锂离子电池的热稳定性

锂离子电池的热稳定性是安全性的基础。若电池内阻生成热的速率大于散热速率，电池温度会不断升高，导致电池内部有机物分解和电池内压升高，可能造成电池着火、爆炸。影响热稳定性的因素主要有以下几个方面。

（1）锂离子电池电解液的热分解反应　由于锂离子电池使用的是有机溶剂电解液，电解液对锂离子电池安全性的影响主要表现为：电池在过热、短路等滥用状态下，有机溶剂分解和锂盐分解产生的气体产物在电池内分别充当了燃料和氧化剂，容易引起燃烧甚至爆炸，因此要求有机电解液应具有尽可能高的闪点。锂离子电池的电解液主要是在温度升高时发生 DEC、EC 与 LiPF₆ 之间的反应，而放出大量的热，约为 500J/g，电解液中水分和 HF 含量过高，会加速 LiPF₆ 的分解。在电解液中添加一些高沸点、高闪点和不易燃的溶剂，可以改善电池的安全性，如一氟代甲基碳酸乙烯酯（CH₂F-EC）、二氟代甲基碳酸乙烯酯（CHF₂-EC）和三氟代甲基碳酸乙烯酯（CF₃-EC）。加入阻燃剂，如有机磷系阻燃剂、有机氟化物和氟代烷基磷酸酯等，也可改善电池的安全性。以三甲基磷酸酯（TMP）为例，阻燃剂阻燃原理为受热气化，并分解释放阻燃自由基，捕获体系中的氢自由基，从而阻止碳氢化合物燃烧或爆炸。反应方程式如下：

$$TMP（液）\longrightarrow TMP（气）；TMP（气）\longrightarrow P \cdot ；P \cdot + H \cdot \longrightarrow PH$$

用 LiBOB 作为锂盐的电解液 [LiBOB/EC：PC：DMC（1：1：3 体积比）]，比起传统所采用的 LiPF₆ 锂盐体系电池的循环性能大为增强，而且降低了阴极在充电时与电解液所发生的热反应，使得整个体系的热稳定性得到提高。乙酸乙酯和丁酸甲酯作为锂离子电池新型的电解液溶剂也具有良好的低温性能和安全性。

（2）负极上的热分解反应 锂离子电池化成以后，碳负极的表面会形成一层 SEI 膜，阻止电解液与碳负极之间的反应，起到保护负极的作用。如果电池的温度升高，SEI 膜会发生分解，导致电解液与负极的直接接触而发生反应，加速电解液的分解。SEI 膜由稳定层（Li₂CO₃）和亚稳定层 [(CH₂OCO₂Li)₂] 组成，亚稳定层在 90～120℃ 可发生分解反应，放出热量。当温度高于 120℃ 时，SEI 膜不能保护负极，有机溶剂会与嵌入的锂发生反应而放出热量，并产生气体。

负极材料的种类、电极组成及结构、表面形态和电解液组成，对 SEI 膜的形成至关重要。热解碳形成的 SEI 膜较厚，热解石墨形成的较薄。锂盐的种类对 SEI 膜的稳定性也有很大的影响，用 LiBF₄ 代替 LiPF₆，放热量会明显降低，而用酰亚胺锂做电解质时，分解温度升高到 145℃。

电解液的有机溶剂直接关系到 SEI 膜的稳定性，不同溶剂对 SEI 膜的形成作用不同，单独用 EC 做溶剂，形成的 SEI 膜成分是 (CH₂OCOOLi)₄，而加入 DEC 和 DMC，SEI 膜的主要成分为 C₂H₅COOLi 和 Li₂CO₃，后者形成的 SEI 膜较稳定。

（3）正极上的热分解反应 正极材料如 LiCoO₂、LiNiO₂ 和 LiMn₂O₄，在低温下稳定，在充电状态时处于亚稳定状态，温度升高时会发生分解。充电态的 Li₀.₄₉CoO₂，与 1mol/L LiPF₆/EC + DEC（质量比 1：1）电解液的分解反应从 190℃ 开始，而充电态的 Li₀.₂NiO₂ 的放热从 170℃ 开始，LiₓMn₂O₄ 与电解液的反应温度为 200℃。对于 4V 正极材料，处于充电状态时的热稳定性顺序为：LiMn₂O₄ > LiCoO₂ > LiNiO₂。图 9-15 是用各正极材料的热分解反应放热量，可以看出，LiFePO₄ 的放热量最小，对应的安全性最高。

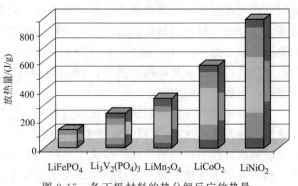

图 9-15 各正极材料的热分解反应放热量

（4）其他热分解反应 嵌锂碳与黏结剂也存在反应，充放电过程中，含氟黏结剂（PVDF）与负极作用产生的热量是无氟黏结剂的 2 倍，用酚醛树脂黏结剂可以减少热量的产生。隔膜的融化也产生热效应。用纳米不锈钢纤维代替乙炔黑，可以降低电极的电阻，提高导电性，达到减少放电时放热量的效果。

9.7.2.2 锂离子电池的过充电

锂离子电池过充时，电池电压升高，极化增大，会引起正极活性物质结构的不可逆变化及电解液的分解，产生大量气体和热量，使电池温度和内压急剧增加，引起电池燃烧、爆炸。为防止锂离子电池的过充电，通常采用专用的充电电路或正温系数电阻器（PTC），正温系数电阻器可使电池过充而升温时增大电池的内阻，限制过充电流。也可采用专用的隔膜，当电池发生异常使隔膜温度过高时，隔膜孔隙收缩闭塞，阻止锂离子的迁移，从而降低充电电流。

在电解液中加入某些添加剂可以实现电池的过充保护，通过采用添加剂进行过充保护的方法主要有氧化还原保护和电聚合保护。其中，氧化还原内部保护的原理是在电解液中添加形成氧化还原对的添加剂，如二茂铁及其衍生物、Fe、Ru、Ir 和 Ce 的菲咯啉和联吡啶络合物及其衍生物、噻蒽和 2,7-二乙酰噻蒽、茴香醚和联（二）茴香醚等。这些添加剂在电池正常充电时不参与氧化还原反应，当充电电压超过一定值时，添加剂开始在正极上氧化，氧化产物扩散到负极被还原，还原产物再扩散到正极被氧化，整个过程循环进行，直到电池的过充电结束。

电聚合保护是在电池内部添加某种聚合物单体分子，如联苯、3-氯噻吩、呋喃、环己苯及其衍生物等芳香族化合物。当电池充电到一定电势时，发生电聚合反应，由于阴极表面生成的导电聚合物膜造成了电池内部微短路，可使电池自放电至安全状态。电聚合产物可使电池的内阻升高，内压增大，增强了与其联用的保护装置的灵敏度，若将此种方法与安全装置（内压开关、PTC）联用，可将锂离子电池中的安全隐患降低。电聚合添加剂的聚合反应电势应该介于溶剂的分解电压与电池的充电终止电压之间，要根据溶剂的分解电压与添加剂的聚合电压选择合适的添加剂和用量，通常不超过电解液总量的 10%。

9.7.2.3 锂离子电池的内部短路

锂离子电池的正负极内部短路是锂离子电池安全性的一大隐患，电池隔膜的作用主要是防止正负极内部短路，由于锂离子电池使用的是有机溶剂电解质，电导率低，要求隔膜越薄越好。锂离子电池隔膜的厚度、孔率、孔径大小及分布影响电池的内阻、锂离子在电极表面的嵌脱及迁移的均匀性。孔率为 40% 左右、分布均匀、孔径为 10nm 的隔膜，能阻止正负极间的小颗粒运动，提高锂离子电池的安全性；隔膜的绝缘电压与防止正负极的接触有直接关系，它依赖于隔膜的材质、结构及电池的装配条件；采用热闭合温度和熔融温度差值较大的复合隔膜（如 PP、PE 和 PP 复合膜），可防止电池热失控，利用低熔点的 PE（125℃）在温度较低的条件下起到闭孔作用，PP（155℃）能保持隔膜的形状和机械强度，防止正负极接触，保证电池的安全。

二次锂离子电池负极形成的锂枝晶是锂离子电池短路的原因之一，以碳负极替代金属锂片负极（锂离子电池），使锂在负极表面的沉积和溶解变为锂在炭颗粒中的嵌脱，防止了锂枝晶的形成。控制好正负极材料的比例，提高正负极涂布的均匀性，是防止锂枝晶形成的关键。如果锂离子电池正极容量过多，在充电过程中，会出现金属锂在碳负极表面沉积，而负极容量过多，电池容量损失较严重，因此装配过程中，要求负极过量 10%。负极膜涂布较厚、不均一，会导致充电过程中各处极化大小不同，有可能发生金属锂在负极表面的局部沉积。使用条件不当，也会引起电池的短路，低温条件下，锂离子的沉积速度大于嵌入速度，会导致金属锂沉积在电极表面，引起内短路。

黏结剂的晶化、铜枝晶的形成，也会造成电池内部短路。在涂布工艺中，希望通过加热，将浆料中的溶剂除去，若加热温度过高，黏结剂也有可能发生晶化，使活性物质剥落，电池内部短路。涂布时，正极加热温度一般控制在 150℃ 左右，负极控制在 120℃ 左右；当电池过放电至 1~2V 时，作为负极集电体的铜箔将开始溶解，在正极上析出，小于 1V 时，正极表面开始出现铜枝晶，也会使电池内部短路。

9.7.3 自放电与储存性能

锂离子电池的自放电率比镍镉、镍氢电池明显小，镍氢电池的自放电率每月达 60%。镍镉电池的月自放电率 30%，而锂离子电池月自放电率只有 6%~8%。

锂离子电池自放电导致容量损失分为可逆容量损失和不可逆容量损失两种情况，自放电的程度受正极材料、电池的制作工艺、电解液的性质、温度和时间等因素影响。如果负极处于充足电的状态而正极发生自放电，电池正负极容量平衡被破坏，将导致永久性容量损失。自放电的氧化产物堵塞电极材料上的微孔，使锂的嵌入和脱出困难并且使内阻增大和放电效率降低，也会导致不可逆容量损失。

锂离子电池进行长期储存时，不同的荷电状态会影响电池的储存性能。电池的电压在 3.80V（约 40% 额定容量的荷电状态）储存后，电池的性能基本不会发生衰减；当电池的初始电压超过 3.90V（高于 60% 额定容量的荷电状态）储存时，对电池的容量、内阻、平台及循环寿命等性能都会产生明显不利的影响；而在完全放电态或过低荷电状态下也不适合电池的长期储存，会导致电池的循环性能下降，且不能立即使用，容易出现过放电而损害电池。在实际生产或使用过程中，建议最好将电池控制在半电态（40%~60% 额定容量），对应电池的 3.8~3.9V（开路电压）荷电状态下进行长期储存。

9.7.4 使用和维护

锂离子电池没有记忆效应，每次充电前不需强制放电，也不必刻意使锂离子电池每一次都是在放电完全后再充电。但是，锂离子电池的安全性较差，而且，为了发挥锂离子电池比容量高、长寿命的特点，在使用中需要注意以下问题。

① 锂离子电池的激活：锂离子电池在出厂时已经过活化处理，并充了约 50% 的电量，电极已充分浸润电解液，活性物质也得到充分活化。但到用户手中时，可能离出厂已有较长的时间，还需要如下激活的过程：拆开后即可第一次使用，等放电彻底后，再完全充满后使用，第二次也要放电彻底后再充满电，如此连续三次循环，电池才能达到最佳使用状态。

② 锂离子电池的充放电：锂离子电池对充电的温度、电流和电压都有要求，因此锂离子电池必须使用专用的充电器。锂离子电池专用充电器的充电方式为先恒流后恒压（CC/CV），单节电芯充电电压上限为 4.2V，充电电压超限会损坏电池，甚至爆炸。因此，与锂离子电池配套的充电器具有充放电的控制电路，当充电完成时，电路会自动断开，指示灯会自动熄灭，以保护锂离子电池。锂离子电池过放电会导致负极的铜集流体溶解沉积，充电时产生铜枝晶，引发安全问题，因此锂离子电池的放电电压不能低于 2V。

③ 使用环境：锂离子电池在高温下的容量衰减较常温下快，高温条件下若电池的放热速度大于散热速度，会引起电解液的阳极氧化以及电解液、阳极活性物质、阴极活性物质、黏结剂的热力学分解等问题；而低温条件下，由于锂离子的沉积速度有可能大于嵌入速度，从而导致金属锂沉积在电极表面，容易产生枝晶，而发生安全问题，目前商业化锂离子电池的使用温度范围为 -20~60℃。对于民用通讯类产品的锂离子电池，由于使用环境相对较好，单体电池容量低，环境对电池安全性的影响并不突出。但对电动车、野战通讯器材等使

用的锂离子电池，由于使用环境复杂、单体电池的容量较高，或电池组中的单体电池工作环境相差较大，还要注意以下问题：强震动下，锂离子电池的极耳、接线柱、外部的连线、焊点等可能会折断、脱落，而电池极片上的活性物质也可能剥落，从而引发电池（组）的内部短路、外部短路、过充过放、控制电路失效等，进而导致一系列危险情况；环境湿度较大，特别是在酸性、碱性、或由于电池本身的缺陷，以致很容易出现电池（组）的外部短路；在高功率、大电流充放电条件下，可能导致电池及其控制电路的极耳熔化、导线及电子元器件的损坏；某些极端情况发生外部短路、碰撞、针刺、挤压等偶然事件。因此，应根据实际使用条件采取针对性措施。

④ 用锂离子电池组成电池组工作时，对电池的一致性要求很高，并需要特殊的电路，否则会发生某些电池的过充或过放，而发生安全问题。

⑤ 锂离子电池不能在60℃以上的高温环境下放置，也不能接近火源，更不能随意拆卸。对于遇水湿的锂离子电池，可用干布擦干，放于通风处自行干燥或用40℃左右的热风吹干。

⑥ 每隔一段时间可以进行一次保护电路控制下的深充放，以修正电池的电量。

第 10 章　燃料电池

10.1　燃料电池概述

10.1.1　燃料电池的发展历史

燃料电池（Fuel Cell）是等温地将燃料和氧化剂中的化学能直接转化为电能的一种电化学的发电装置。它能量转换效率高，环境友好，被认为是 21 世纪新一代的发电技术。但是燃料电池并不是一项全新的技术，它的发展最早可以追溯到 160 多年前。1839 年，英国的威廉·格罗夫（W. Grove）发表了世界上第一篇有关燃料电池的报告，他发现电解产生的 H_2 和 O_2 在硫酸溶液中可以分别在两个镀铂电极上放电。1889 年，蒙德（L. Mond）和莱格（C. Langer）采用浸有电解质的多孔材料为隔膜、以铂黑为电催化剂、以铂或金片为集流体，组装成了一个实际的燃料电池体系，并首次采用了"燃料电池"这一称谓。此后，作为现代物理化学奠基人之一的奥斯瓦尔德（W. Ostwald）对燃料电池各部分的作用原理进行了详细阐述，奠定了燃料电池的理论基础，并尝试采用煤等作为燃料利用燃料电池原理来发电，但是并没有取得太大的进展。

几乎同时，西门子发现了机-电效应并且得到了迅速的应用，使得人们对燃料电池的研究兴趣下降。但是仍有一些有远见的科学家一直关注着燃料电池技术的发展。1923 年，施密特（A. Schmid）提出了多孔气体扩散电极的概念。在此基础上，20 世纪 50 年代英国人培根（F. Bacon）提出了双孔结构电极的概念，成功开发出第一个千瓦级的中温（200℃）碱性燃料电池系统（称为培根型碱性燃料电池）。据此开发的碱性燃料电池作为美国宇航局"阿波罗"登月飞船的主电源为人类首次登上月球做出了贡献。

进入 20 世纪 70 年代，由于燃料电池在航天飞行中的成功应用和中东战争后石油危机的影响，人们对燃料电池技术的关注达到一个高潮。美国和日本等国都制定了燃料电池的长期发展规划，而且，人们对燃料电池研究的重点也由空间应用向地面应用转变。在这一时期，各国研究和发展的重点是以磷酸为电解质的磷酸燃料电池。随后由于在电能和热能方面的高效率，20 世纪 80 年代的熔融碳酸盐燃料电池和 90 年代的固体氧化物燃料电池都受到了广泛关注，并得到了快速发展。尤其进入 90 年代以来，随着高性能催化剂和聚合物膜的发展以及电极结构改进，质子交换膜燃料电池的发展出现重大突破，已在电动交通工具、便携式电源等方面表现出巨大的潜力。

10.1.2　燃料电池的工作原理

燃料电池在本质上是一种电化学能量转换装置，因此，它的基本结构与通常的电池是类似的，一般由含有电催化剂的阴阳极、夹在两电极间离子导电的电解质和一些辅助部件构成。燃料电池的工作原理，也是通过阴阳两极的电化学反应把存储在燃料和氧化剂中的化学能直接转化为电能的。燃料电池工作时，负极（阳极）发生燃料的氧化反应，正极（阴极）

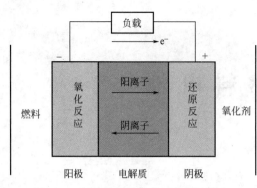

图 10-1　氢氧燃料电池的工作原理示意

发生氧化剂的还原反应，因此，总的反应就是燃料和氧化剂间所发生的氧化还原反应。

以最简单的酸性氢氧燃料电池为例，来说明燃料电池的工作原理。如图 10-1 所示，在氢氧燃料电池工作过程中，向阳极和阴极不断连续地供给 H_2 和 O_2。在电催化剂的作用下，阳极的 H_2 发生氧化产生氢离子和电子，氢离子由电场驱动在将两个半反应分开的电解质内迁移到阴极，而电子则通过外电路定向移动做功并到达阴极构成总的电回路。同时，阴极的 O_2 与由阳极传递来的电子和氢离子发生还原反应被还原为水，生成热能。

阳极：
$$H_2 \longrightarrow 2H^+ + 2e^- \tag{10-1}$$

阴极：
$$\frac{1}{2}O_2 + 2H^+ + 2e^- \longrightarrow H_2O \tag{10-2}$$

对于碱性电解质（对应图 10-1 中的阴离子传递），燃料电池中所发生的电化学反应如下所述。

阳极：
$$H_2 + 2OH^- \longrightarrow 2H_2O + 2e^- \tag{10-3}$$

阴极：
$$\frac{1}{2}O_2 + H_2O + 2e^- \longrightarrow 2OH^- \tag{10-4}$$

显然，无论采用酸性还是碱性电解质，氢氧燃料电池的总反应都可以表示为：

$$H_2 + \frac{1}{2}O_2 \longrightarrow H_2O \tag{10-5}$$

因此，氢氧燃料电池的反应过程是水电解反应的逆过程。原则上，只要外部不断提供反应物质，燃料电池便可以源源不断地向外部输电，所以燃料电池是一种"发电技术"。

燃料电池与常规电池的相似性在于燃料电池和常规电池都是电化学装置，都主要由阴极、阳极和电解质的基本结构组成，并且都是通过电化学反应将物质的化学能直接转化为电能。但是燃料电池作为一种新的发电方式，又与常规电池存在明显差别。这主要表现在常规电池的活性物质是作为电池自身的组成部分而存在的，即反应物存储在电池内部，因此常规电池本质上是一种能量存储装置，所能获得的最大能量取决于电池本身所含的活性物质数量。而且，常规电池在工作过程中电极的活性物质不断消耗变化，因此电极和电池性能无法保持稳定，无论单次放电寿命还是循环寿命都很有限。而燃料电池在本质上是一种能量转换装置，它的燃料和氧化剂存储在电池外部，只要不间断地向电池内部提供燃料和氧化剂并同时排出反应产物，燃料电池就可以连续产生电能。而且燃料电池的电极在工作过程中并不发生变化，原则上电池性能非常稳定，寿命是无限的。当然实际上，由于电池组成部件的老化失效，燃料电池的使用寿命也有一定限制。

从燃料电池的工作方式上看，它与常规的热机是类似的，只要不断地提供燃料，就能够不断地产生电能。但是燃料电池与常规的热机的差别在于热机是一种机械装置，它首先通过燃烧将反应物的化学能转变为热能，然后转变为机械能，最后才转化为电能，由于每一步都具有一定的不可逆性，因此热机的总体效率通常不高。根据热力学原理，热机的最大效率为：

$$\eta_{max} = 1 - \frac{T_L}{T_H} \tag{10-6}$$

式中，T_H 和 T_L 分别为热机的两个工作温度。

而燃料电池则是一种电化学装置，其能量转换过程是直接由化学能到电能一步实现的，中间未经过燃烧过程，所以效率较高。理想状态下燃料电池的能量转换效率为所产生的电能（$-\Delta G$）与化学反应所释放出的全部能量（$-\Delta H$）之比：

$$\eta_{\max} = \frac{-\Delta G}{-\Delta H} \tag{10-7}$$

而且，燃料电池通常工作在单一温度下。

10.1.3　燃料电池的工作特点

燃料电池与其他能量转换装置相比，具有非常突出的优越性。

（1）高效　燃料电池按电化学原理等温地将燃料和氧化剂中的化学能直接转化为电能，不受卡诺循环限制。理论上，燃料电池的能量转换效率可达 85%～90%。但实际上，燃料电池在工作时由于各种极化的存在，其能量转换效率约为 40%～60%，若采用热电联供的方式，燃料电池的能量转换效率则可达 80% 以上。因此燃料电池是一种高效的能量转换装置。而且，燃料电池的高效率适用于各种负载条件。常规的汽油或柴油等发电机在低于额定负载条件下发电时，由于机械损失和热损失的增加，发电机的效率要下降，但是燃料电池在低于额定负载条件下工作时，则会由于各种极化的减小而获得更高的能量转换效率。

（2）污染小　燃料电池具有极为突出的环境效益。若采用氢气和氧气作为燃料，燃料电池的反应产物是水，因此非常清洁。当然考虑到来源和成本等问题，一般燃料电池都以化石燃料重整后获得的富氢气体作为燃料，在制备富氢气体过程中也会排放 CO_2，但是这一过程所排放的 CO_2 要比热机发电过程的排放量减少 30% 以上。燃料电池的燃料气在进入燃料电池前都要进行净化以去除杂质，而且燃料电池是按电化学原理发电，没有燃烧过程，所以排放的氮氧化物和硫氧化物是非常少的。表 10-1 为燃料电池和传统发电方式的排放有害物比较。显然，燃料电池的污染物排放几乎可以忽略。

表 10-1　燃料电池和传统发电方式的排放有害物比较　单位：$kg/10^6 kW \cdot h$

排气成分	火力发电厂（天然气）	火力发电厂（石油）	火力发电厂（煤）	燃料电池
SO_2	2.5～230	4550～10900	8200～14500	0～0.12
NO_x	1800	3200	3200	63～107
烃类	20～1270	135～5000	30～10000	14～102
粉尘	0～90	45～320	365～580	0～0.014

（3）噪声低　燃料电池按电化学原理工作，很少有常规发电机中的运动部件。因此它工作时安静，噪声很低。

（4）负载响应快速　燃料电池具有很快的负载响应速度，小型燃料电池在微秒范围内其功率就可以达到所要求的输出功率，而兆瓦级的电站，也可以在数秒内完成对负载变化的响应，这对常规的发电机是不容易实现的。

（5）良好的建设和维护特性　燃料电池工作时不需要庞大的配套设备，占地面积小，而且安静、清洁，适合安装在城区、居民区或风景区等作为现场电源，而且电池部件模块化，可以方便地扩大或缩小安装规模，建造极其灵活。此外，燃料电池没有较大的机械运动部件，系统运行的可靠性较高，具有良好的维护性。

10.1.4　燃料电池的类型

到目前为止，人们已经开发出多种类型的燃料电池。燃料电池可以根据燃料和电解质的类型、系统的运行温度等进行分类。按工作温度，燃料电池可以分为低温、中温、高温和超高温燃料电池，它们所对应的工作温度范围一般分别是 $25\sim100℃$、$100\sim500℃$、$500\sim1000℃$ 及大于 $1000℃$。按燃料的类型，燃料电池可以分为直接型、间接型和再生型燃料电池。直接型燃料电池是指燃料不经过转化步骤直接参加燃料电池的电极反应，比如氢-氧燃料电池；间接型燃料电池是指燃料不直接参加电化学反应，而是要通过重整等方法将燃料转化后再供给燃料电池发电，比如将甲醇重整后的富氢混合气作为燃料电池的燃料；再生型燃料电池则是指将燃料电池反应生成的水经过某种方式（如热和光等）分解成氢和氧，再将氢和氧重新输入燃料电池中发电的燃料电池。

目前最常用的分类方法是按燃料电池所采用的电解质的类型分类。一般根据燃料电池的电解质性质，可以将燃料电池分为五大类。碱性燃料电池（AFC）一般以碱性的氢氧化钾溶液为电解质；磷酸燃料电池（PAFC）以浓磷酸为电解质；熔融碳酸盐燃料电池（MCFC）以熔融的锂-钾或锂-钠碳酸盐为电解质；固体氧化物燃料电池（SOFC）以氧离子导体固体氧化物为电解质；质子交换膜燃料电池（PEMFC）通常以全氟或部分氟化的磺酸型质子交换膜为电解质。各种燃料电池的具体技术特点见表 10-2 所列。

表 10-2　燃料电池的技术特点

类型	AFC	PAFC	MCFC	SOFC	PEMFC
电解质	KOH 溶液	H_3PO_4 溶液	熔融 K_2CO_3-Li_2CO_3	ZrO_2-Y_2O_3 固体	全氟质子交换膜
导电离子	OH^-	H^+	CO_3^{2-}	O^{2-}	H^+
阴极	Pt/Ni	Pt/C	Li/NiO	Sr/LaMnO$_3$	Pt/C
阳极	Pt/Ag	Pt/C	Ni/Al，Ni/Cr	Ni/YSZ	Pt/C
燃料气	纯氢	氢，重整气	煤气，天然气，重整气	煤气，天然气	氢，甲醇，重整气
氧化剂	纯氧	空气	空气	空气	纯氧，空气
工作温度/℃	$50\sim200$	$100\sim200$	$600\sim700$	$800\sim1000$	$60\sim100$
发电效率/%	$60\sim90$	40	>50	>50	50
应用领域	航天和特殊地面应用	区域性电站	区域性电站	区域性电站	车载、可移动电源和小型固定性电站

上述几种类型的燃料电池具有各自的工作特性和适用范围，并且处于不同的发展阶段。碱性燃料电池的效率很高，并且发展非常成熟，但是由于其工作条件要求隔绝 CO_2，应用领域主要集中在航天方面。磷酸燃料电池是最接近商业化的燃料电池，它的技术已经非常成熟，被称为第一代燃料电池。但是磷酸燃料电池需要用到贵金属铂催化剂，成本较高，而且其工作温度不够高，余热利用价值低。熔融碳酸盐燃料电池和固体氧化物燃料电池被认为最适合实现热电联供，工作效率高，其中熔融碳酸盐燃料电池发展较早，被称为第二代燃料电池。固体氧化物燃料电池的研究则起步较晚，被称为第三代燃料电池。这两种燃料电池虽然性能良好，但由于其工作温度较高，所以对电池材料的要求也较高。质子交换膜燃料电池技术近期发展迅速，采用较薄高分子隔膜作电解质，具有很高的比功率，而且工作温度较低，特别适合作为便携式电源和车载电源，但目前的主要问题是成本太高，难以与传统电源竞争。

10.1.5　燃料电池系统的组成

燃料电池系统非常复杂，由多个部分组成，主要包括燃料电池单元、燃料预处理单元、直交流转换单元和热量管理单元等部分。燃料电池系统的基本组成如图 10-2 所示。

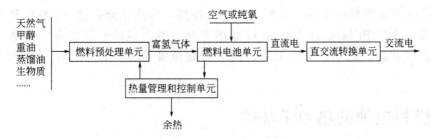

图 10-2　燃料电池发电系统组成

燃料电池单元是发生电化学反应的单元，在这里燃料和氧化剂中的化学能被转换为电能，因此燃料电池单元是整个燃料电池系统的心脏，直接决定燃料电池性能的好坏。燃料电池单元通常是由许多单体燃料电池组成的电池堆。

一般情况下，绝大多数燃料在送入燃料电池前都必须作预处理，以去除其中对电极反应过程有害的杂质。比如对低温工作的质子交换膜燃料电池，须除去气体中的硫化物和 CO 后才能供燃料电池使用。同时，有一些燃料还要经过转化才能送入燃料电池，比如通常将甲醇重整转化为富氢气体作为燃料。燃料的预处理系统主要由燃料特性和具体的燃料电池类型决定，例如天然气可以用传统的水蒸气催化转化法，煤则须气化处理，重质油必须加氢气化。

燃料电池与各种常规电池一样，输出电压为直流。对于交流用电设备或者需要与电网并网的燃料电池电站，需要将直流电转换为交流电，这就需要直交流转化单元，或称为电压逆变单元。这一单元的作用除了将直流变为交流外，还可以过滤和调节输出的电流和电压，确保系统运行过程的安全、完善和高效。

燃料电池是一个自动运行的发电装置，需协调控制燃料电池的供气、排水和排热等过程，以实现燃料电池的平稳运行，因此需要控制单元管理各部分工作。

10.1.6　燃料电池的应用

燃料电池所具有的突出优点决定它在许多方面都表现出良好的应用前景，包括固定型、便携式和车载等许多方面。

燃料电池作为固定型能量转换装置的突出优点是高效、清洁、安静。目前，世界上已有许多燃料电池系统安装在医院、托儿所、宾馆、办公大楼、学校、发电厂以及机场等地方作为主电源或备用电源。PAFC 和 PEMFC 等低温燃料电池因为能够快速启动，所以比较适合作为小型的分散型现场电源，燃料电池工作过程中产生的废热可以提供热水。SOFC 和 MCFC 等高温燃料电池的启动时间比较长，其优点是能够提供高品质的余热供直接利用或者进行再次发电，而且不需要外部燃料气重整装置，重整过程可以在电池内部实现，因此比较适合建立大规模的发电厂。当然，低温的 PAFC 也可以作大规模电厂使用。

用于车载的燃料电池的技术要求与固定型应用不同，对燃料电池的体积、重量和快速响应的要求非常高，因此只有低温燃料电池适合作车载使用。燃料电池可以作为汽车、舰船、火车、飞机、摩托车甚至自行车的驱动电源。AFC 作为最成熟可靠的燃料电池技术，其应用领域主要集中在空间技术方面，在地面应用因为 CO_2 的影响一直受到限制。PEMFC 因为较快的启动和响应时间，比较适合在汽车中使用，现在，几乎所有主要的汽车制造商都在努力将 PEMFC 燃料电池车商品化，但是 PEMFC 却面临着氢源等问题，液态氢的成本高，而甲醇等燃料又不能完全满足要求。

便携式应用对燃料电池的体积和重量要求较高，因此一般只有 PEMFC 和 DMFC 可以满足要求。小型 PEMFC 和 DMFC 可以作为寻呼机、移动电话和笔记本电脑等便携式电子设备的电源，此外，电动工具、助听器和报警器等也都可以采用微型燃料电池作为电源。

10.2 燃料电池的热力学基础

10.2.1 燃料电池电动势

当燃料电池工作在理想的热力学平衡状态，也就是说处于无过电势、无明显电流通过的可逆状态时，燃料电池的工作电压称为燃料电池的电动势。燃料电池的电动势可以通过热力学方法进行计算。燃料电池的反应是一个氧化还原反应，根据化学热力学，该反应的可逆电功为：

$$\Delta G = -nFE \tag{10-8}$$

式中，ΔG 为反应的 Gibbs 自由能变化；n 为反应转移的电子数；F 为法拉第常数；E 为电池的电动势。

以氢氧燃料电池为例，其电池反应为：

$$H_2 + \frac{1}{2}O_2 \longrightarrow H_2O \tag{10-9}$$

如果气体遵循理想气体定律，对于上述氢气和氧气的复合反应：

$$\Delta G = \Delta G^{\ominus} + RT\ln\frac{a_{H_2O}}{p_{H_2}p_{O_2}^{1/2}} \tag{10-10}$$

其中

$$\Delta G^{\ominus} = -nFE^{\ominus} \tag{10-11}$$

因此氢氧燃料电池的电动势可以用式(10-12)表示：

$$E = E^{\ominus} - \frac{RT}{nF}\ln\frac{a_{H_2O}}{p_{H_2}p_{O_2}^{1/2}} \tag{10-12}$$

氢氧燃料电池若以酸为电解质，则电池反应的阳极过程为：

$$H_2 \longrightarrow 2H^+ + 2e^- \tag{10-13}$$

阴极过程为：

$$\frac{1}{2}O_2 + 2H^+ + 2e^- \longrightarrow H_2O \tag{10-14}$$

因此，氢氧燃料电池反应过程中转移的电子数为 2。当反应在 25℃、0.1MPa 条件下进行时，如果反应所生成的水为液态，则反应的 Gibbs 自由能变化为 −237.2kJ；如果反应所生成的水为气态，则反应的 Gibbs 自由能变化为 −228.6kJ。由此可以计算出氢氧燃料电池的电动势分别为 1.229V 和 1.190V。

从式(10-12)可知，氢氧燃料电池的电动势 E 除了与产物水的活度 a 有关外，还与燃料电池的工作温度 T 和工作压力 p 有关，其变化关系可以用温度系数和压力系数表示。根据化学热力学可知，燃料电池电动势的温度系数为 $\Delta S/nF$，其中 ΔS 为燃料电池反应的熵变。化学反应的熵变主要由反应物与产物的气态物质物质的量的差值所决定。显然，燃料电池电动势的温度系数有 3 种不同情况：电池反应后，总气体分子数减少时，反应的熵变小于零，电池的温度系数为负值；电池反应后，气体分子数不变时，反应的熵变为零，电池的温度系数为零；电池反应后，气体分子数增加时，反应的熵变大于零，电池的温度系数为正值。对于氢氧燃料电池而言，电池反应后气体分子数减少，因此电池的温度系数小于零，这意味着氢氧燃料电池的电动势随着温度的增加而下降。

假设气体反应物和产物服从理想气体定律，燃料电池电动势和压力的关系可以表示为：

$$E_2 = E_1 - \frac{\Delta m R T}{nF} \ln\left(\frac{p_2}{p_1}\right) \tag{10-15}$$

式中，p_1 和 p_2 为两种不同的工作压力；E_1 和 E_2 为两种不同的工作压力下燃料电池的电动势；Δm 为燃料电池反应前后气体分子数的变化。对于氢氧燃料电池而言，Δm 为负值，所以，一般来讲，随着电池工作压力的升高，氢氧燃料电池的电动势也随之提高。

10.2.2　燃料电池的理论效率

燃料电池工作时所能获得的最大电功是可逆条件下的电功，即燃料电池保持电压为电动势 E，以无限小电流做功的理想值，其值等于燃料电池反应所释放出的自由能，即燃料电池反应的吉布斯自由能减少值 $-\Delta G$。燃料电池反应所能提供的热能 Q 为电化学反应的焓变减少值 $-\Delta H$，因此燃料电池的热力学效率 ε_T 为：

$$\varepsilon_T = \frac{-\Delta G}{-\Delta H} \tag{10-16}$$

由热力学可得，在恒温条件下燃料电池反应的 ΔG 与 ΔH 的关系为：

$$\Delta G = \Delta H - T\Delta S \tag{10-17}$$

所以
$$\varepsilon_T = 1 - \frac{T\Delta S}{\Delta H} \tag{10-18}$$

燃料电池的热力学效率高于还是低于 100% 取决于反应过程的熵变。随着燃料电池反应的不同，ΔS 既可以是正值，也可以是负值。如果熵变为负值，燃料电池的热力学效率小于 100%；如果熵变为零，燃料电池的热力学效率接近 100%；如果熵变为正值，则燃料电池的热力学效率甚至可以大于 100%。比如碳氧化为一氧化碳的反应，此时燃料电池不仅将燃料的燃烧热全部转化为电能，而且吸收环境的热来发电做功。需要注意的是虽然燃料电池的熵变可正可负，但是燃料电池反应的 ΔS 与 ΔH 相比数值很小，一般情况下，$\left|\frac{T\Delta S}{\Delta H}\right|$ 都小于 20%，所以燃料电池的理论效率一般都在 80% 以上。

10.3　燃料电池的电化学动力学基础

10.3.1　燃料电池的极化行为

燃料电池不可能工作在理想状态下，当实际工作中燃料电池中通过电流 I 时，它的工作电压 V 从电流等于零时的静态电势 E_s（不一定是燃料电池的电动势）降低为 V，这时燃料电池发生了极化，燃料电池的典型极化曲线如图 10-3 所示。显然，随着燃料电池工作电流密度的提高，由于极化存在，它的工作电压降低得越来越明显。

一般来讲，燃料电池的极化主要是由于正负极的电化学极化和浓差极化以及电池内部欧姆极化的存在，所以燃料电池的极化关系可以表示为：

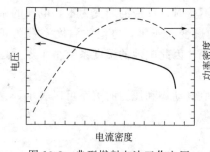

图 10-3　典型燃料电池工作电压
与功率密度的变化曲线

$$V = E_s - \eta_活 - \eta_浓 - IR \tag{10-19}$$

式中，$\eta_活$ 为电化学极化；$\eta_浓$ 为浓差极化；R 为电池的内部欧姆电阻。

电化学极化主要是由电极和电解质界面的电荷传递反应速率较低所引起的。浓度极化是由于电极反应区参加电化学反应的反应物或产物浓度发生变化所导致的。而欧姆极化则是由于燃料电池内部的欧姆电阻所产生的。假如电极的面积为 A，根据电极过程动力学，电化学极化和浓差极化可以分别表示为：

$$\eta_活 = -\frac{RT}{\alpha nF}\ln i^0 + \frac{RT}{nF}\ln\frac{I}{A} \tag{10-20}$$

$$\eta_浓 = -\frac{RT}{nF}\ln\left(1 - \frac{I}{Ai_d}\right) \tag{10-21}$$

式中，α 为电化学反应的传递系数；i_d 为极限扩散电流密度；i^0 为交换电流密度。

将式（10-20）和式（10-21）代入式（10-19）中并对电流进行微分，可得燃料电池的微分电阻公式：

$$\frac{dV}{dI} = -\frac{RT}{\alpha nFI} - \frac{RT}{nF(Ai_d - I)} - R \tag{10-22}$$

从式（10-22）可以看出，在燃料电池的电流密度较低时，方程右侧第一项的电化学极化数值比较大，燃料电池的电压变化主要由电化学极化决定，此时电池电压按电化学极化规律随着电流的增加迅速下降；当燃料电池的电流密度逐渐增加时，方程右侧第一项的作用逐渐减小，燃料电池的电压变化主要由方程右侧第三项的欧姆极化决定，此时燃料电池的电压与电流密度呈近似线性变化；当燃料电池的工作电流密度很高时，燃料电池的工作电流接近其极限扩散电流时，方程右侧第二项的浓差极化明显变大，燃料电池的电压受物质传递控制，电压迅速下降。燃料电池的极化曲线决定其功率密度曲线一般呈抛物线状，即功率密度首先随电流密度的增加而升高，到达顶点后又随电流密度的增加而下降。控制工作条件，维持燃料电池工作在最大功率密度范围内是很重要的。

10.3.2　燃料电池的电极反应机理

深入了解燃料电池的反应机理对降低燃料电池的电化学极化，提高燃料电池性能是非常关键的。燃料电池所涉及的电极反应主要包括阳极的氢气氧化和阴极的氧气还原。下面分别论述这两个电极反应的反应机理。

（1）氢气的阳极氧化　氢气在酸性和碱性电解质溶液中的阳极氧化的总反应如下所述。

在酸性电解质中：　　　　　$$H_2 \longrightarrow 2H^+ + 2e^- \tag{10-23}$$

在碱性电解质中：　　　　$$H_2 + 2OH^- \longrightarrow 2H_2O + 2e^- \tag{10-24}$$

虽然氢气氧化的总反应比较简单，但其具体的反应机理却可能存在几种方式。在酸性电解质中，氢气氧化反应的第一步为氢气在金属表面吸附成为吸附的氢分子：

$$H_2 + M \longrightarrow MH_2 \tag{10-25}$$

式中 M 表示金属催化剂的表面原子；MH_2 则表示金属催化剂表面吸附的氢分子。氢气氧化的第二步则有两种可能途径。

第一种途径为：

$$MH_2 + M \longrightarrow 2MH \tag{10-26}$$

$$MH \longrightarrow M + H^+ + e^- \tag{10-27}$$

第二种途径为：

$$MH_2 + H_2O \longrightarrow MH + H_3O^+ + e^- \tag{10-28}$$

$$MH \longrightarrow M + H^+ + e^- \tag{10-29}$$

式中，MH 表示在金属催化剂表面吸附的氢原子。

式(10-26)～式(10-29)说明，在酸性电解质中氢气氧化的第二步包括 MH_2 中的 H—H 键断裂形成 MH，然后氢原子氧化为 H^+。第二步中的第一种可能途径是 MH_2 与 M 作用就能使 H—H 键断裂形成 M—H 键；而第二种可能途径是 MH_2 需要水分子的碰撞才能使 H—H 键断裂。两者的差异在于 M 与 H 原子间作用力的强弱不同，前者的 M 与 H 原子作用强，而后者的作用弱。因此与吸附氢作用强的催化剂在第二步中遵从第一种途径的可能性大；而与吸附氢作用弱的催化剂在第二步中遵循第二种途径的可能性大。

在碱性电解质中，氢气氧化反应的第一步也是氢气在金属表面吸附成为吸附的氢分子：

$$H_2 + M \longrightarrow MH_2 \tag{10-30}$$

第二步也有两种可能途径，第一种途径为：

$$MH_2 + M \longrightarrow 2MH \tag{10-31}$$

$$MH + OH^- \longrightarrow M + H_2O + e^- \tag{10-32}$$

第二种途径为：

$$MH_2 + OH^- \longrightarrow MH + H_2O + e^- \tag{10-33}$$

$$MH + OH^- \longrightarrow M + H_2O + e^- \tag{10-34}$$

由式(10-31)～式(10-34)可知，同酸性电解质类似，在碱性电解质中氢气氧化的第二步包括 MH_2 中的 H—H 键断裂形成 MH，然后氢原子氧化为 H_2O。其中第一种可能途径也是 MH_2 与 M 作用就能使 H—H 键断裂形成 M—H 键；而第二种可能途径是 MH_2 需要氢氧根离子的碰撞才能使 H—H 键断裂。在碱性电解质中氢气氧化最终遵循何种途径也主要取决于 M 与 H 原子间作用力的强弱不同，与吸附氢作用强的催化剂在第二步中遵从第一种途径的可能性大；而与吸附氢作用弱的催化剂在第二步中遵循第二种途径的可能性大。

无论在酸性或者碱性电解质中，MH 的形成及脱解过程都是氢电极反应的重要步骤，催化剂的作用主要表现为对这个过程的影响。铂族金属对氢气氧化具有良好的催化作用，一般来讲，铂族金属吸附氢的电位区间较宽，且吸附后直接解离成 MH。铂族金属中各金属吸附氢能力的大致顺序为铂≈钯＞铱＞铑、钌、锇，这也是交换电流密度大小的顺序。

(2) 氧气的阴极还原　虽然燃料电池的种类很多，但是阴极反应几乎总是氧气的还原反应。对于各种不同类型的电解质，氧气阴极还原的总反应分别如下所述。

在酸性电解质中：

$$O_2 + 4H^+ + 4e^- \longrightarrow 2H_2O \tag{10-35}$$

在碱性电解质中：

$$O_2 + 2H_2O + 4e^- \longrightarrow 4OH^- \tag{10-36}$$

与氢气氧化反应相比，氧气还原反应的具体过程非常复杂，这主要是由以下几个原因所决定的。

① 氧气还原反应过程涉及 4 个电子转移，在整个反应历程中往往出现一些中间产物（如 H_2O_2 和中间态的含氧吸附粒子等），随着电解质和电极催化剂类型以及反应条件等的不同，主要的中间产物可以出现较大差别，因此可以有多种不同的反应机理。

② 氧气还原反应的可逆性很差，即使在目前已知的具有较高电催化活性的催化剂（如 Pt、Pd 等）上，氧气还原反应的交换电流密度也仅为 $10^{-10} \sim 10^{-9} \, A/cm^2$，因此一定过电

位下氧气还原反应的速率很低，当溶液中存在一些微量杂质的时候，杂质在催化剂表面上的反应速率都可能会超过氧气还原的反应速率，这就会屏蔽掉氧气还原反应过程。而且，氧气还原反应的低可逆性决定氧气还原反应总伴随着很高的过电势，导致难以建立反应平衡，这也严重限制了对氧气还原过程的研究。

③ 氧气还原反应的电极电位比较正，比如在酸性电解质中，氧气还原的标准电极电位为 1.23V（相对于氢标电位）。在如此高的电位下，大多数金属催化剂是不稳定的，催化剂表面很容易出现各种含氧粒子的吸附和氧化物，使得催化剂表面并不是严格意义上的金属状态，从而导致对氧气还原反应历程的研究更为困难。

鉴于氧气还原反应的复杂性，要给出一个准确、完整的氧气还原反应机理非常困难。研究表明，氧气还原反应历程随着控制步骤的不同，可以提出 50 多种方案。一般来讲，如果不涉及反应历程的具体细节，氧气还原反应的机理可以大致概括为两大类：一类是氧分子首先得到 2 个电子还原为 H_2O_2（或 HO_2^-），然后再进一步还原为水，这一过程称为"二电子反应机理"或"过氧化氢中间产物机理"；另一类是反应过程中不出现过氧化氢，即氧分子连续得到 4 个电子而直接还原为水（酸性电解质）或 OH^-（碱性电解质），该过程称为"四电子反应机理"或"直接还原机理"。

二电子反应机理的特点是氧分子吸附时，O—O 键不发生断裂，只在形成过氧化氢中间产物以后才断裂。对于氧气还原反应的二电子机理，可以大致分为两步。在酸性电解质中，第一步为氧分子得到两个电子还原为 H_2O_2：

$$M+O_2+2H^++2e^- \longrightarrow MH_2O_2 \qquad (10\text{-}37)$$

式中，MH_2O_2 为吸附的过氧化氢分子。第二步有两种可能途径，第一种途径为吸附的过氧化氢分子得到两个电子被还原为氧气：

$$MH_2O_2+2H^++2e^- \longrightarrow M+2H_2O \qquad (10\text{-}38)$$

或者是吸附的过氧化氢分子发生歧化反应，分别被还原为水和氧化为氧气：

$$MH_2O_2 \longrightarrow M+\frac{1}{2}O_2+H_2O \qquad (10\text{-}39)$$

在碱性电解质中，第一步为氧分子得到两个电子还原为吸附的 HO_2^-：

$$M+O_2+H_2O+2e^- \longrightarrow MO_2H^-+OH^- \qquad (10\text{-}40)$$

第二步也有两种可能途径，第一种途径为吸附的 HO_2^- 与水反应并得到两个电子被还原为氢氧根离子：

$$MO_2H^-+H_2O+2e^- \longrightarrow M+3OH^- \qquad (10\text{-}41)$$

或者是吸附的 HO_2^- 发生歧化反应，分别被还原为氢氧根离子和氧化为氧气：

$$MO_2H^- \longrightarrow M+\frac{1}{2}O_2+OH^- \qquad (10\text{-}42)$$

氧气还原反应的四电子机理，则可以大致分为三步。在酸性电解质中，第一步为氧气首先在金属催化剂表面发生吸附，吸附时氧气即解离成吸附氧原子 MO：

$$2M+O_2 \longrightarrow 2MO \qquad (10\text{-}43)$$

第二步为吸附氧原子 MO 与氢离子反应并得到两个电子被还原为吸附 MOH：

$$MO+H^++e^- \longrightarrow MOH \qquad (10\text{-}44)$$

第三步则为吸附 MOH 进一步与氢离子反应并得到两个电子被还原为水：

$$MOH+H^++e^- \longrightarrow M+H_2O \qquad (10\text{-}45)$$

在碱性电解质中，第一步也是氧气首先在金属催化剂表面发生吸附并解离成吸附氧原子 MO：

$$2M + O_2 \longrightarrow 2MO \tag{10-46}$$

第二步为吸附氧原子 MO 与水反应并得到两个电子被还原为吸附 MOH：

$$MO + M + H_2O \longrightarrow 2MOH \tag{10-47}$$

第三步则为吸附 MOH 进一步得到电子被还原为氢氧根离子：

$$MOH + e^- \longrightarrow M + OH^- \tag{10-48}$$

可以用作氧气还原反应催化剂的主要是贵金属，如 Pt、Pd、Ru、Rh、Os、Ag、Ir 和 Au 等。贵金属催化剂对氧的吸附能力强弱是决定其电催化活性的重要因素。氧在电催化剂表面适当的吸附能力通常能够保证催化剂的高催化活性。在各种贵金属中，Pt 和 Pd 对氧化还原反应的电催化活性最高。除了贵金属催化剂外，有机螯合物和金属氧化物等也可以用作氧气还原反应的催化剂。有机螯合物属于有机电催化剂，是一些含过渡金属中心原子的大环化合物，如 Fe、Co、Ni、Mn 的酞菁或卟啉络合物。有机螯合物催化剂适用于中性、酸性和碱性各种介质，它能促进 H_2O_2 分解，使氧在阴极上按四电子反应途径进行，从而使电池电压提高，放电容量增加。但是有机螯合物对氧还原的作用机理还不明确，其催化活性和稳定性还不够理想，特别是其长期工作的稳定性还有待深入考察。金属氧化物特别适用于工作温度较高的燃料电池的氧化还原反应。使用效果较好的有掺锂的 NiO、钙钛矿型稀土复合氧化物 $LaMnO_3$ 和 $LaNiO_3$ 等。与金属催化剂相比，许多金属氧化物本身的电导率较低，需要通过改变催化剂组成、结构来提高其电导率。

10.3.3　燃料电池的实际效率

虽然燃料电池具有非常高的热力学效率，某些条件下热力学效率甚至超过 100%，但是在实际工作过程中，由于存在各种极化和副反应，实际效率却要明显低于其热力学理论效率。燃料电池的实际能量转换效率 ε 可以用式(10-49)计算。

$$\varepsilon = \varepsilon_T \varepsilon_V \varepsilon_C \tag{10-49}$$

式中，ε_T 为燃料电池的热力学理论效率；ε_V 为燃料电池的电压效率；ε_C 为燃料电池的库仑效率。

氢氧燃料电池在实际工作时，如果工作温度为 25℃，电池反应产物为液态水，燃料电池的实际效率约为 50%，明显低于它的热力学理论效率。

当燃料电池在一定电流密度下工作时，由于各种极化的存在，它将偏离热力学平衡状态，工作电压 V 将低于燃料电池的电动势 E，所以燃料电池的电压效率 ε_V 可以表示为：

$$\varepsilon_V = \frac{V}{E} \tag{10-50}$$

此外，当燃料电池工作时，作为燃料电池反应物的燃料很难全部得到利用，燃料电池的燃料利用率也称为电流效率或库仑效率 ε_C：

$$\varepsilon_C = \frac{I}{I_m} \tag{10-51}$$

式中，I 为实际通过燃料电池的电流；I_m 为理论上反应物全部按燃料电池反应转变为产物时从燃料电池输出的最大电流。

10.4　燃料电池所用的燃料

燃料电池可以使用多种燃料，比如氢气、甲醇、甲酸和乙醇等，在所有燃料中氢气的反应活性最高，且反应简单，无副反应，因此氢气是燃料电池的主要燃料。

10.4.1　氢气燃料的制备

　　氢气的来源很多，可能来源如图 10-4 所示。化石燃料来源丰富，而且更重要的是化石燃料制氢所消耗的能量要比水电解消耗的能量低许多，从近、中期看，化石燃料仍将是氢气的主要来源。但从长远看，化石燃料的价格上升、资源枯竭等问题不断加剧，使用可再生资源生产氢气，如生物质制氢和水电解制氢将成为主要的氢气来源。

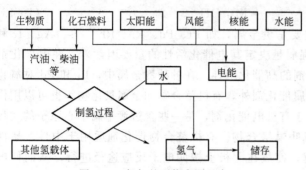

图 10-4　氢气的可能来源示意

　　（1）烃制氢　天然气、汽油和柴油等烃类化合物是最重要的氢气来源之一。烃类化合物可以通过气相重整、部分氧化和自供热重整等转化过程来获得氢气。

　　① 部分氧化法　烃类化合物可以通过部分氧化的方法转化为氢气。该过程是放热反应，不需要加热，而且反应气简单、启动快、对负载变化响应快、成本低。甲烷的部分氧化制氢的反应原理为：

$$CH_4 + O_2 \longrightarrow CO_2 + 2H_2 \tag{10-52}$$

需要注意的是，在形成 CO_2 的同时也可以生成 CO：

$$CH_4 + \frac{1}{2}O_2 \longrightarrow CO + 2H_2 \tag{10-53}$$

CO 可以通过水汽转换反应进一步氧化为 CO_2：

$$CO + H_2O \Longleftrightarrow CO_2 + H_2 \tag{10-54}$$

　　水汽转换反应是可逆反应，反应速率很大，能很快达到平衡状态。因此，很难使重整气中的 CO 被完全氧化掉。

　　部分氧化的催化剂包括贵金属、非贵金属等。从催化性能和成本等方面考虑，Ni 催化剂应用最多，还有 Fe、Co 等。通常将催化剂担载到一定的耐高温载体（如 Al_2O_3 和 MgO 等）上以增加表面积。需要控制反应温度以维持足够高的活性，如 Ni/Al_2O_3 在 850℃ 下具有较高的活性和选择性；$Co/La/Al_2O_3$ 在 750℃ 以上具有活性，而低于这一温度不具有活性。

　　② 气相催化重整法　气相催化重整也是目前制备纯氢或富氢气体的重要方法之一。气相催化重整制氢的成本低廉，且效率要高于部分氧化法。但是气相重整过程是吸热过程，需要对重整体系进行加热。

　　通过气相重整法由烃类化合物获得富氢气体的一般反应机理为：

$$C_n H_m + nH_2O \Longleftrightarrow nCO + \left(n + \frac{1}{2}m\right)H_2 \tag{10-55}$$

　　这一反应中产生的 CO 可以经由水汽转换反应变为 CO_2［式（10-54）］，或者经由甲烷化反应转变为甲烷。

$$CO + 3H_2 \Longleftrightarrow CH_4 + H_2O \tag{10-56}$$

　　甲烷化反应与水汽转换反应一样，也是可逆反应，在适宜的条件下，反应速率很大，能很快达到平衡状态。因此，很难使重整气中的 CO 通过甲烷化反应与水汽转换反应被完全去除掉。

从气相重整法的反应机理可知，反应过程中水蒸气的含量很重要，水蒸气的含量存在一定过剩，有利于气相重整的主反应［式(10-55)］进行，促进气相重整的转化率；能加速水汽转换反应［式(10-54)］，减少 CO 的生成量，从而减少燃料电池催化剂的中毒程度；能够抑制甲烷化反应［式(10-56)］的发生，避免甲烷化反应消耗较多的氢气。

烃类化合物的气相重整制氢过程只能在特定催化剂表面进行。所用的催化剂通常是过渡金属元素，一般金属 Ni 是最活泼的催化剂。在催化剂中通常添加一定量的氧化物陶瓷材料（如 $\alpha\text{-}Al_2O_3$），以改善催化剂的活性和稳定性。

③ 自供热法　烃类制氢的自供热法是指在一个隔热的体系中，使吸热的气相重整反应和放热的部分氧化反应同时发生，这样就可以用部分氧化反应放出的热量供给气相重整反应，因此不需要从外部向制氢体系中提供热量。自供热系统的优点是不需要外加热源，结构紧凑，启动快速，转换高效。甲烷自供热制氢系统的转换效率可达 $60\%\sim65\%$，氢气的选择性可达 80%。

④ 裂解反应法　裂解反应法制氢是指在隔绝空气的情况下加热烃类化合物，烃类化合物会发生裂解反应生成碳和氢气：

$$C_nH_{2m} \longrightarrow nC + mH_2 \tag{10-57}$$

裂解反应是吸热反应，需要热源提供热量，反应一般发生在 800℃ 以上。裂解反应器的设计比较简单，不需要气相发生和水汽转换等装置，而且因为没有 CO 和 CO_2 生成，理论上可以制造高纯度的氢气。但是裂解反应产生的碳会在催化剂表面富集，沉积出针状或晶须状碳，最终会覆盖催化剂表面，必须通过空气燃烧等除碳方法使催化剂再生，其过程非常困难。

(2) 醇制氢　醇类，主要是甲醇，是非常方便的储氢系统。甲醇重整制氢是氢气的重要来源。与烃类化合物类似，醇类化合物也可以通过气相重整、部分氧化和自供热重整等过程来获得氢气。

① 气相重整　甲醇的气相重整反应可能遵循两种不同的路径。第一种可能路径是甲醇首先分解为氢气和一氧化碳，然后一氧化碳再经由水汽转化反应转变为二氧化碳：

$$CH_3OH \rightleftharpoons CO + 2H_2 \tag{10-58}$$

$$CO + H_2O \rightleftharpoons CO_2 + H_2 \tag{10-59}$$

第二种可能路径为甲醇首先和水反应生成二氧化碳和氢气，然后再发生一种逆向的水汽转化反应生成一氧化碳：

$$CH_3OH + H_2O \rightleftharpoons CO_2 + 3H_2 \tag{10-60}$$

$$CO_2 + H_2 \rightleftharpoons CO + H_2O \tag{10-61}$$

上述这些反应均为可逆反应，因此重整气中除含有 H_2 和 CO_2 外，还含有少量 CO、CH_4 和 CH_3OH 等。气相重整反应是吸热反应，需要提供额外的能量才能进行，因此重整系统需要加热。甲醇气相重整所用的催化剂通常为 Cu/ZnO 或 Cu/Cr_2O_3，转化反应通过固定床反应器进行。甲醇气相重整过程是首先将甲醇和水混合，进行气化并加热到转化温度 $200\sim350℃$，在此温度下，甲醇在催化剂表面容易发生分解，并经由上述两种反应机理将甲醇转化为氢气。

② 部分氧化法　甲醇的部分氧化法制氢的反应方程式为：

$$CH_3OH + \frac{1}{2}O_2 \longrightarrow CO_2 + 2H_2 \tag{10-62}$$

甲醇部分氧化制氢也是放热过程，通常在 Cu/ZnO 和 Pd/ZnO 等催化剂表面发生，反应温度一般为 200～300℃。甲醇的部分氧化具有很高的氢气选择性，随温度和 O_2 与 CH_3OH 比例的变化，氢气的选择性和转化率也有一定的变化。

③ 自供热法　甲醇也可以自供热法制氢，在一个隔热的体系中利用部分氧化反应放出的热量供给气相重整反应，不需要从外部向制氢体系中提供热量。醇类自供热制氢的效率也很高。

（3）其他制氢方式　煤气化也是重要的制氢方式。煤气化过程是吸热过程，需要在高温下进行。固态的煤在气化反应器内与氧气和水蒸气反应产生合成气，主要产物是 H_2 和 CO。在气化反应器内发生的反应有：

$$C + O_2 \longrightarrow CO_2 \tag{10-63}$$

$$C + \frac{1}{2}O_2 \longrightarrow CO \tag{10-64}$$

$$\frac{1}{2}C + H_2O \longrightarrow \frac{1}{2}CO_2 + H_2 \tag{10-65}$$

$$C + H_2O \longrightarrow CO + H_2 \tag{10-66}$$

$$2C + 2H_2O \longrightarrow CO_2 + CH_4 \tag{10-67}$$

$$3C + 2H_2O \longrightarrow 2CO + CH_4 \tag{10-68}$$

由于煤的气化过程中会发生许多反应，是一个非常复杂的过程，并且随着煤的组成和形式不同，煤气化过程也会发生变化，通常大规模的制氢才使用煤气化技术。

水电解也是制备氢气的重要方法。水电解产生的氢气纯度非常高，而且如果所用的电能是通过可再生能源，如水电、风能、核能和太阳能等，则水电解过程也是绝对清洁的过程。但是目前看，水电解过程消耗的能量较高，并不适合于给燃料电池提供氢气。

硼氢化钠水解制氢也是氢气的一个可能来源。硼氢化钠作为一种强还原剂与水发生反应，产生氢气和水溶性硼酸钠。该反应即使不添加任何催化剂仍可进行，但由于反应过程中 pH 值的不断升高而停止，只有加入适量的催化剂，才能使反应延续。硼氢化钠水解制氢技术的主要问题是催化剂的成本较高、催化剂的耐久性较差。

氨也可以作为一种氢气来源。氨是一种很容易液化的气体，可以通过甲烷与水和空气反应制备，氨很容易储运，在许多领域都有广泛的应用。在高温下氨会发生裂解生成氢气：

$$2NH_3 \longrightarrow N_2 + 3H_2 \tag{10-69}$$

与烃类化合物相比，采用氨作为氢气源的最大优点是不存在含碳物种，从而避免了碱性燃料电池电解质的分解和低温燃料电池的催化剂中毒问题。

此外，生物质直接制氢也是比较有发展前景的制氢方式。近年来，生物制氢技术逐渐受到关注，生物制氢主要是利用产氢菌种制氢。根据产氢细菌种类的不同，生物制氢可分为三大类：即光合细菌制氢、藻类制氢和发酵细菌制氢。生物制氢技术可利用有机废弃物获得清洁的氢气，具有废弃物资源化利用和减少环境污染的双重功效。但是近期看，生物制氢的效率和稳定性还不够高，还难以满足燃料电池对氢源的要求。

10.4.2　氢气燃料的净化

烃制氢、醇制氢和煤气化制氢等所产生的富氢气体中通常都含有一定量的 CO。对低温燃料电池，CO 会吸附到金属催化剂的表面造成催化剂中毒。因此必须对富氢燃料气进行净化，减缓催化剂的中毒问题。富氢燃料气的净化首先可以通过水汽转换反应将富氢燃料气中的一部分 CO 转变为 CO_2。水汽转换反应［式(10-54)］以水蒸气作为氧化剂将 CO 转变为 CO_2 的同时产生氢气。反应通常需要一定的催化剂。温度在 350℃ 以上可以用 Fe_3O_4 催化剂，而温度在 200℃ 左右时，可以用 CuO/ZnO 催化剂。经过水汽转换反应后，富氢燃料气中仍然含有约 0.5%～1% 的 CO，对低温燃料电池，需要进一步的净化过程降低其中的 CO含量。

一般而言，水汽转换反应后可以通过多种方式对富氢燃料气进行净化，以进一步降低其中的 CO 含量。这一过程可以通过选择性氧化、甲烷化和选择性膜净化等方式实现。选择性氧化净化是指选用对 CO 具有高选择性的催化剂，从而达到只氧化 CO 的目的。一般做法是使富氢燃料气通过含有催化剂的反应床并导入氧气，O_2 的量需要严格控制。所用催化剂多是氧化铝（Al_2O_3）担载型催化剂，氧化铝载 Ru 和 Rh 是常用的活性最好的催化剂，在100℃ 就可以将大部分 CO 氧化掉。分散在氧化铝表面的铜与 ZnO 复合颗粒也可以作为选择性氧化的催化剂，其特点是成本低、制备方便、活性良好。

甲烷化净化方法则是通过甲烷化反应［式(10-56)］去除富氢燃料气中的 CO。甲烷化反应能促使 CO 和氢气反应生成甲烷和水。甲烷化方法去除 CO 的效率较高，但缺点是所需的氢气量是 CO 去除量的 3 倍，而且，燃料气中存在的 CO_2 也可能发生甲烷化反应消耗大量氢气，或者与氢气反应发生水汽转换反应的逆反应，产生 CO，不利于燃料气的净化过程。因此，对氢气纯度要求较高的情况下，一般在甲烷化净化之前要去除富氢燃料气中的 CO_2。

选择性膜净化也是去除富氢燃料气中 CO 的有效方法之一。最常用来进行富氢燃料气膜净化的是钯或钯合金膜。钯或钯合金膜具有非常高的氢气选择性，可以单独允许富氢燃料气中的氢气通过，而阻隔其他杂质气体，从而净化氢气。经过钯或钯合金膜净化后，富氢燃料气中的 CO 可以降低到 10^{-5}～10^{-4} 以下。而且，钯或钯合金膜的净化方法对其他杂质也同样有效。缺点是价格昂贵，需要膜两侧存在较大的压力差，而且要在高温下进行，因此会降低燃料电池系统的效率。

10.4.3　氢气燃料的储存

制备出来的氢气经过净化后，需要采用某种方式储存起来。氢气可以以单质的形式存在于金属或一些其他物质中，这是物理储存方式。氢也可以以气态或液态化合物的形式存在，如烃类、醇类、氨和金属氢化物等，这是化学储存方式。比如将氢化钠小球涂覆防水表面，然后放入水中，为释放氢气可以使防水表面产生机械渗漏，则氢化钠和水就可以反应产生氢气和氢氧化钠，产生的氢气可以供燃料电池使用。因为氢气的物理储存是更为直接的方式，所以下面主要介绍氢气的物理储存方式。

氢气可以通过气态的方式直接压缩在气罐中。这种方式比较简便，但是储氢密度低。在非常高的压力下氢气可以以液态的形式储存在氢罐中。这种方式储氢密度最高，但液态储氢罐必须具有非常高的隔绝性，即便如此，每天仍有 1%～2% 的氢气由于蒸发而损失掉。而且，液态储氢在氢气转变为液态过程中需要消耗大量能量，有可能抵消掉液态储氢的高效率。

由于气态和液态储氢面临严重的安全性问题。因此，目前固态储氢是较理想的储氢方式。氢气可以储存在储氢合金中。目前常见的储氢合金主要包括钛系储氢合金、锆系储氢合金、铁系储氢合金及稀土系储氢合金。碳纳米管储氢也是一种比较热门的固态储氢方式。但是碳纳米管储氢需要较长时间而且要在较高压力下进行，并且对碳纳米管储氢还处于研究阶段，对其实际储氢量还存在争议。多孔的金属有机框架类化合物也是最近提出的氢气储存材料。这类储氢材料密度很低，是目前所报道的储氢材料中最轻的，而且可以在室温、安全的压力下快速可逆地吸收大量的氢气，但它的储氢能力对材料制备条件比较敏感，还处于研究阶段。此外，沸石和玻璃微球等材料也可以用来储氢，但是这两种储氢方式的储氢能力很低，因此实用性不高。

10.4.4 其他燃料

虽然目前氢气还是燃料电池最常采用的燃料，但是燃料电池的氢源问题异常突出，由于氢供应设施建设投资巨大，氢的储存与运输，以及氢的现场制备技术等还远落后于燃料电池的发展。因此氢的替代燃料逐渐成为人们关注的热点。

甲醇就是一种氢的替代燃料。以甲醇作燃料有以下几个优点：①甲醇在常温常压下为液体，易于携带，可以利用现有的燃油供应设施进行储运、配送和零售；②甲醇无 C—C 键束缚，具有比较好的电化学活性，可直接被氧化为 CO_2 和 H_2O，燃料利用率高，电池功率密度高；③甲醇来源丰富，价格低廉，甲醇可由水煤气或天然气合成。而且以甲醇为燃料的燃料电池还具有体积小、重量轻、结构简单、容易操作、可靠性高、维修方便、价格低等优点。但甲醇也具有明显的缺点：甲醇的毒性非常高，甲醇泄漏会对环境造成污染；与氢气相比，甲醇的电化学氧化动力学反应较慢，缺乏高活性的甲醇氧化催化剂；而且甲醇容易透过电解质膜进入阴极区，在阴极形成混合电位，从而导致阴极的过电势增加，降低燃料电池性能。

由于甲醇燃料所存在的问题，人们也力图寻找一种甲醇的替代燃料。其中，甲酸就一种很好的甲醇替代燃料，甲酸的电化学氧化性能要比甲醇好很多，因为甲酸只是甲醇氧化过程中的物质，而且甲酸的氧化可以通过双途径进行，特别是在钯催化剂表面，甲酸氧化主要以直接生成水和二氧化碳的途径进行，因此其电化学氧化产物不容易使催化剂中毒。温度对甲酸的氧化性能影响较小，因此其低温性能较好。甲酸无毒，甚至可以作为食品的添加剂。甲酸是一种电解质，有利于增加燃料电池阳极的质子电导率。甲酸燃料电池会用到质子交换膜作为电解质，质子交换膜中的磺酸基团与甲酸阴离子有排斥作用，所以甲酸在质子交换膜中的渗透率要明显低于甲醇，通常只有甲醇的 1/5。而且，甲酸不易燃，储运安全方便。甲酸也存在一定的问题。甲酸的能量密度没有甲醇高，只有甲醇的 1/3。虽然甲酸的能量密度较低，但是据报道甲酸的最佳工作浓度却要比甲醇的最佳工作浓度高几倍，因此甲酸燃料电池的能量密度要高于甲醇燃料电池。而且高浓度甲酸的冰点较低，所以燃料电池的低温性能较好。此外，虽然钯催化剂具有良好的电催化活性，但是钯催化剂很容易发生氧化，因此其稳定性是必须要解决的问题。甲酸虽然能够在高浓度下运行，但是甲酸浓度高时会使质子交换膜的水分降低，从而增加电池的内阻，而且，高浓度的甲酸具有很强的腐蚀性。

乙醇从经济角度和生态环境角度考虑也是一种可能的氢气替代燃料。与甲醇相比，乙醇的能量密度高，成本较低，而且乙醇无毒，直接使用乙醇做燃料的燃料电池系统简单、运行便捷；燃料供应系统可与现有的加油站兼容。但是目前乙醇氧化的电催化氧化过程复杂，活性还很低，难以满足燃料电池的技术要求。

二甲醚也是一种可能的替代燃料。二甲醚分子中不存在 C—C 键，易被氧化，其分子为对称结构，偶极距较小，能有效降低二甲醚与水合氢离子之间的结合，可以减少电迁移所造成的燃料渗透。而且，二甲醚的特性与丙烷类似，所以丙烷运输中的基础设施都可直接为二甲醚所用。此外，二甲醚的生产原料来源广泛，既可用煤作原料，也可用天然气、生物质气、石油等作原料。但是，与乙醇类似，二甲醚作燃料的主要问题也是电催化氧化活性很低，难以满足燃料电池的技术要求。

10.5　碱性燃料电池

10.5.1　简介

　　碱性燃料电池（AFC）是以氢氧化钠或氢氧化钾等碱性溶液为电解质，以氢气为燃料，以纯氧气或者脱除微量二氧化碳的空气为氧化剂的燃料电池。碱性燃料电池是研发最早并成功应用于空间技术领域的燃料电池。对碱性燃料电池的研发始于 20 世纪 30 年代早期，至 50 年代中期英国工程师培根研制成功 5kW 的碱性燃料电池系统，成为碱性燃料电池技术发展的里程碑。此后的 20 世纪 60～70 年代，由于载人航天飞行对高比功率、高比能量电源需求的推动，碱性燃料电池备受重视。20 世纪 60 年代初，碱性燃料电池成功应用于美国的阿波罗登月飞行计划，掀起了全球性燃料电池研究的第一个高潮。至今，碱性燃料电池的技术已经基本成熟，美国国际燃料电池公司生产的碱性燃料电池的正常输出功率已经提高到 12kW，输出电压达到 28V，稳定工作时间已经超过 7000h。

　　与其他类型的燃料电池相比，如果采用纯氢和纯氧作为反应气体，碱性燃料电池具有最佳的性能。这是因为与氧气在酸性电解质中的还原反应相比，氧气在碱性电解质中还原具有更高的电化学活性，所以碱性燃料电池在低温下（≤100℃）就可以达到超过 60% 的能量转换效率，升高工作温度后，碱性燃料电池的能量转化效率可以超过 70%。而且碱性燃料电池可以在较宽范围内选用催化剂，各种贵金属和非贵金属都可以作为催化剂。

　　碱性燃料电池在航天方面的成功应用，曾推动了人们探索它在地面和水下应用的可能性。但是由于碱性燃料电池采用的是碱性电解质，它很容易受 CO_2 的毒化作用，即使空气中含有的 $(3～3.5)×10^{-6}$ 的 CO_2 也会严重影响碱性燃料电池的性能。所以碱性燃料电池在地面应用必须要脱除空气中微量的 CO_2。而且碱性燃料电池只能以纯氢或氨等的分解气为燃料，若以各种碳氢化合物重整气为燃料，则必须分离出其中的 CO_2。这些均会增加碱性燃料电池系统的复杂性，降低其效率。因此，目前碱性燃料电池一般只被限定在一些可以使用纯氢和纯氧的特殊应用领域，如空间探测等。

10.5.2　碱性燃料电池的工作原理

　　图 10-5 为典型的碱性燃料电池组成和工作原理图。在阳极，氢气与碱性电解液中的 OH^- 在电催化剂的作用下发生氧化反应，生成水，并将电子通过外电路传递到阴极：

$$H_2 + 2OH^- \longrightarrow 2H_2O + 2e^- \quad (10\text{-}70)$$

　　在阴极，氧气在电催化剂的作用下接受传递来的电子，发生还原反应生成 OH^-，OH^- 通过电解质溶液迁移到阳极：

$$\frac{1}{2}O_2 + H_2O + 2e^- \longrightarrow 2OH^- \quad (10\text{-}71)$$

　　所以碱性燃料电池的总反应为：

$$H_2 + \frac{1}{2}O_2 \longrightarrow H_2O \quad (10\text{-}72)$$

　　为了保证碱性燃料电池能够连续不断地工

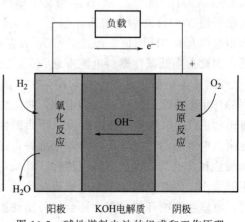

图 10-5　碱性燃料电池的组成和工作原理

作，除了要不断向电池内部提供氢气和氧气外，还要连续地排除碱性燃料电池所产生的水。碱性燃料电池的电极反应决定产物水出现在燃料电池的阳极侧，所以水主要从阳极排出，但是在浓度梯度的作用下，阳极一部分水也会扩散到阴极，因此产物水也会从阴极侧排出。

10.5.3 碱性燃料电池组件及其材料

燃料电池主要由电极、电解质和双极板等组件组成，这些组件对碱性燃料电池性能和寿命具有重要的影响。

（1）催化剂和电极

① 催化剂 碱性燃料电池的催化剂必须要满足三个条件：一是对氢气的电化学氧化和氧气的电化学还原具有良好的催化活性；二是在强碱溶液中具有良好的化学和电化学稳定性；三是催化剂要具有良好的导电能力。碱性燃料电池电解质中的阴离子是 OH^-，与一些酸性电解质中的阴离子相比，OH^- 不容易在催化剂表面发生特性吸附，而且碱对金属催化剂的腐蚀要比酸性电解质低很多，所以碱性燃料电池可以采用的催化剂种类繁多，而且活性也高。碱性燃料电池不仅可以采用贵金属催化剂，还可以选用非贵金属催化剂。贵金属催化剂通常为铂、钯、金或其合金，既可以采用高度分散的贵金属粉也可以以非常细小的贵金属颗粒形式沉积在碳载体上或者镍基体上。非贵金属合金催化剂多为过渡金属及其合金，比如Ni-Mn、Ni-Cr 和 Ni-Co 等。此外，一些金属氧化物和过渡金属大环化合物也可以作碱性燃料电池的催化剂。

② 电极 电极结构的好坏对碱性燃料电池的性能有非常重要的影响。性能良好的电极结构要确保电极具有高度发达和稳定的气、液、固三相反应界面。在碱性燃料电池的发展过程中，先后成功开发了两种结构的电极：双孔结构电极和黏结型憎水电极。目前，比较常见的是黏结型憎水电极。典型的黏结型憎水电极如 Elenco 公司研制的用于碱性燃料电池系统的电极，包括集流用镍网、透气性的 PTFE 憎水层与含电催化剂的催化层。其中催化层利用附有碳载铂催化剂的颗粒与 PTFE 混合物压制而成。电极中 PTFE 和催化剂的相对含量对电极性能影响很大。PTFE 含量提高，电极的气体传质阻力减小，但是欧姆电阻增加；PTFE 含量太低，电极导电性改善，但是气体传质阻力增加。所以一般黏结型憎水电极都存在一个优化的 PTFE 和催化剂含量比值。

（2）电解质及其基体

① 电解质 KOH 电导率高，碱性燃料电池中常用 KOH 水溶液为电解质，其浓度一般为 6~8mol/L。此外，KOH 溶液必须维持足够高的纯度，以避免产生催化剂中毒现象。也可以采用 NaOH 作为电解质，但是 NaOH 的导电性不如 KOH，升高温度以增加电导率的作用也没有 KOH 明显，而且对 CO_2 的存在也更为敏感，形成的碳酸盐溶解度和导电性更低，因此会降低碱性燃料电池寿命。

KOH 电解质通常以两种方式存在：自由型和固定型。自由型的 KOH 电解质通常在外力的作用下不断通过碱性燃料电池，带走电化学反应产生的水和热量，然后将水和热量从所排出的 KOH 电解质中滤除后再循环回碱性燃料电池，这种电解质存在方式也称为循环式。自由型电解质的优点是可以冷却电堆并带走电池中的多余水分，而且 KOH 电解质中累积的碳酸盐和其他杂质也很容易被清除。其缺点是为了循环电解质，燃料电池中的电解质层厚度不能太小，因此燃料电池的欧姆极化比较大，常成为碱性燃料电池性能的控制因素之一。而且，电解液在循环的过程中还会额外消耗能量。

固定型的 KOH 电解质通常固定地保持在多孔的电解液基体材料中，这种结构的电解质层厚度可以相对很薄，由电解质产生的欧姆极化大大降低，而且不需要电解质循环所额外消耗的能量，因此采用固定型电解质的碱性燃料电池可以提供更高的性能和能量转换效率，因此是目前比较常见的电解液存在形式。但这种设计对反应气体的纯度要求很高，并且电解质的替换和再生也比较困难。

② 基体材料　石棉膜是常用的 KOH 电解液基体保持材料，通常由石棉纤维按造纸的方法制备。饱浸 KOH 电解液的石棉膜一方面可以分隔氢气和氧气，另一方面还可以为氢氧根离子的传递提供通道。石棉的主要成分为氧化镁和氧化硅，其分子式为 $3MgO \cdot 2SiO_2 \cdot 2H_2O$。石棉材料长期在浓碱（如 KOH）水溶液中浸泡会存在一定程度的侵蚀，石棉中的酸性成分 SiO_2 会与碱反应生成微溶性的 K_2SiO_3，而把碱性成分以水镁石的形式保留下来。微溶性产物 K_2SiO_3 对石棉的侵蚀有保护作用，经浸蚀后残存的石棉纤维也有抗蚀性。为了减少石棉在浓碱溶液中的侵蚀，一方面可以向碱性电解质溶液中添加 K_2SiO_3，比如在 60% 的 KOH 溶液中加入 9% 的 K_2SiO_3，可以完全防止石棉的侵蚀；另一方面可以将石棉纤维制膜前用浓碱（如 423K 的 40% KOH）进行间歇性的浸泡处理，浸泡过程中生成的 $Mg(OH)_2$ 将分布在残余石棉周围，可保证纤维组织形状和吸水能力。前一种方法的缺点是 K_2SiO_3 可能会影响燃料电池性能，后一种方法的缺点是处理过程比较复杂。一般而言，经过上述方法处理的石棉膜具有良好的离子（OH^-）导电能力，并且在化学上稳定，耐酸碱和有机溶剂的腐蚀，适宜于作碱性燃料电池的电解液基体材料。

因为石棉对人体有害，而且在浓碱中会发生缓慢腐蚀，所以需要石棉基体的替代材料。目前已开发出用钛酸钾（K_2TiO_3）膜代替石棉膜作电解液基体材料。由于高温合成的钛酸钾耐氧化，且不溶于 KOH 溶液中，故寿命可以大大提高，可达石棉膜的 5 倍。

10.5.4　碱性燃料电池的排水

为了保证碱性燃料电池的平稳运行，电池反应所产生的水必须及时排除，以免水将电解质溶液稀释或者淹没多孔气体扩散电极，常用的排水方法有静态排水和动态排水两种。动态排水法又可称为循环排水法。其原理是用风机循环氢气，将氢电极生成的液态水蒸发至氢气中，然后迁移至电池外部的冷凝器，经冷凝分离后，氢气再循环回燃料电池使用。也可以采用循环电解质的方式排水，用泵将被水稀释的 KOH 电解质带出燃料电池，然后将电解质中的水通过蒸发等过程去除，所回收的电解质又可以循环回燃料电池使用。采用动态排水法具有良好的效果，但是动态排水法需要额外的循环系统，会增加系统的能耗，而且会降低燃料电池系统的稳定性。

静态排水法是在燃料电池的阳极侧增加一个水蒸气腔与一块排水膜，其结构如图 10-6 所示。其中排水膜是一张饱吸高浓度 KOH 溶液的微孔膜，它将燃料电池的氢气腔与水蒸气腔分

图 10-6　静态排水方式原理

隔开。阳极电化学反应产生的液态水蒸发至氢气腔，在排水膜表面凝结，然后靠浓差扩散迁移通过排水膜到达水蒸气腔。水蒸气腔保持负压，液态水经减压蒸发，并靠压差迁移到电池外冷凝、分离。静态法排水的优点是控制条件少，没有运动部件。但缺点是制作工艺复杂，会增加电堆的重量和体积，降低比能量。

10.5.5　碱性燃料电池的性能及其影响因素

碱性燃料电池的典型放电曲线如图 10-7 所示。随着温度、压力和反应气体组成等工作

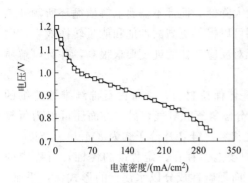

图 10-7　碱性燃料电池的典型放电曲线

条件的不同，碱性燃料电池的性能也会出现一些变化。

(1) 压力对燃料电池性能的影响　从热力学看，碱性氢氧燃料电池的电动势为：

$$E = E^{\ominus} - \frac{RT}{nF} \ln \frac{a_{H_2O}}{p_{H_2} p_{O_2}^{1/2}} \qquad (10\text{-}73)$$

显然提高工作气体压力能够提高燃料电池的电动势，而且电动势的增加值与反应气体压力的对数成正比。从动力学的角度看，根据电极过程动力学中的塔费尔方程，电极的极化与反应气体的工作压力成负对数关系，提高工作气体的压力，电极的极化会降低。因此，放电时碱性燃料电池的工作电压会随着反应气体压力的增加而提高，这是电动势提高和极化降低的共同结果。研究发现，反应气体的工作压力每提高 0.01MPa，燃料电池的工作电压提高约 1mV。但是在高工作压力下需要使用机械强度高的材料，提高了电池的重量，而且反应物压力增加，还可能导致气体涌入电解质区，甚至造成气体溶解渗透，这在一定程度上降低燃料电池的工作电压，并干扰电池的正常工作。若两侧气体同时发生这种情况，则可能在电解质区发生氢氧混合的危险事故。因此，一般情况下，碱性燃料电池的工作压力维持在 0.4~0.5MPa。

(2) 温度对燃料电池性能的影响　从电化学热力学角度考虑，氢氧燃料电池电动势的温度系数为负值，即随着温度的提高，燃料电池的电动势降低。但是，从动力学的角度讲，电池温度提高能够提高电化学反应速率，从而减少电化学极化；另一方面能提高传质速率，减少浓差极化；而且提高温度能够改善 KOH 溶液的离子电导率，减小欧姆极化。所以总的来看，提高温度有利于改善碱性燃料电池的性能。碱性燃料电池的工作温度一般维持在 60~70℃，如果工作温度太低（如低于 15℃时），电池性能明显下降。在一定范围内升高工作温度，燃料电池的工作电压会提高，当电池的工作温度提高到 80℃以上时，提高温度对电池性能的改进并不明显，从提高电池系统运行可靠性的角度考虑，电池工作温度不宜选择太高，一般不宜超过 90℃。

(3) 反应气体组成的影响　碱性燃料电池的运行需要采用纯氢和纯氧作为反应气体，气体中的氮气和氨气等杂质对碱性燃料电池的性能影响不大，CO_2 则是碱性燃料电池性能的重要影响因素。重整气和空气中一般会含有一定量的 CO_2，会严重影响碱性燃料电池的电化学性能和寿命。CO_2 的影响主要是因为 CO_2 会和电解质中的 OH^- 发生反应：

$$CO_2 + 2OH^- \longrightarrow CO_3^{2-} + H_2O \qquad (10\text{-}74)$$

这一反应的发生会导致一些严重后果。所生成的碳酸盐电解质的黏度增加，其电导率远低于 KOH，会导致燃料电池的欧姆电阻增加，而且碳酸盐还会沉积在气体扩散电极的气孔中阻碍反应气体的传输，碳酸盐的存在还会降低气体在电解质中的溶解度，增加电池的浓度极化。此外，碳酸盐水溶液的蒸汽压高，会导致隔膜失水，甚至失去阻气性能。而且，生成碳酸盐会导致 OH^- 浓度降低，影响正负极的电化学反应速率。这些后果都会降低碱性燃料电池的性能并且缩短其寿命。例如 9mol/L KOH 溶液在 65℃下以含有 CO_2 的空气作为反应气体，其寿命在 1600~3300h 之间，而去除 CO_2 后电极的寿命却可以达到 4000~5500h。

10.6　磷酸燃料电池

10.6.1　简介

碱性燃料电池应用于地面，一般需要以空气代替纯氧气作为氧化剂，必须要清除空气中微量的 CO_2，而且采用各种重整富氢气体代替纯氢时，也必须除掉其中相当多的 CO_2，导致燃料电池系统复杂化，而且提高了燃料电池系统的造价。鉴于此，从 20 世纪 60 年代开始，以酸为电解质的酸性燃料电池的研发受到普遍重视。其中磷酸燃料电池（PAFC）首先获得突破，成为目前唯一能够实现民用商业化的燃料电池系统，也被称作第一代燃料电池。

由于采用磷酸作电解质，磷酸燃料电池可以直接采用烃类和醇类化合物的重整富氢气体作燃料、采用空气作氧化剂而不必考虑 CO_2 的净化问题。此外，磷酸燃料电池在 200℃ 左右工作，CO 对催化剂的毒化大大降低，催化剂对 CO 的耐受能力可以达到 1‰～2‰；而且，磷酸燃料电池也可以有效地排出水，减小了排水难度，有利于简化燃料电池系统。

但是与碱性燃料电池相比，在酸性燃料电池中由于酸的阴离子特性吸附等原因，导致氧气在酸性电解质中电化学反应速率很慢。因此为了减少阴极极化、提高氧还原的速率，必须要采用大量的贵金属作催化剂，造成磷酸燃料电池的建造成本提高。即使采用贵金属催化剂，磷酸燃料电池的工作性能也要比碱性燃料电池差许多。而且，磷酸燃料电池也不能允许燃料气中存在太多的 CO，所以还需要进行 CO 的脱除。此外，磷酸燃料电池一般工作在 200℃ 左右，此时磷酸的腐蚀性要比碱强很多，很多电池材料会在酸性介质中发生严重的腐蚀，因此电池材料的寿命也是必须要解决的问题。

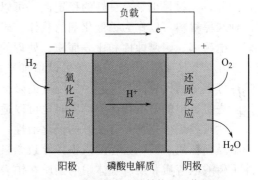

图 10-8　磷酸燃料电池结构和工作原理

10.6.2　磷酸燃料电池的工作原理

图 10-8 为磷酸燃料电池的组成和工作原理图。当以氢气为燃料和氧气为氧化剂时，在阳极，氢气发生氧化反应生成氢离子并释放电子，其中氢离子通过磷酸电解质层迁移到阴极，而电子则通过外电路到达阴极。在阴极，空气中的氧气与分别从电解质和外电路传递来的质子和电子反应生成水。磷酸燃料电池所发生的电极和电池总反应如下所述。

阳极反应为：
$$H_2 \longrightarrow 2H^+ + 2e^- \tag{10-75}$$

阴极反应为：
$$2H^+ + 2e^- + \frac{1}{2}O_2 \longrightarrow H_2O \tag{10-76}$$

总反应为：
$$H_2 + \frac{1}{2}O_2 \longrightarrow H_2O \tag{10-77}$$

需要注意的是，与碱性燃料电池不同，磷酸在水溶液中容易离解出氢离子，因此在磷酸燃料电池电解质内部传递的离子为 H^+，而且由于阴阳极电极反应的变化，磷酸燃料电池中在阴极产生水。

10.6.3　磷酸燃料电池的组成和材料

（1）催化剂和电极

① 催化剂　因为磷酸燃料电池需要采用贵金属铂催化剂，为了降低铂的载量和成本，通常要将铂或铂合金担载到载体上以提高其比表面积。目前常用的磷酸燃料电池催化剂是碳载铂或铂合金催化剂。碳载铂催化剂的活性取决于催化剂的晶体结构、晶粒尺寸和比表面积等参数。一般铂晶粒的尺寸越小，其比表面积越大，催化剂活性就越高。但是，铂晶粒的尺寸过小，其催化活性反而会下降。目前制备的碳载铂催化剂其铂晶粒尺寸可以达到 2nm 左右，比表面积达到 $100m^2/g$。晶粒尺寸和比表面积的关系可以参见表 10-3 所列。碳载铂或铂合金催化剂一般采用化学法制备。具体的制备方法较多，典型的方法为：首先将铂的前驱体（如氯铂酸）溶于水中，然后加入碳载体的水基溶浆，有时还要加入碳酸氢钠等调节 pH 值，再用甲酸、甲醛或硼氢化钠等还原剂将金属沉积在碳载体上；将沉淀物过滤、洗涤和干燥后，在惰性或还原性气氛下进行热处理即可制得高活性的碳载铂催化剂。

表 10-3　Pt 催化剂的晶粒尺寸与其表面原子分数和比表面积的关系

Pt 催化剂粒径/nm	位于表面的铂原子分数/%	BET 表面积/(m^2/g)
0.8	90	200
1.8	67	130
5.0	25	50

碳材料是理想的铂催化剂载体材料，它的主要作用是分散铂催化剂颗粒；为电极提供大量微孔，从而有利于气体的扩散；同时碳材料具有良好的电子导电性，可以降低催化层电阻，此外，碳材料也具有良好的稳定性，可以基本满足磷酸燃料电池的使用要求。目前主要有两种炭黑材料可以作为铂催化剂的载体：炭黑和乙炔黑。这两种材料经适当处理后都具有良好的电导率、耐腐蚀性和比表面积。处理的方式有热处理和活化处理。热处理可以在惰性气氛下在 1500℃ 以上进行，这样可以增加碳材料的石墨化程度，从而提高其耐腐蚀能力，但是热处理后其比表面积会有一定程度的降低。活化处理是采用蒸汽或二氧化碳处理炭粉，可以除去炭黑中的易氧化部分，同时也可以适当增加碳载体的表面积。

虽然碳载铂催化剂具有良好的催化活性，但是在磷酸燃料电池的工作环境下，纳米尺度的铂微晶颗粒的表面积会逐渐减小，导致燃料电池性能降低。造成铂的活性表面积减少的原因除了磷酸电解质和反应气体中的杂质在铂表面的吸附外，铂的溶解沉积和铂在载体表面的迁移是非常重要的因素。在磷酸燃料电池的工作条件下，铂会溶解到电解质中再沉积到铂颗粒的表面，增加铂颗粒的直径。另外，铂颗粒与碳载体间的结合力比较弱，小的铂颗粒可以经载体表面迁移聚集，生成大的铂颗粒。

② 电极　磷酸燃料电池所采用的电极与碱性燃料电池类似，也是一种多孔气体扩散电极。这种电极主要由发生电化学反应的催化层和支撑催化层的气体扩散层组成。催化层由高度分散的碳载铂催化剂和憎水性物质如 PTFE 组成，其厚度一般在 0.05mm 左右，催化剂负载量约为 $0.1\sim0.5mg/cm^2$。通过优化催化层中 PTFE 含量可以控制催化层的憎水性以维持均衡的电解质润湿性和气体扩散能力。

与催化层相邻的支撑层是气体扩散层，可以允许反应气体和电子通过。在磷酸燃料电池的工作温度下，100% 磷酸的腐蚀性非常强，通常需要采用碳材料作为气体扩散层。气体扩散层的制作方法是将孔率高达 90% 的炭纸浸渍 PTFE 乳液，然后进行烧结，处理后的炭纸孔率降低为 60% 左右。然后再在处理后的炭纸表面由憎水剂和炭粉构成的整平层，再在高温下烧结。所得气体层的孔径约为 $20\sim40\mu m$，厚度约为 $0.2\sim0.4mm$。

（2）电解质和基体材料

① 电解质　磷酸是一种无色、黏稠、容易吸水的液体，工作温度高于 150℃ 时，磷酸具

有良好的离子电导率，200℃时其电导率可以达到 0.6S/cm。磷酸具有非常好的稳定性，即使在 250℃时的电化学环境中磷酸仍然能够稳定存在。反应气体在磷酸溶液中的溶解度较高，有利于降低反应过程中的浓度极化，提高电极的反应速率。高温下磷酸的蒸气压较低，电解质损失速率降低，可以延长电池的维护周期。磷酸与电极材料的接触角比较大（超过 90°），可以降低电解质的润湿性，有利于优化电极结构。而且，高温下磷酸的腐蚀性较低，可以提高电池材料的寿命。

磷酸燃料电池的工作温度主要由磷酸电解质所决定。在低于 150℃时，磷酸分解产生的阴离子会吸附在铂催化剂的表面，阻止氢气或氧气在铂催化剂表面的进一步吸附，从而降低氢气或氧气的电化学反应速率。当温度高于 150℃时，磷酸主要以一种聚集态的超磷酸 ($H_4P_2O_7$) 形式存在，$H_4P_2O_7$ 很容易发生离子化形成 $H_3P_2O_7^-$，其体积较大，在铂催化剂表面的吸附很少，对反应气体的吸附无明显影响，因此高于 150℃磷酸燃料电池的电化学反应速率明显提高。所以磷酸燃料电池的温度要高于 150℃。

磷酸电解质的浓度对磷酸燃料电池性能有重要影响。一般磷酸燃料电池所用的磷酸浓度接近 100%，此时电解质溶液中含有大约 72.43% 的 P_2O_5，在 20℃ 时其密度约为 1.863g/mL。如果磷酸的浓度过高（大于 100%），电解质的离子传导率较低，质子在电解质中迁移阻力增大，会增加磷酸燃料电池的欧姆内阻。相反，如果磷酸的浓度太低（小于 95%），磷酸对电池材料的腐蚀性急剧增加，所以磷酸燃料电池中的磷酸电解质浓度一般维持在 98% 以上。

需要注意的是，高浓度的磷酸具有较高的凝固点，一般超过 40℃，如果磷酸燃料电池工作在这一温度以下，磷酸将会凝固，其体积也随之增加，频繁的体积变化会导致电极和基体材料的破坏，造成电池性能下降。因此，即使磷酸燃料电池不工作，电堆温度也必须保持在 40℃ 以上。这种对温度的要求是磷酸燃料电池的一个不足之处。磷酸溶液的凝固点与其浓度密切相关，如图 10-9 所示。显然，浓度接近 100% 时磷酸的凝固点最高，随磷酸含量降低，凝固点迅速下降。为避免磷酸发生凝固，磷酸在运输的过程中都采用低浓度，在输入燃料电池前再将低浓度的磷酸转变为高浓度磷酸，一旦磷

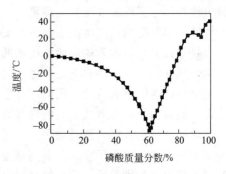

图 10-9　磷酸固化温度与浓度关系

酸燃料电池处于工作状态，就必须确保电堆温度维持在 45℃ 以上。

② 电解质基体　磷酸燃料电池中的磷酸电解质不是以自由的形式存在，而是通过毛细力保持在多孔的电解质基体材料中。用来保持磷酸的基体材料必须满足以下要求：对磷酸具有较高的毛细作用，能保持足够多的电解质；具有良好的电绝缘性，防止电池发生短路；具有良好的防止电池内反应气体的交叉渗透性能；有良好的导热性；较高的高温工作条件下的稳定性；有足够的机械强度等。

在磷酸燃料电池的工作条件下，SiC 是惰性的，具有良好的化学稳定性。目前，用以保持磷酸电解质的多孔性基体材料通常由 SiC 微粉和少量 PTFE 黏结组成，通过毛细作用使磷酸保持在基体材料中。SiC 隔膜的制备过程是首先将 SiC 微粉与 PTFE 和少量的有机黏结剂配成均匀的溶浆，然后用丝网印刷等方法将溶浆涂到气体扩散电极的催化层一侧，然后经干燥烧结后，将正负极的 SiC 隔膜压合到一起。为了确保磷酸优先充满 SiC 隔膜，SiC 隔膜的平均孔径要小于气体扩散电极的孔径。为降低燃料电池内阻，SiC 隔膜的厚度应尽可能低，

目前磷酸燃料电池基体材料的厚度通常为 0.1~0.2mm。SiC 材料除了机械强度外，在其他方面都能够满足对基体材料的要求。但在某些暂态工作条件下，磷酸燃料电池阴阳极的工作压力差可以达到数万帕，而目前的 SiC 基体材料的能够承受一万帕（10^4Pa）左右的压力变化，因此 SiC 的机械强度还不能完全满足燃料电池的工作需要。

（3）双极板　双极板的作用是分隔阳极的富氢气体和阴极的空气或氧气，并保证相邻两极电子导通。对双极板的技术要求是：足够的气密性以防止反应气体渗透；在高温、高压和高腐蚀性磷酸中的高化学稳定性；良好的导热和导电能力；足够的机械强度。通常采用石墨粉和酚醛树脂制备磷酸燃料电池的双极板。一般采用不同粒度的石墨粉，加入到一定的树脂（如酚醛树脂）中，然后在一定压力和温度条件下模铸成型，再经过高温焙烧，使其进一步石墨化，就可制得磷酸燃料电池的双极板。

10.6.4　磷酸燃料电池的排水和排热

磷酸燃料电池在运行的过程中，会产生大量的水和热量。因此为了维持磷酸燃料电池稳定工作，需要连续等速地将产物水和废热排出燃料电池。磷酸燃料电池的水管理比较容易进行，这是因为在磷酸燃料电池的工作温度范围内，水以气态的形式存在，很容易被气流带走。如果磷酸燃料电池的工作温度低于190℃，一部分产物水会溶解在电解质中，造成磷酸电解质的体积膨胀，会阻塞电极微孔造成反应气体传递阻力增加。如果磷酸燃料电池的工作温度高于210℃，磷酸将会发生分解，电解质的腐蚀性也大大增强，因此磷酸燃料电池不能长时间在高于210℃的温度下工作。所以，磷酸燃料电池的排水过程比较容易，只要控制燃料电池在这一工作温度范围内即可。

磷酸燃料电池所产生的废热也需要不断排出，因此需要采用一定的排热冷却系统，一般通过排热板实现。因为磷酸燃料电池的双极板和电极等都是热的良导体，所以为了简化电池结构，通常每隔几个燃料电池单体放置一块排热板，利用冷却剂将磷酸燃料电池产生的热量带出电池。磷酸燃料电池常用的冷却系统有3种方式：空气冷却、绝缘油冷却和水冷却。水冷却是最常用的冷却方式，它的冷却效果要好于其他两种冷却方式，非常适合大型电站和进行热电联产。水冷可以通过两种方式进行：低压水蒸发冷却和高压水冷却。低压水蒸发冷却主要通过水汽化过程所吸收的潜热带走燃料电池产生的热量。采用低压水蒸发冷却，冷却水的进出口温度差别很低，容易使燃料电池达到均匀的温度分布，从而提高燃料电池的总体效率。同时，低压水蒸发冷却所用的水量较少，因此冷却过程的能耗降低。高压水冷却主要是利用液态水的热容带走燃料电池反应所产生的热量，冷却水入口和出口的温度差要高于低压水蒸发冷却方式，但是因为液态水的热容较大，因此温度差的变化仍然要低于空气冷却和绝缘油冷却方式。高压水冷却需要注意冷却水管的耐压能力，防止冷却水管破裂损伤电池。虽然水冷系统的优点明显，但是冷却管路的接头很多，而且为了避免在高温和高压下对冷却管路和冷却板的腐蚀，必须将冷却水中的氧气含量降至十亿分之一，对水质要求高会增加冷却系统的投资和维护成本。

空气冷却是利用空气的强制对流将燃料电池产生的热量移走。空气冷却的特点是冷却系统简单，工作稳定可靠，但是因为空气的热容很低，热移除效率低，因此整个燃料电池系统常需要较大的辅助动力进行空气的循环。空气冷却比较适用于小型的磷酸燃料电池发电系统。空气冷却也有两种方式可以选择。一是不加排热板，用过量的空气氧化剂冷却；二是每隔几个燃料电池单体放置一块排热板，让冷却空气通过排热板排出废热。前一种方式简单，但能耗较大，后一种方式较为复杂，但能耗较低。

绝缘油冷却方法采用绝缘油带走燃料电池内部产生的热量。绝缘油冷却的性能要好于空气冷却，但比水冷差些。绝缘油冷却系统的复杂性也介于空气冷却和水冷之间，比较适于较小规模的应用领域，如车载、现场型电站和一些特殊的应用领域。

10.6.5　磷酸燃料电池性能

磷酸燃料电池的工作电压一般为 $600\sim800\mathrm{mV}$，工作电流密度为 $100\sim400\mathrm{mA/cm^2}$。具体的磷酸燃料电池性能与工作温度、反应气体压力、反应气体的组成和利用率等条件密切相关。磷酸燃料电池性能的主要影响电极是阴极，即氧气的电化学还原过程。

（1）工作压力的影响　压力对磷酸燃料电池性能的影响可分为两部分：对电池电动势的影响和对不可逆极化的影响。根据电化学热力学，磷酸燃料电池的电动势 E 与工作压力的对数呈线性关系，即：

$$E(T,p_2)=E(T,p_1)-2.3\frac{\Delta mRT}{nF}\lg\left(\frac{p_2}{p_1}\right) \tag{10-78}$$

式中，p_1 和 p_2 为两个不同的压力值；Δm 为燃料电池反应方程式中气体分子数的减少值。对于氢氧磷酸燃料电池，$\Delta m=-0.5$，因此反应气体的压力升高，磷酸燃料电池的电动势也相应增加。

根据电化学动力学，反应气体压力对不可逆极化的作用表现在增加压力会增加工作气体中氢气、氧气和水蒸气的分压，氢气和氧气分压的增加减小了电极的浓度极化，而水蒸气分压的增加则降低了电解质的浓度，提高了电解质的电导率，从而降低燃料电池的欧姆电阻。当然，压力对磷酸燃料电池性能的影响会随着工作电流密度的增加而提高，这是因为高工作电流密度下浓度极化的影响增加，因此增加反应气体工作压力的效果更为明显。虽然随反应气体压力的提高，磷酸燃料电池的能量转化效率改善。但是采用较高的反应气体压力需要提高电池组件的机械强度，并且要改善燃料电池系统的气密性，还会增加额外的能量损失，并增加燃料电池系统的体积。

（2）工作温度的影响　与碱性燃料电池类似，温度对磷酸燃料电池放电性能的影响也可分为两个方面：对燃料电池电动势的影响和对不可逆极化的影响。根据电化学热力学，磷酸燃料电池电动势 E 与温度 T 的关系为：

$$\left(\frac{\partial E}{\partial T}\right)_p=\frac{\Delta S}{nF}\approx-0.27\mathrm{mV/℃} \tag{10-79}$$

磷酸燃料电池电动势的温度系数为负值，这表明，增加工作温度会降低磷酸燃料电池的电动势。温度每升高 $1℃$，磷酸燃料电池的电动势降低 $0.27\mathrm{mV}$。

从动力学看，随着温度升高，磷酸燃料电池的极化性能会改善。因为增加燃料电池的工作温度可以改善电池的传质能力，降低电池内阻；而且氧气在铂催化剂上的还原反应速率大大改善，尤其高于 $180℃$ 时效果更为明显，因为如果温度低于 $180℃$，磷酸分子或者磷酸分解产生的阴离子会吸附在催化剂表面从而降低氧气电化学还原反应速率。尽管升高温度对阳极氢气氧化反应速率的作用不大，但却对阳极催化剂的中毒问题有明显影响。随着温度的升高，阳极催化剂表面的 CO 吸附量降低，因此有利于缓解阳极的催化剂中毒问题，提高燃料电池对重整气中 CO 的耐受能力。综合温度变化对热力学和动力学的影响，提高工作温度能够改善磷酸燃料电池的总体性能和能量转换效率。磷酸燃料电池在中等电流密度下工作时，温度每提高 $1℃$，磷酸燃料电池的工作电压能够提高 $0.5\sim1.2\mathrm{mV}$。

虽然提高磷酸燃料电池的工作温度可以改善燃料电池性能，但加剧了催化剂铂晶粒团聚、电池组件腐蚀、电解质分解、蒸发和浓度改变等后果，这不利于提高磷酸燃料电池的寿命，从目前的技术水平来看，提高磷酸燃料电池的峰值工作温度不能超过 220℃，连续工作的温度不能超过 210℃。目前磷酸燃料电池的工作温度一般维持在 180～210℃ 范围内。

（3）反应气体利用率的影响

一般而言，增加燃料的利用率或者降低入口处燃料的气体浓度都会增加磷酸燃料电池的浓度极化和电动势损失，降低燃料电池性能。但是因为氢气氧化反应的可逆性非常好，因此一般情况下，燃料气的利用率对磷酸燃料电池的性能并没有明显的影响。磷酸燃料电池的氢气利用率大约为 70%～85%，废气中的剩余氢气通常被燃烧以提供燃料气相重整过程所需要的热量。氧化剂的利用率会影响磷酸燃料电池性能。磷酸燃料电池所用的氧化剂主要是空气中的氧气。与阳极情况类似，氧气利用率增加，阴极极化也相应增加。

虽然降低燃料和氧化剂的利用率可以提高燃料电池的性能，但是同时也增加燃料的浪费，并且会增加反应气体的流率，导致额外的能量损失，同时会增加电解质的流失，因此对燃料和氧化剂的利用率进行优化是非常必要的。目前，磷酸燃料电池燃料气的利用率为 70%～85%，而氧气的利用率为 50%～60%。

（4）杂质对燃料电池性能的影响

磷酸燃料电池很少采用纯氢和纯氧作燃料和氧化剂，通常采用化石燃料经重整获得的富氢气体作为燃料，而以空气作为氧化剂。富氢气体中除氢气外，还含有一定量的 CO 和 CO_2 等副产物，此外，还可能存在一些未反应的有机化合物。例如天然气的重整气中大约含有 78% 左右的 H_2、20% 左右的 CO_2 和少量的其他气体，如 CH_4、CO 和一些硫和氮的化合物等。这些气体杂质虽然含量不高，但对磷酸燃料电池的性能却有非常大的影响。

氢气中含有的少量 CO 对铂催化剂的氢气氧化反应具有非常大的毒性，它的存在会导致阳极极化明显增加。主要是因为 CO 会在铂的表面产生强烈的化学吸附，一般两个 CO 分子可以替代一个 H_2 分子的位置，这样就阻止了 H_2 的进一步吸附和反应。根据这一机理，在一定电位下的阳极氧化电流与 CO 覆盖率的关系为：

$$J_{CO} = J_{H_2}(1 - \theta_{CO})^2 \tag{10-80}$$

式中，J_{CO} 为存在 CO 毒化时的阳极电流密度；J_{H_2} 为无 CO 存在时的阳极电流密度；θ_{CO} 为铂电极表面 CO 的覆盖度。

如果 $\theta_{CO} = 20\%$，则 J_{CO} 仅为 J_{H_2} 的 60% 多，说明 CO 对磷酸燃料电池的性能影响很大。CO 的影响会随着燃料电池工作温度的升高而降低，因此对采用铂催化剂的燃料电池而言，燃料气中所允许的 CO 含量随工作温度的升高而增加。在磷酸燃料电池的工作温度下，燃料气中含有 1% 的 CO 不会对燃料电池性能产生明显影响。CO 对磷酸燃料电池的阳极性能有毒化作用，但是这种毒化作用是可逆的，吸附的 CO 被去除掉以后，电极的性能很容易恢复。

除了 CO 外，重整气体中还可能会含有 $(1～2) \times 10^{-4}$ 的硫化物，如 H_2S 和 COS 等。此外，空气也会含有一定量的硫化物，如 SO_2 和 SO_3 等。当燃料气中的 H_2S 和 COS 含量或者是空气中的 SO_2 和 SO_3 超过允许值时，会导致磷酸燃料电池性能迅速恶化。硫化物的毒化作用是因为硫化物会强烈吸附在铂催化剂表面，阻碍了氢气氧化和氧气还原反应的活性点。以 H_2S 为例，硫化物毒化的可能作用机理为：

$$Pt + H_2S \longrightarrow Pt\text{-}H_2S_{ads} \longrightarrow Pt\text{-}HS_{ads} + H^+ + e^- \tag{10-81}$$

$$Pt + HS^- \longrightarrow Pt\text{-}HS_{ads} + e^- \tag{10-82}$$

$$Pt\text{-}HS_{ads} \longrightarrow Pt\text{-}S_{ads} + H^+ + e^- \tag{10-83}$$

式中，ads 表示吸附物种。由于硫化物的严重毒化作用，因此有些燃料在进入重整过程之前必须要进行脱硫处理。硫化物对电极的毒化作用随着硫化物浓度的升高和毒化时间的延长而增加，并且硫化物和 CO 对磷酸燃料电池的毒化作用存在协同效应。如图 10-10 所示，燃料气中不含有 CO 的情况下，当 H_2S 含量超过 $360mg/m^3$ 时燃料电池性能迅速下降，而燃料气中含有 $10\%CO$ 的情况下，当 H_2S 含量超过 $160mg/m^3$ 时燃料电池性能就急剧恶化。硫化物的毒化作用也是可逆的，升高工作温度可以降低或者消除其毒化作用。

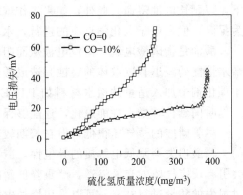

图 10-10　燃料气中不同 CO 含量时
H_2S 浓度与电池电压损失的关系

　　反应气体中的氮化物也对磷酸燃料电池性能有一定影响。氮气对磷酸燃料电池性能没有明显毒害作用，它主要是作为气体的稀释剂。其他含氮化合物如 NH_3、HCN 和 NO_x 等则有一定程度的毒害作用。HCN 和 NO_x 等氮化物会毒化催化剂，造成电化学极化增加。燃料或氧化剂中的 NH_3 则会和磷酸电解质反应，生成磷酸盐：

$$H_3PO_4 + NH_3 \longrightarrow NH_4H_2PO_4 \tag{10-84}$$

这种磷酸盐的存在有可能会降低电解质的电导率，而且还会影响氢气氧化和氧气还原反应的速率，因此反应气体中 NH_3 的含量要低于 0.2%。

　　(5) 磷酸燃料电池的寿命　燃料电池的工作寿命一般是指在额定输出电流的条件下，燃料电池的工作电压从初始值降低 10% 所需要的时间，其定义式为：

$$\left| \frac{V_终 - V_始}{V_始} \right| = 10\% \tag{10-85}$$

　　式中，初始电压值 $V_始$ 是指燃料电池运行 100h 后的输出电压，因为一般燃料电池需要约 100h 的运行后才能达到稳定状态。

　　磷酸燃料电池寿命约为 40000h，相当于连续运行约 5 年时间。也就是说，如果磷酸燃料电池在额定电流密度下初始状态的输出电压为 0.7V，经过 40000h 运行后，其输出电压将降低到 0.63V。

　　磷酸燃料电池的寿命在很大程度上取决于温度、工作压力、输出电压和负载变化等工作条件。一般认为磷酸燃料电池的性能衰退主要是催化剂颗粒的聚集、碳载体的腐蚀以及酸涌和酸损失等现象造成的。在磷酸燃料电池的工作过程中，由于碳载体与铂催化剂颗粒之间的结合力很弱，碳载体表面的细小铂催化剂颗粒可以逐渐移动并凝聚成更大尺寸颗粒，这将导致催化剂的表面积减小，影响磷酸燃料电池性能。催化剂的聚集速度与工作温度密切相关，温度升高，铂晶粒的聚集现象更为明显。

　　碳载体的腐蚀会造成碳表面所附着的催化剂颗粒减少，催化剂活性表面积减小，同时碳载体表面会出现含氧官能团，这会加速碳载体表面的润湿性，使电极容易被水淹没，增加气体向催化剂传递的阻力。碳载体的腐蚀速率取决于工作电压、温度和碳载体的类型等因素。工作电压和温度越高，碳载体的腐蚀速度越快。因此，磷酸燃料电池工作时电压一般不应超过 0.8V，在开路条件下，磷酸燃料电池的温度也不宜超过 180℃。实验表明，在 180℃ 和开路电压 1.1V 条件下，碳载体的腐蚀速率是工作温度低于 180℃、电流密度 $100mA/cm^2$ 时的 8 倍，而且阴极的腐蚀要比阳极腐蚀严重许多。所以在空载或燃料电池停止工作的过程中，要向燃料电池内吹入氮气或者以短路的方式保证磷酸燃料电池的电压维持在 0.8V 以下，以延长电池寿命。此外，如果工作气体中水蒸气的分压过高，碳载体的腐蚀速度也将大为提高，但是由于电化学反应的进行，水蒸气不可避免地要产生。

酸涌是指磷酸电解质淹没电极从而阻塞电极微孔的现象，这会严重影响电极性能。电极憎水性能的减退和碳载体的腐蚀是造成酸涌的主要原因。通常在制作电极的时候，要向碳载铂催化剂中加入适量的憎水材料如 PTFE 等，以保证电极具有良好的憎水性能，即使随着工作时间延长，憎水性能退化，还能够保持足够的憎水性。

尽管磷酸的蒸气压很低，但在长期较高温度下工作的过程中，磷酸的损失还是不可避免的。磷酸损失会降低电解质的导电性，减小电极中的电化学活性表面积，更严重的磷酸损失会引起反应气体的交叉渗透，严重降低磷酸燃料电池的性能。因此，磷酸燃料电池需要定期对损失的酸量进行补充。可以采用增加电极基体微孔的方法储备足够的磷酸电解质，以减缓磷酸损失的影响，也可以采用空载或停止工作时由外部向燃料电池中补充磷酸的手段。采用电极基体储存电解质的方法可以抑制磷酸损失，有利于降低负载变化所导致的电解质体积变化。采用电极基体储存电解质时应该保证电解质基体的孔径小于电极基体的孔径，这样就可以使电解质基体的微孔总被电解质润湿，减少了反应气体交叉渗透的可能性。

10.7 熔融碳酸盐燃料电池

10.7.1 简介

熔融碳酸盐燃料电池（MCFC）是以熔融的碳酸钾和碳酸锂等碳酸盐为电解质的燃料电池。熔融碳酸盐燃料电池的概念最早出现在 20 世纪 40 年代。50 年代 Bores 等演示了世界上第一台熔融碳酸盐燃料电池。目前，在美国、日本和欧洲，一些熔融碳酸盐燃料电池的试验电厂正在全面建设中，其规模已经达到 1～2MW。熔融碳酸盐燃料电池主要应用于固定型电站，在车载方面因为高温和较长的启动时间等问题限制了其应用，但是在大型的舰船和火车中有可能得到应用。

熔融碳酸盐燃料电池的工作温度为 600～700℃，典型温度为 650℃。工作温度的提高带来了明显的优点。首先是余热品质高，余热可以用来进行锅炉发电或者压缩反应气体以提高其工作压力，这将改善燃料电池的性能，提高发电效率。其次是可以使用各种燃料，燃料可以进行内部重整，省略了外部重整和燃料处理系统，降低了成本并减小了额

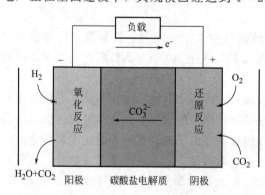

图 10-11　熔融碳酸盐燃料电池的组成和工作原理

外的能量消耗。而且可直接使用 CO 含量较高的燃料，如煤制气，而不会引起催化剂中毒。此外，电化学反应的极化小，不需要使用贵金属催化剂，降低了燃料电池系统成本。

熔融碳酸盐燃料电池的缺点主要是高温下电解质的强腐蚀性会影响电池寿命，对电池材料的耐腐蚀性能要求严格。而且，熔融碳酸盐燃料电池系统的运行需要 CO_2 循环，要将阳极反应产生的 CO_2 重新输入到阴极，增加了燃料电池系统的复杂性。另外，高温下熔融碳酸盐燃料电池边缘需要采用湿密封技术，其难度较大。虽然熔融碳酸盐燃料电池还存在一定的问题，但是如果能够成功解决电池关键材料的腐蚀问题，熔融碳酸盐燃料电池将能够很快

实现商品化。所以，熔融碳酸盐燃料电池也被称为第二代燃料电池。

10.7.2 熔融碳酸盐燃料电池的工作原理

熔融碳酸盐燃料电池由阴、阳极和熔融态的碳酸盐电解质组成，其结构和工作原理如图 10-11 所示。熔融碳酸盐燃料电池的主要燃料是 H_2，氧化剂是 O_2 和 CO_2，导电离子为 CO_3^{2-}。燃料电池工作时，阳极的 H_2 与通过电解质层从阴极迁移来的载流子 CO_3^{2-} 发生反应生成 CO_2 和水，同时将电子输送到外电路。阴极的 O_2 和 CO_2 与从外电路输送来的电子结合生成 CO_3^{2-}。熔融碳酸盐燃料电池工作所涉及的反应方程式如下所述。

$$阳极： \quad H_2+CO_3^{2-} \longrightarrow H_2O+CO_2+2e^- \tag{10-86}$$

$$阴极： \quad CO_2+\frac{1}{2}O_2+2e^- \longrightarrow CO_3^{2-} \tag{10-87}$$

$$总反应： H_2+\frac{1}{2}O_2+CO_2（阴极）\longrightarrow H_2O+CO_2（阳极） \tag{10-88}$$

实际上，由于工作温度的提高，熔融碳酸盐燃料电池所用的燃料气并不完全是氢气，还有一些其他燃料气，如 CO、甲烷和更高级的烃类化合物等。所以，在阳极除了氢气氧化反应外，还存在一些其他燃料气的反应。但是需要注意的是虽然其他一些燃料气也有可能进行直接的电化学氧化反应，比如 CO 的反应：

$$CO+CO_3^{2-} \longrightarrow 2CO_2+2e^- \tag{10-89}$$

但与氢气氧化反应相比，这些其他燃料气的直接氧化反应速率非常慢，主要还是通过相应的氧化反应转变为 H_2 再进一步氧化。比如，CO 氧化主要通过水汽转换反应进行：

$$CO+H_2O \longrightarrow CO_2+H_2 \tag{10-90}$$

在熔融碳酸盐燃料电池的工作温度下，水汽转换反应在镍催化剂表面很容易达到平衡。再比如，甲烷的直接电化学反应也可以忽略，甲烷和其他一些烃类化合物一般也要经过气相重整过程（通常称为甲烷化反应）转化为 H_2 进行反应，见式(10-91)。

$$CH_4+H_2O \longrightarrow CO+3H_2 \tag{10-91}$$

熔融碳酸盐燃料电池的工作原理说明水和 CO_2 是熔融碳酸盐燃料电池反应气体的重要组分。阳极产生的水有助于 CO 的水汽转换反应和烃类化合物的甲烷化反应的进行，从而能够产生更多的氢气，同时在反应燃料气中也需要存在一定量的水，以避免发生以下反应在气流通道或燃料电池内部产生炭沉积：

$$2CO \longrightarrow CO_2+C \tag{10-92}$$

与其他类型的燃料电池不同，反应气体中的 CO_2 是熔融碳酸盐燃料电池工作必不可少的物质，在阴极 CO_2 为反应物；在阳极 CO_2 为产物。为了确保熔融碳酸盐燃料电池能够平稳工作，必须将阳极尾气中的 CO_2 循环到阴极作为氧气还原的反应气体。因此，在熔融碳酸盐燃料电池中，除了离子和电子回路外，还存在一个 CO_2 回路。CO_2 循环可以通过两种方式实现：用过量空气燃烧阳极尾气去除其中的氢气和 CO 后，进行水蒸气分离，然后与阴极进口气体混合；或者采用分离装置从阳极尾气中分离出 CO_2，然后再将 CO_2 送回到阴极。第二种方式可以提供不含有氮气的 CO_2 气体，因此可以保证更高的燃料电池工作电压，但是需要额外的分离装置，增加了系统的复杂性。

10.7.3 电解质和隔膜

(1) 电解质 电解质组成选择非常重要，将直接影响熔融碳酸盐燃料电池的欧姆电阻，而且还影响反应气体在电解质中的溶解度，从而间接影响电极的反应速率和极化行为，此外还影响阴极氧化镍溶解度，从而影响燃料电池的寿命。目前，熔融碳酸盐燃料电池所用的电解质主要是 Li_2CO_3 和 K_2CO_3 按一定比例的混合物。选择 Li_2CO_3 作为电解质材料主要是因为 Li_2CO_3 的电导率高于 Na_2CO_3 和 K_2CO_3，所以 Li_2CO_3 电解质的欧姆极化小。但是，Li_2CO_3 电解质中反应气体如 H_2、O_2、H_2O 和 CO_2 等的溶解度和扩散系数较小，会造成电极的浓度极化较大，而且 Li_2CO_3 电解质的腐蚀性更强，不利于提高熔融碳酸盐燃料电池的寿命。所以目前通常采用 Li_2CO_3 和 K_2CO_3 的混合物作为电解质材料，此外还可能存在少量 Na_2CO_3 和碱土金属碳酸盐。需要综合考虑选择合适的锂盐比例。一般 Li_2CO_3 的质量分数为 60% 左右，而 K_2CO_3 的质量分数为 40% 左右，其熔点一般在 500℃ 左右。

尽管 Li_2CO_3 和 K_2CO_3 的电解质组合是目前常用的电解质材料，但 Li_2CO_3 和碳酸钠的电解质组合在降低 NiO 溶解、提高电解质的电导率、降低电解质的损失速率和与电极材料的热匹配等性能方面也表现出了良好的性能，因此，也是可以采用的电解质材料。

（2）隔膜材料　液态的熔融碳酸盐电解质不能单独存在，需要保持在多孔的电解质隔膜材料中。隔膜是熔融碳酸盐燃料电池的核心部件，它必须具有足够的强度，能够耐高温熔盐的腐蚀，浸入熔盐电解质后能够阻挡气体通过并且具有良好的离子导电性。$LiAlO_2$ 材料具有良好的耐腐蚀能力，因此目前熔融碳酸盐燃料电池的隔膜材料通常都采用 $LiAlO_2$。$LiAlO_2$ 有 α、β 和 γ 三种晶态，在一定的温度和压力下可以相互转化。从 $LiAlO_2$ 晶态转换的温度和压力图看，在熔融碳酸盐燃料电池的工作温度和碳酸盐条件下，$LiAlO_2$ 主要以 γ-$LiAlO_2$ 的形式存在。但在熔融碳酸盐燃料电池的长期运转过程中，也有一部分 γ-$LiAlO_2$ 会逐渐转化为 α-$LiAlO_2$。

$LiAlO_2$ 可以用多种方法制造。一种方法是以 Li 源化合物（Li_2CO_3）和 Al 源化合物（Al_2O_3）为原料，经高温机械混磨制得，其反应方程式为：

$$Al_2O_3 + Li_2CO_2 \longrightarrow 2LiAlO_2 + CO_2 \tag{10-93}$$

这样所制得的主要是 α-$LiAlO_2$，在经过更高温度的焙烧之后 α-$LiAlO_2$ 会逐渐转变为 γ-$LiAlO_2$。

实际的熔融碳酸盐燃料电池电解质层是隔膜材料（$LiAlO_2$）和熔融碳酸盐电解质的半固态混合物。熔融的碳酸盐电解质以毛细力保持在 $LiAlO_2$ 隔膜的微孔中，并且能够强化 $LiAlO_2$ 颗粒间的结合，形成具有一定强度并有良好气体分隔能力的电解质层，同时可以提供很好的电池边缘密封效果，这种密封方式称为湿密封。

（3）电解质管理　低温燃料电池的电极中通常含有一定的憎水材料（如 PTFE），一方面可以充当黏结剂，另一方面可以调整电解质在电极中的分布情况，以维持较高的电化学活性面积。但在熔融碳酸盐燃料电池中却不能采用这种方法，因为在高温、高氧化性和腐蚀性的工作条件下，没有一种憎水材料能够稳定存在，所以熔融碳酸盐燃料电池采用毛细平衡的方法来控制熔盐电解质在多孔电极中的分布。平衡状态下多孔介质能被电解质润湿的极限孔径由式（10-94）决定。

$$\left(\frac{\sigma\cos\theta}{d}\right)_{电极} = \left(\frac{\sigma\cos\theta}{d}\right)_{电解质} \tag{10-94}$$

式中，σ 为表面张力；θ 为接触角；d 为孔直径。根据这一公式，可以通过选择电极和电解质隔膜材料的孔径来控制熔盐电解质的分布。

熔融碳酸盐燃料电池的电解质在运行过程中不断损失，造成电解质损失的原因主要是电池组成材料的腐蚀和分解以及熔盐电解质的迁移和蒸发。电池组成材料的腐蚀和分解一方面是阴极材料 NiO 的溶解；另一方面是阳极和双极板等材料的腐蚀，它们都会导致熔盐电解质中一部分锂盐的损失。由于蒸发和在电场作用下的电解质爬升也是电解质损失的重要原因。抑制熔盐电解质的损失对熔融碳酸盐燃料电池的性能和寿命非常重要。运行过程中的电解质损失导致燃料电池欧姆电阻和活化极化增加，电池性能不断恶化。电解质损失导致局部隔膜的电解质填充度降低到一定值以下，会产生气体渗漏，会产生局部过热现象，导致热循环，引起电解质隔膜材料的破坏，造成燃料电池性能迅速下降，成为熔融碳酸盐燃料电池寿命终止的重要因素之一。可以通过在阳极和电解质隔膜间增加由细小微孔构成的致密气体阻隔层等方式来防止阴、阳极气体渗透，并强化电解质隔膜的强度。

10.7.4　电极

（1）阴极　在熔融碳酸盐燃料电池的工作温度下，电极的催化活性比较高，所以电极可以采用非贵金属材料。而且，高温下熔融碳酸盐是腐蚀性非常强的液体，加之阴极是较强的氧化性气氛，在这样严酷的条件下再加上成本的因素，只有一些半导体氧化物适合作熔融碳酸盐燃料电池的阴极材料。嵌锂的氧化镍是目前常用的阴极材料。它的制备过程是将多孔镍在熔融碳酸盐燃料电池的氧化性气氛和含锂的熔融碳酸盐环境下经过现场氧化和嵌锂过程实现的。当然，也可以通过外部氧化和外部嵌锂等方法实现。嵌锂过程的作用是通过掺杂提高NiO电极的导电性。多孔镍电极首先由镍粉在 $700 \sim 800 \, ^\circ\mathrm{C}$ 的氮气氛下烧结而成，氧化前孔率约为 $70\% \sim 80\%$，氧化后孔率降低到 $50\% \sim 65\%$，初始孔径约为 $10 \mu\mathrm{m}$，氧化后变为 $5 \sim 7 \mu\mathrm{m}$ 和 $8 \sim 10 \mu\mathrm{m}$ 两种分布。其中小孔充满熔盐电解质溶液，提供较大的反应表面积和离子传递通路，大孔则充满气体提供气体传递通路。

氧化镍电极的缺点是在长期的运行过程中氧化镍会溶解在熔盐电解质中并在电解质隔膜中重新沉积形成枝晶，导致燃料电池性能下降，成为熔融碳酸盐燃料电池寿命的重要影响因素。NiO 的溶解机理为：

$$\mathrm{NiO + CO_2 \longrightarrow Ni^{2+} + CO_3^{2-}} \tag{10-95}$$

这些溶解下来的 $\mathrm{Ni^{2+}}$ 进入电解质中，并到达阳极附近，被电解质中的溶解氢还原为金属 Ni 微粒：

$$\mathrm{Ni^{2+} + CO_3^{2-} + H_2 \longrightarrow Ni + CO_2 + H_2O} \tag{10-96}$$

这些 Ni 微粒相互连接成为 Ni 桥，最后会导致阴阳极之间的短路。

为了提高阴极的性能和长期稳定性，可以采用几种措施来解决 NiO 的溶解问题：一是进一步改进阴极的材料和结构；二是改变电解质的性质；三是控制工作条件。改进阴极材料性能可以通过向阴极加入稀土氧化物（如 CoO 等）或直接以氧化物（如 $\mathrm{CeO_2}$ 等）作阴极材料实现，也可以以 $\mathrm{LiAlO_2}$ 或 $\mathrm{LiFeO_2}$ 作阴极材料，其中 $\mathrm{LiAlO_2}$ 是比较合适的阴极材料，其溶解速率很低，寿命可达 10000h 左右，但是 $\mathrm{LiAlO_2}$ 要替代 NiO 还需要在性能上做进一步的改进。改善电解质的性质可以向电解质中添加碱土金属（Mg、Ca、Sr、Ba）氧化物或碳酸盐，这些添加物可以增加电解质的碱性从而降低 NiO 的溶解度，但是电解质碱性增加会引起电解质隔膜 $\mathrm{LiAlO_2}$ 的溶解，破坏其多孔性结构，导致电池性能衰退，因此需要选择最佳的电解质组成体系。此外，还可以优化操作条件降低 NiO 的溶解速率。比如可以采用降低工作气体压力、增加电极基体厚度等办法来抑制 NiO 的溶解。

（2）阳极　熔融碳酸盐燃料电池的阳极工作在还原性气氛中，并且其电位负，在这种环境下许多金属，如镍、钴和铜等，都可以作为阳极材料。最初熔融碳酸盐燃料电池的阳极采用多孔烧结的纯 Ni 板。但是在高温和燃料电池的组装压力下，纯 Ni 阳极容易产生蠕变。所谓阳极蠕变就是在高温和较大压力下，金属晶体产生的微小形变。如果发生阳极蠕变，镍颗粒的尺寸变大，电极孔率降低，阳极容纳电解质的能力下降，而且在机械力作用下微观结构会破坏，增加接触电阻，甚至存在阴、阳极间气体渗漏的危险。因此，在阳极镍材料中需要一些添加组分以防止阳极蠕变，延长其稳定性。已经证明添加铬和铝等形成镍基合金可以有效防止阳极蠕变，提高阳极性能。此外，还可以在 Ni 中添加 Al_2O_3（会现场形成 $LiAlO_2$）等高熔点氧化物或者在陶瓷基体（如 $LiAlO_2$）上镀 Ni 等措施来防止阳极蠕变。

鉴于阳极氢气氧化反应和气体在阳极微孔中的传递速率都远高于阴极中的氧气，因此阳极并不需要很大的表面积，其厚度可以比阴极薄。但是熔盐电解质的高填充度对阳极性能的影响并不明显，阳极可以作为熔盐电解质的储存容器，因此阳极通常厚一些，目前约为0.8～1.0mm，并且有 50%～60% 的孔率可以被熔盐电解质填充以提高所储存的电解质数量。

10.7.5　双极板

在熔融碳酸盐燃料电池的工作环境中，很少有陶瓷等材料能在含锂的碳酸盐中足够稳定的存在，只有一些金属适合作熔融碳酸盐燃料电池的双极板。熔融碳酸盐燃料电池的双极板通常由不锈钢或各种镍基合金钢制成。目前使用最多的是不锈钢双极板。在高温电解质环境下，双极板尤其是阳极的双极板会发生腐蚀，腐蚀产物主要是 $LiCrO_2$ 和 $LiFeO_2$ 等，即：

$$Cr+\frac{1}{2}Li_2CO_3+\frac{3}{4}O_2 \longrightarrow LiCrO_2+\frac{1}{2}CO_2 \tag{10-97}$$

$$Cr+K_2CO_3+\frac{3}{2}O_2 \longrightarrow K_2CrO_4+CO_2 \tag{10-98}$$

双极板腐蚀会产生较严重的后果。一方面会消耗电解质，且在密封面会造成电解质外流失，另一方面会增加双极板的欧姆电阻和接触电阻，且双极板的机械强度降低，这些都会影响燃料电池的寿命。为了抑制双极板腐蚀，可以采用具有更好耐腐蚀性能的材料制备双极板以替代目前的不锈钢双极板，比如用 Cr-Ni 合金作燃料电池的双极板，无论在阴极还是阳极都表现出了良好的耐腐蚀能力。此外，还可以在不锈钢双极板表面进行防腐处理。比如，可以在阳极侧镀镍或者在湿密封处镀铝并生成致密的偏铝酸锂绝缘层来提高双极板材料的耐腐蚀能力。

10.7.6　熔融碳酸盐燃料电池性能

熔融碳酸盐燃料电池的典型工作极化曲线如图 10-12 所示。一般而言，熔融碳酸盐燃料电池的典型工作电流密度为 $100～300mA/cm^2$，工作电压为 $0.7～0.95V$，设计寿命一般在 40000h 左右。工作条件对熔融碳酸盐燃料电池性能会产生各种影响。

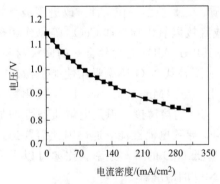

图 10-12　熔融碳酸盐燃料电池
的典型工作极化曲线

（1）温度的影响　根据电化学热力学可知，对于氢氧熔融碳酸盐燃料电池电动势的温度系数为负。而且由于电池的工作温度很高，$T\Delta S$ 数值较大，所以熔融碳酸盐燃料电池的电动势较低，即其理论能量转换效率较低。熔融碳酸盐燃料电池多以重整气为燃料，工作时存在水汽转换和甲烷化等反应，高温时气体组成会发生变化，通常也会导致燃料电池的电动势随温度升高而降低。

但是从动力学角度讲，高工作温度减小了电化学极化（尤其是阴极的电化学极化），而且物质的传递速度加快有助于降低浓度极化，此外欧姆极化也会降低，因此，高温下实际的燃料电池工作电压会升高。碳酸盐电解质的熔点一般高于 500℃，在此温度以上，电池性能随温度提高而升高，但是温度高于 650℃后性能的提高有限，而且电解质的挥发损失增加，腐蚀性也增强，不利于提高燃料电池的寿命。因此，650℃是熔融碳酸盐燃料电池最佳的工作温度，能同时满足寿命和性能的要求。

（2）反应气体压力的影响　由能斯特方程可知，当熔融碳酸盐燃料电池的反应气体压力由 p_1 提高到 p_2 时，由热力学引起的电池电动势升高 ΔE 为：

$$\Delta E = 46 \lg \left(\frac{p_2}{p_1} \right) \tag{10-99}$$

因此反应气体的工作压力升高一个数量级，熔融碳酸盐燃料电池的电动势增加 46mV。此外，提高反应气体的工作压力，提高了反应物的分压，气体在电解质中的溶解度增大，而且气体的传质速率增加，因此从动力学的角度看，极化减小，燃料电池的放电性能提高。此外，提高反应气体的压力还对减小电解质的蒸发有利。

当然，提高反应气体的压力也有利于一些副反应的发生，如碳沉积和甲烷化反应等，碳沉积可能堵塞阳极气体通路，而甲烷化则会消耗较多氢气分子。而且，加压会加速阴极的腐蚀，缩短燃料电池的寿命。

（3）气体组成和利用率的影响　除温度和工作气体的压力外，反应气体的组成和利用率对熔融碳酸盐燃料电池性能也有明显影响。在熔融碳酸盐燃料电池的阴极，CO_2 和 O_2 消耗比例为 2∶1，因此在 CO_2 和 O_2 组成为 2∶1 时，阴极反应性能最佳。如果阴极 CO_2 和 O_2 的组成偏离这一比例，其性能就会下降。在阳极，除了氢气氧化反应外，还存在水汽转换反应和重整反应，这两个反应是快速平衡反应，因此，氢气含量越高，燃料电池的性能越好。

因为熔融碳酸盐燃料电池的工作温度高，可以直接采用重整气和煤制气等作为燃料，其中含有硫化物、卤化物和含氮化合物等杂质。气体中的杂质也是影响熔融碳酸盐燃料电池性能的重要因素。硫化物可以在镍催化剂表面发生化学吸附，覆盖电化学反应和水汽转换反应的活性点，而且阳极尾气中的硫化物经燃烧后会生成 SO_2，随 CO_2 循环进入阴极与电解质中的碳酸盐反应，这些都会影响燃料电池的性能。卤化物则具有很强腐蚀性，会严重腐蚀电极材料。而且 HCl、HF 等卤化物可以与熔盐（Li_2CO_3、K_2CO_3）反应，生成水、CO_2 和 KCl 和 KF，由于 KCl 和 KF 蒸气压高，会增加电解质的损失速率。此外，氮化物杂质也对熔融碳酸盐燃料电池性能有影响。

与其他类型的燃料电池类似，随着反应气体的消耗，燃料电池的电压下降，因此提高反应气体的利用率一般会导致熔融碳酸盐燃料电池电压降低。不能为了单纯提高工作电压而降低反应气体的利用率，这会浪费燃料，并且造成系统能耗增加。

10.8　固体氧化物燃料电池

10.8.1　简介

固体氧化物燃料电池（SOFC）采用固体氧化物作电解质，是一种全固态的燃料电池。固体氧化物燃料电池的开发始于 20 世纪 40 年代，但是由于技术上的限制直至 80 年代以后其研究才得到蓬勃发展。固体氧化物燃料电池是磷酸燃料电池和熔融碳酸盐燃料电池之后的第三代燃料电池。固体氧化物燃料电池比较适合大型的发电厂及其他工业应用，比如交通、军事和空间开发等。目前世界各国都在积极投入固体氧化物燃料电池技术的研发工作，与之相应的燃料电池堆的设计也从 1984 年就开始了。西门子-西屋动力公司已经制造了多套功率为 200kW 左右的固体氧化物燃料电池，并在美国和欧洲进行了试运行，测试寿命已经达到 8 年以上。加拿大的 Global 公司已经开始向市场提供小功率的固体氧化物燃料电池。早期开发出来的固体氧化物燃料电池的工作温度较高，一般在 800～1000℃。目前已经研发成功中温固体氧化物燃料电池，其工作温度一般在 800℃ 左右。一些国家也正在努力开发低温固体氧化物燃料电池，其工作温度更可以降低至 650～700℃。工作温度的降低，使得固体氧化物燃料电池的实际应用成为可能。

固体氧化物燃料电池具有一些非常突出的优点。它广泛采用陶瓷材料作电解质、阴极和阳极，具有全固态结构。所采用的固体氧化物电解质通常很稳定，其组成不随燃料和氧化剂的变化而改变，而且在燃料电池工作条件下没有液态电解质的迁移和损失问题。由于无液相存在，不存在保持气液固三相界面的问题，更不会出现液相淹没电极微孔和催化剂润湿的问题，同时也避免了酸碱电解质或熔盐电解质对电池材料的腐蚀及封接问题。在高工作温度下，阴阳极的电化学极化可以忽略，物质传递速度较快，电压损失仅集中在电解质内阻压降上；而且可直接使用氢气、烃类（甲烷）、甲醇等作燃料，不需要使用贵金属催化剂燃料和氧化剂的反应就能够迅速达到平衡，因此可以在较高的电流密度和功率密度下运行。耐硫化物等杂质的能力高，而且燃料可在电池内部进行重整以简化燃料电池系统的结构。由于固体氧化物的气体渗透率低，因此燃料利用效率高。与熔融碳酸盐燃料电池相比，不需要 CO_2 循环，系统更为简单。此外，能提供高质余热，实现热电联产，燃料利用率高，能量利用率高达 80% 左右，是一种清洁高效的能源系统。

固体氧化物燃料电池的缺点是由于工作温度高，存在明显的自由能损失，其理论效率比熔融碳酸盐燃料电池低，开路电压比熔融碳酸盐燃料电池低上百个毫伏，但这部分损失效率可以通过高温余热补偿。另外，由于工作温度高，很难找到具有良好热和化学稳定性的材料满足固体氧化物燃料电池的技术要求。

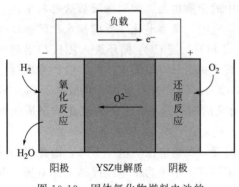

图 10-13　固体氧化物燃料电池的组成和工作原理

10.8.2　固体氧化物燃料电池的工作原理

固体氧化物燃料电池的电解质为固体氧化物，在高温下具有传递 O^{2-} 能力，而且起到分隔燃料和氧化剂的作用。固体氧化物燃料电池的结构和工作原理如图 10-13 所示。在阴极，氧分子得到电子被还原为氧离子，氧离子在电解质层两侧电位和浓度差的驱动下，通过电解质层的氧空位，定向跃迁到阳极，并与燃料（如氢气）进行氧化反应，阴、阳极和总的反应方程式分别如下所述。

阴极：　　　　　　　　　　$O_2 + 4e^- \longrightarrow 2O^{2-}$　　　　　　　　　　(10-100)

阳极：　　　　　　$2O^{2-} + 2H_2 \longrightarrow 2H_2O + 4e^-$　　　　　　(10-101)

总电化学反应：　　　　　$2H_2 + O_2 \longrightarrow 2H_2O$　　　　　　　　(10-102)

因为固体氧化物燃料电池可以采用多种燃料，所以阳极也存在多种反应，包括以下几种。

以煤气作燃料：　　　　　　$O^{2-} + CO \longrightarrow CO_2 + 2e^-$　　　　　　(10-103)

以天然气作燃料：　　　$4O^{2-} + CH_4 \longrightarrow CO_2 + 2H_2O + 8e^-$　　　(10-104)

所对应的燃料电池总反应分别如下所述。

以煤气作燃料：

$$CO + \frac{1}{2}O_2 \longrightarrow CO_2 \qquad (10\text{-}105)$$

以天然气作燃料：

$$2O_2 + CH_4 \longrightarrow CO_2 + 2H_2O \qquad (10\text{-}106)$$

10.8.3　电解质

固体氧化物燃料电池电解质的主要作用是在阴极与阳极之间传递氧离子和对燃料和氧化剂进行有效分隔。因此，要求电解质材料具有高的氧离子传导和低的电子传导能力，即氧离子的迁移数接近 1。同时，电解质材料还要在高温的氧化性和还原性气氛中具有良好的化学和热稳定性。而且，电解质还要具有较高的致密性，以维持低气体渗透率等。此外，电解质材料还必须在高温下与其他电池材料在化学上相容，热膨胀系数相匹配。

目前，研究最深入的固体氧化物电解质是萤石结构的固体氧化物电解质。用 Y_2O_3 掺杂稳定的 ZrO_2 称为 YSZ，用 CaO 掺杂稳定的 ZrO_2 称为 CSZ。目前绝大多数固体氧化物燃料电池都以 6%～10% Y_2O_3 掺杂的 ZrO_2 为固体电解质。ZrO_2 有 3 种晶型：立方结构、四方结构和单斜结构，这几种结构在一定条件下能够互相转化。在 ZrO_2 中掺杂一定量的不同价态氧化物杂质可以在室温至熔点的范围内使其稳定在立方萤石结构。此外，掺杂不同价氧化物还可以提高氧化锆电解质的载流子浓度，从而提高其导电性。在 ZrO_2 的立方萤石结构中，Zr^{4+} 作面心立方排列，配位数为 8，氧离子是两套面心立方晶胞，配位数为 4。结构中氧离子堆积形成 8 配位，空间数目和氧离子数目相等，而 Zr^{4+} 只占据这些空间的一半位置。这种结构的一个显著特点是晶胞中的 O^{2-} 六面体有很大的孔隙，这些孔隙为离子扩散提供了方便，说明稳定的立方晶型结构 ZrO_2 便于离子扩散。当 Y_2O_3 替代部分 ZrO_2 形成固溶体时杂质阳离子占据基质晶体正常的阳离子位置形成阴离子（O^{2-}）缺位。晶体中 O^{2-} 缺位的数目等于掺杂的 Y_2O_3 数目。这些阴离子缺位使晶格发生畸变，使周围 O^{2-} 迁移所需克服的势垒大大减少，即只要较小的激活能就可以跃迁形成载流子，而缺位的迁移是阴离子接力式迁移的结果。但是掺杂并不是越多越好，掺入过多杂原子反而会因为缺陷的有序化、空位的聚集以及空位间的静电作用而使离子电导降低。制备 YSZ 粉体的方法很多，有共沉淀法、水解法、溶胶-凝胶法等，比如可以由 $Y(NO_3)_3$ 和 $ZrOCl_2$ 单独或混合水解制备 YSZ。

此外，钙钛矿结构的固体氧化物电解质，如经掺杂的镓酸镧等，在中温下具有高离子电导率、高离子传递系数及在氧化和还原性气氛中比较稳定等优点受到了人们的广泛重视。比如锶掺杂的镓酸镧电解质（LSGM）已经具有良好的电化学性能，也是一种比较有前途的固体氧化物燃料电池的电解质材料。

10.8.4　电极

（1）阳极　固体氧化物燃料电池的阳极主要是为燃料的电化学氧化提供反应场所，所以阳极材料应该具有以下一些基本特征：电子导电性好，催化氧化活性高，在还原性气氛中稳定性好，与电解质热膨胀性质匹配等。此外，阳极材料还必须具有强度高、韧性好、加工容易和成本低等特点。适合用作固体氧化物燃料电池阳极的材料主要集中在过渡金属和贵金属，此外还有一些电子导电陶瓷和混合导体氧化物等。由于镍的价格低廉，而且具有良好的电催化活性，因此成为固体氧化物燃料电池中广泛采用的阳极催化剂。通常将镍与氧化物电解质材料（比如 YSZ）混合后制成的金属陶瓷材料作为固体氧化物燃料电池的阳极材料。这种 Ni-YSZ 陶瓷材料的优点是在保持镍的良好导电性的同时，与 YSZ 电解质材料的黏着力比较好，热膨胀性能较匹配。此外，在阳极材料中掺杂 YSZ 可以防止高温条件下镍金属粒子的烧结，使阳极具有稳定的结构和电极孔隙率，同时又能扩大电化学反应的有效面积，并起支撑电极的作用。阳极 YSZ 的含量一般不能超过质量的 50%，否则不会起到抑制烧结的作用，当含量超过 60%，电极的电子电导率还会明显降低。

Ni-YSZ 陶瓷阳极的制备方法较多，包括流延法、丝网印刷法、等离子体溅射法等。一般步骤是将氧化镍微粉与 YSZ 粉混合后以流延法和丝网印刷等方法将混合物沉积到 YSZ 电解质隔膜上，然后经高温烧结还原形成一定厚度的 Ni-YSZ 阳极。

(2) 阴极　阴极的作用是提供反应场所把氧分子还原为氧离子，并使其有效地迁移到电解质层。因此，阴极材料必须在氧气氛和高温下能够长期稳定存在，并且对氧气还原反应具有足够高的催化活性。阴极材料的热膨胀系数也要与电解质材料大体相同，以减少热膨胀所产生的应力。具有良好的电子和离子传导能力，以降低燃料电池工作过程中的欧姆极化。还需要具有良好的孔率和孔径，以保证气体传输的顺利进行。此外，阴极材料还要满足强度高、易加工和成本低的要求。

能够用作固体氧化物燃料电池的阴极材料除贵金属外，还有具有离子和电子混合导电能力的钙钛矿型化合物。贵金属，比如 Pt，具有良好的导电性和催化能力，既可以作催化剂又可以兼作集流体，而且热膨胀系数与 YSZ 电解质接近，是非常好的固体氧化物燃料电池阴极材料。但是铂价格昂贵，资源有限，很难在固体氧化物燃料电池阴极材料中使用。钙钛矿型的稀土复合氧化物，如 $LaMnO_3$、$LaCoO_3$ 等，具有电子电导率高、与 YSZ 电解质化学相容性好等特点，是目前较理想的固体氧化物燃料电池阴极材料。综合考虑催化活性、电子电导率、稳定性和热膨胀系数等特点，$LaMnO_3$ 是最常用的固体氧化物燃料电池阴极材料，通常以锶掺杂的锰酸镧（LSM，$La_{1-x}Sr_xMnO_3$，$x=0.1\sim0.3$）作固体氧化物燃料电池的阴极。为了增加阴极中电极材料、电解质和反应气体的三相界面并调整 LSM 的热膨胀系数，通常在 LSM 中掺入一定量的 YSZ 或其他电解质，制成 LSM-YSZ 复合阴极材料使用。

锶掺杂的锰酸镧 LSM 可以采用共沉淀、溶胶-凝胶和固相反应等方法制备。其中固相反应法是将一定化学计量比的氧化镧、氧化锶和碳酸锰粉料进行研磨，在 $1000\sim1200℃$ 下反应即可制备出 LSM 粉料。将 LSM 粉料与一定比例的 YSZ 电解质混合成浆料，然后再利用丝网印刷、喷涂等方法将混合浆料涂覆到固体电解质膜上，经高温烧结即可制备出固体氧化物燃料电池的阴极。

10.8.5　双极板

双极板的主要作用是连接相邻单体电池的阳极和阴极并分隔氧化剂和燃料。固体氧化物燃料电池的双极板必须在高温和氧化还原气氛中具有良好的机械强度和化学稳定性，必须具有足够高的电导率以减小电池组的欧姆电压降，并且在工作温度范围内与其他电极材料具有相似的热膨胀性能，同时还要具有良好的致密性。此外，双极板材料还必须易于加工，成本较低。

能用作双极板材料的主要有钙或锶掺杂的钙钛矿材料，如 $LaCrO_3$ 和 $LaMnO_3$ 等。这类材料具有良好的抗高温氧化性和导电性能，并且与电池其他组件的热膨胀性能兼容。$LaCrO_3$的合成一般采用液相法。其中最常用的液相法是柠檬酸法。将柠檬酸、乙二醇和金属离子形成无定形的泡沫状凝胶前驱体，然后在一定温度下热解就可以将前驱体转变为高比表面积的 $LaCrO_3$ 粉体。

10.8.6　电池结构类型

由于是全固态，固体氧化物燃料电池具有多样性的电池结构，以满足不同的技术要求。

对固体氧化物燃料电池的结构要求包括结构紧凑，密封性能好，比能量高，电解质电阻低且隔离气体能力强，各组分的化学相容性、热膨胀性能匹配，有足够的机械强度，制造成本适中等。目前固体氧化物燃料电池通常采用管式、平板式和叠层波纹式等结构。

　　管式固体氧化物燃料电池由许多一端封闭的管状单体燃料电池经串联或并联的形式组装而成。图 10-14 为管式固体氧化物燃料电池的结构示意。燃料电池单体通常采用阳极在外、阴极在内的结构，从里到外依次由多孔支撑管、空气电极、固体电解质膜和陶瓷阳极组成。多孔支撑管的作用是支撑整个燃料电池单体，并允许空气自由通过到达阴极。为了简化电池结构和制备工艺并提高功率密度，在比较先进的管式固体氧化物燃料电池中，多孔支撑管已经取消，空气电极自身就起到支撑的作用。空气电极、固体电解质膜和陶瓷阳极通常采用挤压成型、电化学沉积、喷涂等方法制备并经高温烧结而成。管式固体氧化物燃料电池的优点是不需要高温密封，比较容易通过电池单体间的串联和并联组成大规模的电池组系统。但是其主要问题是制造工艺复杂，原料利用率低，造价高。

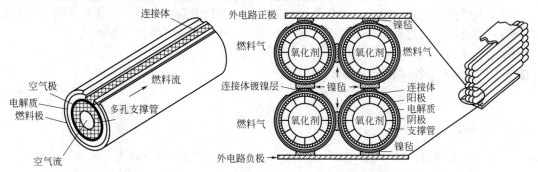

图 10-14　管式固体氧化燃料电池结构示意

　　平板式固体氧化物燃料电池与磷酸燃料电池类似。将薄片状的阴极/电解质/阳极材料经高温烧结成为一体，组成三合一结构，再由开有导气槽的双极板形成串联连接，空气和燃料气分别从双极板中的导气槽流过，其结构如图 10-15 所示。平板式固体氧化物燃料电池的优点是制备工艺简单、成本低，而且平板式结构的电流流程短，采集均匀，因此功率密度比管式结构更高。平板式结构的主要缺点是电池边缘的高温密封比较困难，电池元件需要承受封接过程中产生的较大机械应力和热应力，这就要求双极板具有良好的高温力学性能，而且要具有与电极和电解质材料相容的热膨胀性能。

　　叠层波纹式固体氧化物燃料电池也是一种片状结构，它与平板式结构的主要区别在于阴极/电解质/阳极的三合一组件不是平板，而是呈波纹状，其结构如图 10-16 所示。这种结构

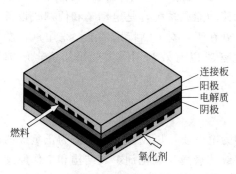

图 10-15　平板式 SOFC 的结构设计

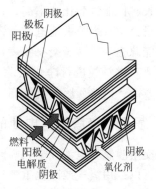

图 10-16　叠层波纹式 SOFC 结构设计

的优点是：三合一组件本身形成气体通道，不需要双极板和支撑材料，所有元件都具有活性，体积比能量和重量比能量高。叠层波纹式结构的缺点在于阴极/电解质/阳极三合一组件制造很困难。

10.8.7 燃料电池性能

固体氧化物燃料电池具有良好的放电性能。工作温度是影响固体氧化物燃料电池放电性能的重要因素。虽然固体氧化物燃料电池的理论效率低于熔融碳酸盐和磷酸燃料电池，但是高温下固体氧化物燃料电池的电化学极化、浓度极化和欧姆极化都较低，因此固体氧化物燃料电池的实际工作效率却较高。虽然高温有利于提高固体氧化物燃料电池性能，但是高温对电池材料的要求更高，固体氧化物燃料电池的寿命难以保证。因此，近来提出中温固体氧化物燃料电池的概念，其工作温度一般在 $500\sim800\,^\circ\!C$。通过降低工作温度，可以使用价格低廉的材料，对配套设备的要求和成本也随之降低，而且电池的寿命可以延长。

除了温度的影响外，压力、工作气体组成和利用率以及杂质等也对固体氧化物燃料电池性能有一定的影响。其影响与熔融碳酸盐燃料电池类似，在此不再详细叙述。

10.9 质子交换膜燃料电池

10.9.1 简介

质子交换膜燃料电池（PEMFC）通常是以全氟磺酸型固体聚合物为电解质的燃料电池，所以也称聚合物电解质燃料电池或固体聚合物电解质燃料电池等。质子交换膜燃料电池首先是在20世纪60年代由通用电气公司为美国宇航局开发，并最早用于美国的"双子星座"航天飞行。但是当时采用的电解质膜是聚苯乙烯磺酸膜，这种膜在燃料电池工作过程中会发生降解，不但缩短燃料电池的寿命，还污染电池产生的水，所以最终美国宇航局在航天飞机中采用了碱性燃料电池，使得质子交换膜燃料电池的研究在较长的时间内处于低潮。直到20世纪80年代中期，加拿大国防部资助巴拉德动力公司开展了质子交换膜燃料电池的研究工作以后，在美国和加拿大科学家的努力下，通过采用较薄的全氟磺酸膜和改进电极制备工艺等手段使得质子交换膜燃料电池的性能成倍提高，成本则大幅度降低，人们又对质子交换膜燃料电池的研究产生浓厚的兴趣。

由于采用较薄的固体聚合物膜作电解质，质子交换膜燃料电池除具有一般燃料电池不受卡诺循环限制、能量转换效率高等特点外，还具有可低温快速启动、无电解液流失和腐蚀性、寿命长、比能量和比功率高、设计简单、制造方便等优点。质子交换膜燃料电池不仅可以用来建设分散型燃料电池电站，还特别适用于可移动能源系统，是电动车和便携式设备的理想候选能源之一。质子交换膜燃料电池的不足之处在于：对 CO 特别敏感，采用重整燃料气时，需要对燃料气进行净化去除其中的 CO；余热难以有效利用；需要采用贵金属催化剂，成本较高；电解质膜的价格高，寿命较短。

10.9.2 质子交换膜燃料电池的工作原理

质子交换膜燃料电池以全氟磺酸型固体聚合物为电解质，以铂或铂合金作为正负极的催化剂。它可以采用氢气或净化重整气为燃料，空气或纯氧气为氧化剂，其结构和工作原理如图 10-17 所示。质子交换膜燃料电池采用的全氟磺酸膜本质上是一种酸性电解质，传导的离子为质子，因此，质子交换膜燃料电池的工作原理与磷酸燃料电池类似。在阳极，氢气在催化剂的作用下发生分解生成质子和电子：

$$H_2 \longrightarrow 2H^+ + 2e^- \qquad (10\text{-}107)$$

所产生的质子通过电解质膜传递到阴极，而电子则通过外电路到达阴极。在阴极，氧气与阳极传递来的质子和电子反应生成水：

$$\frac{1}{2}O_2 + 2H^+ + 2e^- \longrightarrow H_2O \qquad (10\text{-}108)$$

所以总的电池反应为：

$$\frac{1}{2}O_2 + H_2 \longrightarrow H_2O \qquad (10\text{-}109)$$

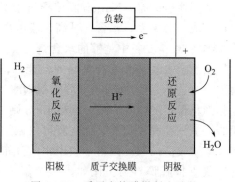

图 10-17　质子交换膜燃料电池的组成和工作原理

10.9.3　质子交换膜

质子交换膜是质子交换膜燃料电池的核心部件，它为质子传递提供通道，同时作为隔膜隔离阴、阳极反应气体。质子交换膜必须具有较高的质子电导率、良好的热和化学稳定性、较低的气体渗透率以及足够的机械强度。

美国杜邦公司生产的 Nafion 电解质膜由于具有非常优越的化学和热稳定性以及很高的质子电导率而成为目前最常用和研究最多的质子交换膜。Nafion 膜是一种全氟磺酸膜，主要由聚四氟乙烯骨架主链、侧向垂直于主链的全氟乙烯基醚链和侧链顶端的磺酸基团组成，其分子结构式如图 10-18 所示。Nafion 膜的制备过程是首先以四氟乙烯与 SO_3 反应，然后再与碳酸钠缩合，合成全氟磺酰氟烯醚单体，该单体再与四氟乙烯聚合，制备全氟磺酰氟树脂，最后由该树脂成膜水解并用 H^+ 交换即制得 Nafion 膜。

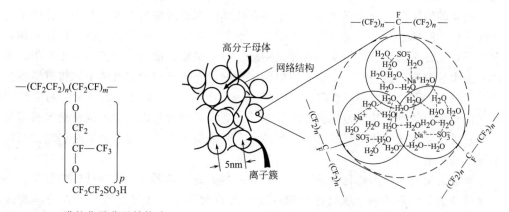

图 10-18　Nafion 膜的化学分子结构式　　　　图 10-19　Nafion 膜的结构模型

Nafion 膜的结构可以用"反胶束离子簇模型"描述，如图 10-19 所示。在这一模型中，疏水的氟碳主链形成晶相疏水区，支链、磺酸根和吸收的水形成水合离子簇，部分氟碳链和醚支链构成中间相。水合离子簇规则地分布在氟碳主链形成的疏水区内，各离子簇之间通过某种方式的通道相连接。在 Nafion 膜内，质子是从一个固定的磺酸根位跳跃到另一个固定的磺酸根位以实现质子迁移。Nafion 膜的质子电导率与膜中酸的浓度有关，酸浓度通常用膜的 EW 值来表示，膜 EW 值是指每摩尔离子交换基团（磺酸根）所对应的干树脂质量。一般而言，较低的 EW 值通常可以获得较高的燃料电池性能。

需要注意的是，Nafion 膜传导质子必须有水的存在。Nafion 膜的质子电导率与其水含量近似成线形关系，水含量升高，膜电导值也上升。因此在质子交换膜燃料电池工作过程中需要维持 Nafion 膜中足够的水含量。

虽然全氟磺酸膜具有良好的性能，但其价格昂贵，因此需要寻找高性能低成本的替代膜。一个选择是使用 Nafion 等全氟磺酸材料与聚四氟乙烯（PTFE）的复合膜，其中 PTFE 是起强化作用的微孔介质，而 Nafion 则在微孔中形成质子传递通道。这种复合膜能够改善膜的机械强度和稳定性，而且膜可以做得很薄，减少了全氟磺酸材料的用量，降低了膜的成本，同时较薄的膜还改善了膜中水的分布，提高了膜的质子传导性能。另一个选择是寻找新的低氟或非氟膜材料。比如，巴拉德公司开发的部分氟化质子交换膜，这种膜的主链与 Nafion 膜相似，但侧链则采用苯磺酸。再如磺化聚苯并咪唑、磺化聚丙烯酰胺、磺化聚酰亚胺、磺化聚砜、磺化聚酮等都可用于质子交换膜燃料电池。此外，还可以采用无机酸与树脂的共混膜，不仅可以提高膜的电导率，还可以提高膜的工作温度。例如，将聚苯并咪唑与无机酸共混可以制成聚苯并咪唑/无机酸共混膜，此膜在高温时具有良好的电导率，质子在膜中传递时几乎不携带水分子，这使电池可以在高温、低湿度气体条件下工作，简化了水管理，同时高温下可以缓解阳极催化剂的 CO 中毒问题。

10.9.4 催化剂和电极

（1）催化剂　由于质子交换膜燃料电池的工作温度低于 100℃，目前只有贵金属催化剂对氢气氧化和氧气还原反应表现出了足够的催化活性。现在所用的最有效催化剂是铂或铂合金催化剂，它对氢气氧化和氧气还原都具有非常好的催化能力。为提高铂利用率降低其载量，铂或其合金均以纳米颗粒的形式担载到高度分散的碳载体上。碳载体以炭黑或乙炔黑为主（如炭黑 Vulcan XC-72R，其平均粒径为 30nm，比表面积达 250m^2/g），有时还要经高温处理，以增加其石墨特性。

制备碳载铂催化剂的方法很多，主要有化学法和物理法两大类，其中以化学法为多。化学法又包括胶体法、离子交换法和浸渍还原法等。比如浸渍还原法制备碳载铂和铂合金的一般步骤是先将金属化合物前驱体（如氯铂酸、金属硝酸盐或氯化物等）溶于水中，再加入载体碳的水基溶浆，再用肼、甲醛、甲酸做还原剂将金属沉积到碳载体上。将沉淀物过滤、洗涤与干燥后，在惰性或还原性气氛下，于 200～1000℃进行热处理即可制得高活性的碳载铂合金催化剂。物理方法则包括真空溅射法等。真空溅射法是以要溅射的金属为溅射源并作为阴极；以被溅射的物体（炭纸等）为阳极，在两极间加高压，可使溅射金属以纳米尺度的大小溅射到炭纸上。

以铂或铂合金作为催化剂的主要问题是成本太高，需要进一步降低铂的载量。一种方法是寻找非铂催化剂，如金属氧化物和过渡金属的大环化合物等；另一种方法是改进电极结构，有效利用铂催化剂。

（2）电极　质子交换膜燃料电池的电极是典型的气体扩散电极，主要由气体扩散层和催化层组成。扩散层的作用主要是支撑催化层，并为电化学反应提供电子通道、气体通道和排水通道。催化层则是发生电化学反应的区域，是质子交换膜燃料电池的核心。

扩散层一般以多孔炭纸或炭布为基底，并经 PTFE 和炭黑处理后构成的，厚度为 0.2～0.3mm。常规制作方法是：首先将多孔炭纸或炭布多次浸入 PTFE 乳液中，再将浸好 PTFE 的炭纸置于 330～340℃烘箱中焙烧，去除 PTFE 乳液所含的表面活性剂，同时使 PTFE 烧结并均匀分散在炭纸纤维上。随后将炭黑与 PTFE 乳液配成一定比例的浆料，通过丝网印刷或喷涂等方式涂到处理过的炭纸或炭布上，即制得扩散层。经过这样处理的扩散层中，大孔被 PTFE 覆盖是憎水孔，小孔未被 PTFE 覆盖是亲水孔。反应气体通过憎水孔传递，而产物水则通过亲水孔排出。制备扩散层的关键是如何实现憎水孔和亲水孔的合理分布。

质子交换膜燃料电池的催化层可以分为常规憎水催化层、薄层亲水催化层和超薄催化层。早期的催化层是常规的憎水催化层，主要是将铂黑或碳载铂催化剂和 PTFE 微粒混合后，经丝网印刷、涂布和喷涂等方法涂覆到扩散层上并经热处理制得，厚度超过 $50\mu m$。催化层中的 PTFE 提供了气体扩散通道，而催化剂则为电子和水的传递提供了通道。但是这种催化层质子传导能力较差，性能不高。后来，为了改进这种催化层的质子传导能力并增加催化剂、反应气体和质子交换膜三相界面的面积，在催化层中加入了 Nafion 电解质，改善了催化层的性能。但是，这种催化层的厚度较大，气体、质子和电子的传导性能仍然较差。

为了克服常规憎水催化层的缺点，美国洛斯阿拉莫斯国家实验室提出一种薄层亲水催化层的制备方法。其具体方法是将 Nafion 膜溶液与碳载铂催化剂混合，制备成墨水状态，然后将其涂到气体扩散层上，并在一定温度下烘干，然后再将电极热压到质子交换膜上形成膜电极。薄层亲水催化层中 Pt/C 催化剂构成的网络承担电子和水传递的任务，Nafion 树脂网络则承担质子的传递任务。这种催化层的电子、质子和水传递能力都不错，但是催化层中没有憎水的 PTFE，气体传递能力要比常规催化层差。为了使所有的催化层都能够被利用到，催化层的厚度必须很薄，一般不超过 $10\mu m$。这种催化层由于实现了 Pt 催化剂与 Nafion 的良好接触，而且改善了催化层与膜的结合，使铂载量进一步降低到 $0.1mg/cm^2$ 左右。

除了上述两种催化层外，还有一种超薄催化层。一般采用物理方法，比如等离子体溅射技术，在 Nafion 膜或扩散层表面直接沉积超薄铂层，其厚度一般仅几十纳米。进一步降低了铂的载量，提高催化剂利用率。但是这种方法的规模化生产的可行性还需要进一步证实。

10.9.5　双极板和流场

质子交换膜燃料电池双极板的作用是收集和传导电流、阻隔和传送燃料与氧化剂、导热等。对双极板的技术要求是：具有良好的导电和导热能力，良好的气体阻隔能力，良好的机械性能，耐腐蚀以及低成本、适于大规模生产等。

目前，质子交换膜燃料电池广泛采用的双极板是石墨板和金属板。石墨双极板可以有几种形式，一种是纯石墨双极板，其制备过程是将石墨粉与可石墨化树脂等充分混合，经高温石墨化，然后再通过切削、研磨和抛光等工序成型。这种石墨双极板的制备工艺复杂、价格昂贵，不适于规模生产。为降低成本，改进加工性能，开发出了模铸石墨双极板。这种石墨板是将石墨粉与导电剂和黏接剂等混合后经注塑、模压成型。这种双极板制备简单，但模铸双极板的导电性不如纯石墨板，黏结材料的降解还可能影响双极板的寿命，并且在加工细流道和脱模过程中也存在困难。双极板还可以采用经表面改性的金属材料（如钛、不锈钢和 Ni 基合金等）制备。金属双极板的优点是适于规模生产，而且成本较低。但金属双极板需要解决的关键问题是提高它的耐腐蚀能力。防止金属双极板发生腐蚀的方法包括改变合金的组成与制备工艺、表面改性等。其中，金属材料的表面改性是非常有效的方法，改性的手段包括电镀或化学镀贵金属或导电化合物、采用焙烧等方法制备导电复合氧化物层等。

流场的作用是确保反应气体均匀分配到电极各处并经扩散层到达催化层进行电化学反应。目前所采用的流场结构包括点状流场、网状流场、平行流场、蛇形流场、多孔流场和交指型流场结构，其结构如图 10-20 所示。点状流场、网状流场和多孔流场的反应气体传输和排水能力较差，应用不多。目前常用的是平行流场和蛇形流场。这两种流场都具有良好的供

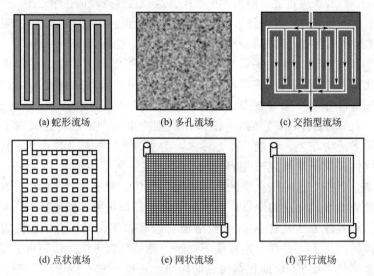

(a) 蛇形流场　　　　　(b) 多孔流场　　　　　(c) 交指型流场

(d) 点状流场　　　　　(e) 网状流场　　　　　(f) 平行流场

图 10-20　质子交换膜燃料电池的常规流场结构

气和排水能力。值得一提的是交指型流场，在这种流场中，反应气体从入孔进入末端封死的流场通道，迫使气体在压力差的作用下经强制对流通过电极内部到达流道出口段，这一流动机理的变化使反应气体到达催化层表面的距离大大缩短，因此传质加快，反应速率提高。此外，气体流动的剪切应力易将阴极中聚集的由于电迁移和电化学反应生成液态水带出电极，减少了阴极水淹现象，从而大大提高质子交换膜燃料电池性能。但是这种流场在确保反应气体均匀分配方面还需要深入研究，而且这种流场需要较大的压力降，会增加额外的功率损耗。

10.9.6　水管理

质子交换膜的一个显著特点是膜的质子电导率与膜中水的含量密切相关。在燃料电池工作过程中，必须保证质子交换膜具有较高的水含量，所以需要对质子交换膜燃料电池进行有效的水管理。这主要包括两个方面的内容：给质子交换膜增湿和产物水的排出。

水在质子交换膜中的传输主要以 3 种方式进行：电迁移、浓度扩散和压力迁移。电迁移是指在电场作用下由质子从阳极通过质子交换膜向阴极传递过程中携带水；浓度扩散是指由于阴阳极两侧水的浓度差别所导致的水传递；压力迁移则是指由于阴阳极两侧压力的不同所导致的水的对流传质。一般而言，电迁移和浓度扩散是质子交换膜中水传递的主要方式，而且随着燃料电池工作电流密度的提高，电迁移的影响越来越大。水在质子交换膜中的传递过程通常会导致膜的一侧失水，尤其以阳极侧失水较为常见。为了解决膜失水增加电阻的问题，必须对质子交换膜燃料电池进行增湿。增湿可分为外增湿和自增湿两种。外增湿是指通过各种方式将燃料电池外部的水引入到电池内部以达到提高反应气体湿度、改善膜电导率的方法。这种方法虽然有效，但是一般需要额外的增湿系统，会增加整个系统的复杂性。自增湿是指利用燃料电池内部电化学反应产生的水实现对质子交换膜的增湿。比如在电解质膜中置入少量铂微粒，以催化透过膜的氢气和氧气反应，用生成水维持膜的高水含量和采用极薄的电解质膜以增强水从阴极向阳极浓度扩散速度等。

除了增湿外，产物水的排出问题也是影响质子交换膜燃料电池性能的重要因素，因为水会阻塞反应气体的传递通道，降低气体的传输速率。水的排出一般通过优化流场的结构和增加反应气体的流速等方式解决。

10.9.7　质子交换膜燃料电池的性能

质子交换膜燃料电池由于采用较薄的固体聚合物膜作电解质而具有非常好的放电性能。通过优化工作温度、反应气体压力和气体组成等条件，能够使质子交换膜燃料电池的性能维持在较高的水平。

提高工作气体压力会增加质子交换膜燃料电池的电动势，而且会降低质子交换膜燃料电池的电化学极化和浓度极化。当然反应气体压力的提高会增加燃料电池系统的能耗。温度也对质子交换膜燃料电池性能有明显影响。升高温度，传质和电化学反应速度提高，电解质的欧姆电阻降低，而且有利于缓解催化剂中毒问题。但是温度过高，会造成质子交换膜脱水导致质子电导率降低，而且 Nafion 膜的稳定性会降低，可能发生分解。反应气体中的杂质也是影响质子交换膜燃料电池性能的重要因素。作为燃料的重整气中通常都会含有少量的 CO，会严重毒化质子交换膜燃料电池的阳极催化剂。因此，通过各种净化方式降低燃料气中的 CO 含量对质子交换膜燃料电池的稳定运行是非常关键的。

10.10　直接醇类燃料电池

10.10.1　简介

虽然质子交换膜燃料电池具有良好的性能，但是氢气的生产、净化和储存等氢源问题很难解决。从 20 世纪 90 年代末期开始，直接以醇类为燃料的燃料电池，尤其是直接甲醇燃料电池（DMFC）的开发深受重视。直接甲醇燃料电池也采用全氟磺酸固体聚合物膜为电解质，只是阳极直接用甲醇作燃料，不经过甲醇重整制氢的中间步骤。甲醇可以由天然气、水煤气以及可再生生物质等多种来源合成，储运安全方便，可以充分利用现有设施，而且与质子交换膜燃料电池相比，直接甲醇燃料电池具有更高的能量密度，不需要重整装置，系统更为简便、紧凑，非常适合作为便携式电源应用。

目前直接甲醇燃料电池输出功率仅有质子交换膜燃料电池的几分之一。主要是因为甲醇的电化学氧化过程中会生成一些中间产物，比如 CO，对贵金属催化剂有严重毒化作用。而且阳极的甲醇可以通过浓度扩散和电迁移的方式通过电解质膜渗透到阴极并被氧化，这会降低燃料的利用效率，而且甲醇氧化反应与氧气还原反应会形成混合电位，降低燃料电池的工作电压，此外甲醇氧化产物还可能造成催化剂中毒。

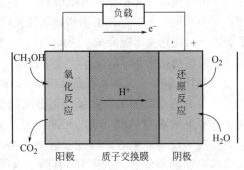

图 10-21　直接甲醇燃料电池的组成和工作原理

10.10.2　直接甲醇燃料电池的工作原理

直接甲醇燃料电池的结构和工作原理如图 10-21 所示。显然，直接甲醇燃料电池的工作原理与质子交换膜燃料电池类似。在阳极，甲醇在催化剂作用下发生电化学氧化，生成 CO_2、质子和电子，质子和电子分别通过质子交换膜和外电路到达阴极，与氧气反应生成水，所涉及的电化学反应式如下所述。

阳极：$CH_3OH + H_2O \longrightarrow CO_2 + 6H^+ + 6e^-$　　　　　　　　(10-110)

阴极：$\frac{3}{2}O_2 + 6H^+ + 6e^- \longrightarrow 3H_2O$ (10-111)

总反应：$CH_3OH + \frac{3}{2}O_2 \longrightarrow CO_2 + 2H_2O$ (10-112)

10.10.3 甲醇氧化和电催化剂

（1）甲醇氧化 在酸性电解质中，甲醇电化学氧化的总反应为式(10-112)。虽然这一反应比较清楚，但是具体的反应机理则比较复杂，很可能由甲醇吸附和随后的几步脱氢过程组成。以铂催化剂为例，甲醇的电化学氧化过程首先可能是甲醇在 Pt 表面的吸附和脱氢过程，包括：

$$CH_3OH + Pt \longrightarrow PtCH_2OH + H^+ + e^- \tag{10-113}$$
$$PtCH_2OH \longrightarrow PtCHOH + H^+ + e^- \tag{10-114}$$
$$PtCHOH \longrightarrow PtCOH + H^+ + e^- \tag{10-115}$$
$$PtCOH \longrightarrow PtCO + H^+ + e^- \tag{10-116}$$

上述过程说明甲醇在氧化过程中形成了 CO，CO 会毒化催化剂从而阻止甲醇氧化反应的进一步进行。所以，尽管甲醇氧化的可逆电位与氢气氧化接近，但甲醇的电化学氧化速度要比氢气氧化低 3~4 个数量级。

为了降低和缓解甲醇对铂催化剂的毒化作用，需要使吸附的 CO 发生进一步氧化，变成 CO_2。CO 的氧化过程需要有氧的参与，其可能的机理如下：

$$PtCO + H_2O \longrightarrow PtCOOH + H^+ + e^- \tag{10-117}$$

或者

$$Pt + H_2O \longrightarrow PtOH + H^+ + e^- \tag{10-118}$$
$$PtOH + PtCO \longrightarrow PtCOOH \tag{10-119}$$

然后有

$$PtCOOH \longrightarrow Pt + CO_2 + H^+ + e^- \tag{10-120}$$

（2）电催化剂 由于甲醇氧化的中间产物很容易对铂催化剂产生毒化作用，因此，需要寻找到能避免或缓解甲醇氧化中间产物毒化作用的催化剂。提高铂催化剂的甲醇电化学氧化能力，一方面可以优化铂颗粒的结构和形貌，另一方面可以寻找耐毒化的铂合金催化剂。研究发现，甲醇在 Pt(100) 晶面上的初始氧化反应速率虽然较高，但中间产物 CO 会迅速累积，造成甲醇氧化反应速率迅速衰减，因此 Pt(100) 晶面的抗中毒能力较差；与此相反，Pt(111) 晶面虽然甲醇的初始电化学氧化反应速率较低，但反应速率较稳定，抗中毒能力较强。

虽然控制 Pt 催化剂的晶面结构能够在一定程度上改善催化剂的耐毒化能力，但是效果并不明显。通过添加其他金属与铂形成铂基合金是提高催化剂甲醇氧化能力的有效方法。最成功和研究最多的是 Pt-Ru 二元催化剂，其作用机理可以用双功能模型描述，Pt-Ru 二元催化剂存在两个功能中心，Pt 主要作为甲醇吸附和 C—H 键活化以及脱氢中心，Ru 主要作为水的吸附和解离中心。这样 Ru 表面水吸附解离所形成的含氧物种作用于 Pt 表面上甲醇氧化所形成的含碳中间产物，使中间产物氧化，从而完成整个阳极反应。除了 Pt-Ru 催化剂外，还有 Pt-Sn、Pt-W 等铂合金催化剂也对甲醇氧化具有良好的催化活性。这些添加组分一方面能促进水的吸附解离反应进行从而提供含氧物种，另一方面能通过改变 Pt 的电子性能从而影响甲醇的吸附和脱氢过程，减弱中间产物在金属表面的吸附强度。

目前直接甲醇燃料电池所用的阴极催化剂主要是碳载铂催化剂，也会影响直接甲醇燃料电池性能，因为甲醇透过质子交换膜的渗透会在阴极形成混合电位、并可能毒化阴极催化剂。为了减少甲醇渗透对阴极的影响，需要开发出一种仅对氧气还原具有催化活性而对甲醇氧化不具有或具有较小催化活性的选择性催化剂。Chevrel 相材料就是这样一种具有选择性氧还原能力的催化剂，比如，$Mo_2Ru_5S_5$ 不具备甲醇氧化的催化能力，但是却具有一定的氧气还原能力。只是这种催化剂对氧气还原的催化能力与铂催化剂相比还存在一定差距。

10.10.4　质子交换膜

目前直接甲醇燃料电池最常用的电解质膜也是 Nafion 全氟磺酸膜。这种膜虽然具有良好的电导率和稳定性，但是甲醇很容易透过 Nafion 膜到达阴极。甲醇通过电解质膜的渗透包括电迁移和浓度扩散两种方式。电迁移方式是指甲醇会随水合质子的电迁移透过电解质膜向阴极传递，传递速度随着电流密度的增加而升高；浓度扩散则是由于阴阳极甲醇的浓度差所决定的。甲醇渗透是影响直接甲醇燃料电池性能最重要的因素之一。因为整个燃料电池的效率主要由电压效率和电流效率决定，而甲醇渗透既会降低电压效率又会降低电流效率，还可能毒化阴极的催化剂。直接甲醇燃料电池电解质膜除了要具有高质子电导率、良好的化学、电化学和热稳定性外，还必须具有低甲醇透过率。一些固体电解质膜表现出了能够满足这些要求的潜力，如磺化聚醚酮，聚苯并咪唑，以及全氟磺酸树脂与无机物的共混膜等。

磺化聚醚酮膜具有较低甲醇透过速率和良好的质子传导能力，因此可以用作直接甲醇燃料电池的电解质膜。磺化聚醚酮膜具有较小的憎水相和亲水相的分离程度和较弱的酸度，所以具有较低的电迁移系数和甲醇渗透系数。但是其机械强度不够高，在直接甲醇燃料电池工作环境中的稳定性还存在问题，并且材料的磺酸化程度越高，材料的稳定性越差。解决这一问题的一个办法是将这种膜与其他聚合物共混交联以提高电解质膜机械强度和稳定性。

酸掺杂的聚苯并咪唑膜具有非常低的甲醇渗透系数，耐高温，是较理想的直接甲醇燃料电池电解质膜。但是小分子量的无机酸在阳极的热甲醇和水的混合物中存在溶出问题，且高温下这种膜可能吸水而产生一定的膨胀。这会降低膜以及直接甲醇燃料电池的寿命。

Nafion-硅和 Nafion-磷酸锆的共混膜表现出了良好的机械强度、高温下的水保持能力、抗甲醇通过能力和良好的电导率，但是导电性要比 Nafion 膜低。

10.10.5　直接甲醇燃料电池的性能

常压下，25℃时，如果参加反应的甲醇为液态，直接甲醇燃料电池的电动势为 1.18V。这一数值虽然只比质子交换膜燃料电池低 50mV 左右，但是直接甲醇燃料电池开路电压却要比质子交换膜燃料电池低 $150\sim200mV$，工作电压也要低很多，这主要因为甲醇的影响所导致的。图 10-22 为直接甲醇燃料电池与质子交换膜燃料电池的放电性能比较，显然，直接甲醇燃料电池的性能要低很多。温度、甲醇浓度、电解质膜的厚度等都会影响直接甲醇燃料电池的性能。

甲醇浓度对直接甲醇燃料电池性能有明显影响。增加甲醇浓度可以降低浓度极化，提高甲醇的氧化速度，但甲醇浓度太高会降低溶液中的水含量，而甲醇氧化过程中必须要有水的参与，而

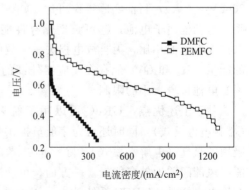

图 10-22　直接甲醇燃料电池与质子交换膜燃料电池的放电性能比较

且增加甲醇浓度，透过质子交换膜渗透的甲醇数量增加，所以需要在维持电化学反应速度和

甲醇渗透速度均衡的基础上决定甲醇的浓度。一般甲醇的浓度在 1～2mol/L 时，直接甲醇燃料电池的能量密度最高。电解质膜的厚度也对直接甲醇燃料电池的性能有很大影响。一般而言，电解质膜厚度大时直接甲醇燃料电池的开路电压和低电流密度时的工作电压高，而高电流密度时的工作电压低；电解质膜厚度小时情况正好相反。温度对直接甲醇燃料电池性能的影响与质子交换膜燃料电池类似。

10.11　可再生燃料电池

10.11.1　简介

早在 20 世纪 60 年代，可再生燃料电池（regenerative fuel cell，RFC）就开始被关注和研究。美国是最早开始研究与开发 RFC 的国家之一，进行了大规模的整机实验以及空天方面的应用。欧洲的德国、意大利、英国、挪威，亚洲的日本、韩国、马来西亚等国家于 20 世纪 90 年代以后也开始投身于 RFC 的研究，在膜电极以及电池系统的研究方面取得了一定的成果。我国在该领域的研究始于 20 世纪末，中科院大连化学物理研究所于 2000 年完成了一项可再生燃料电池方面的 863 项目，研制出百瓦级 RFC 系统，这是我国最早的关于可再生燃料电池的研究课题。近几年来，我国的许多研究机构开始投入到这一领域中来，并且取得了重大进展。

可再生燃料电池将氢氧燃料电池和电解水装置相结合，通过氢气、氧气与水之间的相互转换（$H_2+O_2 \longleftrightarrow H_2O$）实现能量转换和存储的目的。一方面，在燃料电池模式下，可以消耗氢气、氧气生成水，将化学能转化为电能输出；另一方面，在电解模式下，可以消耗电能实现水的电解并生成氢气、氧气，将电能存储在化学键中。

根据组合方式，可以把 RFC 分成 3 类：①分开式，RFC 系统由各自独立的燃料电池和电解水两个单元组成，分别进行发电和储能的操作；②综合式，RFC 系统由一个单元组成但分割成两个组件分别实现燃料电池功能和电解水功能；③一体式（unitized RFC，URFC）。系统只由一个组件构成，既执行燃料电池功能又执行电解水功能，两者交替运行，实现发电和储能这两种互逆的过程。

URFC 具有较多的优点，如：①具有高能量密度，URFC 的理论能量密度可高达 3660W·h/kg，目前实际操作可达 400～1000W·h/kg，该能量密度远高于其他常见电源体系，包括锂离子电池；②可长期储存性能，URFC 主要以氢气、氧气的形式储存能量，与二次充电电池相比，无自放电损失，无放电深度的影响；③可实现大容量储能，由于 URFC 的能量（H_2 和 O_2）储存在反应器外部的储罐里，其自身只充当反应器，因此，储能容量不受电池自身大小的限制。

基于上述优点，URFC 可以用于航天器的电源系统，不仅为航天器提供必要的电能（燃料电池模式），同时还可为宇航员提供生命必需的物质，如饮用水（燃料电池模式）和呼吸用的氧气（电解水模式）。除空间技术应用以外，URFC 还可在陆地上使用，利用太阳能、风能间歇地储存能量。一方面，可把这一系统并入国家电网，用于用电峰值的调节。即在用电高峰时，URFC 系统放电，以补偿峰值的消减；在用电低谷时，URFC 电解水制造氢气和氧气储能，用于消减过高的电网峰值。另一方面，可以用于远离电网的边远地区的居民、通信站、军事基地供电，自身形成一个独立电力网络体系。再者，它还可以用于汽车和某些便携式电源系统。

10.11.2 可逆再生燃料电池的工作原理

URFC 的构造和工作原理如图 10-23 所示。它包含燃料电池子系统、水电解子系统、控制子系统以及氧气、氢气、水的储罐等。其核心部分是具有与质子交换膜燃料电池相似的膜电极结构，即采用所谓的"三明治"式的结构，以酸性 URFC 为例，把氢电极和氧电极催化层热压在质子交换膜的两侧构成膜电极（见图 10-24）。

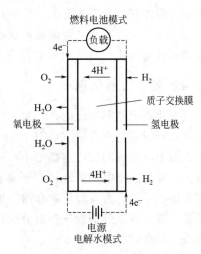

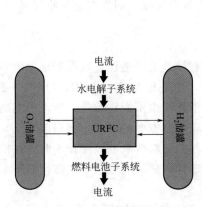
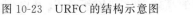

图 10-23　URFC 的结构示意图　　　　　图 10-24　可再生燃料电池（URFC）的工作原理

URFC 在燃料电池模式（放电）下，由氧气罐和氢气罐分别对氧电极和氢电极供气，在氢电极上氢气发生氧化反应产生负电位，电子由外线路输出，生成的质子（H^+）透过质子交换膜到达氧电极；在氧电极上氧气发生还原反应产生正电位，与迁移过来的质子和电子结合生成水。依靠氢氧电极之间的电位差对外做电功。电化学反应过程可用下式表示：

氢电极（阳极）：　　　　　　$H_2 - 2e^- \longrightarrow 2H^+$　　　　　　　　　(10-121)

氧电极（阴极）：　　　$1/2O_2 + 2H^+ + 2e^- \longrightarrow H_2O$　　　　　　(10-122)

总反应式：　　　　　　　$H_2 + 1/2O_2 \Longrightarrow H_2O$　　　　　　　　　(10-123)

在电解水模式（充电）下，通过太阳能系统（或风能等）对膜电极输入电能，同时把水送入氧电极端，在氧电极上水被氧化生成氧气和质子，质子透过质子交换膜并在氢电极上析出氢气，反应过程如下式：

氢电极（阴极）：　　　　　　　$2H^+ + 2e^- \longrightarrow H_2$　　　　　　　　(10-124)

氧电极（阳极）：　　　　　$H_2O - 2e^- \longrightarrow 1/2O_2 + 2H^+$　　　　　(10-125)

总反应式：　　　　　　　　$H_2O \Longrightarrow H_2 + 1/2O_2$　　　　　　　(10-126)

从反应原理上看，式(10-123) 和式(10-126) 互为逆反应，事实上，它们并非一对理想的可逆反应。这是因为实现上述两个反应是在不同条件下，在不同催化剂上进行的，反应经历了不同的途径。从热力学上分析，式(10-123) 是一个自发的过程（$\Delta G_m^\ominus = -237.2 \text{kJ/mol}$），相反式(10-126) 为非自发过程，要在环境对系统做功的前提下才能进行。

10.11.3 氢电极催化剂

用于氢电极和氧电极的双效催化剂是 URFC 系统的核心部分，它的研制与开发一直受到各国学者的高度重视，也是这一领域最活跃的研究课题。催化剂种类、催化剂的组成和结构等因素直接关系到电池的性能、能量效率、操作稳定性和使用寿命。

具有低析氢过电势（$a \approx 0.1 \sim 0.3V$）的金属以 Pt、Pd、Ru 等铂族金属为主。例如 Pt 基催化剂对其表面的氢气和氢离子活化作用很强，无论是对氢气氧化还是氢气析出反应，都具有很好的催化活性，其反应的过电势低，稳定性好。因此常用 Pt 或 Pt/C 电催化剂制备氢电极的催化层，在 URFC 的操作中也表现了很好的 H_2 氧化活性和 H_2 还原活性。然而，Pt 族金属储量稀少，价格昂贵，因此非 Pt 族金属的氢气氧化、析出双效电催化剂的开发研制和生产是科研界和工业界主要的工作方向。具有中析氢过电势（$\eta \approx 0.5 \sim 0.7V$）的非 Pt 族金属，如 Fe、Co、Ni、Cu 等都是可能的氢电极催化剂材料。然而这些非 Pt 族元素仅适用于中性和碱性电解质中。适用于酸性电解质的非 Pt 族氢电极催化剂尚需进一步发展。

10.11.4　氧电极催化剂

与氢氧化形成鲜明对比的是，氧电极反应通常具有较差的可逆性、较低的动力学和较高的过电势；同时氧析出反应（OER：$H_2O \longrightarrow O_2$）与氧还原反应（ORR：$O_2 \longrightarrow H_2O$）在电极表面上所经历的反应途径是不一样的，其理想催化剂也不同；此外，氧电极上的电化学反应过程涉及四个电子的转移，非常复杂，造成机理研究方面的困难，到目前为止，一些反应机理还不明确。为实现析氧和溶氧的双效功能，在构建双效氧电极催化剂时往往使用多组分的复合催化剂，分别发挥各组分的作用。可见，选择合理的双效氧电极催化剂是 URFC 系统的关键和难点。

目前，聚合物电解质燃料电池阴极氧还原使用的高效催化剂依然是 Pt 基电催化剂；而水电解过程中阳极氧析出的理想催化剂是 Ir 或 Ru 及其氧化物。从这一点出发，Pt 与 Ir/Ru 合金、Pt/IrO_2、Pt/RuO_2 等催化剂都可以实现氧还原/氧析出（ORR/OER）的双效催化。有报道认为在燃料电池模式下的活性顺序为 Pt black＞PtIr＞$PtRuO_x$＞PtRu≈PtIr＞$PtIrO_x$，在电解模式下的活性顺序为 PtIr≈$PtIrO_x$＞PtRu＞PtRuIr＞$PtRuO_x$≈Pt black。经过对元素原子比的优化，$Pt_{4.5}Ru_4Ir_{0.5}$ 展现了非常优异的 ORR/OER 双效催化活性。

然而，和氢电极催化剂类似，氧电极催化剂中常用的材料是铂族金属，因此非铂族金属的 ORR/OER 双效催化剂也是亟待研究的重要领域。目前，以铁族元素如 Fe、Co、Ni 等为主的催化剂被证明是一类优异的 ORR/OER 双效催化剂。对于 ORR，活性顺序大致是：Fe≈FeCoNi＞Co＞FeCo≈CoNi＞Ni＞FeNi；对于 OER，活性顺序大致是：FeCoNi≈FeNi＞Fe＞FeCo＞CoNi＞Ni＞Co。同样地，由于酸性电解质对这些铁族元素起到强烈的腐蚀溶解作用，因此它们不适用于酸性体系。将铁族金属包覆在碳壳内部，可以促使电子从内部铁族金属向外部碳壳转移，从而造成碳壳局域功函的降低及其费米能级（Fermi level）附近态密度（density of state，DOS）的升高，从而调节了含氧物种在碳表面的吸附能，赋予了碳壳对 ORR/OER 的催化能力，为酸性体系中铁族金属的使用提供了一种可能性。

第 11 章 金属空气电池

金属空气电池是以较活泼的金属为负极活性物质，配合燃料电池的空气电极，这种电池既可以做成一次电池，也可以做成二次电池。金属空气电池的原材料来源丰富、性价比高、无污染，被称为"面向 21 世纪的绿色能源"。金属空气电池的主要特点如下。

（1）比能量高　由于空气电极所用活性物质是空气中的氧，理论上正极的容量是无限的，而且正极活性物质在电池之外，使空气电池的理论比能量比一般金属氧化物电极大得多，金属空气电池的理论比能量一般都在 $1000W \cdot h/kg$ 以上，实际比能量在 $100W \cdot h/kg$ 以上，属于高能化学电源。

（2）价格便宜　金属空气电池的电池材料均为常见的材料。

（3）性能稳定　特别是锌空气电池采用粉状多孔锌电极和碱性电解液后，可以在很高的电流密度下工作，如果采用纯氧代替空气，放电性能还可以大幅度提高。根据理论计算，可使电流密度提高约 20 倍。

金属空气电池可以设计成一次电池、贮备电池、电化学可充电池和机械充电电池。在机械充电设计中，空气电极只在放电模式下运行，电化学充电金属空气电池则需要第三电极或"双功能"电极（既能用于氧还原，也能用于氧析出）。见表 11-1。

表 11-1　金属空气电池的性能

金属负极	电化当量 /[g/(A·h)]	开路电压[1] /V	理论比能量 /(kW·h/kg)	实际工作电压 /V
Li	0.259	3.4	13.0	2.4
Ca	0.746	3.4	4.6	2.0
Mg	0.454	3.1	6.8	1.2~1.4
Al	0.335	2.7	8.1	1.1~1.4
Zn	1.22	1.3	1.3	1.0~1.2
Fe	1.04	1.3	1.2	1.0

[1] 使用氧电极测量的电池开路电压。

在金属空气电池中，锌空气电池最早受到关注，金属锌在水溶液电解液中相对稳定，在使用缓蚀剂的情况下，并不会发生显著腐蚀。一次锌空气电池已经商品化，但是电化学充电式锌空气电池中，锌电极上锌枝晶形成、锌电极变形以及空气电极性能限制，阻碍了可充电锌空气电池的商业化发展。由于锌空气电池的巨大潜力，人们仍在对其进行研究提高。

其他一些金属也被研究作为金属空气电池的负极材料，例如 Ca、Mg、Li 和 Al 等都具有高的能量密度，但成本和负极极化、腐蚀、不均匀溶解、安全等问题阻碍了其发展。铝的地质储量高，成本低，但是铝空气电池的充电电位太高，充电时水会优先电解，因此只能设计成一次电池或机械充电电池。而铁空气电池的电压和比能量相对较低，与其他金属空气电池相比，其成本也较高。

11.1 锌空气电池

11.1.1 概述

最早的锌空气电池于 1879 年由麦歇研制成功，以锌片作负极，以碳和铂粉作正极（空气为活性物质），电解质采用氯化铵水溶液。但这种电池的放电电流密度很小，仅有 $0.3mA/cm^2$。1932 年，Heise 和 Schumacher 研制成功碱性锌空气电池，它以汞齐化锌作为负极，经石蜡防水处理的多孔碳作为正极，20％的氢氧化钠水溶液作为电解质，电流密度可达到 $7\sim10mA/cm^2$。这种锌空气电池具有较高的能量密度，主要用于铁路信号灯和航标灯的电源。

以后，随着技术和工艺的不断改进，电池性能不断提高，特别是 20 世纪 60 年代以后，各国大力开展燃料电池的研究，随着气体扩散电极理论的完善和催化剂制备及气体电极制造工艺的发展，气体电极的性能进一步提高，工作电流密度达到 $100mA/cm^2$，从而使高功率锌空气电池得以实现，锌空气电池体系逐渐走向商品化。移动通讯、电动汽车的快速发展和可持续发展的环保要求，使锌空气电池再次成为人们研究的热点，长寿命可充锌空气电池的性能也获得较大的突破。

锌空气电池具有以下主要特点。

（1）高容量　由于作为正极活性物质的氧气来源于空气，不受电池体积大小的影响，只要空气电极正常工作，正极的容量是无限的，电池容量只决定于锌电极的容量。

（2）体积比能量和质量比能量高　由于采用空气电极，其理论比能量比一般金属氧化物正极高很多。锌空气电池的理论比能量为 $1350W\cdot h/kg$，实际比能量可达 $220\sim340W\cdot h/kg$，大约是铅酸蓄电池的 $5\sim8$ 倍，金属氢化物镍电池的 3 倍，也高于锂离子电池。

（3）工作电压平稳　因放电时阴极催化剂本身不起变化，锌电极的放电电压也很稳定，因此放电时电池电压变化很小，电池性能稳定。

（4）内阻较小　大电流放电和脉冲放电性能好。

（5）安全性好　锌空气电池与燃料电池相比，由于以金属锌替代了燃料电池的氢燃料，因此它无燃烧、爆炸的危险，比燃料电池更安全可靠。

（6）价格低廉　由于锌空气电池正极活性物质是空气中的氧气，而负极锌的资源丰富，用过的锌可以再回收利用，因此锌空气电池成本低廉，这也是其他电池体系所无法比拟的。

（7）不含有毒物质，对环境无污染　锌空气电池原料和制造过程对环境无污染，锌电极放电产物氧化锌可以通过电解的方式再生得到金属锌，整个过程形成一个绿色的封闭循环，既节约资源，又有利于环境保护。

由于锌空气电池具备如此多的优点，其应用领域相当广泛，包括手表、助听器、计算器、笔记本电脑、移动电话、江河航标灯、铁路信号灯、军用无线电发报机等。由于其容量大、比能量高、大电流放电性能好、价格低廉等特点，也特别适合于用作电动汽车、摩托车、自行车等的动力电源，以及鱼雷、导弹等的电源。

1995 年，以色列 Electric Fuel 公司首次将锌空气电池用于电动汽车上，采用机械更换锌电极的方式对电池充电，比能量可达 $175W\cdot h/kg$，并成功地应用于德国邮电系统的 MB410 型邮电车（奔驰公司生产）上，最高车速达到 $120km/h$。这种电池每更换一次锌电极，可运行达到 400 千米以上，更换锌电极和锌电极的再生工作由专门的充电站来完成。美国 DEMI 公司以及德国、法国、瑞典、荷兰、芬兰、西班牙和南非等多个国家也都在电动汽车上积极地推广应用锌空气电池。

11.1.2 锌空气电池工作原理

锌空气电池的电化学式为：

$$(-)Zn | KOH | O_2(空气)(+)$$

负极（锌电极）反应：

$$Zn + 2OH^- \longrightarrow Zn(OH)_2 + 2e^- \longrightarrow ZnO + H_2O + 2e^- \tag{11-1}$$

正极（空气电极）反应：

$$\frac{1}{2}O_2 + H_2O + 2e^- \longrightarrow 2OH^- \tag{11-2}$$

电池总反应：

$$Zn + \frac{1}{2}O_2 \longrightarrow ZnO \tag{11-3}$$

电池电动势为：

$$E = \varphi^{\ominus}_{O_2/OH^-} - \varphi^{\ominus}_{ZnO/Zn} + \frac{2.303RT}{nF} \lg p^{\frac{1}{2}}_{O_2}$$

$$= 0.401 - 1.245 + 0.0295 \lg p^{\frac{1}{2}}_{O_2}$$

$$= 1.646 + 0.0295 \lg p^{\frac{1}{2}}_{O_2}$$

当正极活性物质为空气时，由于空气中 $p_{O_2} = 0.21atm$（$1atm = 1 \times 10^5 Pa$），所以可计算得到锌空气电池的电动势为 1.636V。由于氧电极反应很难达到标准状态下的热力学平衡，因此碱性锌空气电池开路电压并不等于电动势，其值一般为 1.4～1.5V，工作电压则为 0.9～1.3V。锌空气电池的理论比能量可达到 1350W·h/kg，实际比能量 220～340W·h/kg，与其他电池体系比较，锌空气电池具有高的比能量。

锌空气电池按工作方式一般可分为三类。

（1）一次锌空气电池 电池是一次性使用，不能再充电。

（2）机械式可充锌空气电池 将放完电的负极取出，重新换上新的负极，而正极不需更换，就能恢复其原有的电池容量和性能，减少用户每天充电的烦恼。这种方式操作简单，更换电极需要的时间短，但由于使用完后需要更换负极，存在密封不严等问题。替换下来的锌电极也可以再通过电解等方式再生。

（3）电化学可充锌空气电池 电池可以通过电化学方法充电，但是充电时必须利用第三极或双功能的气体电极。采用第三极时，正极是通过第三极进行充电，防止了充电时对气体电极造成损害。双功能的气体电极使用既能将氧还原、又能析氧的双功能催化剂（如钙钛矿型 $La_{1-x}Al_xFe_{1-y}Co_yO_3$ 等），这种电极存在充电电流密度小、稳定性差等缺点。如果能制备出对析氧具有良好催化作用的催化剂，双功能气体电极将具有一定的应用前景。使用双功能氧电极的电化学可充锌空气电池的工作原理如图 11-1 所示。锌电极的充电也需要注意控制电极上枝晶的生成和电极变形。

11.1.3 锌空气电池的空气电极

锌空气电池需要高效率、薄型空气电极，这包括高效催化剂、长寿命结构设计以及低成

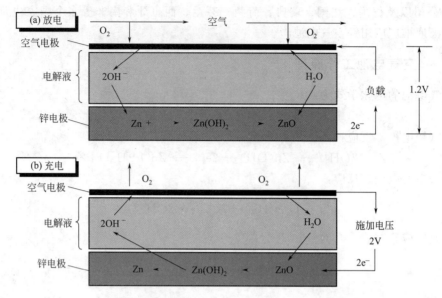

图 11-1　使用双功能电极的电化学可充锌空气电池原理示意图

本制造方法。

　　氧电极的可逆性很小，电化学极化较大，要使氧电极能在较大的电流密度下工作，必须使用催化剂，而在碱性溶液中氧的电极电势较正，约为 0.401V，在此电势下，大多数金属都会被溶解或发生钝化。为降低正极反应过程的电化学极化，人们对氧还原反应的催化剂进行了广泛的研究。氧还原反应催化剂大致可分为贵金属及其合金、金属有机螯合物、金属氧化物和碳。最早用作氧还原电催化剂的是碳，但其催化活性相当低，现在主要以催化剂载体的形式出现。贵金属有 Pt、Pd、Ru、Rh、Os、Ag、Ir 和 Au 等，其中 Pt 和 Pd 对氧还原反应的电催化活性最高，且稳定性最好。氧在电催化剂表面适当的吸附能力通常能够保证催化剂的高催化活性。早期的空气电极以纯铂黑为催化剂，铂负载量超过 $4mg/cm^2$，后来采用炭黑负载铂的技术使得铂负载量降至 $0.5mg/cm^2$ 以下。但由于铂的价格十分昂贵，从而使其难以实现大规模应用，因此进一步降低铂的负载量及开发其他高性能的廉价催化剂是制成高性价比的实用化空气扩散电极的前提。研究表明，采用高比表面积的载体材料或者特殊的催化剂沉积技术使铂微晶高度分散是既保持其催化活性不变、又能减少其用量的有效手段。另外铂与其他过渡金属形成的二元、三元合金具有较高的催化活性，而且可以降低金属铂的用量，提高其抗毒化性能。

　　Ag 对氧的还原过程也具有较好的催化作用，而且 Ag 具有良好的导电性和较稳定的物理化学性能，早期的空气电极常用 Ag 代替 Pt 作为催化剂。在活性炭载体上添加适量的 Ni、Bi、Hg 的硝酸盐与硝酸银同时还原，有利于提高催化剂的活性和稳定性。用 Ag 代替 Pt 作催化剂，虽然电池的成本降低，但 Ag 的价格仍相对较高，而且催化性能也远不如铂催化剂。

　　有机螯合物和金属氧化物等也可以用作氧气还原反应的催化剂。有机螯合物是一些含过渡金属中心原子的大环化合物，如 Fe、Co、Ni、Mn 的酞菁或卟啉络合物。有机螯合物催化剂催化活性较高，适用于中性、酸性和碱性各种介质，它能促使氧在阴极上按四电子反应途径进行，从而使电池电压提高，放电容量增加。有机螯合物的催化活性和稳定性还不够理想，虽然这些物质初期表现出较高的氧还原催化活性，但其活性随时间的增长而衰减。

钙钛矿型氧化物催化剂对氧还原有较好的催化活性，在碱性溶液中较稳定、耐氧化、室温下具有较高的电子导电性、价格便宜，是一种极具前途的氧电极催化材料。钙钛矿型氧化物结构为 ABO_3（A 代表 La、Ca、Sr、Ba，B 代表 Co、Fe、Mn、Ni、Cr）。A 位的稀土元素主要是作为晶体稳定点阵的组成部分，氧化物的催化活性主要取决于 B 位。钙钛矿型氧化物在保持稳定的晶体结构的基础上，可通过 A 位或 B 位金属粒子的部分替换对组分原子价态进行控制，从而改变材料的催化活性。

锰氧化物具有良好的氧还原和过氧化氢分解催化活性，并且价格低廉、资源丰富，具有广阔的应用前景。在锰氧化物中添加少量的稀土氧化物 La_2O_3 有利于过氧化氢根（HO_2^-）在催化剂锰氧化物上面吸附、分解，提高空气电极的放电电压，在一定程度上减轻空气电极的极化，有利于提高空气电极的大电流放电性能。

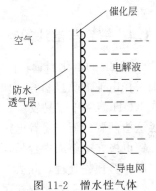

图 11-2　憎水性气体扩散电极示意图

空气电极反应是在气、固、液三相界面上进行的，电极内部能否形成尽可能多的有效三相界面，将影响催化剂的利用率和电极的传质过程。因此，空气电极常选用憎水型气体扩散电极，这种电极是由防水透气层、多孔催化层和导电网组成，其结构示意图如图 11-2 所示。

防水透气层是由憎水物质聚四氟乙烯（PTFE）或聚乙烯（PE）所组成的多孔结构，由于透气层中微孔孔径较大，毛细力很小，再加上憎水物质的憎水性，因此，此层只允许气体不断进入电极内部，而碱液不会从透气层中渗漏出来。

多孔催化层是由碳、憎水物质和催化剂组成的。由于憎水物质具有很强的憎水性，而碳和催化剂又是亲水物质，从而使多孔催化层中形成了大量的薄液膜层和三相界面，产生了两种结构的区域，一个是"干区"，由憎水物质及由它构成的气孔所组成；一个是"湿区"，由电解液及被润湿的催化剂团粒和碳构成的微孔组成。湿区中直径小的微孔被电解液充满，直径大的微孔被电解液润湿，"干区"和"湿区"的气孔和微孔相互犬牙交错形成互联的网状结构，而氧的还原反应则是在有薄液膜的微孔壁上进行。为了制成具有均匀微孔结构的空气电极，通常在催化层中加入适量的造孔剂，如 Na_2SO_4、NH_4HCO_3 等。

根据所选用的憎水剂不同，憎水型气体扩散电极主要有聚四氟乙烯气体扩散电极和聚乙烯气体扩散电极。聚四氟乙烯气体扩散电极由于具有较高的电化学活性、比能量大、工作寿命长、能在大电流下工作而极化较小等特点而被广泛使用。

锌空气电池商品化必须解决防碱、可密封和可连续化生产的空气电极制造技术。气体电极的主要生产过程是：将已制备好的催化剂粉末均匀平铺在集流网上，压制成催化层，再将多孔透气的聚四氟乙烯膜压在催化层上面，根据所需大小切成小片，即制得片式气体电极。这种电极结构最大的缺点是导电网与电解液直接接触，要求采用在碱液中耐蚀的导电材料，而且会造成集流网上出现爬碱，导致电池密封困难。

对于一次锌空气电池和使用机械可充式锌电极的锌空气电池，不需要考虑空气电极的充电问题。但是在直接对锌空气电池进行电化学充电时，空气电极的催化剂和载体易发生不可逆氧化。即使选择耐氧化性更强的催化剂，也不能完全抑制氧化现象的发生。为避免发生这种情况，可以在电池中引入一个专门用来对锌电极充电、而不参加放电的辅助电极，称为第三电极。第三电极充电法虽可避免空气电极的直接氧化，但电池充放电时跨接片的连接方法需要变换。

将充电电极的析氧层和空气电极合并在一起称作混合氧电极。希望在充电时氧气全部在析氧层析出，而空气电极几乎不参与析氧反应，这就减缓了空气电极被氧化的速度，延长了空气电极的寿命。混合氧电极的制造工艺较复杂，电极的阻抗较大。还有人设想研制一种空气电极，既可作为放电时氧气的催化还原电极，又能作为充电时的辅助析氧电极，具有双重功能，称为双功能电极，使充电过程和放电过程都发生在电池内。但是，无论是混合氧电极还是双功能氧电极，充电时电极上都不可避免地要发生氧的析出反应。由于氧气在电极上的析出，带走了电解液的水分，导致电解液的消耗，给电池的维护增添了麻烦。

11.1.4 锌空气电池的锌电极

金属 Zn 的电化当量较低（1.22g/A·h）、电极电势较负、资源丰富、价格低廉，被广泛地用作电池的负极材料，如 $Zn-MnO_2$、Zn-Air、Zn-NiOOH、Zn-AgO 等电池体系。锌电极在 KOH 溶液中容易发生自放电，充放电循环过程时还容易发生电极变形和枝晶等问题，针对这些问题的研究是锌电极发展的重要课题。

锌电极在电解液中容易发生自放电，为了抑制锌电极自放电，常采用纯度较高的原材料或将原材料预先处理，除去有害杂质，或者在负极材料中加入氢过电势较高的金属，如镉、汞、铅等。使用汞齐化锌粉可以起到很好的效果，但是对环境和人体健康会造成严重的危害，目前锌电极中添加的汞已逐步被其他缓蚀剂所代替。也有在电极或电解液中加入缓蚀剂，抑制氢的析出，减少自放电反应的发生。

添加稀土成分制备 Zn 合金也可以改善锌电极的循环寿命，防止枝晶和变形。适量添加 La 能抑制锌电极的枝晶及腐蚀等问题，在锌电极上沉积上一层镧、钕等稀土氢氧化物膜，也可以抑制锌电极枝晶与形变问题，显著改善了锌电极的循环充放电寿命。研究表明，在电极表面沉积一层稀土氢氧化物膜能有效地阻挡锌电极放电产物在碱液中的溶解，使大部分放电产物保留在电极原有的结构上，因此可以抑制锌枝晶的生长、减少电极变形，显著地提高碱性锌电极的循环寿命，减少充放电过程中的容量损失。

TiO_2 既具有良好的抑制析 H_2 作用，又能够抑制电极形变，被认为是较理想的添加剂。金属氢氧化物作为添加剂也有较多的报道，如 $Ca(OH)_2$、$Mg(OH)_2$、$Ba(OH)_2$ 和稀土氢氧化物等，它们与锌电极放电产物形成微溶物或自身难溶，从而避免锌电极活性物质的流失，抑制了锌电极的形变和枝晶的生成。在锌电极中加入钙盐添加剂不但提高了锌电极的放电容量、循环使用寿命，而且减少了锌电极的形变。

改变电解液组成或加入无机、有机添加剂，也可以有效地抑制 H_2 的析出，提高电极利用率，以及减少电极形变和枝晶生成，改善循环寿命。KOH 浓度增加和溶液中添加 ZnO 可大大抑制 H_2 的析出，溶液中加入氟化物、硼酸盐、磷酸盐、硅酸盐添加剂减少了锌电极放电产物的溶解度，延长了锌电极的循环寿命。含硫盐类添加剂对锌电极阳极行为有较大影响，SO_4^{2-} 和 SO_3^{2-} 可促进锌的溶解，而 S^{2-}、$S_2O_3^{2-}$、SCN^- 则阻碍锌的溶解。还有一类被广泛选用的电解液添加剂是有机表面活性剂：如季铵盐、聚乙烯醇、三乙醇胺、十二烷基苯磺酸钠及其他类型表面活性剂，它们主要是通过吸附在电极表面的活性中心，阻止锌的沉积行为，从而减少枝晶的生长，同时添加剂在锌电极表面的吸附作用，使生成的放电产物变得细小均匀，有效抑制锌电极阳极钝化。

对于不同锌电极体系，添加剂的选择也不同。对一次锌电极来说，要求添加剂能有效抑制 H_2 的析出，有助于锌酸盐溶解，从而避免锌电极过早钝化，提高锌电极的利用率。而对于二次锌电极来说，则要求添加剂能够减少锌电极的形变和枝晶的生成，降低锌酸盐的溶解度，从而延长电极的循环寿命。总而言之，锌电极添加剂及其作用机理的研究，势必会对锌电极性能的优化提供新技术和新方法。

理论上，锌空气电池的容量取决于锌电极，一次锌空气电池的负极原料常采用蒸馏锌粉和电解锌粉，主要的电极成型方法有压成法、涂膏法、黏结法、烧结法、电解还原法和电沉积法等。压成式锌电极是将锌粉与添加剂、黏结剂混合均匀，混合锌粉中间夹导电网，外包一层耐碱绵纸，放入模具中施加一定的压力，制成锌电极。涂膏式锌电极是将锌粉及添加剂按比例均匀混合，再加入适量黏结剂，调成膏状，涂于导电骨架上，经烘干、压制成型。黏结法是将锌粉与添加剂、黏结剂混合均匀后，碾压成薄片，再与导电骨架复合在一起。烧结法则是将海绵状电解锌粉压制成型，在还原气氛中烧结而成。电解还原法是将锌的化合物（如碳酸锌等）和黏结剂混合成膏状，涂于金属集流网上，放在电解槽中进行阴极还原得到多孔金属锌电极（还原时需要在锌膏上加载一定的压力）。电沉积式锌电极是在电解槽中，将锌沉积到金属骨架上，然后将得到的极板经干燥、辊压后，达到所要求的厚度和密度。

对于二次可充锌空气电池，由于充电时锌负极容易出现锌枝晶和变形下沉等问题，影响电极的循环性能。多孔锌电极具有良好的三维网络状骨架结构，孔隙率高，微孔分布均匀，可大大提高电极真实微观表面积，有效降低其真实电流密度，且电解液扩散传质容易，可减缓电极极化，提高电极的放电性能，比较适合高倍率放电的要求。

在锌电极中加入 1%～10% 纤维素，可以改善锌电极的润湿性能，大大提高可充锌空气电池的循环寿命和最大输出能量。纤维素能有效地在电极内部建立起"离子通道"，保证电解液到达反应点，而且电极的孔隙率并不随电池的充放电而改变，从而提高了电池的循环寿命和输出功率。

一般来讲，锌空气电池采用的隔膜主要有水化纤维素膜、PE 接枝膜、PVA 膜、无机膜、有机-无机膜、杂环化合物膜等隔膜，这些隔膜在一定程度上能阻止锌枝晶的穿透，并具有抗氧化和耐浓碱能力。采用高性能的或多层的隔膜是比较好的办法，使用接枝膜和水化纤维素膜两类多层膜作为隔膜可以有效地抑制锌枝晶的生成，提高锌空气电池的寿命，在锌电极表面上镀上一层离子交换聚合物薄膜，也可以防止锌枝晶的生长和锌电极的变形，减缓因枝晶生长而造成的电池短路，延长电池寿命。但是，隔膜并不能完全抑制锌枝晶的产生和生长，也不能从根本上使电极性能得到改善。

为了解决锌电极充电过程中的枝晶和变形问题，人们还提出新的锌电极结构与充电方法，主要有循环负极活性物质方法和机械再充方法。

（1）循环负极活性物质法　这种方法是将锌粉与电解液混合成浆液，然后用泵输入电池内部发生反应，生成的放电产物则随浆液流出电池，被送至电池外部的电解槽中，经还原处理后再送入电池。图 11-3 为循环负极锌空气二次电池流程图。由于是在电池外部进行充电，从而可实现活性物质的快速还原，同时避开了在充电时锌负极容易出现的锌枝晶问题；而且流动的电解液降低了锌电极的极化，使得电池可以在较高的电流密度下工作；放电时所产生的热量还可以随电解液带出电池组，从而使电池组能正常地连续工作。目前此种电池的比能量达 115W·h/kg，可用作电动车用电源。但此种电池的能量转换效率仅 40% 左右，制约了其实际应用；而且，这种带有循环装置和电解液处理系统的锌空气电池组系统复杂，使电池组的质量比能量和体积比能量明显地降低。

（2）机械再充法　将用过的锌电极取出，换上新的锌电极，则锌空气电池也能恢复到荷电状态，这种充电方法称作机械再充法。机械再充式锌空气二次电池不存在锌电极在原位充

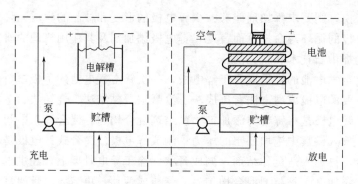

图 11-3　循环锌浆式锌空气二次电池结构简图

放电循环过程中发生的形变和锌枝晶问题。更换电极所需时间可在 3min 内，充电时间极短，使用方便。这种机械更换锌电极的空气电池早在 20 世纪 60 年代就用于军用电子装备。

美国 Lawrence Livermore 国家实验室设计出了一种具有楔形负极室的填充床锌空气电池，见图 11-4。锌粒随着反应的进行而自动从电池上部的加料室进入楔形负极室。使用这种锌空气牵引电池在公交车进行性能测试，与使用铅酸电池的相同车型相比，汽车总重量降低，其每英里的运行电费比铅酸电池低 17%，比能量达 140W·h/kg，远高于铅酸电池，并且燃料的补充可在 10min 内完成。

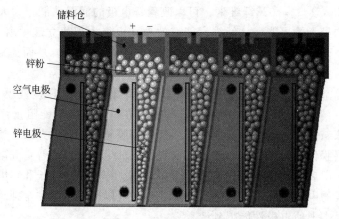

图 11-4　具有楔形负极室的填充床锌空气电池

锌空气电池还可以做成很多小型和微型的电池使用，以替代常规电池。小型和微型锌空气电池的类型很多，常用的结构有矩形、圆筒形和纽扣式。矩形结构的电池如图 11-5 所示，正极是聚四氟乙烯的空气电极，两片正极中间放入负极，负极是由锌粉压制而成。负极外包裹数层隔膜材料，隔膜材料可选用维尼龙纸、石棉纸和水化纤维素膜等。电解液采用密度为 1.33g/cm³ 的 KOH 溶液。电池内部有空气室，顶盖上有小孔，以减缓电池内部压力。电池用塑料框架作外壳，将正负极镶嵌在框中或注塑固定。

11.1.5　锌空气电池的性能与限制因素

以空气为活性物质时，锌空气电池的电动势为 1.636V，开路电压一般在 1.4~1.5V，工作电压则为 0.9~1.3V，放电终止电压通常设置在 0.9V。由于空气电极在放电过程中不发生任何变化，电池容量取决于锌电极的容量，而锌电极电势稳定，因此锌空气电池的放电电压很平稳，典型的电池放电曲线如图 11-6 所示。

温度对放电性能也有影响，当温度下降时，电解液中离子运动速率降低，电池放电容量和工作电压都会降低。低温下工作的锌空气电池必须使用较低的电流密度，以防止由于扩散限制而导致失效。

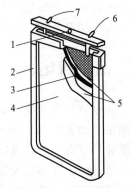

图 11-5 小型方形锌空气
电池结构示意图
1—注液透气孔；2—外壳；3—负极；
4—正极；5—隔膜；6—正极导线；
7—负极导线

虽然锌空气电池具有其他电池无法比拟的优势，然而由于锌空气电池的正极采用多孔气体电极，电池需要从外界环境吸收氧，同时还存在其他物质的交换（如水分交换和吸收二氧化碳），因此在工作状态下易受环境的影响。电池的这一固有特性，使锌空气电池仍存在很多问题，限制了其商品化进程。

（1）锌空气电池的湿储存性能差　锌负极本身在碱溶液中容易发生自放电析出氢气；工作状态的锌空气电池中，气体电极需要吸收空气中的氧气作为活性物质，部分氧气也会溶解在电解液中，并扩散到负极，导致锌的氧化。

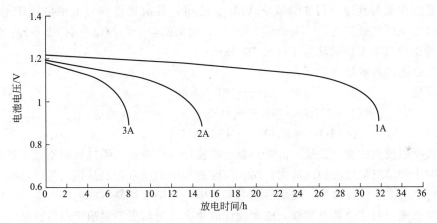

图 11-6 锌空气电池不同放电电流下的放电曲线

（2）电解液的干涸与吸潮　锌空气电池一般使用 30% 的氢氧化钾溶液。当空气的相对湿度大于 60% 时，锌空气电池会吸收环境中的水分，造成电解液浓度降低及溶液电导下降，同时可能造成水分充满催化层中微孔，致使电极"淹死"。若吸水过多，还可能引起电池胀裂、漏液，影响电池密封和安全性。若空气的相对湿度小于 60% 时，电池内的水分蒸发会导致电解液"干涸"，电池性能也会急剧下降。因此，锌空气电池水管理直接影响电池性能优劣。

（3）电解质的碳酸盐化　在空气中的 O_2 进入电池的同时，CO_2 也会进入电池，锌空气电池的碱性电解液极易吸收 CO_2，造成电解液碳酸盐化，降低溶液电导率，增加电池内阻，同时生成的碳酸盐容易沉积于空气电极催化层的微孔内，阻塞微孔，使空气电池性能下降。

为了降低 CO_2 对电池的影响，可以采用化学吸附的方法去除，常用的吸收剂有碱石灰、乙醇胺等。另外，减少锌空气电池透气孔的数量和直径也可以降低 CO_2 对电池性能的影响，但同样会限制 O_2 的供应。大型锌空气电池常采用吸收剂吸收 CO_2，而小型锌空气电池则一般采用限制气体流量来减少 CO_2 的影响。

（4）电池的密封和防漏　锌空气电池采用碱性电解液，容易发生爬碱或泄漏。较小的纽扣式电池主要是依靠机械压力将密封环压紧，以保证电池不漏碱，大型锌空气电池一般采用注塑或胶黏的方式来解决。采用流动电解液易造成电池泄漏、爬碱，而固态电解质和凝胶电解质由于无流动电解液，泄漏的风险较小。

11.2 铝空气电池

铝空气电池具有非常高的能量密度，铝空气电池由空气阴极、电解质和金属铝阳极组成，其理论比能量达 8000W·h/kg，铝对人体不会造成伤害，可以回收循环使用，不污染环境，原材料丰富，而且可以采用更换铝电极的方法，来解决铝空气电池充电较慢的问题。因此铝空气电池也得到很大关注。小功率的铝空气电池已经应用于矿照灯、广播电台、海洋灯塔中。以美国、英国为首的发达国家对铝空气电池进行了大量研发，20 世纪 80 年代，美国 Aluminum Power 公司研究将铝空气电池在深海航行器、无人探索器、AIP 潜艇电源中的应用，使用合金铝电极和高效空气电极，铝空气电池比能量达 400W·h/kg，功率达 20W/kg 以上，其能量密度和体积能量密度相对于 Cd-Ni 电池有了数倍的提升。美国能源部与美国加州劳伦斯·利佛莫实验室合作，研发应用于电动汽车的金属空气电池，后来劳伦斯·利佛莫实验室与其他公司联合成立 Voltek 公司，首次将铝空气电池应用于电动汽车，并且铝空气电池组的效率达 90％以上。2015 年，美国铝业公司与以色列 Phinergy 公司展示了 100kg 重铝空气电池可驱动赛车行驶 1600km。

铝空气电池的放电反应如下：

负极反应： $Al \longrightarrow Al^{3+} + 3e^-$ (11-4)

正极反应： $O_2 + 2H_2O + 4e^- \longrightarrow 4OH^-$ (11-5)

电池反应： $4Al + 3O_2 + 6H_2O \longrightarrow 4Al(OH)_3$ (11-6)

铝电极可以使用中性（含盐）溶液，也可以使用碱性溶液。铝电极和空气电极的实际电极电势相对于理论电极电势偏离较大，而且反应过程中消耗水，但是铝空气电池的实际能量密度仍然超过大多数电池体系。在水溶液电解质中，铝阳极容易自放电析出氢气，因此铝空气电池通常在使用前才添加电解液，或者设计成每次放电后更换铝阳极的机械充电电池。铝空气电池放电时放出大量热量，电池发热严重，需要热管理系统。

11.2.1 中性电解液铝空气电池

铝空气电池的电解液中性电解液体系通常使用 NaCl 溶液，在中性电解质中铝的腐蚀速率相对较小，由于中性电解液的导电性限制，而且大量反应产物会粘在铝电极表面，导致铝电极的极化增加，因此中性铝空气电池的工作电压较低，电流密度也难以提高，使用这种电解液的铝空气电池用于较低功率放电，如海洋浮标和便携式电池应用，其比能量高达 800W·h/kg，使用的铝合金电极可以达到 50％～80％利用率。这种电池也可以在海水中运行，用于水下动力的海水铝空气电池可使用溶于海水的氧气，电池具有更高的比能量。

空气电极在盐溶液中也存在限制，在开路条件下，与集流体镍网接触的活性物质的电势会使镍网氧化。抑制镍网氧化的方法之一是在无负载期间继续输出极低的电流，使空气电极电势降低。

电解液需要进行管理，因为反应产物氢氧化铝沉淀呈凝胶状。在不加搅拌的情况下，当电流稍大时，电解液会变得不流动。就这一点而言，可以把电解液和反应产物从电池中排出，添加更多的盐溶液，直到铝电极完全反应消耗。为了尽量减少所需电解液数量，可以对电解液进行搅拌，抑制胶体的生成，也可以通过在电池底部通入气体来达到类似的效果，气泡同时可以将电池中的氢带出。

11.2.2　碱性电解液铝空气电池

碱性电解质具有更高的导电性，铝电极表面的氧化铝钝化膜可以在强碱性溶液中溶解，提高了铝电极的工作电压，并且铝电极放电产物在碱性电解液中有一定的溶解液，因此碱溶液体系比盐溶液体系更有优势。碱性铝/空气电池可用作高功率电源，如无人潜水器的推进电源以及电动汽车动力电源，实际比能量可以达到 $400W \cdot h/kg$。碱性铝/空气电池可设计成贮备电池，在使用前被激活，或者通过更换耗尽的铝阳极来进行"机械"充电。

高功率密度和高能量密度的碱性电解液铝/空气电池的研究开始于 20 世纪 70 年代早期，但一些技术限制阻碍了其商业化，包括铝合金在碱性电解质中的析氢腐蚀速率高、薄型大尺寸空气阴极制备的困难和电池反应产物（氢氧化铝沉淀）去除困难，导致电池堵塞。

在降低碱性电解质中铝合金的腐蚀方面已经取得重大进展。添加其他元素形成铝合金，提高合金铝的析氢过电势，从而降低铝的自腐蚀。含镁和锡的铝合金电极可以将开路条件下的腐蚀速率降低两个数量级，并且利用率超过 98%。在电解液中添加缓蚀剂，可使铝电极在电解液中腐蚀速率显著降低。与铝的合金化相比，使用添加剂成本低，简单方便，能够有效提高铝电极的析氢过电势。电解液中通常使用的添加剂可以分为无机添加剂、有机添加剂和复合添加剂。锡酸盐是一种常用的添加剂，可以抑制铝的析氢腐蚀，并且锡酸盐在电解液中水解产生氢氧化锡，作为氢氧化铝的晶种，加速电解液中铝酸盐转换为氢氧化铝。加入 $In(OH)_3$ 可以提高铝的电化学性能，但会加速铝在电解液中的自腐蚀效率，通过将 $In(OH)_3$ 和锡酸盐联合使用可以降低铝的自腐蚀速率并提高铝的电化学性能。ZnO 也是一种常用的无机添加剂，在电解液中单独使用 ZnO 可以有效地降低铝的析氢速率。一些有机添加剂在碱性溶液中在铝阳极表面吸附，减少了铝电极的活性面积，可以降低铝电极的自腐蚀速率，如十六烷基三甲基溴化铵（CTAB）。

铝电极放电产生铝酸盐，电解液的导电性会随着铝酸盐浓度的增加而降低，使得电池电压降低，因此需要去除反应产物，电池通常包含上层电池堆和下部的电解质箱，以及用来循环和冷却电解液的辅助系统，电解液是 $8mol/L$ 的氢氧化钾溶液，含有锡酸盐添加剂。电解液循环系统需要考虑铝空气电池组在并联过程中电解液的漏电问题，通过改变电解液进液口的设计，可以改善电解液在铝空气电堆内部分配均匀性。在铝/空气电池电解液循环过程中，可以在电解液中加入晶种等物质加速电解液中铝酸盐转化为氢氧化铝，然后将生成的氢氧化铝颗粒进行沉降，通过过滤的方法将其除去。

11.2.3　铝电极

铝电极是铝空气电池中重要的组成部分，其性能的好坏直接影响铝空气电池的能量密度，铝电极主要存在两个问题：①铝在碱性和中性电解液中表面会形成氧化铝钝化膜，从而降低了铝的活性，增加了铝的极化；②铝在中性尤其是碱性电解液中会发生严重的析氢腐蚀，析氢腐蚀会导致铝的利用率降低，发热严重，并产生大量氢气，对铝空气电池带来安全隐患。

改善铝电极性能主要是研究铝合金电极。铝合金化可以破坏铝表面的氧化铝钝化膜，提高铝的活性，同时可以提高铝阳极的析氢过电势，降低铝的析氢腐蚀。首先必须采用高纯铝（纯度至少应大于 99.99%），防止硅、铁、铜等微量金属杂质在电解液中与铝电极形成腐蚀原电池导致析氢。通常与铝进行合金的元素能与铝成为固溶体，在碱性电解液溶液具有良好的溶解性，并且具有较高的析氢过电势，从而可以提高铝的利用率。

已经研究的与铝形成合金的元素有 Mg、Ga、Tl、Sn 等，将这些元素与铝组成二元、三元甚至多元合金可以提高铝的性能。Pb、Hg、Tl 有毒，一般很少采用，在合金中加入锡可以有效提高铝的电极电位，并降低铝的析氢腐蚀速率，Sn 还可以破坏铝表面的氧化铝钝化膜，因而促进铝在电解液中的溶解，提高了铝的电化学活性。Ga、In、Mn 等可以降低铝的自腐蚀速率。多元合金的铝电极中，通常是少数元素起主要作用，其他元素其辅助稳定作用，如在 Al-Sn-In-Ga 合金，In 元素是影响铝合金电化学性能的主要元素。多元合金可以弥补二元合金的不足，如多元合金可以提高 Al-Sn 合金的阳极电流密度，同时也能够降低 Al-In 合金的自腐蚀速率。哈尔滨工业大学研发了五元铝合金阳极，大幅提高了铝阳极利用率，并在 1993 年完成了 1kW 电解液循环式碱性铝空气电堆的研发，成功地应用于军用短途运输机器人。

铝合金电极的电化学性能和腐蚀行为与铝合金的微观结构有很大关系。铝合金的微观结构不仅与其合金元素的种类和用量有关，铝合金的热处理也能改变合金元素在铝合金表面的分布情况和细化表面合金的晶粒，改善合金内部结构缺陷，提高合金内部一致性，减少合金的偏析，同时改变表面的微观形貌，从而影响铝合金电极的性能，改善铝合金在电解液中的自腐蚀行为。

11.3 锂空气电池

11.3.1 锂空气电池的特点及工作原理

锂空气电池是利用锂金属和空气中的氧气实现化学能到电能转化的二次化学电源体系，其理论比能量为 11140W·h/kg（基于锂金属质量），将反应产物 Li_2O_2 计算在内，其理论比能量为 3505W·h/kg，是目前最有前景的实际比能量预计可达 600W·h/kg 的二次电池体系。随着电动汽车产业的发展，动力电池受到越来越多的重视，作为一种新型的化学电源体系，锂空气电池由于其突出的能量密度优势，相对其他化学电源体系更易满足电动汽车的续航里程需求。然而，当前锂空气电池仍然存在诸多问题，如较高的充放电过电势、较差的循环及倍率性能、锂枝晶及腐蚀、电解液及电极的分解等，仍需要进行深入的研究探索。

锂空气电池主要包含水系、有机体系、固体电解质体系及混合体系等电池类型。水系锂空气电池采用保护型锂金属复合负极和水系电解液，可在空气环境下工作，其放电产物通常为 LiOH 或 LiOAc 等。固态锂空气电池中是采用固态电解质将空气电极和锂负极分开，避免了空气中水分等与锂金属直接反应，使电池具备在空气中运行的能力，理论上固态电解质体系电池能够从根本上解决安全性和稳定性问题。然而，由于固态电解质的锂离子电导率通常比液态的水系和非水系电解液低，锂金属和正极之间的界面阻抗也较大，从而造成固态锂空气电池的能量利用效率和输出功率相对较低。目前，研究比较多的是非水体系（有机体系）锂空气电池，K. M. Abraham 和 Jiang 于 1960 年首次报道了该电池体系。非水体系锂空气电池主要由金属锂负极、有机电解质以及空气电极组成（见图 11-7）。锂空气电池充放电过程中，正极主要基于氧还原（oxygen reduction reaction，ORR）及氧析出（oxygen evolution reaction，OER）反应，负极则基于锂的溶解沉积。放电时，锂负极溶解转变为 Li^+，通过电解液迁移到正极（空气电极），电子则通过外电路流向正极，从而实现给负载供电；同时氧气在正极还原，并与锂离子结合生成 Li_2O_2，沉积在多孔的空气电极内部。充电时，正极放电产物发生氧化分解，释放出氧气；Li$^+$ 在负极表面还原沉积为金属锂。

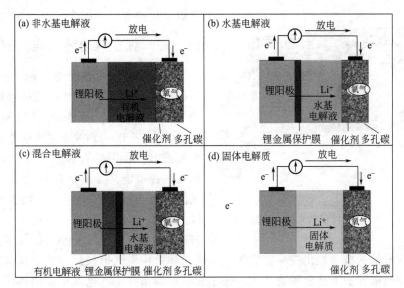

图 11-7 锂空气电池结构示意图

锂空气电池放电过程反应机理如下：

负极：
$$2Li \longrightarrow 2Li^+ + 2e^- \qquad (11-7)$$

正极：
$$Li^+ + e^- + O_2 \longrightarrow LiO_2 \qquad E^\ominus = 3.0V(vs \ Li/Li^+) \qquad (11-8)$$

$$LiO_2 + Li^+ + e^- \longrightarrow Li_2O_2 \qquad E^\ominus = 2.96V(vs \ Li/Li^+) \qquad (11-9)$$

$$2LiO_2 \longrightarrow Li_2O_2 + O_2 \qquad （化学过程） \qquad (11-10)$$

$$Li_2O_2 + 2Li^+ + 2e^- \longrightarrow 2Li_2O \qquad E^\ominus = 2.91V(vs \ Li/Li^+) \qquad (11-11)$$

阴极反应中间产物 LiO_2 具体通过何种途径生成 Li_2O_2，主要取决于电极及电解液体系的性质。理论上 Li_2O 和 Li_2O_2 均可能为锂空气电池阴极放电产物，但实际体系中主要产物仍为 Li_2O_2，某些条件下可能按四电子反应途径进行产生微量的 Li_2O。基于四电子反应途径的锂空气电池体系比常规的基于两电子反应机理的体系理论能量密度可提升 50% 以上。因此，若能设计高效的催化剂催化阴极反应按照四电子反应途径进行，无疑将大大推进锂空气电池的进一步发展。

11.3.2 锂空气电池的空气电极

锂空气电池的空气电极主要反应活性物质为氧气，其电极结构与燃料电池类似，电极材料一般为多孔碳材料，电极反应在气-液-固三相界面进行。放电过程中，Li_2O_2 等不溶性的放电产物会沉积在电极表面，导致空气电极逐渐钝化，同时会阻塞氧气及电解液的传输，进而导致放电过程终止。因此，为获得高性能锂空气电池，空气电极的结构调控至关重要。

锂空气电池阴极动力学反应过程缓慢，倍率性能较差，导致充放电过程，尤其充电过程极化较大，在放电过程中空气电极过电势相对较小（约 0.3V），充电过程极化较为严重（过电势为 1～1.5V），整体的能量效率小于 70%，因此需要高效的电极催化剂。目前研究得比较多的有贵金属、过渡金属氧化物及一些其他类型催化剂。例如钌、铂、钯、金、二氧化钌、四氧化三钴、二氧化锰、三氧化二铁等。此外，碳材料作为空气电极主要的活性材料，其自身对充放电反应即有一定的催化活性。许多商用碳材料，如 Super P、科琴黑、BP2000 等都已被应用到锂空气电池中，一些新型碳材料如石墨烯、碳纳米管、碳纤维及其掺杂改性

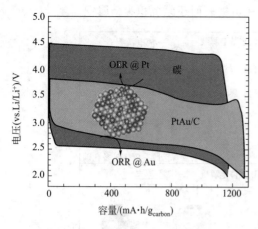

图 11-8 PtAu/C 催化剂充放电曲线

材料也被广泛研究，可以在一定程度上降低充放电过电势（见图 11-8）。

11.3.3 锂空气电池的电解液

水系锂空气电池通常采用保护型锂负极，例如可以在其表面沉积一层对水稳定的锂离子导通膜，例如固体玻璃陶瓷（$Li_{1+x+y}Ti_{2-x}Al_xSi_yP_{3-y}O_{12}$）作为防水层，为了减少界面阻抗，需要在锂和固体电解质层之间加入对锂稳定又导电性良好的 Li_3N、LiPON 或固体聚合物电解质等，以获得稳定的锂负极。该体系可用的电解液体系包括醋酸（HAc）水溶液、HAc-NaAc 复合电解液等。

水体系锂空气电池的概念提出较早，它解决了有机体系中空气电极反应产物堵塞空气电极的问题，但在锂负极保护上还亟须有更大的技术突破。固态锂空气电池中应用的固体电解质包括无机固体电解质、高分子聚合物和复合电解质。目前所开发的 NASICON 结构无机固体电解质，例如 $Li_{1.35}Al_{0.25}Ti_{1.75}P_{2.7}Si_{0.3}O_{12}$（LATP）和 $18.5Li_2O : 6.07Al_2O_3 : 37.05GeO_2 : 37.05P_2O_5$（LAGP）等，高分子聚合物类型电解质，例如聚氧乙烯（PEO）及聚偏氟乙烯和六氟丙烯共聚物 [P(VDF-HFP)]、聚乙二醇二甲醚（PEGDME）、聚甲基丙烯酸甲酯掺杂聚苯乙烯 [P(MMA-St)] 等体系都有用于锂空气电池的报道。对于固态电池而言，提高固态电解质及其界面稳定性是获得高性能电池的关键。

对于非水体系锂空气电池电解液应满足以下要求：①离子电导率高，锂离子迁移数大，以减少电池在充放电过程中的浓差极化；②较低的蒸气压，保证在开放的氧气环境中不会显著挥发；③较宽的电化学窗口，以保证电解质在两极不发生显著副反应；④氧气溶解度高，氧气扩散系数大，以减少浓差极化；⑤强疏水性，避免吸水导致的副反应；⑥价格成本低、安全性好、闪点低或不燃、环保。非水体系锂空气电池电解液研究的初始阶段主要是基于锂离子电池用碳酸酯类电解液，后来发现此类电解液在充放电过程中会严重分解，导致放电产物主要为 Li_2CO_3 等烷基锂盐而非过氧化锂，由此导致锂空气电池循环性能较差。由于锂空气电池放电过程中会产生超氧自由基，其活性非常高，因而极易攻击有机溶剂分子。后来研究发现采用醚类、砜类、酰胺类溶剂时，如乙二醇二甲醚、四乙二醇二甲醚、二甲基亚砜、N,N-二甲基甲酰胺等，电解液稳定性大幅提升。研究表明酰胺类溶剂对中间产物 O_2^- 很稳定，不易发生亲核攻击反应。砜类溶剂如二甲基亚砜，其氧气溶解度及扩散系数较高，而且二甲基亚砜具有相对较低的蒸气压及黏度。酰胺类、砜类等强极性溶剂，尽管自身稳定性较高，但极易与锂电极发生反应。醚类溶剂与锂电极反应活性较低，但稳定性稍差。而且随着循环过程的进行，当前无论何种有机溶剂仍不可避免地会逐渐分解，一些电极催化剂如铂等在一定程度上还会加速其分解过程。

锂盐作为电解液体系的核心组成部分，其性质对电池性能同样有很大影响。相对于高氯酸锂、六氟磷酸锂等无机锂盐，双三氟甲烷磺酰亚氨锂（LiTFSI）和三氟甲磺酸锂（LiTf）在提升电化学性能方面表现更为突出，且锂盐浓度对锂电极及空气电极的稳定性和活性均有较大的影响。目前，开发更稳定的电解液体系仍是实现锂空气电池实际应用的关键技术之一。

11.3.4　锂空气电池的锂负极

锂空气电池主要采用金属锂作为负极材料。金属锂负极主要面临以下问题：①电池充放电循环过程中，锂电极结构形貌会发生变化，产生锂枝晶，造成安全问题；②循环过程中锂负极表面的固体电解质膜（SEI 膜）的破损与重塑，会不断消耗电解液和金属锂，导致其库仑效率降低。

一般而言，锂枝晶的生长主要分为以下三个阶段（见图 11-9）。

① 锂电极与电解液反应，在其表面生成一层 SEI 膜。

② 随着金属锂的不断沉积，体积发生膨胀，SEI 膜层破裂，此时在破裂处会形成新的锂金属晶核。

③ 新的锂晶核形成后，继续生长，便会形成锂枝晶。

图 11-9　锂枝晶形成过程示意图

对于锂空气电池体系，除了锂枝晶外，氧气及水分向负极侧的扩散，也会导致锂电极的腐蚀，开发高效的锂电极保护技术对于充分发挥锂金属电池体系的优势尤为重要。目前，主要采用以下策略来提升锂空气电池锂负极的稳定性。

① 通过向电解液中加入成膜添加剂，如碳酸乙烯酯、硝酸锂等，在锂电极表面原位形成稳定的 SEI 膜层；

② 在锂电极表面预先沉积能够允许 Li^+ 通过的保护涂层，构造人工 SEI 膜，如氮化锂、磷酸锂、氟化锂、纳米碳等，以此抑制锂枝晶的生成。

③ 在锂电极表面复合一层准固态、固态电解质或其复合膜层，如聚合物电解质 PEO、固体电解质 LiPON/LATP 等，均能够在一定程度上抑制锂枝晶的生成。

④ 设计纳米锂负极，如构筑金属锂溶解沉积的三维导电骨架，以此缓冲锂电极沉积溶解导致的体积变化，同时依靠其高的比表面积降低反应过程中锂电极极化，抑制锂枝晶的生成。

第 12 章　电化学电容器

12.1　概述

电化学电容器作为一种新型的储能装置，存储电能的原理是利用电极表面形成的双电层或发生的二维或准二维法拉第反应。

Becker 于 1957 年申请了第一个这方面的专利。该专利描述了将电荷存储在充满水性电解液的多孔碳电极的界面双层中，从而存储电能的原理，即双层型电容器。之后，美国 Sohio 公司也开始利用高表面积碳材料的双电层电容，但使用的是非水溶剂，其中溶有四羟基铵盐电解质，能够提供较高的工作电压。20 世纪 70 年代后，人们又开发出了一种利用电极表面发生的二维或准二维法拉第反应存储电能的"准电容"体系，利用电极表面的某些电化学吸附储能，如在 Pt 或 Au 上发生的 H 或某些金属（Pb、Bi、Cu）单分子层水平的电沉积；或者利用某些固体过渡金属氧化物膜上发生的二维或准二维法拉第反应储能，如硫酸溶液中的 RuO_2 膜的二维法拉第反应。

由于采用 RuO_2 膜和碳双层型的电容器均能够在每克材料上获得法拉第级的较大电容，因此产生了"超级电容器"这个名词，用于称呼上述两类电容器。

在上述利用电化学原理存储电能装置的发展进程中，人们使用了许多不同的名称分别称呼这些储能装置。如动电电容器、双电层电容器、金电容器、准电容器、假电容器或赝电容器和超级电容器。近年来，人们更多地使用电化学电容器这一名词，但有时为了说明原理或尊重某些引用的数据，也会使用双层电容器、准电容器和超级电容器这些名词。

12.2　电化学电容器与电池的比较

12.2.1　能量的存储形式

能量可以以多种形式存储。利用水坝这种水利电力系统可以将能量以势能的形式存储起来，能量还可以化学能形式存储在燃料中，此外能量还可以以转动能的形式存储在飞轮中。

在诸多能量形式中，电能无疑是最方便、应用最广的形式。电能能够以两种不同的方式存储：①以化学能形式存储在电池中，这需要活性物质发生电化学氧化还原反应释放电荷，当电荷在两个电势不同的电极间流动时，就能够对外做电功；②以静电的方式，即直接以负电荷和正电荷的形式存储在电容器的极板上，这就是非法拉第电能存储过程。这两种电能存储形式的效率一般高于燃料的燃烧系统，因为后者的效率受到热力学卡诺循环的限制。

12.2.2　电容器和电池的电能存储模式比较

法拉第和非法拉第系统的重要区别在于可逆性。静电电容器存储能量时，充电和放电仅仅是电容器极板上电子电荷的剩余和缺乏，不存在化学变化。然而，通过法拉第反应在电池中存储能量时，正极和负极材料必须发生化学变化，通常还伴随相变。尽管所有的能量变化都能够以相对可逆的热力学方式进行，但电池中的充放电过程常常涉及电极材料转换的不可逆性，电池的实际寿命一般只有一千至几千个充放电循环。与此形成对比的是，作为电子仪器部件的静电电容器却具有几乎无限的寿命，因为充放电时没有化学变化和相变的发生。

除非大型的电容器，一般的静电电容器只能存储很少的电荷，即它们存储电能的能量密度较低。然而，在充电的电极/溶液界面处，一般存在着电容值为 $16\sim50\mu F/cm^2$ 的双电层。因此，在高比表面积炭粉、炭毡或炭气凝胶构成的具有足够大表面积的电极上，可以获得比较大的双层电容，大约 $10\sim100F/g$。作为对电池能量存储装置的补充，电化学电容器的开发和利用目前正在取得日新月异的进展。由于这种双层电容的充放电不涉及相变以及化学和组成的变化，因此具有极高的循环寿命，能够达到大约 $10^5\sim10^{10}$ 次。远远高于电池。

在双电层体系的循环伏安图中，充电和放电的伏安曲线几乎互为镜像，如图 12-1 所示。而电池过程的循环伏安曲线却远不是这样。这就是电池与电容器电能存储系统主要的、本质的区别。

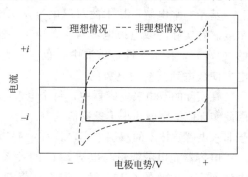

图 12-1　电化学电容器的循环伏安示意

必须强调的是电化学电容器不可能取代电池，它们之间的关系是相辅相成的。确切地说，电化学电容器的出现，产生了将其与电池联合在一起放电和充电的机会，而电化学电容器只起补充作用。当然，也可以将可充性电化学电容器单独使用。

12.2.3　电化学电容器和电池运行机理的比较

电化学电容器和电池的运行机理从原理上就不同。对于双层型电容器，电荷存储是非法拉第过程，即理想的、没有发生通过电极界面的电子迁移，电荷和能量的存储是静电性的。对于电池而言，实质上发生了穿过双层的电子迁移，即法拉第过程。结果是发生了氧化态的变化和电活性材料化学性质的变化。

实际上，当电极上发生二维或准二维的法拉第电荷迁移时，电极的行为更像一个电容器，其电极电势 φ 为通过电极界面电荷数量 q 的连续函数，因而就出现了 $dq/d\varphi$。相当于一个可以测量的电容，称其为准（假）电容。当离子和分子发生伴随部分电荷迁移的化学吸附时，就会出现类似的情形。例如对于如下过程

$$M+A^- \Longrightarrow M/A^{(1-\delta)-}+\delta e^- \quad（对于 M）\tag{12-1}$$

电极表面上的这样一个反应一般会对应一个与电极电势有关的准电容，而 δe^- 的数量与所谓的"电吸附价"有关。

总体来说，电荷存储过程有如下重要区别。对于非法拉第过程，电荷的聚集靠静电方式完成，正电荷和负电荷居于两个分开的界面上，中间为真空或分子绝缘体，例如双电层电容或传统的静电电容。对于法拉第过程，电荷的存储靠电子迁移完成，此时，电活性材料发生了氧化态变化，这些变化遵守法拉第定律并与电极电势有关。在某种特殊的情况下，如果发生的是二维或准二维反应，就能产生了准电容。这种能量的存储机理与电池类似。

12.2.4　电化学电容器与电池能量密度的差别

对于比表面积 $1000m^2/g$ 的电容器电极，在 1V 电压下工作时，双层比电容为 $30\mu C/cm^2$

（如炭黑），即总电容为 300F/g。理论上存储的能量为：$\Delta G = (1/2)CU^2 = (1/2) \times 300 \times 1^2 = 150\text{J/g}$，也可以表示为 42W·h/kg。实际情况下，电容器的实际能量密度通常都小于该值。这是由于电解质溶液不可能完全到达炭粉或炭毡组成的多孔电极的微孔内，而且还要考虑包装和电解液的质量。

与 Cd/NiOOH 电池可做如下比较：NiOOH 的摩尔质量为 92g/mol，而 Cd 的摩尔质量为 112g/mol。当工作电压为 1.2V 时，理想情况下，能量密度约为 $1.2 \times 96500/(92 + 112/2) = 782$ （J/g），或表示为 217W·h/kg。这样电化学双层电容器电极（充电到 1V 工作电压）的能量密度将只有 Cd/NiOOH 电池的约 20%，这两个数据都是基于理想的、理论的性能。

基于非水电解质技术的双层电容，实质上具有比 1V 水溶性电解质充电时大得多的能量密度。在实际的双电极电容器中，由于一个电极相对于另一个工作，能量密度约小于理论值的 $(1/2)^2$，在水溶性电解液中，也就是大约 10W·h/kg，因为每个电极都只能够按正负充电方向放电到其初始电势的一半。

在实际的双电极电容器中，每个电极都只能够按正负充电方向放电到其初始电势的一半，因此实际能量密度约小于理论值的 $(1/2)^2$。在水溶性电解液中，也就是大约 10W·h/kg。基于非水电解质技术的双层电容，具有比 1V 水溶性电解质充电时大得多的能量密度。

电容器充电的能量与电势差 U 的关系为 $(1/2)CU^2$，该能量是静电自由能 ΔG。对于电池而言，主要的 Gibbs 能决定于电荷 Q 和两个电极间的可逆电势差 ΔE，即 $\Delta G = Q\Delta E$。而对于电容器，当充入电荷 Q 时，ΔG 为 $(1/2)QU$。在给定的电极电势差，$\Delta E = U$ 下，对于这两种情形，显然电池的能量两倍于同样条件下的电容器。

12.2.5 电化学电容器和电池充放电曲线的比较

电池充电时，电极电势与电荷的充入程度无关，只与电活性材料同时存在的氧化态和还

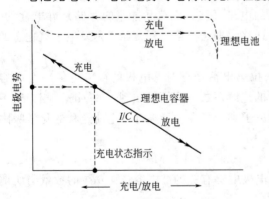

图 12-2　电容器与电池放电和充电关系的
差别：电势作为充电状态 Q 的函数

原态有关。电池的电极电势差（或电压）在放电或充电半循环期间变化不大。图 12-2 中上部理想电池放电和充电时的电压是斜率为零的平行线。放电或充电半循环时，由于存在阴极极化和阳极极化（包含由于内阻或溶液电阻引起的欧姆 IR 电势降），这两条线是分开的。

电容器的电压从形式和现象上都与电池不同，是充电状态的函数。这是因为对于静电电容或表现出理想极化电极性质的碳基双电层电容，$C = Q/U$。在电容器放电和充电曲线（图 12-2）中，实际上也有取决于放电或充电速率的 IR 降。因此，在一定程度上，放电曲线与充电曲线也会出现分离的情况。

12.2.6 电化学电容器和电池循环伏安性能的比较

以速率 $dU/dt = s$ 向电容器施加一个随时间呈线性变化的电势，就对应一个响应电流 $\pm I$。这是表征电化学电容器的双层电容和准电容行为的一个方便和灵敏的方法，即循环伏安法。如果不存在扩散控制时，结果应该是一个方向的循环伏安曲线是相反方向扫描结果的

镜像图，如图 12-1 所示的那样。对于电
容性和准电容性的充电和放电过程，这
是一个判别可逆性的有用的标准，是纯
电容行为的基本特征。实际测试时，循
环伏安的扫描速度不应太高。否则由于
实际 IR 降的存在和电解液在微孔内迁
移的受限，就会出现图 12-1 中非理想的
情况。

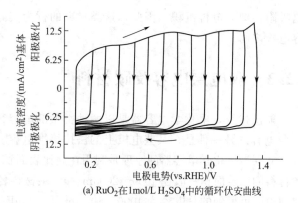

(a) RuO$_2$在1mol/L H$_2$SO$_4$中的循环伏安曲线

　　对于电池而言，上述循环伏安过程
可逆性不如电化学电容器，活性材料氧
化过程的电势范围实际上完全不同于其
还原过程。循环伏安曲线不对称且没有
镜像出现。

　　图 12-3（a）和（b）是可逆的电容
性循环伏安曲线（RuO$_2$的准电容）与
不可逆的情况（Pb-PbCl$_2$电池系统）对
比的实例。图 12-3（a）中，RuO$_2$电极
正向充电电流曲线的轮廓几乎是负向放
电电流的镜像，而且在转换扫描方向
时，几乎立即产生相反方向的电流。这
种行为也是可逆的电容性充电和放电过
程的特征。图 12-3（a）中的另一个特征
是在较宽的扫描速率 s 范围内，在扫描

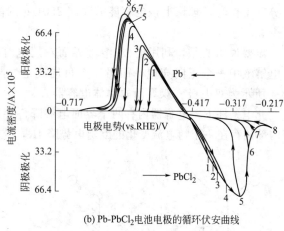

(b) Pb-PbCl$_2$电池电极的循环伏安曲线

图 12-3　循环伏安曲线

途经的任何电势下，响应电流 I 对 s 都是线性的。因为 $I=Cs$，这意味着 C 与扫描速率无
关，表现出了纯电容行为。

　　作为对比，图 12-3（b）展示了 Pb-PbCl$_2$ 电池型电极（Pb$+2Cl^- \longrightarrow$ PbCl$_2+2e^-$）的
氧化和还原行为。循环伏安曲线表明其可逆性不如电容：从 Pb 形成 PbCl$_2$ 的电势范围不同
于从 PbCl$_2$ 还原返回 Pb 的相反过程，且相差很大。此外，转换扫描方向时，也不能立即在
电势转换处颠倒电流的符号，与电容上观察到的行为不同。

　　该体系是典型的电池型反应（类似于 Pb-PbSO$_4$），两个反应方向都需要过电势，才能
产生对应的电流。因此，各反应方向上电流响应曲线的轮廓都远远分开，沿着图 12-3（b）
的电极电势轴，分别列于可逆电势的一侧。可逆电势近似地相当于电流曲线 I 穿过电位轴位
置的电势，即该处 $I=0$。

　　必须指出，对于可逆过程，如果反应是扩散控制的，循环伏安图就不是镜面型，阳极峰
电流电势比阴极更正。这是因为即使反应是可逆的，从阴极扫描电势开始的阳极扫描，需要
在不同的电极电势下，在边界扩散层中建立产生相等但相反扩散控制电流的一定的浓度梯
度。如果这种可逆反应发生在薄层电池中，溶液的厚度远远小于边界扩散层的宽度，则趋向
于获得镜面对称的循环伏安图，类似于可逆的表面膜过程。

　　还存在一种电化学电容器与电池间的过渡行为，即 Li$^+$ 向层状晶格结构阴极材料，如
MoS$_2$、TiS$_2$、V$_6$O$_{13}$ 和 CoO$_2$ 的嵌入过程，这些阴极材料通常与 Li 阳极或 Li-C 阳极共同组
成电池。这些体系充放电曲线的形式和相关的电容，甚至循环伏安曲线的形状均类似于二维

电吸附，即欠电位沉积。因此，这类材料的行为实际上居于体相电池反应物和准二维的准电容电极之间。

12.3 双电层电容及碳材料

前已述及，电化学电容器是以两种类型的电容行为为基础的。一种是电极界面处的所谓双层电容；另一种是在某些电极上的法拉第准电容。

双层型电化学电容器的原理是利用在高比表面积炭粉或多孔碳材料上开发的大电容，所用碳材料的比表面积一般在 $1000\sim2000 m^2/g$。碳材料名义上的比电容一般认为是 $25\mu F/cm^2$，因此理论上可得到的总电容为 $1000\times10^4 cm^2/g\times25\mu F/cm^2=2.5\times10^8 \mu F/g=250F/g$。在 1V 的电势下工作时，理论上该电容能够存储 $250J/g$ 的能量。但实际上只能实现该值的约 20% 或更少。

需要说明的是，利用电极/溶液界面双层电容的电容器，必须由两个这样的界面制成，在电解液中一个正向充电，而另一个负向充电。与电池一样，两个电极之间装有隔膜。图 12-4 所示为双电极、双界面的单体电容器。

充电条件下，电容器内有两个界面电势降，穿过如图 12-4 所示的各个双层。放电时，溶液内部还存在一个随电流变化的欧姆电势降 IR，充电时的情况正好相反，如图 12-5 所示。

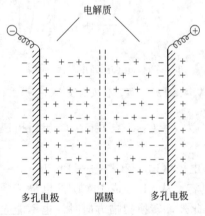

图 12-4 充电后开路时的两电极双电层电化学电容器的结构

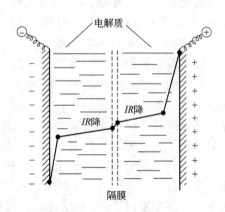

图 12-5 放电时穿过电化学电容器的电势变化

12.3.1 双电层模型及其结构

人类对于电极/溶液界面的理解，经历了一个由浅入深的认识过程。Von Helmholtz 首先提出了"平板电容器"模型，或称为"紧密双电层"模型。在该模型中，电极表面上和溶液中的剩余电荷都紧密地排列在界面两侧，形成界面双电层结构。该结构类似于荷电的平板电容器，如图 12-6(a) 所示。

Von Helmholtz 模型提出一段时间后，人们逐渐认识到双电层溶液一侧的离子不会像图 12-6(a) 所示的紧密排布那样保持静态，而是按照 Boltzmann 原理受热运动的影响。由此，Gouy 将热运动因素引进到修改的双层模型中，提出了"分散双电层"模型，如图 12-6(b) 所示。在该模型中，离子被假定为理想的点电荷，可以较满意地解释稀溶液中零电荷电势附近出现的电容极小值。但由于忽略溶剂化离子的尺寸及紧密层的存在，当溶液浓度较高或表面电荷密度较大时，则存在较大的误差。

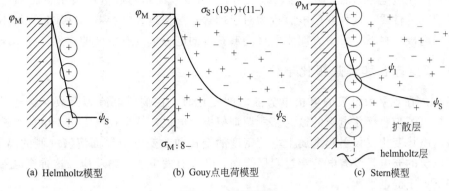

(a) Helmholtz模型　　　(b) Gouy点电荷模型　　　(c) Stern模型

图12-6　双层模型

　　Chapman 在应用 Boltzmann 能量分布方程和 Poission 方程的基础上，做出了 Gouy 分散层模型的较详细的数学处理。值得提出的是 Chapman 采用了 Debye 和 Hückel 处理强电解质溶液中离子氛理论时大致相近的基本概念与数学方法。但 Gouy-Chapman 的处理导致了双层电容在溶液浓度较高或表面电荷密度较大时的过度估算。

　　在总结上述模型的基础上，Stern 提出了新的模型，如图 12-6(c) 所示。如果考虑离子具有一定的尺寸，包括溶剂化层的厚度，可以很容易地确定在电极表面处，吸附离子紧密层的几何尺寸，如图 12-6(c) 所示。这相当于 Helmholtz 型紧密双层，其电容为 C_H。而紧密层外残存的离子电荷密度被认为是双电层的"扩散"区，其电容为 C_{diff}。C_{diff} 和 C_H 是全部双电层电容 C_{dl} 的共轭元件，其关系为：

$$\frac{1}{C_{dl}} = \frac{1}{C_H} + \frac{1}{C_{diff}}$$

(12-2)

相应的 C_{diff} 和 C_H 的串联关系的等效电路为：

　　由于等式(12-2)的倒数形式，可以看出 C_{dl} 小于两个元件 C_{diff} 和 C_H。这在确定双层的性质和作为电极电势及溶液离子浓度函数的电容是相当重要的。

　　通过引入限定尺寸的离子接近电极的距离概念，就从几何上确定了双电层中紧密 Helmholtz 层的内部范围。Gouy-Chapman 处理所导致的太高电容的问题就自动避免了。

　　此后，Grahame 提出将界面上 Helmholtz 层进行进一步的区分，即按电极表面的阴离子和阳离子靠近界面距离的不同分为内、外 Helmholtz 层。这种靠近距离的差异主要由以下原因引起：大部分阳离子小于阴离子，且由于离子-溶剂间强烈的相互偶极作用，阳离子周围维持有溶剂层。这样，Grahame 模型（图 12-7）由 3 个不同的区域构成：内 Helmholtz 层、外 Helmholtz 层和永远存在的离子扩散分布区域。在极端极化的情况下（即高正或高负电荷密度），一种或另一种 Helmholtz 层占据主要地位，该层中拥有大量的由于该极化而聚集的阴离

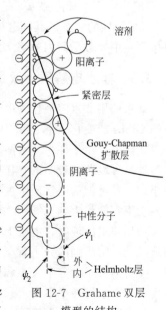

图12-7　Grahame 双层
模型的结构

子或阳离子。由于阴离子靠近界面的距离通常小于水合阳离子，正向充电电极表面的内层电容两倍于负向充电电极表面的电容（16~25μF/cm^2）。具体的数值取决于金属和电解质离子，以及溶剂的性质。这种双层电容行为对于理解双层型超级电容器的性质，理解不同电势范围、不同电极材料下，每平方厘米电极能够获得的电容量具有重要的意义。

12.3.2 双层电容和理想极化电极

Grahame 在观察汞电极的电极电势随时间变化时，在响应电流为常数（静电充电）的基础上，提出了理想极化电极的概念。所谓理想极化电极，就是在其上由于电荷流进和流出电极所致的电势变化仅仅引起金属上电荷密度的变化和改变电极界面溶液一侧的离子密度，即导致双电层的充电，没有电荷穿过双层界面，即没有发生法拉第反应。这种充电界面在给定的电势下处于静电平衡。

应该引起注意的是，当电极电势无论正向还是负向偏移超出溶剂-电解质的分解电势范围之外后，仍旧能够发生进一步的双层充电（或放电），因此通过的总电流密度是双层充电部分 i_{dl} 和法拉第溶液分解部分 i_F 的总和，即 $i = i_{dl} + i_F$。

当存在其他溶质或杂质，且其热力学氧化和还原电势处于水或其他溶剂分解电势的限度之内时，也会有法拉第电流伴随双层充电电流通过。该法拉第电流服从关于电极电势变化的塔费尔方程；或者该过程可能受扩散控制。借助于电化学阻抗谱技术，可以区分双层充电过程和法拉第过程。

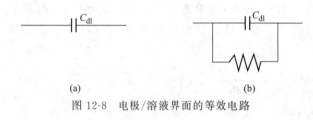

图 12-8 电极/溶液界面的等效电路

在利用交流阻抗法研究界面电化学行为时，理想极化电极的等效电路可以简单地用电容［图 12-8(a)］代表，其电容值决定于电极电势。当存在法拉第过程时，就存在一个平行于双层充电电流的电流，等效电路中可以通过一个与双层充电电流并联的电流，其等效电路见图 12-8(b)，具有一个等效的法拉第漏电阻 R_F。R_F 一般决定于电极电势 φ，是 φ 的指数函数，但对于小的电势偏移 $\Delta\varphi$，R_F 与 $\Delta\varphi$ 或过电势 η 呈近似线性的关系。其随电极电势的变化可用所谓的"微极化"实验或观察不同恒电势下阻抗测量中复数平面内的 Z''-Z' 图的半径变化来指示。

12.3.3 非水电解质中双层的行为和非水电解质电容器

如果使用非水溶剂作为电解质，双层电容就可能实现较高的工作电压。因而就可得到较高的 Gibbs 能变化 ΔG，且在某些情况下，由于 $\Delta G = CU^2/2$，能够得到较好的功率密度。

实际上，由于许多非水溶液都具有 3.5~4.0V 的较大分解电压，采用这种电解质溶液，电容器就可以获得较高的工作电压。因此理论上的能量密度就变为水溶液介质的 12~16 倍。理想地，在类似的电解质浓度下，如果大部分非水溶液的电阻率不明显大于水溶液，相应的初始功率密度将大到 3.5~4.0 倍。

使用非水溶液时，电极上电容行为实际上完全不同于水溶液的情况。主要是由下面的差别造成的：①溶剂的介电常数；②各种溶剂和阴离子的电子对给体数；③溶剂分子的偶极矩；④溶剂分子的分子大小和形状；⑤由于溶解能的差别和几何学因素，从非水溶剂中吸附阴离子与在水溶液中不同；⑥液相溶剂的体相分子间的结构，例如不存在氢键。

与水溶液介质中电极界面的研究相比，实际上人们对非水溶液中电极界面的研究工作非常少。这是因为在非水溶剂的提纯和干燥上通常存在许多具体的实验问题。

以炭粉末和碳纤维作为电极材料在本领域已经做了许多与商业化有关的研究工作，但常常涉及知识产权问题。在基础研究方面，大部分工作则是研究非水溶液中 Hg 电极界面与该金属在水溶液介质中性能的比较。研究的内容涉及：①评估各种非水溶剂介质中电极界面的双层电容与水溶液中行为的比较；②探索包含不同阴离子和阳离子的各种电解质的行为，特别是各种四烷基季铵盐和某些低熔点、具有烷基吡啶和烷基咪唑鎓结构的纯有机盐；③与溶剂类型和分子结构有关的双层电容行为的理论探索；④双层电容和溶液性质与各种非水溶液介质中离子溶剂化能的关系；⑤各种溶剂分子在电极表面的吸附行为。但是，大部分内容的研究并没有达到相应的水溶液行为性质研究已经达到的深度和细节。

采用非水溶液的电容器，尽管具有较高的工作电压，但其单位能量密度的成本实际上都比水溶液系统高很多。一方面材料和制备的环境要求（干材料和干空间装配）较昂贵，另一方面非水电解质溶液在长时间循环后的稳定性与水性介质电容器中的简单酸碱电解质相差很大。

与水溶液相比，大部分非水电解质溶液较难提纯，且残余的杂质能够导致一系列的自放电问题。但是，在锂电池工业中，非水溶剂，如碳酸丙烯酯、碳酸乙烯酯、四氢呋喃和二甲氧基乙烷的纯化技术已经积累了很多经验，这些技术可以应用于非水电化学电容器的制备。

12.3.4 用于电化学电容器的碳材料

碳材料是目前用于制造双电层型电化学电容器的唯一选择，该种类型电容器的发展实际上取决于人们对碳材料了解的程度，特别是其中较大弥散且导电的碳材料。

对双层型电化学电容器的制备而言，对碳材料的活化处理是首选的工序。碳材料一般是由煤、沥青、木材、椰壳或聚合物等加热炭化得到，但这些材料必须进行某种活化处理以获得最大的真实面积、最适宜的孔径分布和最好的稳定性。活化处理方法有很多，如在惰性气氛或真空中 $2000\sim2800℃$ 热处理，能够发生微石墨化，某些表面或边缘的官能团被分裂性蒸馏或裂解。又如在高温下（约 $1000℃$）的 CO_2 中处理或蒸汽处理，对于改变或清除碳纤维表面含氧基团和打开微孔结构，同样是有效的。在这些环境下，碳可能与 H_2O 或 CO_2 发生反应，伴随石墨微晶内环状结构的不饱和变化。另外还有其他的氧化性处理等。

目前，人们主要使用两种形态的碳材料制备电容器电极：高比表面积的粉末碳材料或碳纤维，其中采用碳纤维制备的电极一般具有良好的机械完整性和良好的导电性。近年来，具有高比表面积微管碳纤维产品的出现，如碳纳米管，使人们燃起了得到优良多孔结构电化学电容器电极的希望。但研究表明，其不太可能成为大规模应用的电容器电极材料，原因在于所需的数量和相对高的价格。

对于电化学电容器而言，用于双层型电容器的碳材料必须具有：①高的真实比表面积，一般要在 $1000m^2/g$ 以上；②碳颗粒和颗粒间具有良好的导电性；③内孔表面具有良好的电解液可达性。此外，碳材料的表面状态对于能否获得最好的性能，即高的比电容和电导率，以及最小自放电率，实际上非常重要。

由于表面存在"悬挂键"，绝大部分暴露在空气中的碳含有吸附氧，其中大部分为化学吸附，这些氧可能导致各种氧基表面官能团，如酮、过氧化氢、羟基、醌型的基团。

显微镜下，在制备电化学电容器的某些粉末碳材料中，能够发现石墨的踪迹。由于石墨具有如图 12-9 所示层状结构和大 π 键，粉末状石墨材料的电导率通常高于非晶态的碳粉末。

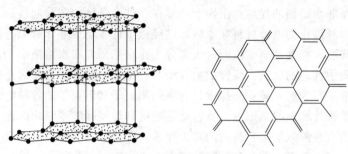

图 12-9　石墨的层状晶体结构及其共轭大 π 键

碳颗粒的表面状态和性质很大程度上取决于制备和处理过程。碳材料中的氧化还原型表面官能团一定居于碳颗粒的界面处，在石墨材料上则主要分布在二维平面结构的边缘，其含量正比于材料的比表面积。这些官能团的某些氧化还原反应显然会产生准电容 C_Φ。实际上，对某些碳材料，C_Φ 能够达到实际总电容的 $5\% \sim 10\%$。原则上可以借助于阻抗分析来区分 C_Φ 和 C_{dl} 各自对总电容的贡献。

表 12-1 列出了与碳材料表面结构有关的官能团。这些表面结构影响碳材料的润湿性，而润湿性对于电解液接近碳材料的表面形成固/液界面相当重要。电容器在这方面的要求与气体扩散燃料电池的电极完全相反，后者常常需要加入憎水添加剂，以保持电极基体的三相气/液/固界面。

表 12-1　碳材料的表面官能团

碳材料	官能团	碳材料	官能团
α-二酮		甲醇	
酮		α-对苯二酚	
酚		内酯	
羧基	—COOH		

12.3.5　关于碳材料的双层电容

已经有许多关于石墨基面边缘部分和粉末碳材料双层电容的研究。但是，报道的电容值差异很大，从 0.9mol/L NaF 水溶液中热解石墨普通基面的 $16 \sim 60\mu F/cm^2$ 到 0.5mol/L KCl 水溶液中的 $60\mu F/cm^2$。但是，开裂基面在 0.5mol/L 的 KCl 水溶液中的电容报道值为比较低的 $12\mu F/cm^2$，这或许与开裂基面比较洁净有关。对于加压退火的热解石墨，剥落基面膜在 NaF、NaOH 和 H_2SO_4 溶液中的电容值在 $20\mu F/cm^2$ 左右，而对于抛光的边缘基面部分，却得到 $50 \sim 70\mu F/cm^2$ 的较高值。

研究结果表明，炭黑的电容值为 $4.5 \sim 10\mu F/cm^2$，"活性的" 碳约为 $10 \sim 15\mu F/cm^2$，石墨粉末表现出 $20 \sim 35\mu F/cm^2$ 的电容值。而 "石墨毡" 却只有 $1 \sim 3\mu F/cm^2$。这些结果相

差很大，其原因可能是试样的真实面积没有得到正确测定，或制备试样时石墨毡的表面被非极性有机物污染的结果。需要指出的是，这里所说的真实面积的测量结果通常是不可靠的。另一个问题是测量时，必须指定电势范围，否则也可能出现差异。

由于碳材料表面不像 Hg 或 Au 那样是理想极化电极，因此测量时，可能发生表面氧化反应和可能的嵌入过程，特别是在阴极极化时，这些都会影响测试结果。因此，碳/溶液界面的电化学特征实际上比各种金属，特别是贵金属和汞要复杂得多。

12.3.6　影响碳材料电容性能的因素

制备双层型电化学电容器通常使用高比表面积的碳材料，如炭粉末、碳纤维、炭毡，或所谓"炭气凝胶"，这些碳材料一般要在高温下在 N_2、O_2 或水蒸气中进行热处理。这些处理具有表面官能团修饰、开孔或改变孔结构、去除杂质等效果，或在高于 2300℃ 的温度下热处理，以提高微石墨化程度，但高温处理通常会减小材料的比表面积或改变孔率。表 12-2 所列为碳材料的部分处理方法及结果。图 12-10 为各种温度下惰性气氛中热处理 2h 的碳材料，比表面积的改变和氧含量随温度变化的关系，温度区间为 0～2700℃。超过 1200℃，使用惰性气氛或真空时，表面含氧官能

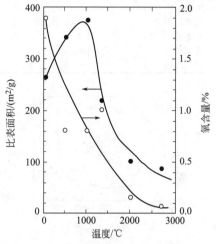

图 12-10　碳材料比表面积和束缚氧随热处理温度的变化

团大部分都以 CO 或 CO_2 的形式被清除了。含氧官能团的存在一般是不受欢迎的，因为它们影响循环寿命的稳定性或参与自放电过程。

表 12-2　碳材料的修饰方法及结果

方　　法	结　　果
液相氧化(例如,氧化性酸)	提高表面积和孔率,降低密度,提高表面官能团的浓度
气相氧化(例如,O_2、H_2O)	提高表面积和孔率,降低密度,提高表面官能团的浓度
等离子体处理(例如,原子氧)	提高表面积和孔率,改善润湿性,提高表面官能团的浓度
惰性气氛热处理	降低表面积和孔率,提高密度,较多的石墨表面结构,降低表面官能团的浓度

在选择和优化用于双层型电容器的高比表面积碳材料时，前处理类型和前驱体的性质是主要因素。例如，用于双层型电容器所用的比表面积为 $1600m^2/g$ 的活性碳纤维（ACFs），就是采用碳化酚醛树脂，而后在 1000℃ 温度的蒸汽中活化制备的。图 12-11 列出了部分碳材料的类型与其前驱体的关系。

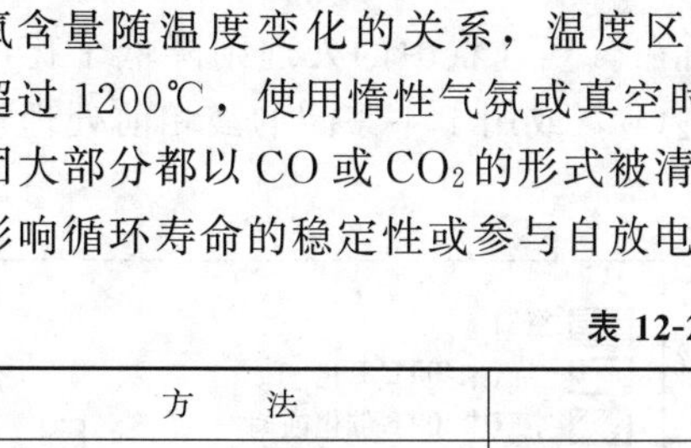

前驱体	用于双层电容的碳材料
碳氢化合物气体	炭黑
聚合物材料	碳纤维
石油	微珠
煤炭	炭气凝胶
可再生燃料	炭粉

图 12-11　碳材料类型与前驱体的关系

表 12-3 列出了各种碳材料在不同电解质中能够获得的比双层电容（$\mu F/cm^2$），这些比电容值实际上反映了碳材料的前处理历史和其形态特征。基于碳材料的双层型电容器的性能实际上由多种因素确定，如平均孔径、孔径分布、孔结构及其对于电解液的可达性、与含氧官能团有关的润湿能力和分布的欧姆内阻。

研究结果显示，对碳材料的不同前处理，可以引起比电容的变化。例如图 12-12 所示的结果表明，活性

表 12-3　碳材料典型的电化学双层电容值

碳材料	电解质	双层电容/($\mu F/cm^2$)	备　注
活性炭	10% NaCl	19	比表面积 $1200 m^2/g$
炭黑	1mol/L H_2SO_4	8	比表面积 $80\sim230 m^2/g$
	31%（质量分数）KOH	10	
碳纤维毡	0.51mol/L Et_4NBF_4 在碳酸丙烯酯中	6.9	比表面积 $1630 m^2/g$
石墨：基面	0.9mol/L NaF	3	高取向热解石墨
边缘面		$50\sim70$	
石墨粉末	10% NaCl	35	比表面积 $4 m^2/g$
石墨毡	0.168mol/L NaCl	10.7	固态面积 $630 m^2/g$
玻璃碳	0.9mol/L NaF	-13	固态
炭气凝胶	4mol/L KOH	23	比表面积 $650 m^2/g$

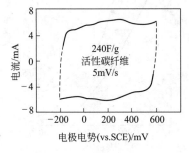 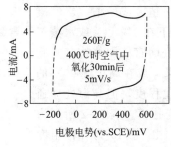 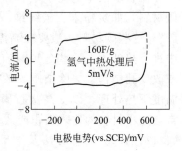

图 12-12　气相热处理对碳纤维循环伏安曲线的影响

碳纤维在氧化性气氛中的处理提高了材料的比电容，而在氢气气氛中的处理则降低了比电容。图 12-13 的结果显示，利用 $NH_3 \cdot H_2O$、强酸、H_2O_2，或用 1,4-萘醌的液相前处理均不同程度地改善了碳纤维材料的比电容（F/g）。

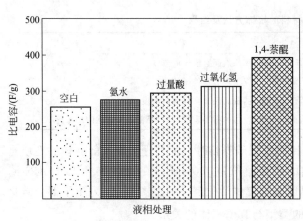
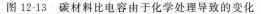

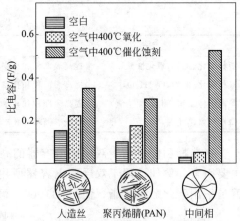

图 12-13　碳材料比电容由于化学处理导致的变化

图 12-14　表面蚀刻和氧化对三种纤维碳材料比电容的相对影响

　　图 12-14 所示为三种碳纤维材料的处理——人造丝、聚丙烯腈（PAN）和中间相的表面氧化和蚀刻效果比较，可以看出，采用图中所示的前处理，能够使材料的比电容较大幅度地增加。

　　近年来，人们做了许多有关碳粉末和纤维材料前处理的实验性开发研究工作，目的是优化能量密度和电容器电极的循环寿命，但是这些研究主要是应用性的。尚缺少对各种碳材料进行系统性的、较高定量化的基础研究。主要包括：①多孔碳材料的孔径分布及其与可充电的真实表面积之间的关系；②总电容 C 中氧化还原准电容 C_Φ 与双层电容 C_{dl} 的关系；③氧

化还原准电容 C_Φ 与参与充放电反应的表面官能团的分布和性质的关系；④分布的电解质电阻与内、外等效串联电阻 ESR 的关系；⑤碳材料的表面化学性质与其搁置寿命的稳定性、循环寿命和自放电性能的关系；⑥各种前处理工艺。只有广泛进行基础性的研究，才能实现电容器性能的优化和在少量实验的基础上提升该领域的水平。

12.4　法拉第准电容及氧化钌材料

基于所谓准电容的电容器是对双层型电化学电容器的补充，它产生于某些电吸附过程和电极表面或氧化物膜，如 RuO_2、IrO_2、Co_3O_4 上的氧化还原反应。在电化学电容器和有关的电池领域，称之为"准电容"的术语和现象，其意义还没有被充分地认识。

通常的双层电容由电极电势引起，依靠静电方式（即非法拉第方式）在电容器电极界面处存储表面电荷。而准电容在电极表面的产生，则利用了与双层充电完全不同的电荷存储机理，即利用法拉第过程，包括电荷穿过双层，与电池充电和放电一样，但由于热力学原因导致的特殊关系而产生了电容，这个特殊关系就是电极上接受电荷的程度（Δq）和电势变化（$\Delta \varphi$）之间的关系。该关系的导数 $\mathrm{d}(\Delta q)/\mathrm{d}(\Delta \varphi)$ 或 $\mathrm{d}q/\mathrm{d}\varphi$，就相当于电容，能够用公式表示并能通过实验测定。通过上述体系得到的电容就称之为准电容，因为它的产生方式完全不同于主要由双层电容器展现的传统静电电容类型。

已经清楚，双层电容器表现出的准电容约占总电容的 1%～5%，该准电容是材料表面（边缘）含氧官能团的法拉第反应引起的，这些官能团取决于碳材料的制备和前处理条件。另一方面，与电池一样，准电容器也总是能够表现出部分静电双层电容，该双层电容与电化学可达的界面面积成比例，大约为 5%～10%。

基于章节的限制，本书不含有关于法拉第准电容产生的热力学和动力学方面的推导和解释，感兴趣的读者可以参看有关专著。

12.4.1　准电容（C_Φ）和双层电容（C_{dl}）的区分方法

通过电化学阻抗谱的测量，原则上可以区分准电容（C_Φ）和双层电容（C_{dl}）。在任何电化学体系中，都存在界面双电层，与该双电层有关的电容取决于电极电势。在电极材料还表现出准电容的情况下，准电容 C_Φ 与 C_{dl} 并联组合，但通常直接串联一个取决于电势的法拉第反应内阻 R_F，如图 12-15 所示。因此等效电路具有两个与频率有关的阻抗弥散范围：一个在相对高的频率上相应于 C_{dl}，而第二个在较低的频率上相应于 C_Φ 和 R_F，一般可以在阻抗的真实和假想元件的复数平面图内得到解析。因而，对这样的行为，能够区分 C_Φ 和 C_{dl} 元件。

然而，在多孔电极的情况下，当 C_Φ 较大时，区别 C_{dl} 和 C_Φ 是相当困难的，这是由于 C_Φ 和 C_{dl} 贯穿多孔基体的分布属性，持续增加的沿着孔分布的电解质内阻以串联-并联的形式与电容元件排列在一起。基于这样的原因，通常很难区分碳双层中的 C_Φ 元件，即使由于表面官能团反应导致的 C_Φ 可能很大。

上述关于在实验测量中双层电容与准电容间差别的讨论，实际上假定了双层充电过程与同一电极中准电容充电时法拉第形式通过电荷的过程是各自独立的。但这并不是必然正确的，在双层充电与同时发生的法拉第过程之间事实上可能存在某种联系。

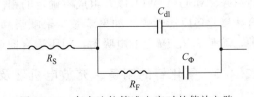

图 12-15　存在法拉第准电容时的等效电路

12.4.2　用于电化学电容器的氧化钌（RuO₂）材料

早在人们将 RuO₂ 作为优良的电催化表面，与 Ti 基体上的 TiO₂ 结合，制备用于氯碱工业的"形稳阳极"（DSA）时，就发现其可用作电化学电容器的材料。在早期研究中，高比表面积 RuO₂ 膜可以通过热化学的方法，即将涂到 Ti 基体上的 RuCl₃ 或（NH₄）₃RuCl₆氧化来制备。上述钌盐在 350～550℃ 间的热化学分解生成了 RuO₂ 或某些 RuO₂ 和 TiO₂ 的复合物。与其他可以产生准电容器的体系相比，RuO₂ 能在 1.4V 的电势范围内产生相对恒定和可感知的电容。在高于氢可逆电势 1.4V 的范围内，通过电势循环在 Ru 金属电极上也能形成氧化钌膜。如图 12-16 所示，在硫酸水溶液中。在 Ru 金属电极上形成的最初的单层氧化物与发生在 Pt 上一样。但是，与 Pt 电极不同的是，随着循环的继续，Ru 金属电极上的氧化物膜持续增加，这是因为扫描到最低的电势时，氧化物膜没有被氧化成 Ru 金属。这样形成的二氧化钌膜的循环伏安图具有图 12-17 所示的形状，其行为非常类似于电容器。由此，人们认识到这种 RuO₂ 膜材料的准电容行为，因为几乎矩形的镜像循环伏安图（图 12-17）正是电容的特征。

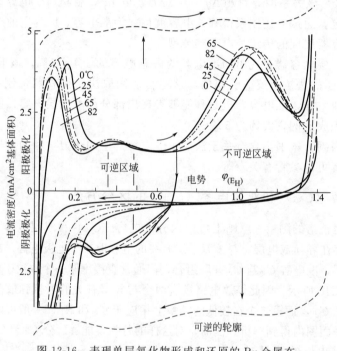

图 12-16　表现单层氧化物形成和还原的 Ru 金属在
1mol/L H₂SO₄ 溶液中的初始循环伏安行为

在随后进行的大量研究中，人们发现能够产生与 RuO₂ 膜类似准电容行为的材料主要有两类：①过渡金属的电活性氧化物或水合氧化物膜，如 RuO₂ 和 IrO₂，某些其他氧化物如 Co₃O₄、MoO₃、WO₃ 以及组成不确定的钼的氮化物；②电解方式制备或化学形成的导电聚合物氧化还原活性膜，如聚苯胺、聚吡咯和聚噻吩以及它们的衍生物。此外，还存在第三种，就是 H 在 Pt 上的电吸附，但不适合商业开发。

12.4.3　氧化钌的制备、充放电机理及电化学行为

表现出良好电容性行为的 RuO₂ 电活性膜能够以两种方法形成：①在 H₂SO₄ 水溶液中

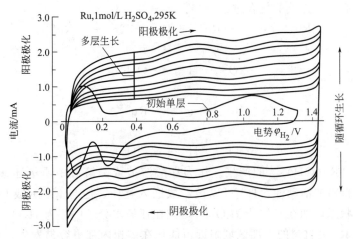

图 12-17　随循环持续生长的氧化物膜的循环伏安曲线

的金属钌或钌化基体如 Au、Pt 或碳上，在约 0.05～1.4V 间进行电化学电势扫描。在长时间的循环后，膜能够生长到几微米的厚度；②将 $RuCl_3$ 或 $RuCl_3$ 与钛的异丙醇盐一起喷涂在一个合适的阳极稳定的金属如 Ti 上，在 300～400℃的空气或氧气中烧制该沉积物。通常重复喷涂和烧制过程 10 余次，以制备相对厚的导电膜。膜的厚度和烧制温度决定了电极的性能。

关于热化学方法形成的 RuO_2 膜在循环伏安实验中表现出电容性行为，早期也出现了争论，即这种响应是否是由于氧化物膜比较大真实面积上产生的双层电容，或者双层电容与氧化还原准电容共同引起的。在电化学形成的水合 RuO_2 膜的实验中，人们发现比电容非常大，很难仅仅用膜外部微粗糙表面的双层电容来说明，这实际上明确了该电容主要来源于氧化还原过程，由氧化物中 Ru^{2+}、Ru^{3+} 和 Ru^{4+} 电对引起。

电化学生长的 RuO_2 膜厚度超过几微米，呈现多孔的结构。图 12-18 所示的片状结构和图 12-19 所示的筒形结构，这些结构说明在 RuO_2 膜上可以得到比较大的比表面积，从而可以形成巨大的电极/电解质界面，有利于发生二维或准二维法拉第反应。

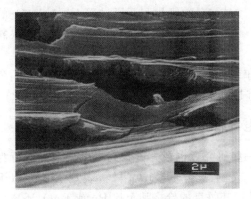

图 12-18　Ru 金属上阳极氧化生
成的厚 RuO_2 膜的碎片结构

图 12-19　Ru 金属上阳极氧化生
成的 RuO_2 膜筒形结构

一般认为氧化钌电极的充放电机理是电子-质子共同迁移过程，类似于 Ni^{II}/Ni^{III} 氧化物或 $Zn-MnO_2$ 电池阴极材料 $\gamma-MnO_2$ 放电初级过程中所谓的均相阶段。

在 MnO_2 中，类似金属性的导电性使得电子容易地迁移进入和通过电极的基体，如果 MnO_2 具有水合结构，则质子比较容易迁移，也可能进入和通过体相。因此在 RuO_2 膜中可能存在交叠在一起的、连续的复合过程，如：

$$Ru^{4+} + e^- \longrightarrow Ru^{3+} \text{ 或 } Ru^{6+} + 2e^- \longrightarrow Ru^{4+} \tag{12-3}$$

与

$$O^{2-} + H^+ \longrightarrow OH^- \tag{12-4}$$

或进一步的

$$Ru^{3+} + e^- \longrightarrow Ru^{2+} \tag{12-5}$$

与

$$O^{2-} + H^+ \longrightarrow OH^- \tag{12-6}$$

后一步能够导致"$Ru(OH)_2$"的产生。作为在酸溶液或碱溶液中质子迁移活动性的基础，质子必须有相对自由的活动性。H^+可以被看成嵌入物质，但与MnO_2或CoO_2中的Li^+不同，它处于定域状态，如在O^{2-}上为OH^-，或在任何水分子中，为H_3O^+。

上述过程在RuO_2材料的表面区域附近可能比在体相内部更容易发生，且对氧化物中结构和非化学计量的不完整性敏感。

与上述氧化还原充电和放电机理同样重要的是，因为RuO_2材料通常具有$20\sim90m^2/g$的相当大的比表面积，将会有相当数量的电荷用于双层充电。

对于RuO_2的电容行为而言，值得注意的是在图12-17的循环伏安曲线中，虽然有几个突起很小的最大值点，但在$1.4V$的范围内却得到几乎恒定的电容值C_Φ。对于电化学方法形成的材料，其电容实际上主要是氧化还原准电容，因此几乎恒定的C_Φ一定是由该电势范围内几个氧化还原过程叠加而成的。图12-20所示为这种叠加的示意，其中Q为累积电荷。

对于RuO_2，能够识别出有三个连续的氧化还原阶段，涉及氧化态Ru^{2+}、Ru^{3+}、Ru^{4+}，也许还有Ru^{6+}。与Pt或Au的氧化和还原过程不同，RuO_2的循环伏安图不涉及还原到Ru^0，即裸露金属表面的阶段。

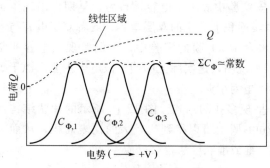

图12-20 三个氧化还原电容C_Φ叠加构成几乎常数净电容的示意

实际上，试图将RuO_2的电容行为完全归因于氧化还原反应是不全面的。由于RuO_2膜结构的多孔性，在C_Φ为主要贡献的同时，可能有超过10%的双层电容的贡献。

12.4.4 其他氧化物膜表现的氧化还原准电容行为

在研究RuO_2作为超级电容器材料的同时，一些研究者也在尝试找到可以表现类似行为但价格低廉的其他导电过渡金属氧化物。当然，人们已经知道IrO_2材料表现出了类似于RuO_2的准电容行为，其工作电势范围很窄。而且，其每克的价格甚至比Ru或RuO_2还高。

通过对RuO_2材料的研究，一般认为对能够表现出氧化还原准电容的氧化物材料的总的要求为：①氧化物具有电子导电性；②以两种或多种氧化态的形式存在，各种氧化态之间能够发生电子转移，这些状态能够在连续的范围内共存，没有涉及三维结构不可逆变化的相变；③还原时质子能够自由嵌入氧化物晶格，氧化时能够自由从晶格脱出，允许$O^{2-} \rightleftharpoons OH^-$容易地互相转变。对于热形成的氧化物膜，这些过程可能只在材料的表面附近的区域发生，但水合氧化物膜则没有限制。

　　能够产生准电容性电化学行为的其他氧化物有 WO_3、MoO_3 和 Co_3O_4 的膜。最近发现钼的氮化物膜也表现出氧化还原准电容行为，但这可能是由于水性电解液中水解产生了 MoO_3。图 12-21 和图 12-22 为在 W 和 Co 上电化学形成的氧化物膜上观察到的几乎可逆的充电和放电行为的部分实例。Mo 上也有类似的行为，然而，它们的工作范围仅仅约 0.8V，远小于 RuO_2。

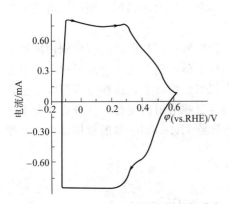

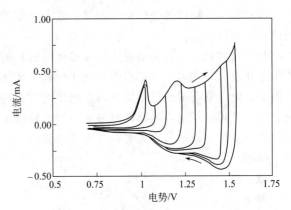

图 12-21　W 上电化学形成的氧化物膜在
1mol/L H_2SO_4 溶液中的循环伏安曲线

图 12-22　Co 上电化学形成 Co_3O_4 氧化物膜
在 KOH 溶液中的循环伏安曲线

　　除上述氧化物外，能够表现出较大比电容的其他价廉和容易制备的材料是导电的、电活性聚合物家族，如聚苯胺、聚吡咯、聚噻吩和它们的衍生物。它们的行为类似于氧化还原型准电容，代表了一个特殊类别的材料，详见下节的内容。

12.5　导电聚合物膜的电容行为

12.5.1　概述

　　早在 20 世纪 80 年代初，人类就发现了类似"金属性"的导电聚合物，并导致了电化学聚合物科学在化学和物理学方面以及电子学方面研究的迅速发展。其中最早研究的材料为聚乙炔，紧接着就是对聚苯胺、聚吡咯和聚噻吩的电化学研究。

　　聚乙炔和上述 3 种其他的芳香族化合物的特点是具有大的共轭 π 轨道，由此导致了这些聚合物的电子导电性。与该共轭 π 轨道有关的是它们通过分别失去和得到电子而被电化学氧化或还原的能力，这种电子得失直接发生在阳极或阴极界面处。

　　一般将共轭聚合物的导电性与掺杂杂质的本征半导体如 Si 和 Ge 进行比较，采用术语"p-掺杂"和"n-掺杂"分别用于描述电化学氧化或还原的结果。但是，这两个术语似乎并不总是恰当的，因为它们与其在半导体科学中的各自的意义不符。

　　借助于电化学氧化和还原反应在电子共轭聚合物链上引入正电荷和负电荷中心，正、负电荷中心的充电程度取决于电极电势，使得这些材料可能用于超级电容器。采用这种聚合物开发出的电容，可以认为是氧化还原型准电容，因为与法拉第氧化还原过程有关。这种电容同时也伴随双层电容，可能约占比准电容的 2%～5%。

　　导电聚合物体系向人们提供了一个通过其氧化还原电容大量存储电化学能量的机会。与 Li 嵌入体系或 RuO_2 一样，导电聚合物通过法拉第过程大量存储能量，其电荷存储过程形式上相当于"电池类型"的行为，但表现出的却是电容器的电性能，即在累积电荷（q）和电极电势（φ）间存在一个函数关系，其导数 $dq/d\varphi$ 相当于（准）电容。但是，由于这些聚合物在其充电态时的类金属性质，能够从形式上证明所开发的电容是双层型的。由于充电和放电过程中不涉及任何可感知的结构变化，因此其过程高度可逆。

适合作为电化学电容器材料的导电聚合物，其电化学行为的基本特征是：①随电极电势增大出现连续的氧化态范围；②相当于电荷进退的法拉第过程的可逆性。由此涉及的循环伏安过程产生几乎镜像的循环伏安曲线，这是电容器放电和充电行为的特征，相应的电流随扫描速率增加而增加。

对于诸如聚甲基丙烯酸或聚乙烯基吡啶这样的聚合物电解质，其电离过程分别由脱质子或质子化引起。在强碱或强酸中，离子化程度能够达到每个单体链上约一个离子中心。对于导电聚合物，电荷则通过接受或给出电子对的过程引入到聚合物链上，这些过程形式上包含具有电荷迁移的氧化或还原，电极表面行为随电子对的接受和给出而变化。这种高电荷密度通常需要通过与链电荷有关的补偿离子得以维持，从而导致 Helmholtz 型的双层结构，如图 12-23 所示。

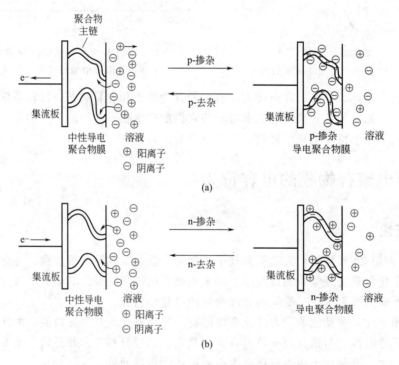

图 12-23　充电导电聚合物链上准线性双层的形成

在上述电子对的接受或给出和脱质子化或质子化的电离中，由于电解质的补偿作用，能够有效地建立起准线性、一维的类似圆柱状的 Helmholtz 双电荷层。对于导电聚合物材料充电时，区别充电过程是一维双层型（见图 12-23）或一维氧化还原准电容型变得有些困难，但这实际上很重要。

对于这些材料而言，似乎出现了一个术语上的困难：从聚合物导电状态的意义上看类似于金属，电子电荷的注入和聚集类似于金属，因此电荷存储是双层型的；但是，其过程却包含具有法拉第性质的化学（电子）变化，即基团阳离子或基团阴离子中心的形成或消除；由此产生的电容也可以认为是准电容。在某些方面，材料表现出的是半导体性质。

将聚合物膜的充电过程看作类似双层性，还是看作涉及氧化态变化的法拉第性，对此问题的考虑主要围绕着类似于金属界面的充电是否包含离域导电键电子或聚合物链上单体氧化状态的局部变化。或许，开始时是低度氧化，而后来的情形是在对引入的电荷中心进行高度充电得到的，这些中心由于谐振作用而变成离域性，由此适用双层充电模型。

使用导电聚合物材料的电化学电容器与其他有关类型的体系（特别是 RuO_2）相比，可能的几个优点如下所述。

① 材料至少在充电状态下，具有良好的内在自动导电性，因此，尽管要求某些通常的主要集流体为薄纱型或者类似的材料，如炭毡，但并不是必须要有分散的集流体基体。

② 材料相对便宜，因此制造成本具有竞争力。

③ 材料能够在便宜的基体材料上原位产生，如金属箔、金属薄纱或多孔金属基体，或在纤维性的导电碳基体上。化学或电化学形成工艺都可使用。

④ 能够得到较高的比电容值。

⑤ 良好的循环可逆性，但在长期循环时会发生某些比氧化物型电化学电容器严重的电化学退化。

⑥ 可以使用现有的电池型工艺技术制造基于导电聚合物的电化学超级电容器装置。

12.5.2　导电聚合物与准电容有关的行为及循环伏安曲线的形式

可用作超级电容器材料的导电聚合物，通常的行为在形式上就是氧化还原型准电容器的行为。例如 H_2SO_4 溶液中金电极上成膜的聚苯胺（PANI）持续循环时氧化和再还原的伏安曲线就是一个典型的镜像型循环伏安曲线，有 3 个清楚的电流响应峰，如图 12-24 所示，在一定的电势范围内表现出可逆性充电行为。图 12-25 所示为 H_2SO_4 溶液中金电极上聚 o-甲氧基苯胺膜生长的伏安曲线，也表现出明显的可逆性充电行为。实际上，聚苯胺的电化学响应相当程度上与共存的电解质阴离子有关，其在 HCl、H_2SO_4 或 $HClO_4$ 中的行为几乎完全不同。这可归因于不同的阴离子在各种氧化状态的聚合物体系上束缚的不同，大部分电活性聚合物能够在导电状态下通过化学或电化学氧化的方式产生，该氧化过程在聚合物链的重复单元上引入正电荷，即所谓的"p-掺杂"。还原变化则使聚合物的结构返回到几乎或不导电的状态。然而，某些聚合物，如聚乙炔、聚 o-亚苯基和聚噻吩等，也能够通过还原过程使其导电，相当于所谓的"n-掺杂"。

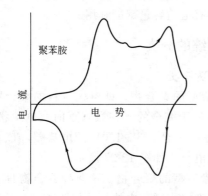

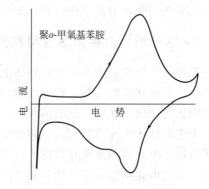

图 12-24　H_2SO_4 溶液中金电极上成膜的聚
苯胺持续循环时氧化和再还原的伏安曲线

图 12-25　H_2SO_4 溶液中金电极上聚 o-甲
氧基苯胺膜生长的伏安曲线

当与溶液接触时，聚合物基体中充满电解质，在充电或放电期间，体系通过离子与充电链的缔合而达到电中性，如图 12-23 所示，这与聚合物电解质的情况是一样的。因此，充电

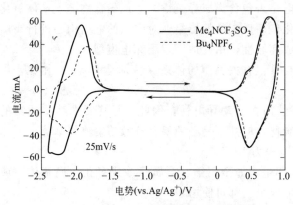

图 12-26 聚-3-(4-氟苯基)噻吩在两种电解
质中显示出两种电活性电势范围

或放电时，阴离子或阳离子必须进出聚合物基体。相应地，与充电或放电过程相呼应，聚合物链的周围一定会发生溶剂化变化和电致伸缩，这种情况也发生在聚合物电解质发生离子化作用时。

聚-3-(4-氟苯基）噻吩（PFPT）的循环伏安曲线（图 12-26）明显不同于聚苯胺（PANI），表现出两个分开的几乎可逆的电活性的区域，相当于正和负电荷伴随离子缔合的注入行为。每个电活性区域的电压范围约为 0.4V，但两个区域的峰与峰分开 2.6V。在两电极体系中，这种情况使得电容器能够在 2.6V 一半的电压范围内工作。该循环伏安的电流响应行为好于聚噻吩本身，聚噻吩也表现出类似的两个分开的正、负电荷积累的区域。

聚苯胺（PANI）能够氧化成 p-型聚合阳离子，并带有缔合的阴离子，但在重新还原时回复到相对不导电的中性状态，用这种材料作为（准）电容电极时会限制其可能达到的功率。

聚噻吩体系的行为则不同于聚苯胺，特别是聚噻吩的三氟苯基衍生物，该聚合物同时具有氧化能力和还原能力（n-掺杂），有两个电活性范围（图 12-26）。因此，用该材料制备的两电极电容器，在充满电的状态下，单体能够达到的总电压降约为 3.0V。这相当于向正极注入最多的正电荷和向负极板注入最多的负电荷的情况。相应地，会发生了补偿阴离子和补偿阳离子注入到聚合物界面上，以使局部电荷平衡，这与金属与电解质界面处的双层充电一样。因此，沿聚合物链，趋向于局部性地建立准一维的双层，尽管聚合物链不是线性的。

这种基于聚噻吩的电容器装置，放电时意味着每个极板上的剩余电荷可降低到零，而在这种情况下，极板间仍保持约 2.0V 的电势差（图 12-26）而不是零。这是因为，采用聚噻吩材料，在活性材料循环伏安曲线总的 3.0V 的电势范围内，在负极和正极电势的每个极端，以可逆电荷注入的高电荷容量仅仅与约 0.5V 的电势范围有关。这是一个优点，因为在 3.0~2.0V 的高单体电压下放电时，这种电容器的所有电荷容量都能利用。

12.5.3 以导电聚合物为活性材料的电容器系统的分类

一般将以导电聚合物为活性材料的电容器体系分为 3 类。

（1）Ⅰ型电化学电容器 两个电极都是可 p-掺杂型的聚合物，即电极材料的聚合物链在氧化时正向充电。在完全充电的状态，一个电极将处于完的 p-掺杂（正向充电）状态，而另一个电极处于未充电状态，则两个电极间一般将建立起 0.8~1.0V 的电势差，该范围的一半可用于电容器的充电和放电。这类电容器的放电行为如图 12-27 所示。

（2）Ⅱ型电化学电容器 使用两种不同的可 p-掺杂型的聚合物。这两种聚合物具有不同的氧化和再还原的电势范围，它们在电容器放电和充电半循环中的行为如图 12-28 所示。

（3）Ⅲ型电化学电容器 使用 F-官能团类型的聚噻吩聚合物，在同一分子上既能 p-掺杂也能 n-掺杂，如聚-3-(氟苯基）噻吩，其循环伏安曲线如图 12-26 所示。则 p-掺杂电极的放电半循环能够相对 n-掺杂电极的放电半循环工作，但这两个过程的电势范围之间存在非常重要的工作电压差 U_0，如图 12-29 所示。

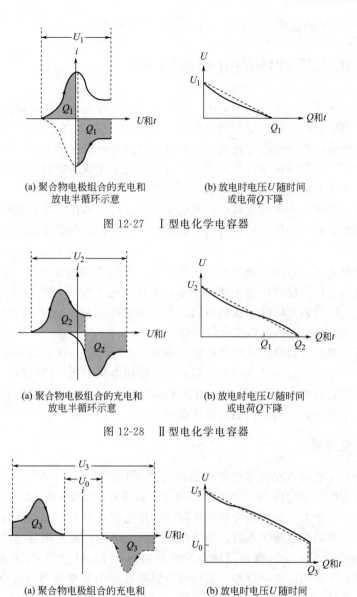

(a) 聚合物电极组合的充电和
放电半循环示意

(b) 放电时电压 U 随时间
或电荷 Q 下降

图 12-27 Ⅰ 型电化学电容器

(a) 聚合物电极组合的充电和
放电半循环示意

(b) 放电时电压 U 随时间
或电荷 Q 下降

图 12-28 Ⅱ 型电化学电容器

(a) 聚合物电极组合的充电和
放电半循环示意

(b) 放电时电压 U 随时间
或电荷 Q 下降

图 12-29 Ⅲ 型电化学电容器

3 种类型构造的电容器半循环伏安示意图如图 12-27(a)、图 12-28(a) 和图 12-29(a) 所示，相应的恒电流放电曲线，即电压随放电程度 Q 和时间下降的关系如图 12-27(b)、图 12-28(b) 和图 12-29(b) 所示。线性电势扫描曲线中总的工作范围分别设为 U_1、U_2 和 U_3，其中 U_3 中包含的 U_0 是由于类型 Ⅲ 中电极材料不同的 p 和 n 掺杂范围引起的。

类型 Ⅲ 的电化学电容器体系提供了较宽的工作电压范围（非水溶液可达到 3.1V）和相应增大的能量密度，理想情况下约为 9 倍。类型 Ⅲ 电极材料的开发是用于电化学电容器聚合物技术的明显进步，无论从材料设计的观点，还是从存储能量密度的角度看均如此，其中高能量存储密度是通过得到较高的工作电压而获得的。

大部分电活性聚合物体系都表现出非恒定的准电容值，即循环伏安中的电流响应曲线表现出一个或几个最大值。这些行为与 RuO_2 不同，后者的循环伏安曲线接近普通电容器的理想的矩形，即在 1.4V 的范围内表现出几乎恒定的准电容值。

12.6 影响电容器性能的电解质因素

电解质溶液的性质从三个方面决定电化学电容器的电行为。首先，也是最重要的，是电解质的电导率和电容器的等效串联电阻（ESR），以及由此导致的功率输出能力。其次是电解液中阴离子的吸附，部分地决定比双层电容值，特别是电极电势正于所用碳电极材料零电荷电势的时候。第三是溶剂的介电（绝缘）性质，也决定比双层电容的值及其与电极电势的关系，以及对电导率有影响的溶质盐的电离或离子缔合的程度。

为了能够在高倍率下产生高度可逆的充电和放电过程，多孔、高表面积材料内部电解质电阻和多孔结构电阻必须是最小的。否则，就将失去或严重削弱电容器的快速充电和放电这个主要特点。

决定多孔电极超级电容器功率的主要因素是孔内电解质的电阻率 R_e 以及电解质与电极材料孔内最大可达面积的物理接触程度。此外，电极构造中粒子间的接触电阻 R_c 应尽可能最小。通过压实电极材料可以减小接触电阻，但这将减小电解液的体积分数，会导致 R_e 的相对增加。因此 R_e 和 R_c 必须达到优化的组合。

为了使超级电容器获得最佳的功率性能，必须减小其内阻。这意味着电容器的电解液必须具有最大的电导率，以减小其内分布电阻。通过使用电化学适合的电解质盐、或酸或碱就能达到要求，因为它们各自在所用的溶剂中具有强烈的溶解性，且在溶解状态下其解离的离子具有最小的离子缔合能力和最大的自由迁移率。

12.6.1 水性电解质

H_2SO_4 或 KOH 水溶液在化学电源中已经得到了比较成熟的应用，基于这个明显的原因，人们在开发水性介质的碳型双层电容器时，一般选择 H_2SO_4 或 KOH 水溶液作为超级电容器的电解质。但是水性电解质分解电压限度的理论值仅为 1.23V，或者实际动力学意义上的 1.3～1.4V。当用于电池体系时，如铅酸或 Ni-Cd 电池，需要相对浓的电解质溶液以减小 ESR 和使功率能力最大化。强酸溶液具有比强碱溶液 KOH 或 NaOH 大得多的腐蚀性，因此人们也许更喜欢使用后者。这些氢氧化物电解质在水中非常易溶，且由于 OH^- 具有非常好的导电性。当然，在电化学电容器的设计和可靠性的考虑上，以及自放电性能方面，电容器部件的腐蚀是一个重要的考虑因素。

由于决定其电导率的机理为质子传导机理，因此无论酸或是碱在水性介质中都具有非常高的电导率，这对于实现大功率非常有利。

影响电解质溶液电导率的因素有很多，规律也比较复杂。影响因素主要有以下方面：①盐或酸的溶解性；②解离度或溶液中阳离子和阴离子缔合的程度；③体溶液的介电常数；④溶剂分子的电子对给体性；⑤自由、解离离子的迁移率；⑥溶剂的黏度；⑦自由离子的溶剂化和溶剂化离子的半径；⑧黏度和离子缔合平衡的温度系数；⑨溶剂的介电弛豫时间。

12.6.2 非水电解质

除水性电解质外，非水电解质是超级电容器制备的另一个重要选择。

从原则上说，将非水电解质用于电化学电容器是由于能够利用其较高的工作电压 U，因为这类电解质溶液的分解电压较高。由于电容器存储的能量随 U^2 增大而增大，因此与水性电解质体系相比，这是非水电解质体系明显的优势。

对于非水介质，有许多电解质-溶剂体系可以利用并已经进行广泛的研究。多种四烷基季铵盐由于它们通常在非水溶剂中具有良好的溶解性和比较好的导电性，成为优先选用的电解质。四烷基季铵盐的使用避免了由于偶然过充使碱金属沉积在电容器阴极上的可能性。然而，这些电解质相当昂贵，而且必须非常纯净和干燥以避免在充电时形成 H_2 和 O_2，H_2 和 O_2 会重新结合并导致自放电，形成往复反应的局面。此外，它们在强烈过充电时能够分解，通常发生在负极。

选择非水溶剂时所遵循的原则通常与非水 Li 电池体系相同，需要质子惰性结构以避免 H 在阴极的自放电。另一个因素是分解界限，即电活性窗口。

合适的溶剂主要有以下 4 类物质：

① 高介电常数偶极质子惰性溶剂，如有机碳酸盐（EC、PC）；

② 低介电常数，高给体数溶剂，如醚（DME、THF、2-Me-THF、二氧戊环）；

③ 低介电常数，高极化率溶剂，如甲苯和 1,3,5-三甲基苯；

④ 中介电常数质子惰性溶剂，如乙腈、DMF、二甲基乙酰胺（DMA）和丁内酯（BL）。

在各种研究中，用于较高电压电化学电容器的最好非水电解质是 Et_4NBF_4，以 1mol/L 溶于碳酸丙烯酯中，或者与二甲氧基乙烷混合以降低其黏度，提高离子的迁移率。

除了基于水溶液电解质的电化学电容器之外，有一些特殊的用途需要较高的工作电压，因此必须以非水溶液为基础，而这些非水溶液也是离子性导电液体。

电化学电容器对合适的非水电解质溶液的主要要求如下所述。

① 合适的电化学稳定的电压窗口，即所需非水溶液的分解电压。该电压窗口应稍大于电容器的拟工作范围，以减小或避免过充电引起的问题。

② 溶剂（或溶液）的黏度最小化，以使离子的迁移率和电导率最大。

③ 溶质盐的溶解度最大化，以使电导率最大。

④ 在一定的溶质盐黏度下，使离子缔合最小化，从而使电导率最大化。

⑤ 适宜的溶剂介电常数或给体数，以使盐的溶解度最大化和离子缔合的最小化。

其他的因素还包括溶质盐离子的离子半径和它们的电荷数，它们决定溶剂化物和离子对的强度或溶质盐的溶解程度。

12.7　制备技术及评价方法

与电池一样，电化学电容器的关键部件是电极、电解质和隔膜材料。除混合型电容器外，大部分电化学电容器的正负极都采用相同的电极，这与电池完全不同。但是，由于正极极化时的比电容通常不同于相同材料负极极化时的比电容，这就要求在两个电极中使用不同数量的活性材料。而且在最终制成的电容器装置上应标明极性。

同样与电池类似的是，电化学电容器的包装也取决于其形状、尺寸和最终的用途。如硬币型包装常常用于 PC-主板。大型的装置通常为方形结构，由多个相同的方形单体构成，中间由器壁隔开且各个单体的端子相互紧密连接。端板必须有良好的电接触以减小等效串联电阻。从结构上讲，适当的压缩是有利的，但不要挤出电解液，因为电解液的量非常重要。

由于电化学电容器工业制造技术与电池的制造技术类似，可以完全采用电池生产的设备和工艺。

12.7.1 用于碳基电容器电极的制备

许多研究和开发者都把注意力放在碳基电容器的开发上，原因在于碳材料的价格非常便宜，具有大规模应用的可能。碳基电化学电容器的制备主要涉及碳材料的选用、电极的组成和电极制备工艺。

制备以各种碳材料为活性材料的电容器电极时，电极的组成是影响电容器性能和寿命的重要因素。为了得到可以高功率放电的电容器，一般需要在电极中添加适量的电子导电剂石墨，以提高电极的电导率，但石墨的添加势必减少碳活性材料的加入量，从而降低电极的比电容。提高电极电导率的另一个办法是在一定的范围内减少制备电极时黏结剂的使用量，但黏结剂的含量特别低时，电极的机械强度会明显下降，并且电导率反而也会降低，而机械强度的下降则会导致循环寿命的降低。此外，黏结剂的种类对电极的性能也有很大的影响。因此，合适的电极配方对于制备高性能的电容器来说十分重要。

除了电极的组成外，生产者首先遇到的问题是电极的制备工艺。一般来说，用于制备电池电极的工艺均可用于制备电容器电极，但具体的参数一般要考虑碳材料颗粒的填充比例与电极等效串联电阻的关系、碳材料颗粒的填充比例与粒径的关系等因素。此外，对于不同的制备工艺，还要考虑电极的尺寸、形状、成型压力或喷涂厚度及电解质体系等因素。

以碳材料颗粒为活性物质的电极，其制备方式一般多采用涂膏压成的方式。此外，也可以采用喷涂的方法制备，方法是将炭粉制成浆料，然后喷涂到集流板上。

以硫酸电解质体系为例，介绍一种碳基电容器电极的制备方法。首先将炭黑、活性炭粉末或其他碳材料粉末与足量的 6mol/L 硫酸溶液混合得到几乎干涸的炭膏。其中硫酸的确切数量取决于炭粉的类型，并根据前期基础实验结果确定。需要注意的是，避免加入过多的硫酸，因为如果炭膏中含有过量的液体，极片制备过程就比较困难。将上述制好的半干的膏压入极片模具中，然后施加一定的压力将膏压成极片。一般 200～300mg 的干膏足够压成直径为 1.20～1.90cm 的极片。

碳基电容器电极还可以按照燃料电池电极的制备工艺制造。在这里给出一个具体的示例。将一定量的活性炭粉末或活性炭纤维粉末用一定量的蒸馏水制成浆料。用硫酸把浆的pH 值调整到 3.0，加入用水稀释的聚四氟乙烯（PTFE）乳液，并将浆料超声振荡。然后过滤，清除多余的水分之后将滤饼包在几层干燥的滤膜中间，在压力机上以一定的压力压 1～2min。到此，才可以将微孔滤膜从电极上轻轻地剥下。然后将电极置于聚四氟乙烯膜之间，在 100℃条件下，以一定的压力压 1～2min。之后将电极在 100℃温度下干燥 1h，在 270℃温度下烘烤，并在 340℃温度下烧结 20min。

在测试的初期，由于这种电极具有相当的憎水性，因而形成固液界面的过程受到限制，不能达到最大可能的电容值。但是这些电极持续经历所谓的"侵入"现象，在此期间，电解液逐步渗入电极并润湿内部的微孔，因此电容值会逐步提高并最终达到最大值。如果采用真空技术或在电解液中加入合适的表面活性剂，电解液向电极内部的渗入过程就会加速。

非水电解质，如溶解在碳酸丙烯酯（PC）中的 Li 或 Na 的四氟硼酸盐、高氯酸四乙铵盐或二甲基甲酰胺，可以代替水溶液体系作为电解质，用来制备非水溶液、高电压的电容器单体。非水溶液的使用可以将电化学电容器的工作电压提高到 2.5～3.5V，具体的电压大小决定于所用溶剂和电解质。电极的制作过程与上面所描述的基本相同，所不同的是干膏是用非水电解质制备的。膏的制备过程也必须在手套袋或手套箱中进行，以保持干燥，因为任何水的存在都能够导致充电时产生气体和引起自放电问题。
通常所用的非水溶剂或溶液必须经过化学方法干燥和在减
压条件下再蒸馏。

图 12-30 所示为一种采用有机电解质片状电极的制备
工艺。实际上，大部分电极的制备工艺都有类似的步骤，
包括采用水性电解质的电容器电极。

在图 12-30 所示的工艺中，首先将活性炭材料、有机
黏结剂材料和有机溶剂在室温下用搅拌器混合，形成黏浆。
将黏浆置于基面上，将铝箔蘸上黏浆后抽出，然后在
150℃下干燥形成约 $60\mu m$ 厚的活性炭层的片状电极。

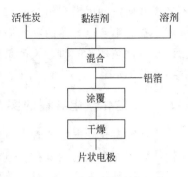

图 12-30　片状电极制备工艺

12.7.2　基于 RuO_x 的电容器电极的制备

将钛箔浸入热草酸溶液中 2～3min，然后在水中进行超声波清洗。同时准备下述组成的
溶液。

（正）丁醇：	6.2mL
浓 HCl 水溶液：	0.4mL
$RuCl_3$：	1g

将该溶液喷涂或刷到干净的钛箔上，然后在空气中干燥。重复上述过程，直到钛箔载上
了足够的钌，一般需要重复 12 次。当涂层的厚度足够时，将钛箔在空气气氛中，在 350～
500℃的温度下热处理约 5min。由此得到氧化钌电极。注意涂层不能太厚，因为太厚的涂层
在热处理时会碎裂。其他的过渡金属氧化物电极，如 IrO_2 和 Co_3O_4，也可用这种工艺制备。

作为研究性考察电化学方法制备的 RuO_2 性能时，可将金属 Ru 在 H_2SO_4 水溶液中做数
小时的重复阳极和阴极循环，循环伏安条件为电势范围 0.05～1.40V（vs. RHE）。从而形
成微米级的较厚水合氧化钌膜，该膜在 SEM 和光学显微镜下很容易观察到。实验中所用的
金属 Ru 可以是钌棒或钌块，也可以是电沉积在 C 或 Au 上的金属钌。由此方法制备的水合
氧化钌可以表现出显著的氧化还原准电容，而热形成的氧化钌则具有相对较大的双层电容。

12.7.3　电容器的装配

与熟知的电池类似，每个电容器单体的基本配置包含一对电极，两个电极的中间用隔膜
隔开。装配时，可将极片与隔膜构成三明治夹心结构放入壳体中构成方形结构的电容器单
体。根据需要，也可以将一对片状电极与隔膜一起卷绕成一个电容器电极的单元，经一定的

处理后，装入圆柱形壳体中，得到圆
筒形的电容器。上述装配工艺过程与
传统的化学电源类似。

由于水性电解质电容器的工作电
压仅为 1V，满足不了实际应用中经常
遇到的高工作电压的情况，需要将水
性单体电容器进行串联成组合电容
器，以提高电容器的工作电压。因此
在科学研究和生产中也可能涉及组合
电容器的装配和性能测试问题。如果

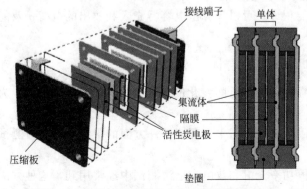

图 12-31　双极性结构组合电容器的装配示意

不考虑几何空间因素和组合电容器的热管理，可以采用导线将多个单体进行简单的串联，但可能会提高组合电容器的等效串联电阻，影响大功率输出。考虑上述因素，可采用双极性结构。双极性结构装配时，关键是避免各单体间电解质的连通。图 12-31 为双极性结构组合电容器的装配示意。

12.7.4　电化学电容器的实验性评价

在研究电化学电容器时，有多种测试手段可供选择，涉及电化学性质、物理性质或材料学性质。下面介绍的测试在对电化学电容器进行最初的基础性筛选测试时，是非常有用的。

（1）循环伏安测试　对于鉴别可能的电容器材料而言，循环伏安实验是非常有用的快速筛选方法。实验过程中，电极电势随时间作对称的三角波变化，然后记录电流随电极电势或时间变化的曲线。对于一定的电解质体系，事先选定两个电极电势，然后在这两个电极电势值之间进行循环。

采用循环伏安法研究电容器时，一般需要采用包括研究电极、辅助电极和参比电极在内的三电极电解池。但研究电极需要进行固定，并需要模拟电容器实际工作时的条件，否则得到的结果可能会有偏差。为了达到上述测试要求，许多研究者设计了各种形式的测试用电解池。当然，也可以设计成模拟电化学电容器进行测试。

（2）电化学阻抗谱的测量　电化学电容器的频率响应特性和其等效串联电阻在评估电容器时是非常重要的，它们取决于：①电极材料的固有性质；②用于制造电极的高比表面积材料的孔径分布；③电极制备时的工艺参数，例如电极上材料的厚度和颗粒接触的性质，以及压制电极时由施加压力确定的大孔分布。电化学阻抗谱的测试提供了一个评估电容器材料频率响应特性的便捷方式，特别是在评估可能限制功率的内阻时。

阻抗的测量用于评价电容器的性能比评价电池更有用，因为阻抗的电容元件是令人感兴趣的主要部分，并直接由 $1/(j\omega C)$ 确定。另外，电容与任何串联电阻（内阻和等效串联电阻）的组合都能很容易地评价，且从阻抗的频率响应行为可以很容易地评价多孔电极的行为。

（3）恒电流充电或放电　恒电流充电和放电，或者通过一个已知负载放电，是测试电池的传统方法。这种方法同样适用于电容器。电容器的测试可采用如下的组合：

① 恒电流充电，然后立即通过不同的负载电阻器放电；

② 恒电流充电，然后保持一段时间，随后通过事先选定的负载电阻放电；

③ 不同倍率下充电，通过固定负载电阻器放电；

④ 恒电流充电，然后在不同的恒电流下放电。

根据下面的公式，通过电压对时间的积分，可以计算出电容器充入和放出的电荷 q 及能量 W：

$$q = \int (U/R_L)\mathrm{d}t \quad 和 \quad W = \int (U^2/R_L)\mathrm{d}t \tag{11-7}$$

式中，q 为电容器充入或放出的电荷；U 是随时间变化的电压；R_L 为负载电阻；W 为充入或放出的能量。

为了充分了解电容器装置的性能，以及在使用需求和环境条件方面的限制，还应该测试不同温度下的充放电性能和自放电特性。

（4）恒电位或恒功率充电和放电　恒功率充电和放电在电池测试中经常用到，这种方法对于评价电化学电容器也是有用的。其中放电时电压衰减期间的功率输出能力是一个重要的实际测试参数。

　　（5）漏电流和自放电行为　当充分充电的电容器保持恒压控制的时候，通过对残留电流的监视，可以很方便地确定漏电流或自放电行为。测量时，将电容器装置以恒电压充电，该恒电压相当于充满电电容器的开路电压。当电容器充满电时，就可监视到残余电流的流动。

　　通过跟踪充满电的电容器 24h 期间的电压衰减，能够比较直接地确定自放电行为。对于充满电的电容器，开路后，将会有一个不包括任何 IR 降的快速初始电压下降，但之后电压下降将在较长的时间内处于平稳状态。通过对这种电势衰减与时间关系的分析，可以得到关于自放电过程机理的重要信息。

　　测量电极电势时，电势测量体系应该具有很高的输入电阻，理想情况下，约 $10^{10}\,\Omega$ 或更高，这一点非常重要。尽管电压的测量一般都要求高电阻，但在这里强调是为了保证测量电路本身不要从电容器中提取电荷，因为这可以导致自放电率的提高。

　　最后，如果能够进行相对于参比电极的单电极测量是最好的，因为对整个电容器的测量可能得不到什么有价值的信息。在电容器的两个电极中，其中的一个也许有很大的自放电率，但整体测量电压时，可能不能区分。

　　（6）其他方面的测试　其他有关的非电化学测试，对于电容器装置的评价和安全性实验也是非常重要的。非电化学测试主要包括：①记录高速放电和充电时内部的温度和温度变化情况，有时也记录压力的变化情况；②测量析气倾向；③长循环寿命实验，一般应超过 10^5 循环或更高；④长时间维持合适的性能，特别是双极性、组合的装置；⑤长期内部腐蚀；⑥偶然的过充或过放引起的任何有害影响的评价；⑦较大温度范围内性能的评估；⑧有效工作电压范围的确定；⑨电阻，或者过充电或过放电引起的其他问题。

第 13 章　电极材料与电池性能测试

13.1　电极材料的电化学测试体系

电池是由许多不同的部分，如正极、负极、电解质、隔膜等所组成的，这些电池材料的性能都影响着电池的整体性能，因此在电池的研制和生产过程中，经常要对不同的电池材料进行单独的电化学测试，以考察其性能并评估其对于电池整体电化学性能的影响。

电池材料的测试通常有两种方式，一种是在成品电池中孤立出电池的某一个部分，对其进行单独的电化学测试；另一种是针对要考察的电池材料设计专门的模拟电解池来进行。无论哪一种方式，考察的主体不再是整个电池，而是单个电极的性质。

13.1.1　三电极体系

在电化学中，通常采用三电极体系来研究单个电极的电化学性质。被考察的单个电极称为研究电极（WE），流过极化电流的电极称为辅助电极（CE），用作电极电势比较标准的电极称为参比电极（RE）。

极化电源、电流检测装置和辅助电极、研究电极构成极化回路，极化电路中流过极化电流，并对极化电流进行测量和控制；电极电势的控制测量装置、参比电极和研究电极构成测量控制回路，对研究电极的电势进行测量和控制，回路中没有极化电流流过，只有极小的测量电流，不会对研究电极的极化状态、参比电极的稳定性造成干扰。

采用三电极体系既可使研究电极的界面上通过极化电流，又不妨碍研究电极的电极电势的控制和测量，可以同时实现对电流和电势的控制和测量。

参比电极通常选用交换电流密度大、电极电势稳定的可逆电极，用作研究电极电势的比较标准。常见的参比电极包括可逆氢电极、甘汞电极、汞-氧化汞电极、汞-硫酸亚汞电极、银-氯化银电极等。有时也采用和电池负极相同材质的金属直接插入电池溶液中作为参比电极来使用，例如 Li 片、Zn 片、Cd 棒等，称为准参比电极。这些准参比电极的共同特点是交换电流密度大，导电性好，电极电势稳定。同时它们的容量常常设计得比研究电极大得多，这样准参比电极可以同时被用作辅助电极，在通过极化电流时准参比电极的极化可以被忽略，测试在两电极体系中进行。

13.1.2　复合粉末电极技术

在实际电池中，正负极通常都设计成由颗粒状活性物质组成的复合粉末电极，电极具有庞大的真实表面积，可以提供较大的输出功率和快速的充放电性能。在电池材料的电化学测试中，也常常把这种电极直接用作研究电极。常见的片状电极是将电极活性物质与一定量的导电剂、添加剂、黏结剂等充分混合均匀后，涂抹在集流体上并烘干，在一定的压力下压制成型备用。在电极的制作过程中，要对电极活性物质的量进行计量。制成的电极应在电解液中浸泡一定时间，使电解液充分进入电极。电极经过活化后就可进行电极的电化学测试。

采用复合粉末电极的好处是这些电极的性质直接反映了它们在电池中的工作状态，其测试结果可直接用于指导电池的设计。复合粉末电极的性质不仅决定于电极活性物质的性质，也决定于电极中使用的导电剂、添加剂、黏结剂等的性质，因此这种电极的测试可以用于考察各种材料对于电极性能的影响。

但是，如果想要单独研究电极活性物质的性能，采用复合粉末电极往往会受到导电剂、添加剂、黏结剂等其他材料的干扰，同时常规尺寸（毫米级）的多孔电极内部各处极化分布往往并不均匀，这种不均匀性还会随着极化时间的持续而不断变化。另外，为了尽可能地保证电极内部均匀的放电深度，电极的充放电电流不能太大，每个充放电循环所需要的时间常常达到几个小时，进行寿命测试时耗时过长。

13.1.3 粉末微电极技术

近年来，粉末微电极常常被用作快速研究电池电极活性材料电化学性能的工作电极。制备方法是先将铂（或金）微丝热封在玻璃毛细管中，截断后打磨端面至平滑，形成铂圆盘微电极，然后将电极浸入热的王水中腐蚀微盘表面，形成一定深度的微凹坑，经清洗后即可用于填充待研究的粉末材料。铂丝的半径一般在 $30\sim250\mu m$ 之间。凹坑的深度大致与微孔直径相近，以便于清洗和牢固地填充粉末。粉末微电极的结构示意图如图 13-1 所示。

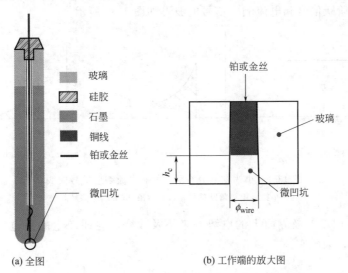

(a) 全图　　　　　　　　　　　(b) 工作端的放大图

图 13-1 粉末微电极的结构示意

填充粉末时先将少量粉末铺展在平玻璃板上，然后直握具有微凹坑的电极，采用与磨墨大致相同的手法在覆有粉末的表面上反复碾磨，即可使粉末紧实地嵌入微凹坑中。

粉末微电极用于研究电极活性材料的电化学性质时，具有如下特点。

① 制备方法简单，粉末用量少，一般只需几微克。

② 研究粉末材料的电化学性质时，不需使用黏结剂和导电添加剂，也不需要热压和烧结等工艺，因此非常适合粉末电极活性材料本身电化学性质的筛选，不受其他因素的干扰。

③ 电极厚度很薄，同时若溶液电导率较高，则在粉层内不易出现溶液欧姆压降引起的不均匀极化，可以保证电极内全部粉末材料同等程度地进行电化学反应。所以可以采用较高的体积电流密度和较快的充放电制度，可以更加快速地测试电极活性材料的循环寿命。

④ 电极内部极化均匀，可以得到具有明显特征的电化学测试结果，更适合材料的电化

学性能表征。

除了上述两种常用的电极形式之外，还可以采用薄膜活性物质电极、单个活性物质颗粒电极等其他形式。

13.2　电势阶跃法

电势阶跃法是指控制电极电势按照一定的具有电势突跃的波形规律变化，同时测量电流

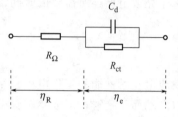

图 13-2　电荷传递过程控制下的电极等效电路

随时间的变化（计时安培法），或者测量电量随时间的变化（计时库仑法），进而分析电极过程的机理、计算电极的有关参数或电极等效电路中各元件的数值。

13.2.1　小幅度电势阶跃法

当使用小幅度的电势阶跃信号（通常 $|\Delta E| \leqslant 10\text{mV}$），且单向极化持续时间很短时，浓差极化可以忽略不计，电极处于电荷传递过程控制，其等效电路可进行简化，如图 13-2 所示。

小幅度电势阶跃信号和电流响应信号的波形如图 13-3 所示。

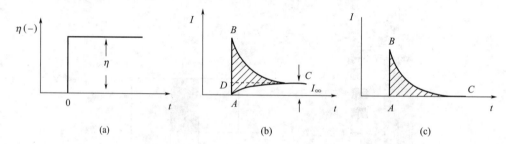

图 13-3　小幅度电势阶跃信号和电流响应信号曲线

（a）小幅度电势阶跃信号；（b），（c）电流响应信号曲线

（1）当 $t=0$ 时，电极界面上的电势差来不及改变，立即产生的是电极上的欧姆压降，即 $\eta = -I_{t=0}R_\Omega$，因此有：

$$R_\Omega = -\frac{\eta}{I_{t=0}} \tag{13-1}$$

根据式（13-1）可得到电极的欧姆电阻 R_Ω。不过，由于测量电路响应的滞后性，极化瞬间的电流突跃值难以准确测量，此法并不常使用，R_Ω 通常用控制电流的方法进行测量。

（2）在远大于电极的时间常数 τ_C 时，即当 $t>(3\sim5)\tau_C$ 时，双电层充电过程结束，反应进入稳态，电流达到稳态值 I_∞，对应着传荷过程的进行速率，$\eta = -I_\infty(R_\Omega + R_{ct})$，因此有：

$$R_{ct} = \frac{(-\eta)}{I_\infty} - R_\Omega \tag{13-2}$$

当 R_Ω 很小或被补偿时，则有：

$$R_{ct} = \frac{(-\eta)}{I_\infty} \tag{13-3}$$

根据式（13-2）或式（13-3）可得到电极的传荷电阻 R_{ct}。

（3）根据双电层充电电量可以计算双层电容 C_d。图 13-3（b）中阴影部分的面积 ABC 所表示的电量就是双电层充电电量 Q。Q 与双电层电势差 η_e 之比就是双电层电容，有：

$$C = -\frac{Q}{\eta_e}$$

当欧姆电阻很小或被补偿，即 $R_\Omega \to 0$ 时，充电结束时双电层的电势差 η_e 就等于电极上所维持的电势阶跃值 η。因此利用此公式可以计算出 η 电势范围内的电容平均值，有：

$$C = -\frac{Q}{\eta}$$

由于 η 符合小幅度条件（$|\eta| \leqslant 10\text{mV}$），计算出来的电容 C 就近似等于该电势下的微分电容 C_d，有：

$$C_d = -\frac{Q}{\eta}$$

在双电层充电过程中，总的电流包括两个部分，$I = I_c + I_f$，测量双电层充电电量 Q 时会受到 I_f 的干扰。在 I-t 曲线中，如果假定 I_f 从极化开始时就等于 I_∞，以 DBC 代替 ABC 的面积作为双电层充电电量 Q，则会引入误差。

为了精确地测定 C_d，需要选择合适的溶液和电势范围，使在该电势范围内电极接近于理想极化电极，即 $R_{ct} \to \infty$，没有电化学反应发生，$I_f \to 0$。此时的 I-t 曲线如图 13-3（c）中所示。图中 I-t 曲线由 B 到 C 积分，即为双电层充电电量 Q。因此有：

$$C_d = -\frac{1}{\eta}\int_B^C I\,\mathrm{d}t \tag{13-4}$$

电势阶跃法是测量电极双电层微分电容的重要方法，将所测得的双电层微分电容同单位面积汞电极的双电层电容（取 $C_N = 20\mu\text{F}/\text{cm}^2$）相比较，可以得到电极的真实表面积。

13.2.2　极限扩散控制下的电势阶跃法

如果初始电势选择在不发生电化学反应的电势下，而电势阶跃幅值足够大，则在终止电势下将达到极限扩散状态，反应物的表面浓度下降为零。

在极限扩散控制条件下，电极附近反应物质的浓度分布符合 Fick 第二定律，通过求解扩散方程可以得到浓度函数的具体表达式，进一步可以得到电流-时间曲线的理论方程。

13.2.2.1　平板电极

平板电极上的一维扩散方程为：

$$\frac{\partial c_O(x,t)}{\partial t} = D_O\frac{\partial^2 c_O(x,t)}{\partial x^2}$$

其定解条件如下：

① 反应物 O 的扩散系数 D_O 不随浓度的变化而变化；

② 初始条件为反应物 O 的初始浓度 $c_O(x,0) = c_O^*$；

③ 第一个边界条件（半无限扩散条件）为反应物 O 的溶液本体浓度 $c_O(\infty,t) = c_O^*$；

④ 第二个边界条件（具体的极化条件）为反应物 O 的电极表面浓度 $c_O(0,t) = 0(t>0)$。

采用 Laplace 变换及逆变换，可解得浓度函数为：

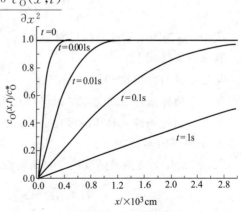

图 13-4　极限扩散控制下的电势阶跃实验中
不同时刻的反应物浓度分布曲线
（$D_O = 1\times10^{-5}\ \text{cm}^2/\text{s}$）

$$c_O(x,t) = c_O^* \, \mathrm{erf}\left(\frac{x}{2\sqrt{D_O t}}\right) \tag{13-5}$$

相应的浓度分布曲线如图 13-4 所示。

在 $x=0$ 处，$c_O(0,t) = c_O^* \, \mathrm{erf}(0) = 0$，即反应物粒子的表面浓度为零，这是由电极上所维持的大幅度的电势阶跃信号所决定的。

当 $\dfrac{x}{2\sqrt{D_O t}} \geqslant 2$ 时，即在 $x \geqslant 4\sqrt{D_O t}$ 处，$\mathrm{erf}\left(\dfrac{x}{2\sqrt{D_O t}}\right) \approx 1$，$c_O(x,t) \approx c_O^*$，即在 t 时刻，扩散层的总厚度为：

$$\delta_{\text{总}} = 4\sqrt{D_O t} \tag{13-6}$$

由于 $\dfrac{\partial}{\partial x}\left[\mathrm{erf}\left(\dfrac{x}{2\sqrt{D_O t}}\right)\right]_{x=0} = \left[\dfrac{2}{\sqrt{\pi}} \mathrm{e}^{\frac{-x^2}{4D_O t}} \dfrac{1}{2\sqrt{D_O t}}\right]_{x=0} = \dfrac{1}{\sqrt{\pi D_O t}}$，所以浓度函数 $c_O(x,t)/c_O^*$ 在 $x=0$ 处的切线方程为：

$$\frac{c_O(x,t)}{c_O^*} = \frac{1}{\sqrt{\pi D_O t}} x$$

该切线同水平线 $c_O(x,t)/c_O^* = 1$ 的交点处的 x 值即为扩散层的有效厚度，联立两个方程可得到扩散层的有效厚度为：

$$\delta = \sqrt{\pi D_O t} \tag{13-7}$$

相应的极限扩散电流为：

$$I_d(t) = \frac{nFA\sqrt{D_O}\, c_O^*}{\sqrt{\pi t}} \tag{13-8}$$

式(13-8)给出了极限扩散控制条件下暂态极限扩散电流函数的表达式，该式也称为 Cottrell 方程，它是计时安培法中的基本公式。

根据 Cottrell 方程可知，用 $I_d(t)\text{-}t^{-\frac{1}{2}}$ 作图，应为一条直线，在 A、c_O^* 已知的情况下，从直线的斜率可以求出反应物的扩散系数 D_O。

13. 2. 2. 2　球形电极

对于球形电极必须考虑球形扩散场，这时的 Fick 第二定律为：

$$\frac{\partial c_O(r,t)}{\partial t} = D_O\left[\frac{\partial^2 c_O(r,t)}{\partial r^2} + \frac{2}{r}\frac{\partial c_O(r,t)}{\partial r}\right]$$

式中，r 为距电极球心的径向距离。

其定解条件如下：

初始条件为反应物 O 的初始浓度 $c_O(r,0) = c_O^*$；

第一个边界条件（半无限扩散条件）为反应物 O 的溶液本体浓度 $c_O(\infty,t) = c_O^*$；

第二个边界条件（具体的极化条件）为反应物 O 的电极表面浓度 $c_O(r_0,t) = 0(t>0)$，r_0 为球形电极的半径。

采用 Laplace 变换及逆变换，可解得浓度函数为：

$$c_O(r,t) = c_O^*\left[1 - \frac{r_0}{r}\mathrm{erfc}\left(\frac{r-r_0}{2\sqrt{D_O t}}\right)\right] \tag{13-9}$$

式(13-9)所示的浓度分布函数同平板电极线性扩散条件下的浓度分布函数［见式(13-5)］形式非常相似，差别只在于式中误差余函数前多了一个系数 r_0/r。如果球形电极半径很大，远大于扩散层厚度，则 $r \approx r_0$，式(13-9) 就可化简为式(13-5)，此时球形电极可当作是平板电极来处理，这同日常生活中人们感觉不到地球是球形的是一样道理。

另外一种情况是，当球形电极半径非常小时，如球形超微电极的情况，在 t 较大的时间范围内，扩散层厚度远大于电极半径，以至于在距电极表面较近处有 $(r-r_0) \ll 2\sqrt{D_O t}$，此时误差余函数 $\mathrm{erfc}\left(\dfrac{r-r_0}{2\sqrt{D_O t}}\right)$ 趋近于 1，则式(13-9) 可简化为线性形式：

$$c_O(r,t)=c_O^*(1-r_0/r) \tag{13-10}$$

相应的极限扩散电流为：

$$I_d(t)=nFAD_O c_O^*\left(\frac{1}{\sqrt{\pi D_O t}}+\frac{1}{r_0}\right) \tag{13-11}$$

式中的第一项即为 Cottrell 方程所描述的平板电极的线性极限扩散电流，第二项则为极化时间足够长时达到的稳态极限扩散电流。

13.2.3　电势阶跃法测定电极中反应物质的固相扩散系数

最常见的几个电池系列的电极中，常常是反应物质的固相扩散过程控制着整个电极过程的动力学规律，成为电极过程的速率控制步骤。例如碱锰电池的 MnO_2 电极中质子的固相扩散，镍-金属氢化物电池的 $Ni(OH)_2$ 电极中质子的固相扩散，金属氢化物电极中氢的固相扩散，以及锂离子电池的正、负极中锂离子的固相扩散，等等。这些固相扩散过程的动力学参数——固相扩散系数往往成为影响电极动力学性能、大电流充放电性能的重要因素，因此固相扩散系数的测定具有特别重要的意义。

曾被用于测定固相扩散系数的电化学测量方法很多，如电势阶跃计时安培法（PSCA）、电势间歇滴定技术（PITT）、循环伏安法（CV）、电化学阻抗谱法（EIS）等。由于电势阶跃法只需记录在电势阶跃后的 i-t 响应曲线并对其进行分析即可，因此该方法简单、方便。

在电势阶跃的初期，反应物质的固相扩散电流遵循式(13-12)，即：

$$I=\pm nFAD(c^S-c^*)\left(\frac{1}{\sqrt{\pi D t}}-\frac{1}{r_0}\right) \tag{13-12}$$

式中，I 为响应电流；n 为电化学反应中的电荷传递数；F 为法拉第常数；A 为电极的真实表面积；D 为 Li^+ 的固相扩散系数；c^* 和 c^S 分别为反应物质的初始浓度和电势阶跃后的电极表面浓度；r_0 为电极球形活性物质颗粒的半径；t 为时间。

选取 I-t 响应曲线的初期数据绘制成 I-$t^{-1/2}$ 曲线，由式(13-12) 可知，I-$t^{-1/2}$ 曲线应为直线，由直线的斜率可求出固相扩散系数 D。或者，根据 I-$t^{-1/2}$ 曲线的截距 Int 和斜率 Slo，按照式(13-13) 也可计算固相扩散系数 D，这种方法既不需要知道 (c^S-c^*)，也不需要知道电极的真实表面积 A。

$$D=\left(\frac{Int}{Slo}\right)^2\frac{r_0^2}{\pi} \tag{13-13}$$

在电势阶跃的后期，反应物质的固相扩散电流则遵循式(13-14)，即：

$$\lg I=\lg\left(\frac{6FD}{\delta r_0^2}|c^S-c^*|\right)-\frac{\pi^2 D}{2.303 r_0^2}t \tag{13-14}$$

式中，δ 为扩散层厚度。

选取 I-t 响应曲线的后期数据绘制成 $\lg I$-t 曲线，由式(13-14) 可知，$\lg I$-t 曲线应为直线，由直线的斜率可求出固相扩散系数 D。

13.3 循环伏安法

控制研究电极的电势以恒定的速率 v 从 φ_i 开始扫描，到时间 $t=\lambda$（相应电势为 φ_λ）时电势改变扫描方向，以相同的速率回扫至起始电势 φ_i，然后电势再次换向，反复扫描，这种电化学测量方法称为循环伏安法。记录下的 I-φ 曲线，称为循环伏安曲线，如图 13-5 所示。

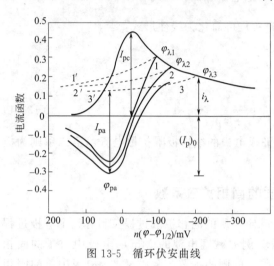

图 13-5 循环伏安曲线

13.3.1 可逆电极体系的循环伏安曲线

可逆体系循环伏安曲线上的峰值电流 I_p 为：

$$I_p = 0.4463 n F A c^* D^{1/2} \left(\frac{nF}{RT}\right)^{1/2} v^{1/2}$$

$$(13\text{-}15)$$

$$I_p = (2.69 \times 10^5) n^{3/2} A D^{1/2} v^{1/2} c^* \quad (25℃) \tag{13-16}$$

式中，I_p 为峰值电流，A；n 为电极反应的得失电子数；A 为电极的真实表面积，cm^2；D 为反应物的扩散系数，cm^2/s；c^* 为反应物的初始浓度，mol/cm^3；v 为扫描速率，V/s。

可逆体系循环伏安曲线上的峰值电势 φ_p 为：

$$\varphi_p = \varphi_{1/2} - 1.109\frac{RT}{nF} \text{ 或 } \varphi_p = \varphi_{1/2} - \frac{28.5 \text{mV}}{n} \quad (25℃) \tag{13-17}$$

半峰电势 $\varphi_{p/2}$ 为：

$$\varphi_{p/2} = \varphi_{1/2} + 1.09\frac{RT}{nF} \text{ 或 } \varphi_{p/2} = \varphi_{1/2} + \frac{28.0 \text{mV}}{n} \quad (25℃) \tag{13-18}$$

可逆体系循环伏安曲线上的阴阳极峰值电流相等，即 $|I_{pa}| = |I_{pc}|$，并且与扫速 v、换向电势 φ_λ、扩散系数 D 等参数无关。

阴阳极峰的峰间距，即阴阳极峰的峰值电势之差为 $|\Delta\varphi_p| = \varphi_{pa} - \varphi_{pc} \approx 2.3RT/(nF)$ 或 $|\Delta\varphi_p| = \varphi_{pa} - \varphi_{pc} \approx 59/n$ （mV）(25℃)。

13.3.2 不可逆电极体系的循环伏安曲线

完全不可逆体系循环伏安曲线上的峰值电流 I_p 为：

$$I_p = 0.4958 n F A c^* D^{1/2} \left(\frac{\alpha F}{RT}\right)^{1/2} v^{1/2} \tag{13-19}$$

$$I_p = (2.99 \times 10^5)\alpha^{1/2} n A D^{1/2} v^{1/2} c^* \quad (25℃) \tag{13-20}$$

式中，α 为电极控制步骤的传递系数。

完全不可逆体系循环伏安曲线上的峰值电势 φ_p 为：

$$\varphi_p = \varphi^{0'} - \frac{RT}{\alpha F}\left[0.780 + \ln\frac{\sqrt{D}}{k^0} + \ln\sqrt{\frac{\alpha F}{RT}v}\right] \tag{13-21}$$

半峰电势 $\varphi_{p/2}$：

$$|\varphi_p - \varphi_{p/2}| = 1.857\frac{RT}{\alpha F} \text{ 或 } |\varphi_p - \varphi_{p/2}| = \frac{47.7\,\text{mV}}{\alpha} \quad (25℃) \tag{13-22}$$

不可逆体系循环伏安曲线上的阴阳极峰值电流是不相等的，即 $|I_{pa}| \neq |I_{pc}|$，逆向扫描的峰值电流小于正向扫描。

不可逆体系阴阳极峰的峰间距 $|\Delta\varphi_p|$ 比可逆体系的大，即 $|\Delta\varphi_p| = \varphi_{pa} - \varphi_{pc} > \dfrac{2.3RT}{nF}$，并且随着扫速 v 的增大而增大。$|\Delta\varphi_p|$ 比 $\dfrac{2.3RT}{nF}$ 大得越多，反应的不可逆程度就越大。

13.3.3　电池中循环伏安法的应用

循环伏安法是一种非常常用的电化学测量方法，在电极的充放电性能表征、反应可逆性研究、循环充放电稳定性研究等方面应用广泛。

图 13-6 给出了锂离子电池 $LiFePO_4$ 电极在 0.1mV/s 扫速下的四次循环伏安曲线。从曲线上可以看出，除了 $LiFePO_4$ 的氧化峰（3.5V）和还原峰（3.3V）外，曲线上没有其他的氧化还原峰，说明制备的材料纯净，不含

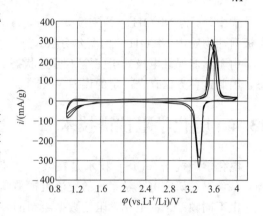

图 13-6　锂离子电池 $LiFePO_4$
电极的循环伏安曲线
（$v = 0.1\,\text{mV/s}$）

高价铁杂质；氧化峰、还原峰峰形对称，峰电流、电量接近相等，说明电极的可逆性较好；多次充放电循环伏安曲线变化不大，说明了电极稳定性较好。

13.3.4　循环伏安法测定电极中反应物质的固相扩散系数

在实际电池的电极中，电流峰电势通常随扫描速率的变化而变化，说明该电极过程不是一个可逆的反应，因此在测定固相扩散系数 D 时不能采用可逆体系的 $I_p\text{-}v^{1/2}$ 理论关系，一般情况下采用完全不可逆体系的 $I_p\text{-}v^{1/2}$ 理论关系，即式(13-19)和式(13-20)。用 $I_p\text{-}v^{1/2}$ 数据作图，根据直线的斜率计算固相扩散系数。例如，图 13-7 给出了掺杂 1.5% Co 和 3% Zn 的 $Ni(OH)_2$ 粉末微电极在不同扫描速率下的循环伏安曲线。相应的阳极峰电流密度 $I_p\text{-}v^{1/2}$ 曲线如图 13-8 所示。

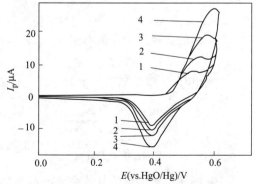

图 13-7　掺杂 1.5%Co 和 3% Zn 的
$Ni(OH)_2$ 粉末微电极的循环伏安曲线
1—20mV/s；2—50mV/s；3—100mV/s；4—200mV/s

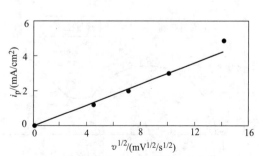

图 13-8　CV 曲线上阳极峰电流密度和
扫速平方根之间的关系曲线

在计算电极中质子的固相扩散系数 D 时，电极的真实表面积 A 可根据没有电化学反应发生的电势范围内的小幅度电势阶跃法来确定，经计算为 $4.2 \times 10^{-3} \, cm^2$；传递系数 α 可选择为 0.5；由图 13-7 可见，质子的固相扩散系数按照循环伏安曲线上的阳极氧化峰来计算，因此反应物 $Ni(OH)_2$ 晶格中质子的初始浓度 c^* 可采用 $Ni(OH)_2$ 的固相初始浓度，由式 (13-23) 计算：

$$c^* = (\rho/M)\zeta \tag{13-23}$$

式中，ρ 为 $Ni(OH)_2$ 的密度，g/cm^3；M 为 $Ni(OH)_2$ 的摩尔质量，g/mol；ζ 为掺杂电极活性物质中 $Ni(OH)_2$ 的摩尔分数。

由于不能保证电极处于完全不可逆状态，而是介于可逆和完全不可逆之间的准可逆状态，因此这种方法存在一定的误差。

13.4 电化学阻抗谱技术

电化学阻抗谱（EIS）技术是在某一直流极化条件下，特别是在平衡电势（或稳定电势）条件下，研究电化学系统的交流阻抗随频率变化关系的方法。

由不同频率下的电化学阻抗数据绘制的各种形式的曲线，都属于电化学阻抗谱。因此，电化学阻抗谱包括许多不同的种类。其中最常用的是阻抗复数平面图和阻抗波特图。

阻抗复数平面图是以阻抗的实部为横轴，以阻抗的虚部为纵轴绘制的曲线，也叫做奈奎斯特图（Nyquist Plot），或者叫做斯留特图（Sluyter Plot）。阻抗可表示为 $Z = Z_{Re} - jZ_{Im}$。

阻抗波特图（Bode Plot）由两条曲线组成。一条曲线描述阻抗的模随频率的变化关系，即 $\lg|Z|\text{-}\lg f$ 曲线，称为 Bode 模图；另一条曲线描述阻抗的相位角随频率的变化关系，即 $\phi\text{-}\lg f$ 曲线，称为 Bode 相图。通常，Bode 模图和 Bode 相图要同时给出，才能完整描述阻抗的特征。

13.4.1 电化学极化和浓差极化同时存在时的电化学阻抗谱

对于准可逆电极体系，电荷传递过程和传质过程共同控制总的电极过程，电化学极化和浓差极化同时存在。由于界面双电层通过电荷传递电阻充放电的弛豫过程和扩散弛豫过程快慢的差异，在频率范围足够宽时两过程的阻抗谱将出现在不同的频率区间，高频区出现传荷过程控制的特征阻抗半圆，低频区出现扩散控制的特征直线，如图 13-9 所示。

从传荷过程所对应的高频阻抗半圆中可以得到等效电路的几个元件参数，半圆同实轴的第一个交点到坐标原点的距离即为欧姆电阻 R_Ω，即：

$$\overline{OA} = R_\Omega \tag{13-24}$$

半圆的直径即为传荷电阻 R_{ct}，即：

$$\overline{AC} = R_{ct} \tag{13-25}$$

双电层电容则可用式 (13-26) 计算得到：

$$C_d = \frac{1}{\omega_{B'} R_{ct}} \sqrt{\frac{D'C}{AD'}} \tag{13-26}$$

在固体电极的阻抗复数平面图的实际测量过程中发现，测出的曲线总是或多或少地偏离半圆的轨迹，而表现为一段实轴

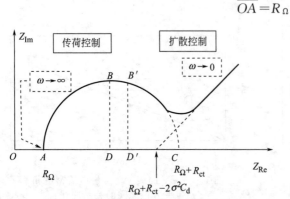

图 13-9 混合控制时的阻抗复数平面图

以上的圆弧，因此称为容抗弧，这种现象称为“弥散效应”。一般认为，弥散效应同电极表面的不均匀性、电极表面吸附层及溶液导电性差有关。弥散效应反映出了电极界面双电层偏离理想电容的性质。也就是说，把电极界面双电层简单地等效成一个纯电容是不够准确的，因此引入了常相位元件的概念。

常相位元件（CPE）用符号 Q 来表示。其阻抗为：

$$Z = \frac{1}{Y_0}(j\omega)^{-n} \tag{13-27}$$

Q 有两个参数：一个参数是 Y_0，其单位是 Ω^{-1}/s^n。由于 Q 是用来描述双电层偏离纯电容 C 的等效元件，所以它的参数 Y_0 与电容的参数 C 一样，总是取正值；Q 的另一个参数是 n，它是无量纲的指数，有时也称为“弥散指数”。

当 $n=0$ 时，Q 就相当于电阻，$Y_0 = 1/R$；

当 $n=1$ 时，Q 就相当于电容，$Y_0 = C$，其导纳 $Y = j\omega C$，其阻抗 $Z = -j\frac{1}{\omega C}$；

当 $n=-1$ 时，Q 就相当于电感，$Y_0 = \frac{1}{L}$，其导纳 $Y = -j\frac{1}{\omega L}$，其阻抗 $Z = j\omega L$；

当 $0.5 < n < 1$ 时，Q 具有电容性，可代替双电层电容作为界面双电层的等效元件。

当 $n=0.5$ 时，Q 相当于半无限扩散所对应的韦伯（Warburg）阻抗，用符号 W 来表示。此时，$Y_0 = \frac{1}{\sqrt{2}\,\sigma}$，其导纳 $Y = \frac{1}{2\sigma}\omega^{\frac{1}{2}}(1+j)$，其阻抗 $Z = \sigma\omega^{-\frac{1}{2}}(1-j)$。很显然，$W$ 的阻抗的实部和虚部相等，都等于 $\sigma\omega^{-\frac{1}{2}}$，其 Nyquist 图为第一象限的一条倾斜角为 $\pi/4$ 的直线。

图 13-9 中的低频直线就是一条倾斜角为 $\pi/4$ 的直线，因此这条直线代表半无限扩散过程，其阻抗值为：

$$Z_W = \left[\frac{RT}{n^2F^2A\sqrt{2D_O\omega}\,C_O(0,t)} + \frac{RT}{n^2F^2A\sqrt{2D_R\omega}\,C_R(0,t)}\right](1-j) \tag{13-28}$$

令 $\sigma_O \equiv \dfrac{RT}{n^2F^2A\sqrt{2D_O}\,C_O(0,t)}$，$\sigma_R \equiv \dfrac{RT}{n^2F^2A\sqrt{2D_R}\,C_R(0,t)}$，$\sigma \equiv \sigma_O + \sigma_R$，则有：

$$Z_W = \sigma\omega^{-1/2}(1-j) \tag{13-29}$$

将图 13-9 中的低频直线外推到横轴，根据此处 $Z_{Re} = (R + R_{ct}) - 2\sigma^2 C_d$ 可以得到 σ，如果近似地认为反应物、产物的扩散系数相等，即 $D = D_O = D_R$，则 σ 为：

$$\sigma = \frac{RT}{n^2F^2A\sqrt{2D}\,C_O(0,t)} + \frac{RT}{n^2F^2A\sqrt{2D}\,C_R(0,t)} \tag{13-30}$$

由 σ 可得到扩散系数 D。

13.4.2　电化学阻抗谱的解析

电化学阻抗谱是由不同频率下的电化学阻抗数据绘制的曲线，为了从复杂的电化学阻抗谱中获得电极反应的历程和动力学机理，以及测定反应历程中的电极基本过程的动力学参数或某些物理参数，就需要对测得的电化学阻抗谱进行解析。

通常的解析过程是采用电极体系的等效电路对阻抗谱进行曲线拟合，这包括两个步骤：一个是确定合适的等效电路；另一个是确定等效电路中元件的具体参数值。这两个步骤是互相联系、有机地结合在一起的。一方面，参数的确定必须要根据等效电路模型来进行，所以往往要先提出一个适合于实测的阻抗谱数据的等效电路，然后进行参数值的确定；另一方面，如果能够确定一套参数值，将其代入等效电路模型计算得到的阻抗数据与实测的阻抗谱吻合得很好，就说明所提出的等效电路模型很可能是正确的。所以是否能够很好地拟合又成为模型选择是否正确的判据。

在确定等效电路模型方面，必须综合多方面的信息，可以考虑阻抗谱的特征（例如阻抗谱中含有的时间常数的个数），也可考虑其他有关的电化学知识（例如，锂离子电池电极上通常存在 SEI 膜等），还可以对阻抗谱进行分解，逐个求解阻抗谱中各个时间常数所对应的等效元件的参数初值，在各部分阻抗谱的求解和扣除过程中建立起等效电路的具体形式。

确定阻抗谱所对应的等效电路模型后，将阻抗谱按确定的模型进行曲线拟合，求出等效电路中各等效元件的参数值，如等效电阻的电阻值，等效电容的电容值，CPE 的 Y_0 和 n 的数值等。

所谓曲线拟合就是确定数学模型中待定参数的数值，使得由此确定的模型的理论曲线最佳逼近实验的测量数据。由于阻纳是频率的非线性函数，一般采用非线性最小二乘法（NLLS fit）进行曲线拟合。

拟合后的目标函数值通常用 χ^2 值来表示，代表了拟合的质量，此值越低，拟合越好，其合理值应在 10^{-4} 数量级或更低。另外，还可以观察所谓的"残差曲线"，该曲线表示阻抗的实验值和计算值之间的差别，残差曲线的数据越小越好，而且应围绕计算值随机分布，否则拟合使用的等效电路可能不合适。

在拟合过程中，通常采用电路描述码（CDC）来表示等效电路。电路描述码规定：在偶数组数的括号（包括没有括号的情况）内，各个元件或复合元件互相串联；在奇数组数的括号内，各个元件或复合元件互相并联。例如，可参见图 13-10 中的电路和电路描述码。

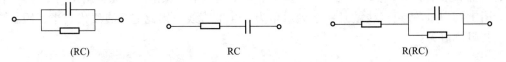

(RC)　　　　　　　　　RC　　　　　　　　　R(RC)

图 13-10　几个电路及其电路描述码

对于图 13-9 中的阻抗谱，可以采用 R[C(RW)]或 R[C(RQ)] 作为等效电路对阻抗数据进行曲线拟合，得到等效电路中各个元件参数的数值，即 R_Ω、R_{ct}、C_d、W（或 Q）。

13.4.3　电池中电化学阻抗谱的应用

电化学阻抗谱常常用于电池的研究中，根据不同的电池体系选择相应的等效电路并进行拟合，所选用的等效电路能够很好地解释研究体系中所进行的具体过程，具有确定的物理意义，所得结论能够很好地解释体系的性质并指导进一步的研究。

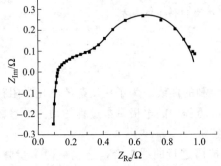

图 13-11　铅酸电池的阻抗
复数平面图（实心方块代表实验
测量数据，实线代表拟合数据）

图 13-11 是一个铅酸电池的阻抗复数平面图。在超高频范围内，出现了一段实轴以下的感抗，这通常是由导线电感和电极卷绕电感产生的，这一电感和电池等效电路的其余部分之间为串联关系。这种超高频（通常在 10kHz 以上）电感往往只在阻抗很小的体系，如电池、电化学超级电容器中能够被明显的观察到。

在高频段出现的容抗弧对应的是铅负极的界面阻抗，其阻抗值相对较小；在低频段出现的容抗弧对应的是二氧化铅正极的界面阻抗。其等效电路可采用图 13-12 中所示的电路。

用 LR(QR)(CR) 作为等效电路对阻抗数据拟合的结果如图 13-11 中的实线所示，χ^2 值为 6.09×10^{-4}，可以看出拟合的效果较好。拟合的电路元件参数值列于表 13-1 中。

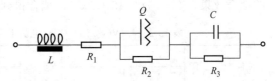

图 13-12　铅酸电池阻抗谱所对应的等效电路

表 13-1　拟合的电路元件参数值

元件	L/H	R_1/Ω	Q		R_2/Ω	C/F	R_3/Ω
			Y_0	n			
参数值	6.606×10^{-7}	0.08933	0.1953	0.4564	0.4364	0.2294	0.4606

当对电池中的某一电极进行 EIS 测试时，往往可以得到电极内各组成部分对电极性能

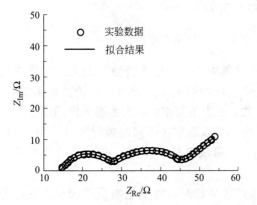

图 13-13　尖晶石锂锰氧化物正极在脱锂（充电）过程中 [4.1V(vs. Li$^+$/Li)] 的电化学阻抗谱

的影响信息。例如，图 13-13 是尖晶石锂锰氧化物正极在脱锂（充电）过程中的阻抗谱。通常采用的测试频率范围为 $10^5\sim10^{-2}$ Hz，所得阻抗谱包括两个容抗弧和一条倾斜角度接近 45° 的直线。

图 13-13 中谱图高频区域存在一个较小的容抗弧，中频区域存在一个较大的容抗弧，低频区域则是一条倾斜角度接近 45° 的直线。当电极电势大于 3.8V（vs. Li$^+$/Li），正极开始充电后，阻抗谱均由两个容抗弧和一条倾斜角度接近 45° 的直线构成。

大量关于嵌入型电极的研究表明，在电极表面上存在着一层有机电解液组分分解形成的，能够离子导电而不能电子导电的绝缘层，称为固体电解质相界面（SEI）膜。SEI 膜最早是在锂离子电池碳负极上发现的。近几年的研究表明，SEI 膜也存在于所有 Li$_x$MO$_y$（M＝Ni、Co、Mn 等）正极表面上。因此，在锂离子电池充放电时，锂离子迁移通过 SEI 膜，到达或离开电极活性材料表面的过程，是整个电极过程的一个组成部分。

图 13-13 中阻抗谱的高频容抗弧对应着锂离子在 SEI 膜中的迁移过程，而中频容抗弧则对应着锂离子在 SEI 膜和电极活性材料界面处发生的电荷传递过程，低频直线对应着锂离子在固相中的扩散过程。据此分析，可以建立电极的等效电路，如图 13-14 所示。

等效电路中，R_Ω 代表电极体系的欧姆电阻，包括隔膜中的溶液欧姆电阻和电极本身的欧姆电阻；常相位元件 Q_{SEI} 和 R_{SEI} 分别代表 SEI 膜的电容和电阻；常相位元件 Q_d 代表双电层电容；R_{ct} 代表电荷传递电阻；常相位元件 Q_{W} 代表固相扩散阻抗。

按照图 13-14 所示的等效电路对图 13-13 中 4.1V（vs. Li$^+$/Li）极化电势下的阻抗谱进行曲线拟合，可以获得良好

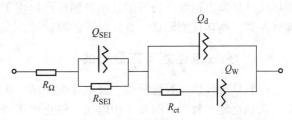

图 13-14　尖晶石锂锰氧化物正极的等效电路

的拟合效果，χ^2 值为 7.18×10^{-4}，拟合得到的等效电路元件参数值列于表 13-2 中。

表 13-2　4.1V（vs. Li$^+$/Li）电势下阻抗谱拟合得到的等效电路元件参数值

元件	R_Ω/Ω	Q_{SEI}		R_{SEI}/Ω	Q_d		R_{ct}/Ω	Q_W	
		Y_0	n		Y_0	n		Y_0	n
参数值	14.9	3.00×10^{-5}	0.865	12.07	4.07×10^{-3}	0.757	17.17	0.281	0.535

根据 $Y_0 = \dfrac{1}{\sqrt{2}\sigma}$，由 Q_W 的 Y_0 可得 σ。由式（13-30）可以得到 Li$^+$ 固相扩散系数的计算公式：

$$D = \frac{1}{2}\left(\frac{RT}{n^2 F^2 A C_{Li}\sigma}\right)^2 \tag{13-31}$$

将 σ 值代入式（13-31）中，即可计算得到 Li$^+$ 固相扩散系数 D。

或者可以利用式（13-32）计算 Li$^+$ 的固相扩散系数 D：

$$\sigma = \frac{V_m(d\varphi/dx)}{\sqrt{2}\,nFA\sqrt{D}} \qquad \text{（当 } \omega \gg 2D/h^2 \text{ 时）} \tag{13-32}$$

式中，V_m 为嵌锂材料的摩尔体积；x 为嵌锂材料中 Li$^+$ 的摩尔分数；$d\varphi/dx$ 为嵌锂材料的开路电势-组成曲线上某点的斜率；n 为电化学反应中的电荷传递数；F 为法拉第常数；A 为电极的真实表面积；D 为 Li$^+$ 的固相扩散系数；ω 为角频率；h 为薄膜电极的厚度。

利用式（13-32）计算 Li$^+$ 的固相扩散系数 D 时，可以测定在不同嵌锂程度（不同 x 值）时的 Li$^+$ 扩散系数。但是，当开路电势-组成（φ-x）曲线比较平坦时，$d\varphi/dx$ 的值趋近于 0，对它的确定比较困难，会引入较大的误差。

采用 PSCA、CV 等方法测定反应物质的固相扩散系数时，如果电极只受固相扩散过程控制（电极处于可逆状态），那么测试的误差较小，但是这是难以实现的，因为实际上电极往往同时受到传荷过程和固相扩散过程的控制。与此不同，当采用 EIS 方法时，不同的交流信号频率范围可以有效地区分传荷过程控制和扩散过程控制，在较低的频率区间单独考察固相扩散过程的影响，因此 EIS 方法不存在传荷过程的干扰。另外，EIS 方法采用小幅度的正弦交流信号，对体系的极化状态扰动小，可精确测定不同极化条件下的扩散系数。

13.5　电池性能测试方法

电池的性能包括容量、电压特性、内阻、自放电、温度性能、循环性能等，由于电池应用领域不同，对电池的性能要求也不尽相同。对于不同种类的电池，如原电池与二次电池，其检测的手段与检测的指标是有区别的。原电池的检测，如容量的检测是破坏性的，其容量在检测后不可恢复；而二次电池对容量的检测不具有破坏性，只有在进行寿命测试时才具有破坏性。部分电池性能的测试技术也同样可以用于单个电极的性能测试，比如充放电性能与容量测试、循环性能测试、自放电性能测试等。

13.5.1　充放电性能与容量测试

（1）放电性能与容量测试　放电性能测试的线路原理如图 13-15 所示。在电池放电实验中，测量电池的放电时间和工作电压、终止电压等参数，用放电时间做横坐标，工作电压做纵坐标，绘出工作电压随放电时间的变化曲线，即放电曲线。

常见的放电方式有恒电流放电、恒电阻放电、恒功率放电。图 13-16 是 Cd/Ni 电池在 3 种不同放电方式下的放电曲线。恒电流放电就是化学电源在工作过程中放电电流恒定；恒电阻放电则是在工作过程中外接负载电阻不变，由于电池工作电压不断降低，电池放电电流也逐渐降低；恒功率放电是在工作过程中电池的输出功率保持恒定，由于电池工作电压不断降低，放电电流就要不断增大。

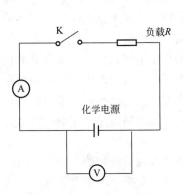

图 13-15　化学电源放电原理示意

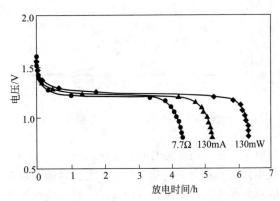

图 13-16　3 种不同放电方式镉镍电池放电曲线

（额定容量 650mA·h）

另外电池也可以采用连续放电或间歇放电。连续放电就是使化学电源按照一定的工作方式连续工作，直到其放电电压降低到预先确定的放电终止电压。间歇放电是使化学电源按照一定的工作方式工作一定时间，然后间歇一定的时间再次放电，如此反复，直到其放电电压降低到终止电压。电池连续放电与间歇放电过程中的电压变化示意如图 13-17 所示。

电池的放电性能受放电方式、放电电流、放电终止电压、环境温度影响，在讨论电池的放电性能时，必须标明具体条件，只有在相同条件下的测试结果才具有可比性。

测定化学电源的放电性能以后，就可以计算其容量。常用的容量测定方法是恒电流放电，通过电流与放电时间的乘积就可以得到化学电源的容量。恒电阻放电和恒功率放电情况下，电池的放电电流是不断变化的，这时就必须通过放电电流对放电时间的积分计算电池的实际容量。

（2）充电性能测试　充电性能测试只是针对二次电池。化学电源充电时，需要将其正负极分别与外电源的正负极分别连接，使电能转化为化学能储存在化学电源中，充电线路示意如图 13-18 所示。充电过程中需要研究的参数包括充电电压的高低、充电终止电压、充电效率等。

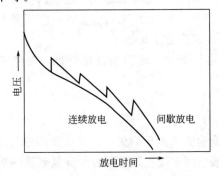

图 13-17　电池连续放电与
间歇放电过程中的电压变化

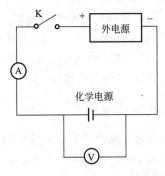

图 13-18　化学电源充电原理示意

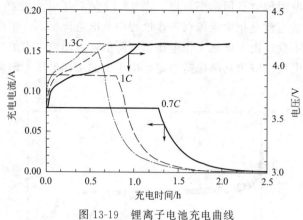

图 13-19　锂离子电池充电曲线

化学电源的充电方式主要是恒电流充电和恒电压充电。常见的化学电源中，铅酸电池、MH-Ni 电池、Cd-Ni 电池等多采用恒电流的方式充电，而锂离子电池考虑到安全性等问题，常采用先恒电流再恒电压的方式充电。通常是先根据电池中使用的活性物质与电解液体系等选定恒电流充电时的终止电压，当恒电流充电时电池的电压达到终止电压后，改用恒电压充电方式充电到预定的某个较小的电流或一定时间后停止充电，此过程中的充电电压、充电电流随时间的变化曲线如图 13-19 所示。

充电效率也称为充电接受能力，是指电池充电过程中用于活性物质转化的电能与充电时所消耗的总电能之比，常用百分数表示。充电效率越高，表示电池接受充电的能力越强。充电方式、充电电流的大小、环境温度等直接影响充电效率。一般来说，充电初期的充电效率较高，接近 100%，充电后期由于电极极化增大，电极上伴随有气体析出，充电效率较低。

电池耐过充电能力是充电过程中的一个重要指标。二次电池应具有良好的耐过充电性能，对于 MH-Ni 电池，在环境温度 20℃±5℃ 下，电池以 1C 充电 1.2h，然后以 0.1C 继续充电 48h，搁置 1~4h，最后电池以 0.2C 放电至终止电压 1.0V，电池放电时间应不少于 5h。

充电过程中电池电压的高低及变化速率、充电终止电压是衡量化学电源充电性能的重要参数。充电电压较低、变化速率较慢，则说明电池在充电过程中的极化较小，充电效率较高，电池的使用寿命就可能更长。较高的充电终止电压，说明电池内阻较大，电池内压和温度较高，对锂离子电池则可能导致电解液分解和活性物质的不可逆相变，使电池性能恶化。充电终止的控制方式通常有以下几种。

① 时间控制　充电达到预先设定的时间后即停止。

② 温度控制　考虑到电池的特性与安全性，应当避免充电时电池温度过高。MH/Ni 电池一般要求在 1C 充电时以 60℃ 作为电池的充电终点。

③ 电压控制　充电过程中电池的电压达到某一预定值后，充电终止。

④ 电压降控制　即 $-\Delta V$ 控制，当电池充足电后，电压达到最高点后会有一定程度的下降，可据此判断充电终止，一般选用 $-\Delta V=10\sim20$mV。对于采用恒电流方式充电的 Cd/Ni 和 MH/Ni 电池，常采用这种控制方式。但是在小电流或较高温度条件下充电时，电压降并不明显。长时间储存的电池，$-\Delta V$ 可能会提前出现，导致充电不足。

⑤ 电流控制　对于锂离子电池，充电后期采用恒电压充电，电流会逐渐降低，当电流降低到预定的某个较小的电流时，充电终止。

13.5.2　循环性能测试

对于二次电池，循环寿命是很重要的指标。循环寿命也称为循环耐久性，测试方法与充放电性能测试基本一致，只是在寿命测试过程中要重复充放电测试过程，直到容量降低到某一规定值。对于不同类型或用途的化学电源，寿命终止的规定是不同的，一般规定为容量降低至初始容量的 60% 左右。表 13-3 是国家标准（GB/T 18287）规定的锂离子电池循环寿命测试方法。

表 13-3　国家标准规定的锂离子电池循环寿命测试方法（GB/T 18287）

循环次数	充　电		放　电	
	充电电流/A	截止电流/A	放电电流/A	终止电压/V
1	1C	0.02	1C	3.0
2～49	1C	0.1C	1C	3.0
50	1C	0.02	1C	3.0

注：重复循环，直至任一个第 49 次循环放电时间小于 36min。这时按照第 50 次循环的规定再进行一次循环，如果放电时间仍然少于 36min 时，则认为寿命终止。

在电池寿命的测试中，电池的容量并不是衡量电池循环寿命的唯一指标，还应该综合考虑其电压特性、内阻的变化等。循环性能良好的电池，在经过多次循环后，不仅要容量衰减不超过规定值，其电压特性也应该无大的衰减。

13.5.3　自放电与储存性能测试

电极自放电会导致化学电源在储存过程中容量下降。引起自放电的原因很多，如电极的腐蚀、活性物质的溶解以及电极上歧化反应的发生等。通常 MH/Ni 电池自放电较大，而 Cd/Ni 电池及锂离子电池相对来说自放电较小。温度对自放电有很大影响，温度越高，自放电越大。测试过程中应保持温度稳定。

自放电速率用单位时间内容量降低的百分数来表示：

$$x = \frac{C_1 - C_2}{C_1 t} \times 100\% \tag{13-33}$$

式中，t 为储存时间，常用天、月或年表示；C_1、C_2 为储存前后电池的容量。

在实际的测试中，人们还经常用一定时间内容量的保持率来表示：

$$x = \frac{C_2}{C_1} \times 100\% \tag{13-34}$$

自放电率越低，即容量保持率越高。如充电态的 MH/Ni 电池在 20℃±2℃ 下开路搁置 28 天后容量保持率应大于 60%。

在储存过程中，由于活性物质的钝化、部分材料的分解变质等原因，都会引起电池性能衰退。因此，储存性能与自放电两个概念并不相同。MH-Ni 电池储存性能的测试方法如下：在环境温度 20℃±5℃ 下，电池先以恒流 0.2C 放电至终止电压 1.0V，再用 0.1C 充电 16h，然后电池在平均温度 20℃±5℃ 和相对湿度 65%±20% 的条件下开路储存 12 个月。储存期满后，电池在 20℃±5℃ 下以恒流 0.2C 放电至终止电压 1.0V，再用 0.1C 充电 16h，然后电池进行恒电流放电，最少持续放电时间应不少于储存前相应放电率下容量的 80%。储存前后的容量测试条件应完全一致。

由自放电引起的容量损失可以通过再次充电的方法得到恢复，但是电池长期储存后，内部物质可能发生不可逆变化，这时的容量损失一般是不可逆的，很难用常规的充电方法恢复。

13.5.4　内阻测试

内阻的高低直接影响电池的工作电压。在同类型电池中，通常内阻低的电池其电压特性也较好。不同种类的电池其内阻是不同的，如铅酸蓄电池内阻只有几个毫欧，干电池内阻一般为 0.2～0.5Ω，Cd-Ni 与 MH-Ni 电池为 10～50mΩ。同系列不同型号的化学电源其内阻也是不同的，一般容量越高的电池其内阻越低（对单体电池而言）。电池的内阻与电池的荷电状态是相关的，在标注电池内阻时，应注明电池的荷电状态。

可以用方波电流法测量电阻，即用恒电流仪控制通过电极的电流为一定值，用信号发生器调节方波周期与幅值，用示波器记录电压的响应，一般要求周期较短，测出的内阻值实际为电池的欧姆内阻。另外，电池的内阻可用交流阻抗法或交流电桥法测量。在实际的生产检测中，电池内阻常用交流方法或用直流方法进行测试。为消除电流传导线路上的测量误差，测量电压时应在电池的电极端子上进行，并与电路传导电流的触点分开。

（1）交流内阻的测量　对电池施加频率为 $1.0kH_Z \pm 0.1kHz$ 的交流电流 I_a，时间 $1\sim5s$，测量此时间内的交流电压 U_a。电池的交流内阻 R_{ac} 按式（13-35）计算：

$$R_{ac} = \frac{U_a}{I_a} \tag{13-35}$$

式中，U_a 为交流电压有效值，V；I_a 为交流电流有效值，A。

注意，应选择适当的交流电流，使峰值电压保持在 20mV 以下。

（2）直流内阻的测量　电池充足电后，以电流值 I_1 恒流持续放电，测量和记录放电至 10s 末时的负载电压 U_1。然后立即将放电电流增加到电流值 I_2，并恒流持续放电，测量和记录放电至 3s 末时的负载电压 U_2。比如对于移动电话用锂离子电池，国家标准 GB/T 18287 规定 $I_1 = 0.2C$，$I_2 = 1C$。

电池的直流内阻 R_{dc} 按式（13-36）计算：

$$R_{dc} = \frac{U_1 - U_2}{I_2 - I_1} \tag{13-36}$$

式中，I_1、I_2 为放电电流，A；U_1、U_2 为测得的负载条件下的实际电压值，V。

目前，市场上有专门的内阻测试仪可以供实际生产检测使用，其工作原理大多是采用交流法测量电池内阻。

13.5.5　内压测试

二次电池在充电后期及过充电时，由于电极过程副反应的发生或电解液的分解，电池内会产生一定的气体积累，导致电池内部压力升高。内压过大时，会导致电池排气或漏液，严重时会导致电池开裂或爆炸。性能良好的电池应能保证通畅的气体通道与快速的气体吸收，从而保持较低的电池内压。测量电池内压的方法通常有破坏性测量和非破坏性测量两种。破坏性测量是在电池中放置一个压力传感器，记录充电过程中的压力变化。非破坏性测量的基本原理是在一定区间内，电池壳体因内部气体压力产生的应变与内压大小有关，并可以确定其关系。采用精密的微小形变测量工具，准确地测量电池壳体的微应变，基本上可以反映出电池的内压。

13.5.6　温度特性测试

根据不同的使用条件和环境，要求化学电源在较宽的温度范围内具有良好的性能。由于电化学反应速率、电解液的黏度与导电性等和环境温度有很大关系，因此高温或低温对电池的充放电电压、充电效率、放电容量等性能都会带来影响。进行高低温检测实验所需的电源设备与充放电性能测试基本一致，只是在恒温箱中测定不同温度下电池的性能。对于蜂窝电话用锂离子电池，国家标准规定，电池在 $55℃ \pm 2℃$ 下 $1C$ 恒流放电时间应不低于 51min，在 $-20℃ \pm 2℃$ 下 $0.2C$ 恒流放电时间应不低于 3h，两种情况下，电池外观应无变形、无破裂。对于 MH/Ni 电池，通常要测量 $40℃ \pm 2℃$ 下的充电接受能力，电池 $0.05C$ 充 24h，

1C 放电时间不少于 42min，或 0.2C 放电时间不少于 3h45min。

13.5.7　安全性能测试

　　化学电源除要求具有良好的电化学性能，还必须保证储存与工作期间对人员和设备没有伤害，因此，安全问题是化学电源应用中的重要问题，国家标准对安全性测试有严格规定。

　　对于密封型二次电池，在过充或过放的情况下，都会引起气体在电池内的迅速积累，导致内压迅速上升，因此大多数密封型电池都设计了安全阀。如果内压升高到一定程度，安全阀不能及时开启，可能会使电池发生爆裂。在通常情况下，安全阀在一定压力作用下会开启释放掉多余的气体，气体泄出后，会导致电解液量减少，严重时使得电解液干涸，电池性能恶化，直至失效。在气体泄出过程中带出一定量的电解液，对用电设备有腐蚀作用。因此一个性能优良的电池应有良好的耐过充能力，绝对不能有爆裂的现象出现，并且在一定的过充放程度下，不能出现泄漏现象，电池外形也不应发生变化。

　　电池安全性测试项目主要包括震动、短路、跌落、机械冲击、挤压、热滥用、针刺实验、耐高温实验、温度循环等，以模拟电池在各种实际可能环境下的性能，一般要求电池不起火、不爆炸。

参 考 文 献

[1] 查全性等. 电极过程动力学导论. 第3版. 北京：科学出版社，2002.
[2] 郭鹤桐等. 电化学教程. 天津：天津大学出版社，2000.
[3] 史鹏飞等. 化学电源工艺学. 哈尔滨：哈尔滨工业大学出版社，2006.
[4] 吕鸣祥等. 化学电源. 天津：天津大学出版社，1992.
[5] 李国欣. 新型化学电源导论. 上海：复旦大学出版社，1992.
[6] 张文保. 化学电源导论. 上海：上海交通大学出版社，1992.
[7] 宋文顺. 化学电源工艺学. 北京：中国轻工业出版社，1998.
[8] 管从胜等. 高能化学电源. 北京：化学工业出版社，2004.
[9] 郭炳焜等. 化学电源——电池原理及制造技术. 长沙：中南大学出版社，2003.
[10] 朱松然等. 铅蓄电池技术. 第2版. 北京：机械工业出版社，2003.
[11] 徐品弟等. 铅酸蓄电池——基础理论和工艺原理. 上海：上海科学技术文献出版社，1996.
[12] Rand D A J等编. 阀控式铅酸蓄电池. 郭永榔等译. 北京：机械工业出版社，2007.
[13] 李景虹. 先进电池材料. 北京：化学工业出版社，2004.
[14] 胡子龙. 贮氢材料. 北京：化学工业出版社，2002.
[15] 陈军等. 镍氢二次电池. 北京：化学工业出版社，2006.
[16] 吴宇平等. 锂离子电池——应用与实践. 北京：化学工业出版社，2004.
[17] 郭炳焜等. 锂离子电池. 长沙：中南大学出版社，2002.
[18] 雷永泉. 新能源材料. 天津：天津大学出版社，2000.
[19] 毛宗强等. 燃料电池. 北京：化学工业出版社，2005.
[20] 韩敏芳等. 固体氧化物燃料电池材料及制备. 北京：科学出版社，2004.
[21] 詹姆斯·拉米尼等著. 燃料电池系统——原理·设计·应用. 朱红等译. 北京：科学出版社，2006.
[22] 衣宝廉. 燃料电池——原理·技术·应用. 北京：化学工业出版社，2003.
[23] 袁国辉. 电化学电容器. 北京：化学工业出版社，2006.
[24] 杨军等. 化学电源测试原理与技术. 北京：化学工业出版社，2006.
[25] Linden D, Reddy T B. Handbook of Batteries. McGraw-Hill Inc. 2001.
[26] Conway B E. Electrochemical Supercapacitor—Scientific Fundamentals and Technological Applications. Kluwer Academic/Plenum Publishers. 1999.
[27] 王金良. 再谈碱性锌锰电池的无汞化. 电池工业，2000，5：99-104.
[28] Jia Zheng, Zhou De-rui Zhang Cui-fen. Composite corrosion inhibitors for secondary alkaline zinc anodes. Transactions of Nonferrous Metals Society of China, 2005, 15 (1)：200-206.
[29] 高效岳. 碱性锌锰电池生产技术的进步. 电池工业，2000，5：127-130.
[30] 吴涛，李清湘. 国内碱锰电池用无汞锌粉的发展动态. 电池工业，2006，11：342-349.
[31] 曹晋. 国外碱锰电池的结构和性能. 电池，2005，35：384-385.
[32] 林建兴，沈娟. 提高碱锰电池大电流放电性能的研究. 电池，2005，35：378-379.
[33] 贾铮，戴长松，陈玲. 电化学测量方法. 北京：化学工业出版社，2006.
[34] Cachet-Vivier C, Vivier V, Cha C S, et al. Electrochemistry of powder material studied by means of the cavity microelectrode (CME). Electrochimica Acta, 2001, 47：181-189.
[35] Feng F, Han J, Geng M, et al. Study of hydrogen transport in metal hydride electrodes using a novel electrochemical method. Journal of Electroanalytical Chemistry, 2000, 487：111-119.
[36] 刘建华，杨敬武，唐致远. 掺杂球形氢氧化镍的循环伏安特性. 天津大学学报，2000，33：118-121.
[37] Hajime Sato, Daisuke Takahashi, Tatsuo Nishina, et al. Electrochemical characterization of thin-film $LiCoO_2$ electrodes in propylene carbonate solutions. Journal of Power Sources. 1997, 68：540-544.

[38] Shukla A K, Venugopalan S, Hariprakash B. Nickel-based rechargeable batteries. Journal of Power Sources, 2001, 100: 125-148.

[39] Morioka Y. Narukawa S, Itou T. State-of-the-art of alkaline rechargeable batteries. Journal of Power Sources, 2001, 100: 107-116.

[40] 单秋林. 高倍率锌银蓄电池组的研制. 电源技术, 1999, 23 (5): 279-282.

[41] 杜向辉, 王民贤, 范建国等. 添加剂对锌银电池性能的影响. 电池, 2005, 35 (6): 448-449.

[42] 赵晓冰, 刘强, 姜惠成. 用于锌银蓄电池的新型纤维素隔膜. 电源技术, 2006, 30 (7): 566-569.

[43] 阮庆征. 自动激活锌-银储备电池用泡囊材料优选. 功能材料, 1999, 23 (1): 22-25.

[44] 孟凡明, 李利群, 肖定全. Zn/AgO 贮备电池存储寿命研究. 功能材料, 2004, 35 (2): 203-205.

[45] 甘健龙, 张清顺. 圆柱形锂-二氧化锰电池安全性能的改善. 电池工业, 2006, 11 (1): 15-16.

[46] 赵佳明, 杨维芝. 全密封绕式芯体结构锂电池的设计 (Ⅰ). 电池工业, 2006, 7 (1): 27-31.

[47] 肖顺华. $Li/SOCl_2$ 电池的可靠性研究. 化学世界, 2004, 7: 388-389.

[48] 马永敬. $Li/SOCl_2$ 电池电压滞后问题. 电池, 1994, 24 (4): 188-189.

[49] 陈立泉. 锂离子正极材料的研究发展. 电池, 2002, 32 (6): 6-8.

[50] 吴宇平, 方世壁, 刘昌炎等. 锂离子电池正极材料氧化钴锂的进展. 电源技术, 1997, 21 (5): 208-209.

[51] 赵健, 杨维芝, 赵佳明. 锂离子电池的应用开发. 电池工业, 2000, 5 (1): 31-36.

[52] 安平, 其鲁. 锂离子二次电池的应用和发展. 北京大学学报, 2006, 42 (SI): 1-7.

[53] Bruno S. Recent Advances in Lithium Ion Battery Materials. Electrochimica. Acta, 2000, 45 (8): 2461-2466.

[54] Whittingham M S. Lithium Batteries and Cathode Materials Chemical Reviews, 2004, 104: 4271-4301.

[55] 吉野彰. 日本锂离子蓄电池技术的开发过程和最新趋势. 电源技术, 2001, 25 (6): 416-422.

[56] Akimoto J, Gotoh Y, Oosawa Y. Synthesis and Structure Refinement of $LiCoO_2$ Single Crystals. Journal of Solid State Chemistry, 1998, 141 (1): 298-302.

[57] 徐艳辉. 锂离子电池正极材料电化学. 稀有金属材料与工程, 2003, 32 (11): 875-879.

[58] Shaju K M, Rao G V S, Chowdari B V R. Performance of Layered $Li(Ni_{1/3}Co_{1/3}Mn_{1/3})O_2$ as Cathode for Li-ion Batteries. Electrochimica Acta, 2002, 48 (2): 145-151.

[59] 吴宇平, 万春荣, 姜长印. 喷雾干燥法制备 $LiCoO_2$ 超细粉. 无机化学学报, 1999, 14 (4): 657-661.

[60] Hajime, Shigeto O, Yoji S, et al. Reversibility of $LiNiO_2$ Cathode. Solid State Ionics, 1997, 95 (3-4): 275-282.

[61] Molenda, Wilk P, Marzee J. Transport Properties of the $LiNi_{1-y}Co_yO_2$ System. Solid State Ionics, 1999, 119 (1-4): 19-22.

[62] Yamada A, Chung S C, Hinokuma K. Optimized $LiFePO_4$ for Lithium Battery Cathodes. Journal of the Electrochemical Society, 2001, 148 (3): 224-229.

[63] 吴宇平, 万春荣, 姜长印. 锂离子电池用无定形碳材料衰减机理. 电池, 1999, 29 (1): 10-12.

[64] 李发喜, 仇卫华. 微波合成锂离子电池正极复合材 $LiFePO_4/C$ 电化学性能. 北京科技大学学报, 2005, 2, 27 (1): 86-89.

[65] 李冰, 王殿龙. 蜂窝结构球形 $LiFePO_4/C$ 的制备及性能研究. 电池, 2007, 37 (6): 422-424.

[66] 雷敏, 应皆荣, 姜长印等. 高密度球形 $LiFePO_4$ 的合成及性能. 电源技术, 2006, 130 (1): 11-13.

[67] Naoaki Y, Tsutomu O. Novel lithium insertion material of $LiCo_{1/3}Ni_{1/3}Mn_{1/3}O_2$ for advanced lithium ion batteries. Journal of Power Sources, 2003, 119-121: 171-174.

[68] 吴升晖, 尤金跨, 林祖赓. 锂离子电池碳负极材料的研究. 电源技术, 1998, 22 (1): 35-38.

[69] 仇卫华. 锂离子电池负极材料-树脂包覆石墨的性能. 电源技术, 1999, 23 (1): 7-9.

[70] Chen Z H，Wang Q Z，Amine K. Improving the Performance of Soft Carbon for Lithium-ion Batteries. Electrochimica Acta，2006，51 (19)：3890-3894.

[71] 尹大川，王猛，黄卫东. 锂离子电池正极负极材料研究进展. 功能材料，1999，30 (6)：591-594.

[72] 闫俊美，杨勇. 非碳类新型锂离子蓄电池负极材料研究进展. 电源技术，2004，28 (7)：245-239.

[73] Wang Y，Zhao S L，Zhu G M. Recent Developments in the Electrolyte for LiC_6/Electrolyte/Cathode Battery. Electrochemistry，2002，8 (2)：126-133.

[74] 陈德均. 锂离子电池的有机电解液. 电池工业，1999，4 (4)：149-153.

[75] 黄文煌，严玉顺，万春荣. 电解液添加剂对锂离子蓄电池循环性能的影响. 电源技术，2001，2 (25)：91-93.

[76] Wrodnigg G H. Ethylene sulfite as electrolyte additive for lithium-ion cells with graphitic anodes. Journal of the Electrochemical Society，1999，146 (2)：470-472.

[77] 徐仲榆，郑红河. 锂离子蓄电池碳负极/电解液相容性研究进展. 电源技术，2000，24 (5)：295-301.

[78] 王彦开，石磊. 微孔膜的制造方法. 膜科学与技术，2001，5 (6)：20-23.

[79] Yun H-G，Lee K-H. The application of PAN in. Lithium Battery as Membrane. Membrane Science，2002，(56)：75-84.

[80] 邓锦勋，吴锋. 锂离子电池用新型复合聚合物电解质膜的性能研究. 安全与环境学报，2004，4 (6)：45-53.

[81] 唐致远，陈玉红，卢星河等. 锂离子电池安全性的研究. 电池，2006，36 (1)：74-76.

[82] Tobishima S，Takei K，Sakurai Y，et al. Lithium ion cell safety. Journal of Power Sources，2000，90 (2)：188-195.

[83] 胡广侠，解晶莹. 影响锂离子电池安全性的因素. 电化学，2002，8 (3)：245-251.

[84] Conway B E，Transiton from "supercapacitor" to "battery" behavior in electrochemical energy storage. Journal of the Electrochemical Society，1991，138 (6)：1539-1548.

[85] Frackowiak E，Beguin F. Carbon materials for the electrochemical storage of energy in capacitor. Carbon，2001，39：937-950.

[86] Kötz R，Carlen M. Principles and applications of electrochemical capacitors. Electrochimica Acta，2000，45：2483-2498.

[87] Mastragostino M，Paraventi R. Supercapacitors Based on Composite Polymer Electrodes. Journal of the Electrochemical Society，2000，147：3167-3170.

[88] Andrew Burke. Ultracapacitors：why，how，and where is the technology. Journal of Power Sources. 2000，91：37-50.

[89] Raistrick R J，Gottesfeld S，et al. Study of the electrochemical properties of conducting polymers for application in electrochemical capacitors. Journal of Electrochimica Acta，1994，39：273-287.

[90] Rudge A，Davey J，Raistrick J，et al. Conducting polymers as active materials in electrochemical capacitors. Journal of Power Sources. 1994，47：89-107.

[91] Zheng J P，Jow T R. New charge storage mechanism for electrochemical capacitor. Journal of the Electrochemical Society. 1995，142：L6-L8.

[92] Zheng J P，Jow T R. High energy and high density electrochemical capacitors. Journal of Power Sources. 1996，62：155-159.

[93] Wohlfahrt-Mehrens M，Schenk J，Wilde P M，et al. New materials for supercapacitors. Journal of Power Sourecs. 2002，105：182-188.

[94] Faggioli E，Rena P，Danel V，et al. Supercapacitors for the energy management of electric vehicle. Journal of Power Sourecs. 1999，84：261-269.

[95] Nishikawa S，Sasaki M，Okazaki A，et al. Development of capacitor hybrid truck，JSAE Review，

2003，24：249-254.

[96] Sasaki M，Araki S. Miyata T，et al. Development of capacitor hybrid system for urban buses，JSAE Review，2002，23：451-457.

[97] Shukla A K，Arico A S，Antonucci V. An appraisal of electric automobile power sources. Renewable and Sustainable Energy Reviews，2001，5：137-155.

[98] Lam L T，Louey R，Haigh N P，et al. VRLA Ultrabattery for high-rate partial-state-of-charge operation. Journal of Power Sources，2007，174：16-29.

[99] Cooper A，Furakawa J，Lam L，et al. The UltraBattery-A new battery design for a new beginning in hybrid electric vehicle energy storage. Journal of Power Sources，2009，188：642-649.

[100] Pavlov D，Rogachev T，Nikolov P，et al. Mechanism of action of electrochemically active carbons on the processes that take place at the negative plates of lead-acid batteries. Journal of Power Sources，2009，191：58-75.

[101] Pavlov D，Nikolov P，Rogachev T. Influence of expander components on the processes at the negative plates of lead-acid cells on high-rate partial-state-of-charge cycling. Part II. Effect of carbon additives on the processes of charge and discharge of negative plates. Journal of Power Sources，2010，195：4444-4457.

[102] Pavlov D，Nikolov P. Capacitive carbon and electrochemical lead electrode systems at the negative plates of leadeacid batteries and elementary processes on cycling. Journal of Power Sources，2013，242：380-399.

[103] Lin Dingchang，Liu Yayuan，Cui Yi. Reviving the lithium metal anode for high-energy batteries. Nature Nanotechnology，2017，12 (3)：194-206.

[104] Li Yuzhang，Li Yanbin，Pei Allen，et al. Atomic structure of sensitive battery materials and interfaces revealed by cryo-electron microscopy. Science，2017，358：506-510.

[105] Wang Chong，Wang Dianlong，Dai Changsong. High-rate capability and enhanced cyclability of rechargeable lithium batteries using foam lithium anode. Journal of Electrochemical Society，2008，155 (5)：A390-A394.

[106] Ding Fei，Wu Xu，Graff Gordon L，et al. Dendrite-free lithium deposition via self-healing electrostatic shield mechanism. Journal of American Chemical Society，2013，135：4450-4456.

[107] Wang Xuefeng，Zhang Minghao，Alvarado Judith，et al. New insights on the structure of electrochemically deposited lithium metal and its solid electrolyte interphases via cryogenic TEM. Nano Letters，2017，17 (12)：7606-7612.

[108] Zeng Zhiyuan，Liang Wen-I，Liao Hong-Gang，et al. Visualization of electrode-electrolyte interfaces in LiPF6/EC/DEC electrolyte for lithium ion batteries via in situ TEM. Nano Letters，2014，14：1745-1750.

[109] Manthiram A，Fu Y Z，Su Y S. Challenges and Prospects of Lithium-Sulfur Batteries. Accounts of Chemical Research，2013，46 (5)：1125-1134.

[110] Armand M，Tarascon J M. Building better batteries. Nature，2008，451 (7179)：652-657.

[111] Diao Y，Xie K，Hong X，et al. Analysis of the sulfur cathode capacity fading mechanism and review of the latest development for Li-S battery. Acta Chimica Sinica，2013，71 (4)：508.

[112] Yeon J-T，Jang J-Y，Han J-G，et al. Raman spectroscopic and X-ray diffraction studies of sulfur composite electrodes during discharge and charge. Journal of Electrochemical Society，2012，159 (8)：A1308-A1314.

[113] Dominko R，Demir-Cakan R，Morcrette M，et al. Analytical detection of soluble polysulphides in a modified Swagelok cell. Electrochemistry Communications，2011，13 (2)：117-120.

[114] Bruce P G，Freunberger S A，Hardwick L J，et al. Li-O₂ and Li-S batteries with high energy stor-

age. Nature Materials, 2012, 11 (1): 19-29.

[115] Wang Q, Zheng J, Walter E, et al. Direct observation of sulfur radicals as reaction media in lithium sulfur batteries. Journal of Electrochemical Society, 2015, 162 (3): A474-A478.

[116] Lang S Y, Shi Y, Guo Y G, et al. Insight into the interfacial process and mechanism in lithium-sulfur batteries: An in situ AFM study. Angewandte Chemie International Edition, 2016, 55 (51): 15835-15839.

[117] Diao Y, Xie K, Xiong S, et al. Analysis of polysulfide dissolved in electrolyte in discharge-charge process of Li-S battery. Journal of Electrochemical Society, 2012, 159 (4): A421.

[118] Lu Y-C, He Q, Gasteiger H A. Probing the lithium-sulfur redox reactions: A rotating-ring disk electrode study. Journal of Physical Chemistry C, 2014, 118 (11): 5733-5741.

[119] Xu H, Deng Y, Shi Z, et al. Graphene-encapsulated sulfur (GES) composites with a core-shell structure as superior cathode materials for lithium-sulfur batteries. Journal of Materials Chemistry A, 2013, 47: 15142.

[120] Ahn W, Kim K-B, Jung K-N, et al. Synthesis and electrochemical properties of a sulfur-multi walled carbon nanotubes composite as a cathode material for lithium sulfur batteries. Journal of Power Sources, 2012, 202: 394-399.

[121] Li G, Ling M, Ye Y, et al. Acacia senegal-inspired bifunctional binder for longevity of lithium-sulfur batteries. Advanced Energy Materials, 2015, 5: 1500878.

[122] Qu Y, Zhang Z, Du K, et al. Synthesis of nitrogen-containing hollow carbon microspheres by a modified template method as anodes for advanced sodium-ion batteries. Carbon, 2016, 105: 103-112.

[123] Babu G, Masurkar N, Al Salem H, et al. Transition metal dichalcogenide atomic layers for lithium polysulfides electrocatalysis. Journal of American Chemical Society, 2017, 139 (1): 171-178.

[124] Liu X, Huang J Q, Zhang Q, Mai L. Nanostructured metal oxides and sulfides for lithium-sulfur batteries. Advanced Materials, 2017, 1601759.

[125] Aurbach D, Pollak E, Elazari R, et al. On the surface chemical aspects of very high energy density, rechargeable Li-sulfur batteries. Journal of Electrochemical Society, 2009, 156 (8): A694-A702.

[126] Agostini M, Xiong S, Matic A, Hassoun J. Polysulfide-containing glyme-based electrolytes for lithium sulfur battery. Chemistry of Materials, 2015, 27 (13): 4604-4611.

[127] Chung S H, Han P, Singhal R, et al. Electrochemically stable rechargeable lithium-sulfur batteries with a microporous carbon nanofiber filter for polysulfide. Advanced Energy Materials, 2015, 5: 1500738.

[128] Zhang S, Liu M N, Ma F, et al. A high energy density $Li_2S@C$ nanocomposite cathode with a nitrogen-doped carbon nanotube top current collector. Journal of Materials Chemistry A, 2015, 3: 18913-18919.

[129] Mikhaylik Y V, Akridge J R. Polysulfide shuttle study in the Li/S battery system. Journal of Electrochemical Society, 2004, 151 (11): A1969-A1976.

[130] Zuo P, Hua J, He M, et al. Facilitating the redox reaction of polysulfides by an electrocatalytic layer-modified separator for lithium-sulfur batteries. Journal of Materials Chemistry A, 2017, 5: 10936-10945.

[131] Pettersson J, Ramsey B, Harrison D. A review of the latest developments in electrodes for unitised regenerative polymer electrolyte fuel cells. Journal of Power Sources, 2006, 157: 28-34.

[132] Lu J, Li L, Park J B. et al. Aprotic and aqueous $Li-O_2$ batteries. Chemical Reviews, 2014, 114 (11): 5611-5640.

[133] Abraham K, Jiang Z, A polymer electrolyte-based rechargeable lithium/oxygen battery, Journal of

Electrochemical Society，1996，143（1）：1-5.

[134] Lee J S，Tai Kim S，Cao R，et al. Metal-air batteries with high energy density：Li-air versus Zn-air. Advanced Energy Materials，2011，1（1）：34-50.

[135] Hassoun J，Croce F，Armand M，Scrosati B. Investigation of the O_2 electrochemistry in a polymer electrolyte solid-state cell. Angewandte Chemie International Edition，2011，50（13）：2999-3002.

[136] Laoire C O，Mukerjee S，Abraham K M，et al. Influence of nonaqueous solvents on the electrochemistry of oxygen in the rechargeable lithium-air battery. Journal of Chemical Physics C，2010，114（19）：9178-9186.

[137] Christensen J，Albertus P，Sanchez-Carrera R S，et al. A critical review of Li/Air batteries. Journal of Electrochemical Society，2012，159（2）：R1-R30.

[138] Lu Y C，Xu Z，Gasteiger H A，et al. Platinum-gold nanoparticles：a highly active bifunctional electrocatalyst for rechargeable lithium-air batteries. Journal of the American Chemical Society，2010，132（35）：12170-12171.

[139] 郑洪河. 锂离子电池电解质. 北京：化学工业出版社. 2007.

[140] Cheng X-B，Zhang R，Zhao C-Z，Zhang Q. Toward safe lithium metal anode in rechargeable batteries：A review Chemical Reviews，2017，117（15）：10403-10473.

[141] 胡信国等. 动力电池技术与应用. 北京：化学工业出版社，2012.

[142] 朱梅，徐献芝. 锌空气动力电池的应用与循环经济建设. 中国资源综合利用，2007，25（5）：38-40.

[143] 邓润荣，谭惠珠. 锌空气电池的应用和技术现状. 电池工业，2007，12（1）：53-56.

[144] 朱梅，徐献芝，杨基明. 电动自行车用锌空气动力电池. 中国工程科学，2006，8（11）：99-102.

[145] 杨红平，王先友，汪形艳等. 锌-空气电池催化电极的制备和研究. 电源技术，2003，27（4）：360-363.

[146] 李振纲，陶善宏. 碱性锌空气电池用活性锌粉的研究. 电池，2007，37（5）：380-381.

[147] 朱梅，徐献芝，苏润. 锌空燃料电池电站. 中国工程科学，2004，6（12）：62-64.

[148] 张文保. 可再充锌空气电池的发展. 电源技术，2002，26（6）：448-451.

[149] Li Q，Bjerrum N J，Li Q，et al. Aluminum as anode for energy storage and conversion：A review. Journal of Power Sources，2002，110（1）：1-10.

[150] 李庆峰，邱竹贤. 铝电池的开发与应用进展. 东北大学学报（自然科学版），2001，22（2）：130-132.

[151] Macdonald D D，English C. Development of anodes for aluminium/air batteries-solution phase inhibition of corrosion. Journal of Applied Electrochemistry，1990，20（3）：405-417.

[152] 史鹏飞，衣守忠. 1千瓦铝空气电池组的研究. 电源技术，1993（1）：11-17.

[153] Shao H B，Wang J M，Zhang Z，et al. The cooperative effect of calcium ions and tartrate ions on the corrosion inhibition of pure aluminum in an alkaline solution. Materials Chemistry & Physics，2003，77（2）：305-309.

[154] Shao H B，Wang J M，Wang X Y，et al. Anodic dissolution of aluminum in KOH-ethanol solutions. Electrochemistry，2004，6（1）：6-9.

[155] Zhang Z，Zuo C，Liu Z，et al. All-solid-state al-air batteries with polymer alkaline gel electrolyte. Journal of Power Sources，2014，251（2）：470-475.

[156] Fan L，Lu H，Leng Journal of Performance of fine structured aluminum anodes in neutral and alkaline electrolytes for Al-air Batteries. Electrochimica Acta，2015，165：22-28.

[157] Egan D R，León C P D，Wood R J K，et al. Developments in electrode materials and electrolytes for aluminium-air batteries. J. Power Sources，2013，236（25）：293-310.

[158] Ma J，Wen J，Zhu H，et al. Electrochemical performances of Al-0.5Mg-0.1Sn-0.02In alloy in

different solutions for Al-air battery. Journal of Power Sources，2015，293：592-598.

[159] 陈昌国. 铝-空气电池铝负极的研究现状. 电池，2004，34（6）：453-454.

[160] Pino M，Cuadrado C，Chacón J，et al. The electrochemical characteristics of commercial aluminium alloy electrodes for Al/air batteries. Journal of Applied Electrochemistry，2014，44（12）：1371-1380.

[161] Fan L，Lu H. The effect of grain size on aluminum anodes for Al-air batteries in alkaline electrolytes. Journal of Power Sources，2015，284：409-415.

[162] 余祖孝，陈昌国，罗忠礼. 铝空气电池电解液的研究现状. 化学研究与应用，2004，16（5）：612-614.

[163] 万伟华，唐有根，卢周广. 碱性电解液中的添加剂对铝阳极行为的影响. 电池，2008，38（1）：40-42.

[164] Ilyukhina A V，Kleymenov B V，Zhuk A Z. Development and study of aluminum-air electrochemical generator and its main components. Journal of Power Sources，2017，342：14-18.

[165] Mitlitsky F，Myers B，Weisberg A. H. Regenerative fuel cell systems. Energy & Fuels，1998，12：56-71.

[166] Kong F. -D，Zhang S，Yin G. -P，et al. Preparation of Pt/Ir$_x$(IrO$_2$)$_{10-x}$ bifunctional oxygen catalyst for unitized regenerative fuel cell. Journal of Power Sources，2012，210：321-326.

[167] Gupta S，Qiao L，Zhao S，et al. Highly active and stable graphene tubes decorated with FeCoNi alloy nanoparticles via a template-free graphitization for bifunctional oxygen reduction and evolution. Advanced Energy Materials，2016，6：1601198.

[168] Du L，Luo L，Feng Z，et al. Nitrogen-doped graphitized carbon shell encapsulated NiFe nanoparticles：A highly durable oxygen evolution catalyst. Nano Energy，2017，39：245-252.

[169] Deng J，Ren P，Deng D，et al. Enhanced electron penetration through an ultrathin graphene layer for highly efficient catalysis of the hydrogen evolution reaction. Angew. Chem，Int. Ed，2015，54：2100-2104.

[170] Deng D，Yu L，Chen X，et al. Iron encapsulated within pod-like carbon nanotubes for oxygen reduction reaction. Angewardte Chemie International Edition，2013，52：371-375.

[171] Deng J，Deng D，Bao X. Robust catalysis on 2D materials encapsulating metals：Concept，Application，and Perspective. Adv. Mater，2017，29：1606967.

[172] Dihrab S S，Sopian K，Alghoul M A，et al. Review of the membrane and bipolar plates materials for conventional and unitized regenerative fuel cells. Renewable and Sustainable Energy Reviews，2009，13：1663-1668.

[173] Chen G，Delafuente D A，Sarangapani S，et al. Combinatorial discovery of bifunctional oxygen reduction—water oxidation electrocatalysts for regenerative fuel cells. Catalysis Today，2001，67：341-355.

[174] Zhang Y，Zhang H，Ma Y，et al. A novel bifunctional electrocatalyst for unitized regenerative fuel cell. Journal of Power Sources，2010，195：142-145.

[175] Jung H-Y，Huang S-Y，Ganesan P，et al. Performance of gold-coated titanium bipolar plates in unitized regenerative fuel cell operation. Journal of Power Sources，2009，194：972-975.